Revit 2020 中文版
完全自学一本通

林泉 编著

电子工业出版社
Publishing House of Electronics Industry
北京·BEIJING

内 容 简 介

本书基于 Revit 2020 及鸿业乐建 BIMSpace 2020，全面详解 BIM 建筑、结构及机电设计的功能与应用。本书由浅入深、循序渐进地介绍了 Revit 2020 的基本操作及工具的使用，并配合大量的操作案例，以帮助读者更好地巩固所学的知识。

本书是指导初学者学习 Revit 2020 中文版与鸿业乐建 BIMSpace 2020 的标准教材。书中详细地介绍了 Revit 2020 与鸿业乐建 BIMSpace 2020 强大的绘图功能及其专业知识，使读者能够利用这些软件方便、快捷地绘制工程图样。

本书穿插了大量的技术要点，可帮助读者快速掌握建筑模型设计技巧。本书配套资源中为读者提供了超过 11 小时的设计案例的演示视频、全部案例的素材文件和设计结果文件，以协助读者完成全书案例的操作。

本书是真正面向实际应用的 Revit 基础图书。全书由高等学校建筑与室内设计专业教师编写，不仅可以作为高等学校、职业技术院校建筑和土木等专业的培训教材，还可以作为广大从事 BIM 设计工作的工程技术人员的参考书。

未经许可，不得以任何方式复制或抄袭本书之部分或全部内容。
版权所有，侵权必究。

图书在版编目（CIP）数据

Revit 2020 中文版完全自学一本通／林泉编著．—北京：电子工业出版社，2020.9
ISBN 978-7-121-39444-7

Ⅰ．①R… Ⅱ．①林… Ⅲ．①建筑设计－计算机辅助设计－应用软件 Ⅳ．①TU201.4

中国版本图书馆 CIP 数据核字（2020）第 159313 号

责任编辑：高　鹏　　　　　特约编辑：田学清
印　　刷：天津嘉恒印务有限公司
装　　订：天津嘉恒印务有限公司
出版发行：电子工业出版社
　　　　　北京市海淀区万寿路 173 信箱　　邮编：100036
开　　本：787×1092　1/16　　印张：37.25　　字数：953.6 千字
版　　次：2020 年 9 月第 1 版
印　　次：2020 年 12 月第 2 次印刷
定　　价：89.00 元

凡所购买电子工业出版社图书有缺损问题，请向购买书店调换。若书店售缺，请与本社发行部联系，联系及邮购电话：（010）88254888，88258888。
质量投诉请发邮件至 zlts@phei.com.cn，盗版侵权举报请发邮件至 dbqq@phei.com.cn。
本书咨询联系方式：（010）88254161～88254167 转 1897。

前言
PREFACE

Autodesk 公司开发的 Revit 是一款三维参数化建筑设计软件,是有效创建信息化建筑模型(Building Information Modeling,BIM)的设计工具。

Revit 2020 在原有版本的基础上,添加了全新功能,并对相应工具的功能进行了修改和完善,以帮助读者更加方便、快捷地完成设计任务。

鸿业乐建 BIMSpace 2020 是国内著名的大型 BIM 软件开发公司(鸿业科技)推出的三维协同设计软件,目前支持 Autodesk Revit 2014~Autodesk Revit 2020,是国内最早开发的基于 Revit 的 BIM 解决方案软件。

本书内容

本书基于 Revit 2020 及鸿业乐建 BIMSpace 2020,全面详解 BIM 建筑、结构及机电设计的功能与应用。本书由浅入深、循序渐进地介绍了 Revit 2020 的基本操作及工具的使用,并配合大量的操作案例,以帮助读者更好地巩固所学的知识。全书共 16 章,主要内容如下。

第 1 章:主要介绍建筑信息模型(BIM)在行业中的应用、与 Revit 的基本关系,并介绍 Revit 2020 与鸿业乐建 BIMSpace 2020 的相关内容。

第 2 章:主要介绍 Revit 2020 对象操作,包括图元的选择、创建 Revit 工作平面、图元的变换操作、项目视图、控制柄和造型操纵柄的相关内容。

第 3 章:主要介绍 Revit 与 BIMSpace 项目协作设计和 Revit 项目管理与设置。

第 4 章:主要介绍 Revit 构件组成的基本图元和建筑设计基准(标高与轴网)的创建过程。

第 5~6 章:主要介绍 Revit 族的创建与应用,以及概念模型的设计。

第 7~11 章:主要介绍 Revit 与鸿业乐建 BIMSpace 2020 在建筑设计中的具体应用,包括建筑墙、门窗、楼地层、房间、面积、洞口、楼梯、坡道设计等。设计完成后利用鸿业乐建 BIMSpace 2020 的行业标准对模型进行规范检查。

第 12 章:主要介绍 Revit 的景观设计思路及操作步骤。

第 13 章:本章将利用 Revit Structure(结构设计)模块进行钢筋混凝土结构设计。

第 14 章:本章将以门式钢结构厂房设计为例进行钢结构设计。

第 15 章：主要介绍利用 Revit 和鸿业乐建 BIMSpace 2020 设计建筑施工图的过程。

第 16 章：本章将使用鸿业科技的鸿业蜘蛛侠机电安装 BIM 软件 2019 进行建筑给排水系统、建筑暖通系统和建筑电气系统的快速深化设计。

本书特色

本书是指导初学者学习 Revit 2020 中文版与鸿业乐建 BIMSpace 2020 的标准教材。书中详细地介绍了 Revit 2020 与鸿业乐建 BIMSpace 2020 强大的绘图功能及其专业知识，使读者能够利用该软件方便、快捷地绘制工程图样。本书主要特色如下。

- 内容的全面性和实用性。

作者在设计本书的知识框架时，将重心放在体现内容的全面性和实用性上。因此，从框架的设计到内容的编写力求全面概括建筑 BIM 专业知识。

- 知识的系统性。

本书循序渐进地讲解了建筑建模的整个流程，环环相扣，紧密相连。

- 知识的拓展性。

为了拓展读者的建筑专业知识，本书在介绍每个绘图工具时都与实际的建筑构件绘制紧密联系，并增加了建筑绘图的相关知识，涉及施工图的绘制规律、原则、标准及注意事项。

本书是真正面向实际应用的 Revit 基础图书。全书由高等学校建筑与室内设计专业教师编写，不仅可以作为高等学校、职业技术院校建筑和土木等专业的培训教材，还可以作为广大从事 BIM 设计工作的工程技术人员的参考书。

作者信息

本书由成都大学的林泉老师编写。感谢读者选择本书，希望作者的努力对读者的工作和学习有所帮助，也希望读者把对本书的意见和建议告诉作者。

本书软件

关于本书所介绍的 Revit 2020、鸿业乐建 BIMSpace 2020 及鸿业蜘蛛侠机电安装 BIM 软件 2019 的下载及安装说明如下。

① 读者可以到欧特克官方网站（https://www.autodesk.com.cn/）免费下载 Revit 2020 并自主完成安装。

② 鸿业乐建 BIMSpace 2020 是免费试用软件，读者可以到鸿业科技官方网站（http://bim.hongye.com.cn/）下载并自主完成安装。

③ 鸿业科技为了答谢广大读者的厚爱，特免费赠送鸿业蜘蛛侠机电安装 BIM 软件 2019 两个月的试用期，读者可以通过 http://www.zzxbim.com.cn/下载并进行一键安装。

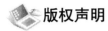 **版权声明**

本书所有权归属电子工业出版社。未经同意，任何单位或个人不得将本书内容及配套资源做其他商业用途，否则依法必究！

作者邮箱：Shejizhimen@163.com

读 者 服 务

读者在阅读本书的过程中如果遇到问题,可以关注"有艺"公众号,通过公众号与我们取得联系。此外,通过关注"有艺"公众号,您还可以获取更多的新书资讯、书单推荐、优惠活动等相关信息。

扫一扫关注"有艺"

资源下载方法:关注"有艺"公众号,在"有艺学堂"的"资源下载"中获取下载链接,如果遇到无法下载的情况,可以通过以下三种方式与我们取得联系。

1. 关注"有艺"公众号,通过"读者反馈"功能提交相关信息;
2. 请发邮件至 art@phei.com.cn,邮件标题命名方式:资源下载+书名;
3. 读者服务热线:(010)88254161～88254167 转 1897。

投稿、团购合作:请发邮件至 art@phei.com.cn。

目录 CONTENTS

第 1 章　BIM 建筑设计概述 ······ 1

1.1　BIM 与 Revit 的关系 ······ 2
1.2　BIM 与绿色建筑 ······ 3
1.2.1　绿色建筑的定义 ······ 3
1.2.2　BIM 与绿色建筑完美结合的优势 ······ 4
1.3　Revit 2020 简介 ······ 6
1.3.1　Revit 的基本概念 ······ 6
1.3.2　参数化建模系统中的图元行为 ······ 8
1.3.3　Revit 2020 的三个模块 ······ 9
1.4　Revit 2020 界面 ······ 10
1.4.1　Revit 2020 主页界面 ······ 10
1.4.2　Revit 2020 工作界面 ······ 12
1.5　鸿业乐建 BIMSpace 2020 简介 ······ 12
1.5.1　鸿业 BIM 系列软件发展史 ······ 13
1.5.2　BIMSpace 2020 模块组成 ······ 13

第 2 章　Revit 2020 对象操作 ······ 18

2.1　图元的选择 ······ 19
2.1.1　图元的基本选择方法 ······ 19
2.1.2　通过选择过滤器选择图元 ······ 23
2.2　创建 Revit 工作平面 ······ 30
2.2.1　工作平面的定义 ······ 30
2.2.2　设置工作平面 ······ 30
2.2.3　显示、编辑与查看工作平面 ······ 32
2.3　图元的变换操作 ······ 34
2.3.1　编辑与操作几何图形 ······ 35
2.3.2　移动、对齐、旋转与缩放操作 ······ 45
2.3.3　复制、镜像与阵列操作 ······ 52

2.4 项目视图 ·········· 59
2.4.1 项目样板与项目视图 ·········· 60
2.4.2 项目视图的基本使用 ·········· 61
2.4.3 视图范围的控制 ·········· 62
2.4.4 视图控制栏上的视图显示工具 ·········· 66
2.5 控制柄与造型操纵柄 ·········· 69
2.5.1 拖曳控制柄 ·········· 70
2.5.2 造型操纵柄 ·········· 73

第 3 章 协同设计与项目管理 ·········· 76
3.1 Revit 与 BIMSpace 项目协作设计 ·········· 77
3.1.1 管理协作 ·········· 77
3.1.2 链接模型 ·········· 86
3.1.3 BIMSpace 2020 协同设计功能 ·········· 87
3.2 Revit 项目管理与设置 ·········· 93
3.2.1 材质设置 ·········· 93
3.2.2 对象样式设置 ·········· 94
3.2.3 捕捉设置 ·········· 95
3.2.4 项目信息设置 ·········· 101
3.2.5 项目参数设置 ·········· 102
3.2.6 项目单位设置 ·········· 104
3.2.7 共享参数设置 ·········· 105
3.2.8 传递项目标准 ·········· 108
3.3 实战案例——升级旧项目样板文件 ·········· 111

第 4 章 建筑项目设计准备 ·········· 114
4.1 Revit 模型图元 ·········· 115
4.1.1 模型线 ·········· 115
4.1.2 模型文字 ·········· 119
4.1.3 模型组 ·········· 121
4.2 Revit 基准——标高与轴网 ·········· 128
4.2.1 创建与编辑标高 ·········· 128
4.2.2 创建与编辑轴网 ·········· 136
4.3 BIMSpace 2020 标高与轴网设计 ·········· 142
4.3.1 标高设计 ·········· 142
4.3.2 轴网设计 ·········· 145

第 5 章 族的创建与应用 ... 151

5.1 了解族与族库 ... 152
- 5.1.1 族的种类 ... 152
- 5.1.2 族样板 ... 154
- 5.1.3 族的创建与编辑环境 ... 155

5.2 创建族的编辑器模式 ... 156

5.3 创建二维模型族 ... 160
- 5.3.1 创建注释类型族 ... 160
- 5.3.2 创建轮廓族 ... 166

5.4 创建三维模型族 ... 170
- 5.4.1 模型工具介绍 ... 171
- 5.4.2 三维模型族的创建步骤 ... 171

5.5 测试族 ... 185
- 5.5.1 测试目的 ... 185
- 5.5.2 测试流程 ... 186

5.6 使用 BIMSpace 2020 族库 ... 188
- 5.6.1 云族 360 构件平台——网页版 ... 188
- 5.6.2 云族 360 客户端 ... 190

第 6 章 概念模型设计 ... 199

6.1 概念体量设计基础 ... 200
- 6.1.1 如何创建概念体量模型 ... 200
- 6.1.2 概念体量设计环境 ... 200

6.2 创建形状 ... 203
- 6.2.1 创建与修改拉伸 ... 204
- 6.2.2 创建与修改旋转 ... 206
- 6.2.3 创建与修改放样 ... 208
- 6.2.4 创建与修改放样融合 ... 211
- 6.2.5 空心形状 ... 212

6.3 分割路径和表面 ... 212
- 6.3.1 分割路径 ... 212
- 6.3.2 分割表面 ... 213
- 6.3.3 为分割的表面填充图案 ... 216

6.4 实战案例：别墅建筑体量设计 ... 219

第 7 章 建筑墙、建筑柱及门窗设计 ··········225

7.1 Revit 建筑墙设计 ··········226
7.1.1 基本墙设计 ··········226
7.1.2 面墙设计 ··········232
7.1.3 幕墙设计 ··········233

7.2 Revit 门、窗与建筑柱设计 ··········239
7.2.1 门设计 ··········240
7.2.2 窗设计 ··········244
7.2.3 建筑柱设计 ··········248

7.3 BIMSpace 2020 建筑墙、建筑柱及门窗设计 ··········252
7.3.1 BIMSpace 2020 墙的生成与编辑 ··········252
7.3.2 BIMSpace 2020 墙体贴面与拆分 ··········260
7.3.3 BIMSpace 2020 门窗插入与门窗表设计 ··········264
7.3.4 BIMSpace 2020 建筑柱设计 ··········268

第 8 章 建筑楼地层设计 ··········270

8.1 楼地层设计概述 ··········271
8.2 Revit 建筑楼板设计 ··········272
8.3 Revit 屋顶设计 ··········276
8.3.1 迹线屋顶 ··········276
8.3.2 拉伸屋顶 ··········282
8.3.3 面屋顶 ··········284
8.3.4 屋檐 ··········285

8.4 BIMSpace 2020 楼板与女儿墙设计 ··········289
8.4.1 BIMSpace 2020 楼板设计 ··········290
8.4.2 BIMSpace 2020 女儿墙设计 ··········295

第 9 章 房间、面积与洞口设计 ··········299

9.1 Revit 洞口设计 ··········300
9.1.1 创建楼梯间竖井洞口 ··········300
9.1.2 创建老虎窗 ··········302
9.1.3 其他洞口工具 ··········307

9.2 BIMSpace 2020 房间设计 ··········308
9.2.1 房间设置 ··········308
9.2.2 创建房间 ··········309

目录

9.3　BIMSpace 2020 面积与图例 316
　　9.3.1　创建面积平面视图 316
　　9.3.2　生成总建筑面积 317
　　9.3.3　创建套内面积 320
　　9.3.4　创建防火分区 321

第 10 章　楼梯、坡道与雨棚设计 323

10.1　楼梯、坡道与雨棚设计基础 324
　　10.1.1　楼梯设计基础 324
　　10.1.2　坡道设计基础 328
　　10.1.3　雨棚设计基础 329

10.2　Revit 楼梯、坡道与栏杆扶手设计 330
　　10.2.1　楼梯设计 330
　　10.2.2　坡道设计 340
　　10.2.3　栏杆扶手设计 343

10.3　BIMSpace 2020 楼梯与其他构件设计 347
　　10.3.1　BIMSpace 2020 楼梯设计 347
　　10.3.2　BIMSpace 2020 台阶、坡道与散水设计 351
　　10.3.3　BIMSpace 2020 雨棚设计 357

第 11 章　规范与模型检查 360

11.1　防火规范检查 361
　　11.1.1　防火分区面积检测 361
　　11.1.2　防火门检测 369
　　11.1.3　前室面积检测 371
　　11.1.4　疏散距离检测 372

11.2　楼梯规范校验 380

11.3　模型检查 381

11.4　净高分析 385

11.5　性能分析 389

第 12 章　场地景观设计 390

12.1　确定项目位置 391

12.2　景观地形设计 393
　　12.2.1　场地设置 393
　　12.2.2　构建地形表面 394
　　12.2.3　修改场地 396

XI

	12.3 应用云族 360 设计景观	399
	12.3.1 建筑地坪设计	399
	12.3.2 添加场地构件	400

第 13 章 钢筋混凝土结构设计 ... 402

13.1 建筑结构设计概述 ... 403
- 13.1.1 建筑结构类型 ... 403
- 13.1.2 结构柱、结构梁及现浇楼板的构造要求 ... 404
- 13.1.3 Revit 2020 结构设计工具 ... 405

13.2 Revit 结构基础设计 ... 406
- 13.2.1 地下层桩基（柱部分）设计 ... 406
- 13.2.2 地下层柱基（基础部分）、梁和板设计 ... 410
- 13.2.3 结构墙设计 ... 414

13.3 Revit 结构楼板、结构柱与结构梁设计 ... 415

13.4 Revit 结构楼梯设计 ... 422

13.5 Revit 结构屋顶设计 ... 426

13.6 Revit 钢筋布置 ... 429
- 13.6.1 利用 Naviate Revit Extensions 2020 插件添加基础钢筋 ... 429
- 13.6.2 利用 Naviate Revit Extensions 2020 插件添加柱筋 ... 432
- 13.6.3 利用 Naviate Revit Extensions 2020 插件添加梁筋 ... 434
- 13.6.4 利用 Revit 钢筋工具添加板筋 ... 436
- 13.6.5 利用 Naviate Revit Extensions 2020 插件添加墙筋 ... 438

第 14 章 钢结构设计 ... 441

14.1 钢结构设计基础 ... 442
- 14.1.1 钢结构中的术语 ... 442
- 14.1.2 钢结构厂房框架类型 ... 442
- 14.1.3 Revit 2020 钢结构设计工具 ... 443

14.2 Revit 钢结构设计案例——门式钢结构厂房设计 ... 444
- 14.2.1 创建标高与轴网 ... 445
- 14.2.2 结构基础设计 ... 448
- 14.2.3 钢架结构设计 ... 453

第 15 章 建筑与结构施工图设计 ... 468

15.1 建筑制图基础 ... 469
- 15.1.1 建筑制图概念 ... 469

| | 15.1.2 | 建筑施工图 | 469 |

    15.1.2 建筑施工图 ·· 469
    15.1.3 结构施工图 ·· 473
15.2 鸿业乐建 BIMSpace 2020 图纸辅助设计工具 ·· 477
    15.2.1 剖面图/详图辅助设计工具 ··· 477
    15.2.2 立面图辅助设计工具 ·· 482
    15.2.3 尺寸标注、符号标注与编辑尺寸工具 ·· 483
15.3 Revit 建筑施工图设计 ·· 483
    15.3.1 建筑平面图设计 ··· 484
    15.3.2 建筑立面图设计 ··· 494
    15.3.3 建筑剖面图设计 ··· 498
    15.3.4 建筑详图设计 ·· 501
15.4 Revit 结构施工图设计 ·· 504
15.5 出图与打印 ·· 506
    15.5.1 导出文件 ·· 506
    15.5.2 图纸打印 ·· 510

第 16 章 MEP 机电设计与安装 ··· 512

16.1 鸿业蜘蛛侠机电安装 BIM 软件 2019 简介 ··· 513
    16.1.1 建模和管综调整 ··· 513
    16.1.2 校核计算 ·· 515
    16.1.3 标注出图 ·· 517
    16.1.4 安装算量 ·· 518
    16.1.5 MEP 三大系统和创建方式 ·· 519
    16.1.6 鸿业蜘蛛侠机电安装 BIM 软件 2019 设计工具介绍 ······················ 519
16.2 建筑给排水设计 ·· 520
    16.2.1 消防卷盘系统设计 ··· 521
    16.2.2 室内外给排水系统设计 ··· 531
16.3 建筑暖通设计 ··· 539
    16.3.1 通风系统设计 ·· 539
    16.3.2 中央空调系统设计 ··· 546
    16.3.3 管道支吊架设计 ··· 557
16.4 建筑电气设计 ··· 565
16.5 快速翻模设计案例——消防喷淋系统设计 ·· 573

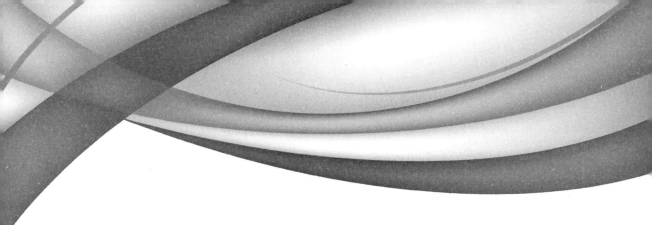

第 1 章
BIM 建筑设计概述

本章内容

初涉 Revit 课程的读者，可能会被一些 BIM 宣传资料误导，以为 Revit 就是 BIM，BIM 就是 Revit。本章将着重阐述两者之间的关系，以及各自的应用场景。

本章将阐述建筑信息模型（BIM）在行业中的应用、与 Revit 的基本关系，并介绍 Revit 2020 与鸿业乐建 BIMSpace 2020 的相关内容。

知识要点

- ☑ BIM 与 Revit 的关系
- ☑ BIM 与绿色建筑
- ☑ Revit 2020 简介
- ☑ Revit 2020 界面
- ☑ 鸿业乐建 BIMSpace 2020 简介

1.1 BIM 与 Revit 的关系

要想弄清楚 BIM 与 Revit 的关系,还得先了解 BIM 与项目生命周期。

1. 项目类型及 BIM 实施

从广义上讲,建筑环境产业可以分为两大类项目:房地产项目和基础设施项目。业内有时也将这两大类项目称为"建筑项目"和"非建筑项目"。

在目前可查阅到的大量文献及指南文件中显示,文件资料中的 BIM 信息记录在今天已经取得了极大的进步,与基础设施产业相比,在房地产产业得到了更好的理解和应用。BIM 在基础设施产业中的应用相对滞后几年,但这些项目非常适应模型驱动的 BIM 过程。McGraw Hill 公司的一份名为"BIM 对基础设施的商业价值——利用协作和技术解决美国的基础设施问题"的报告将房地产项目上应用的 BIM 称为"立式 BIM",将基础设施项目上应用的 BIM 称为"水平 BIM"、"土木工程 BIM(CIM)"或"重型 BIM"。

许多组织可能既从事房地产项目也从事基础设施项目,关键在于理解项目层面的 BIM 实施在这两种情况中的微妙差异。例如,在基础设施项目的初始阶段需要收集和理解的信息范围可能在很大程度上都与房地产项目相似。并且,基础设施项目的现有条件和邻近资产的限制、地形以及监管要求也可能与房地产项目极其相似。因此,在一个基础设施项目的初始阶段,地理信息系统(GIS)资料及 BIM 的应用可能更加重要。

房地产项目与基础设施项目的项目团队结构及生命周期各阶段可能也存在差异(在命名惯例和相关工作布置方面),项目层面的 BIM 实施始终与其"以模型为中心"的核心主题及信息、合作及团队整合的重要性保持一致。

2. BIM 与项目生命周期

实际经验已经充分表明,仅在项目的早期阶段应用 BIM 将会限制其发挥效力,从而不会得到企业寻求的投资回报。图 1-1 显示的是 BIM 在一个房地产项目整个生命周期中的应用。重要的是,项目团队中负责交付各种类别、各种规模项目的专业人员应理解"从摇篮到摇篮"的项目周期各阶段的 BIM 过程。理解 BIM 在"新建不动产或者保留的不动产"之间的交叉应用也非常重要。

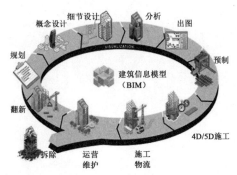

图 1-1 BIM 在一个房地产项目整个生命周期中的应用

3. 在 BIM 项目生命周期中使用 Revit

从图 1-1 中可以看出，整个项目生命周期中每个阶段基本都需要借助某一种软件手段辅助设施。

Revit 主要用于模型设计、结构设计、系统设备设计及工程出图，即包含了图 1-1 中从规划、概念设计、细节设计、分析到出图阶段。

可以说，BIM 是一个项目的完整设计与实施理念，而 Revit 是其中应用最为广泛的一种辅助工具。

Revit 具有以下 5 大特点。

- 使用 Revit 可以导出各个建筑部件的三维设计尺寸和体积数据，为概预算提供了资料，资料的准确度同建模的精确度成正比。
- 在精确建模的基础上，用 Revit 建模生成的平面图和立面图能够完全交接，图面质量受人的因素影响很小，而对建筑和 CAD 绘图理解不深的设计师画的平面图和立面图可能有很多地方不交接。
- 其他软件只能解决某一个专业的问题，而 Revit 能够解决多专业的问题。Revit 不仅有建筑、结构、钢结构、机电系统等专业设计模块，还有协同、远程协同、带材质输入到 3ds Max 的渲染、云渲染、碰撞分析、绿色建筑分析等功能。
- 强大的联动功能，平面图、立面图、剖面图、明细表双向关联，一处修改，处处更新，自动避免低级错误。
- Revit 设计能够节省成本，节省设计变更，加快工程周期。而这些恰恰是一款 BIM 软件应该具有的特点。

1.2 BIM 与绿色建筑

21 世纪以来，为应对能源危机、人口增长等问题，绿色、低碳等可持续发展理念逐渐深入人心，以有效提高建筑物资源利用效率、降低建筑对环境的影响为目标的绿色建筑成为全世界关注的重点。

1.2.1 绿色建筑的定义

环境友好型绿色建筑是世界各国建筑发展的战略目标。由于经济发展水平、地理位置、人均资源等条件的差异，各国对绿色建筑的定义不尽相同。

英国皇家特许测量师学会："有效利用资源、减少污染物排放、提高室内空气及周边环境质量的建筑即为绿色建筑。"

美国国家特许环境保护局："绿色建筑是在全生命周期内（从选址到设计、建设、运营、维护、改造和拆除）始终以环境友好和资源节约为原则的建筑。"

我国《绿色建筑评价标准》指出："绿色建筑是在全生命周期内，最大限度节约资源、保护环境及减少污染，为人们提供健康、适用和高效的使用空间，与自然和谐共生的建筑。"

从绿色建筑的定义可以看出：

（1）绿色建筑提倡将节能环保的理念贯穿于建筑的全生命周期。

（2）绿色建筑主张在提供健康、适用和高效的使用空间的前提条件下节约能源、降低排放，在较低的环境负荷下提供较高的环境质量。

（3）绿色建筑在技术与形式上要体现环境保护的相关特点，即合理利用信息化、自动化、新能源、新材料等先进技术。

1.2.2　BIM 与绿色建筑完美结合的优势

1. BIM 与绿色建筑完美结合

BIM 为绿色建筑的可持续发展提供分析与管理，在推动绿色建筑发展与创新中潜力巨大。

2. 时间维度的一致性

BIM 致力于实现全生命周期内不同阶段的集成管理，而绿色建筑的开发、管理涵盖建造、使用、拆除、维修等建筑全生命周期。时间维度的一致性为两者的结合提供了便利。

3. 核心功能的互补性

绿色建筑可持续目标的达成需要设计人员全面、系统地掌握不同材料、设备的完整信息，在项目全生命周期内协同、优化，从而节约能源、降低排放，BIM 为其提供了整体解决方案。

4. 应用平台的开放性

绿色建筑需借助不同软件来实现对建筑物能耗、采光、通风等的分析，并要求与其相关的应用平台具备开放性。BIM 平台具备开放性的特点，允许用户导入相关软件数据进行一系列可视化操作，为其在绿色建筑中的应用创造了条件。如图 1-2 所示为利用 Revit 创建的绿色建筑模型。

图 1-2　利用 Revit 创建的绿色建筑模型

绿色建筑为 BIM 提供了一个发挥其优势的舞台，BIM 为绿色建筑提供了数据和技术上的支持。

1）节地与室外环境利用
- 合理利用 BIM 技术，对建筑物周围环境及建筑物空间进行模拟分析，设计出最合理的场地规划、交通物流组织、建筑物及大型设备布局方案。
- 通过利用日照、通风、噪声等分析与仿真工具，可有效优化与控制光、噪声、水等污染源。

2）节能与能源利用
- 将专业建筑性能分析软件导入 BIM 模型中，进行能耗、热工等分析，根据分析结果调整设计参数，达到节能效果。
- 通过 BIM 模型优化设计建筑的形体、朝向、楼间距、墙窗比等，提高能源利用率，降低能耗。

3）节水与水资源利用
- 利用虚拟施工，在室外埋地下管道时，可避免碰撞或冲突而导致管网漏损。
- 在动态数据库中，清晰了解建筑日用水量，及时找出用水损失原因。
- 利用 BIM 模型统计雨水采集数据，确定不同地貌和材质对径流系数的影响，充分利用非传统水源。

4）节材与材料资源利用
- 在 BIM 模型中输入材料信息，对材料从制作、出库到使用的全过程进行动态跟踪，避免浪费。
- 利用数据统计及分析功能，预估材料用量，优化材料分配。
- 借助 BIM 模型分析并控制材料的性能，使其更接近绿色目标。
- 进行冲突和碰撞检测，避免因遇到冲突而返工造成材料浪费。

5）室内环境质量
- 在 BIM 模型中，通过改变门窗的位置、大小、方向等，检测室内的空气流通状况，并判断是否会对空气质量产生影响。
- 通过噪声和采光分析，判断室内隔音效果和光线是否达到要求。
- 通过调整楼间距或者朝向，改善室内的户外视野。

6）施工管理
- 冲突检测：避免不必要的返工，并在一定程度上控制设计文件的变更次数。
- 模拟施工：优化设备、材料、人员的分配等施工现场的管理，减少因施工流程不当而造成的损失。
- 计算工程量：通过结构构件和材料信息，既可快速计算工程量，也可对构件进行精确加工。
- 造价管理：在 BIM 模型的基础上导入造价软件，可控制成本和施工进度，统筹安排资源。

7）运营管理
- BIM 模型整合了建筑的所有信息，并在信息传递上具有一致性，满足了运营管理阶段对信息的需求。
- 通过 BIM 模型可迅速定位建筑出现问题的部位，实现快速维修；利用 BIM 对建筑相关设备、设施的使用情况及性能进行实时跟踪和监测，做到全方位、无盲区管理。
- 基于 BIM 进行能耗分析，记录并控制能耗。

1.3 Revit 2020 简介

1.3.1 Revit 的基本概念

Revit 中用来标识对象的大多数术语是业界通用的标准术语。但是，有一些术语对 Revit 来讲是唯一的。了解下列基本概念对于了解 Revit 非常重要。

1. 项目

在 Revit 中，项目是单个设计信息数据库——建筑信息模型。项目文件中包含了建筑的所有设计信息（从几何图形到构造数据）。这些信息包括用于设计模型的构件、项目视图和设计图纸。利用 Revit 不仅可以轻松地修改设计，还可以使修改反映在所有关联区域（平面图、立面图、剖面图、明细表等）中。仅需跟踪一个文件即可，方便对项目进行管理。

2. 标高

标高是无限水平平面，作为屋顶、楼板和天花板等以层为主体的图元的参照。标高一般用于定义建筑物内的垂直高度或楼层。用户可为每个已知楼层或建筑物的其他必需参照（如第二层、墙顶或基础底端）创建标高。只有在剖面图或立面图中才可放置标高。如图 1-3 所示为某别墅的【北】立面图。

3. 图元

在创建项目时，用户可以向设计中添加 Revit 参数化建筑图元。Revit 按照类别、族和类型对图元进行分类，如图 1-4 所示。

4. 类别

类别是一组用于对建筑设计进行建模或记录的图元。例如，模型图元类别包括墙和梁。注释图元类别包括标记和文字注释。

第 1 章　BIM 建筑设计概述

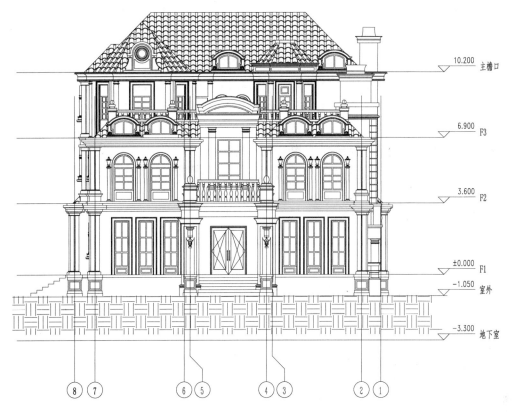

图 1-3　某别墅的【北】立面图

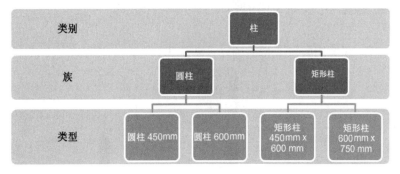

图 1-4　图元的分类

5. 族

族是某一类别中图元的类。族根据参数（属性）集的共用、使用上的相同点和图形表示的相似度来对图元进行分组。一个族中不同图元的部分或全部属性可能有不同的值，但是属性的设置（其名称与含义）是相同的。例如，可以将桁架视为一个族，虽然构成该族的腹杆支座可能会有不同的尺寸和材质。

族包括可载入族、系统族和内建族三种，解释如下。

- 可载入族可以载入项目中，且根据族样板创建。其可以确定族的属性设置和族的图形化表示方法。

- 系统族包括楼板、尺寸标注、屋顶和标高。它们不能作为单个文件载入或创建。Revit Structure 预定义了系统族的属性设置及图形表示。用户可以在项目内使用预定义的类型生成属于此族的新类型。例如，墙的行为在系统中已经被预定义，但用户可使用不同组合创建其他类型的墙。系统族可以在项目之间传递。
- 内建族用于定义在项目的上下文中创建的自定义图元。如果用户的项目需要不重复使用的独特几何图形，或者你的项目需要的几何图形必须与其他项目的几何图形保持众多关系之一，则可创建内建族。

> **提示：**
> 由于内建族在项目中的使用受到限制，因此每个内建族都只包含一种类型。用户可以在项目中创建多个内建族，并且可以将同一个内建族的多个副本放置在项目中。与系统族和可载入族不同，用户不能通过复制内建族类型来创建多种类型。

6. 类型

每一个族都可以拥有多个类型。类型可以是族的特定尺寸，例如，一个 A0 的标题栏或 910mm×2100mm 的门。类型也可以是样式，例如，尺寸标注的默认对齐样式或默认角度样式。

7. 实例

实例是放置在项目中的实际项（单个图元），在建筑（模型实例）或图纸（注释实例）中都有特定的位置。

1.3.2 参数化建模系统中的图元行为

在项目中，Revit 使用 3 种类型的图元，如图 1-5 所示。

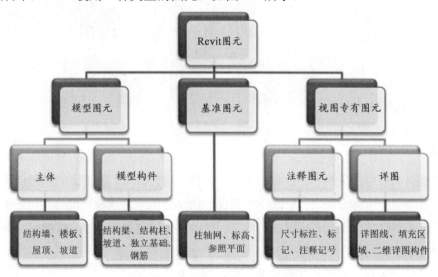

图 1-5 Revit 使用 3 种类型的图元

模型图元表示建筑的实际三维几何图形。它们显示在模型的相关视图中。例如，结构墙、楼板、屋顶和坡道是模型图元。

基准图元可帮助用户定义项目上下文。例如，柱轴网、标高和参照平面是基准图元。

视图专有图元只显示在放置这些图元的视图中，可帮助用户对模型进行描述或归档。例如，尺寸标注、标记和二维详图构件是视图专有图元。

模型图元包括主体和模型构件 2 种类型，解释如下。

- 主体（或主体图元）通常在构造场地中在位构建，如结构墙、楼板、屋顶和坡道。
- 模型构件是建筑模型中除主体图元外的其他类型图元，如结构梁、结构柱、坡道、独立基础和钢筋。

视图专有图元包括注释图元和详图 2 种类型，解释如下。

- 注释图元是对模型进行归档并在图纸上保持比例的二维构件，如尺寸标注、标记和注释记号。
- 详图是在特定视图中提供有关建筑模型详细信息的二维项，如详图线、填充区域和二维详图构件。

参数化模型中的图元行为为设计者提供了设计灵活性。Revit 图元设计可以由用户直接创建和修改，无须进行编程。在 Revit 中绘图时可以定义新的参数化图元。

在 Revit 中，图元通常根据其在建筑中的上下文来确定自己的行为。上下文是由构件的绘制方式，以及该构件与其他构件之间建立的约束关系确定的。通常，要建立这些关系，无须执行任何操作，用户执行的设计操作和绘制方式已隐含了这些关系。在其他情况下，可以显式地控制这些关系。例如，通过锁定尺寸标注或对齐两面墙。

1.3.3　Revit 2020 的三个模块

Revit 2020 是一款三维建筑信息模型建模软件，适用于建筑设计、MEP 工程、结构工程和施工领域。Revit 的默认单位是 mm。

当一栋大楼完成打桩基础（包含钢筋）、立柱（包含钢筋）、架梁（包含钢筋）、倒水泥板（包含钢筋）、结构楼梯浇筑等框架结构建造（此阶段称为结构设计）后，然后就是砌砖、抹灰浆、贴外墙/内墙瓷砖、铺地砖、吊顶、建造楼梯（非框架结构楼梯）、室内软装布置、室外场地布置等施工建造作业（此阶段称为建筑设计），最后进行强电、排气系统、供暖设备、供水系统等设备的安装与调试。这就是整个房地产项目的完整建造流程。

那么，Revit 又是怎样进行正向建模的呢？Revit 是由 Revit Architecture（建筑）、Revit Structure（结构）和 Revit MEP（设备）三个模块组合而成的综合建模软件。

Revit Architecture 模块用于完成建筑项目第二阶段的建筑设计。那为什么在 Revit 2020 的功能区中排列在第一个选项卡（见图 1-6）呢？其原因就是国内的建筑结构不仅仅是框架结构，还有其他结构形式（后续介绍）。建筑设计的内容主要用于准确地表达建筑物的总体布局、外形轮廓、大小尺寸、内部构造和室内外装修情况。另外，Revit Architecture 模块能出建筑施工图和效果图。

图 1-6 【建筑】选项卡

Revit Structure 模块用于完成建筑项目第一阶段的结构设计,如图 1-7 所示的某建筑项目的结构表达。建筑结构主要用于表达房屋的骨架构造的类型、尺寸、使用材料要求、承重构件的布置与详细构造。Revit Structure 模块可以出结构施工图和相关明细表。Revit Structure 模块和 Revit Architecture 模块在各自建模过程中是可以相互使用的。例如,在结构中添加建筑元素,或者在建筑设计中添加结构楼板、结构楼梯等结构构件。

图 1-7 某建筑项目的结构表达

Revit MEP 模块用于完成建筑项目第三阶段的系统设计、设备安装与调试。只要弄清楚这 3 个模块各自的用途和建模的先后顺序,在建模时就不会产生逻辑混乱、不知从何着手的情况了。

1.4 Revit 2020 界面

Revit 2020 界面是模块三合一的简洁型界面,通过功能区进入不同的选项卡,开始进行不同的设计。Revit 2020 界面包括主页界面和工作界面。

1.4.1 Revit 2020 主页界面

Revit 2020 的主页界面延续了 Revit 版本系列的【模型】和【族】的创建入口功能,启动 Revit 2020 会打开如图 1-8 所示的主页界面。

主页界面的左侧区域包括【模型】和【族】两个选项组,各选项组有不同的功能,下面我们来熟悉一下两个选项组的基本功能。

第1章 BIM建筑设计概述

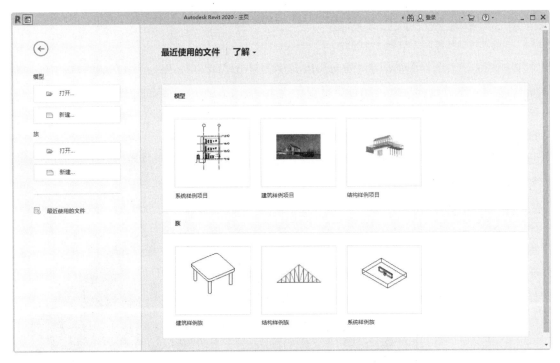

图 1-8 Revit 2020 主页界面

1. 【模型】选项组

模型是指建筑工程项目的模型,想要创建完整的建筑工程项目,就要创建新的项目文件或者打开已有的项目文件进行编辑。

在【模型】选项组中,包括【打开】和【新建】2个选项,用户还可以选择 Revit 提供的样板文件进入工作界面。

> 知识点拨:
> 在本章的源文件夹中,提供了鸿业乐建 BIMSpace 的 4 种专业样板文件,包括建筑、电气、给排水和暖通。将这 4 种专业样板文件复制并粘贴到 Revit 2020 安装路径(C:\ProgramData\Autodesk\RVT 2020\Templates\China)中即可使用。

2. 【族】选项组

族是一个包含通用属性(称为参数)集和相关图形表示的图元组,常见的包括家具、电器产品、预制板、预制梁等。

在【族】选项组中,包括【打开】和【新建】2个选项。选择【新建】选项,打开【新族-选择样板文件】对话框。通过此对话框选择合适的族样板文件,进入族设计环境进行族的设计。

主页界面的右侧区域包括【模型】列表和【族】列表,用户可以选择 Revit 提供的样板文件或族文件,进入工作界面进行模型学习和功能操作。

1.4.2 Revit 2020 工作界面

Revit 2020 工作界面沿用了 Revit 2014 以来的界面风格。在主页界面右侧区域的【模型】列表中选择一个项目样板或新建项目样板,进入 Revit 2020 工作界面,如图 1-9 所示。

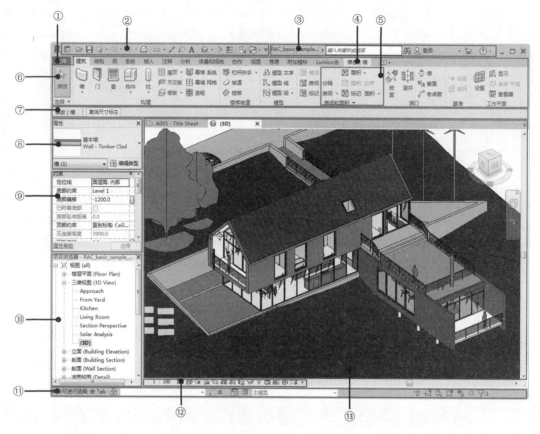

注:①应用程序选项卡;②快速访问工具栏;③信息中心;④上下文选项卡;⑤面板;⑥功能区;⑦选项栏;⑧类型选择器;⑨【属性】选项板;⑩【项目浏览器】选项板;⑪状态栏;⑫视图控制栏;⑬图形区。

图 1-9 Revit 2020 工作界面

1.5 鸿业乐建 BIMSpace 2020 简介

鸿业乐建 BIMSpace 是国内著名的大型 BIM 软件开发公司(鸿业科技)推出的三维协同设计软件。该软件从 2011 年开始开发,2012 年推出 HYBIM 2.0,2013 年推出 HYBIM 3.0。HYBIM 运行平台为 Autodesk Revit,目前支持 Autodesk Revit 2014~Autodesk Revit 2020,是国内最早的基于 Revit 的 BIM 解决方案软件。鸿业乐建 BIMSpace 的默认单位是 mm。

1.5.1 鸿业 BIM 系列软件发展史

2008—2009 年，鸿业科技的负责人参加了 Autodesk Revit 应用和开发培训，并参加了多场 Autodesk 的 BIM 会议，对 Revit 软件及 BIM 概念有了深入的了解。

2010 年，鸿业科技和欧特克公司合作，开发了 Revit MEP 软件和鸿业负荷计算接口软件。鸿业负荷计算接口软件运行在 Revit MEP 2012 环境下，支持 Revit MEP 32 位和 64 位版本，分为中文版和英文版。该软件在 2011 年欧特克大中华年会上推广，并被 Revit 用户广泛使用。

2011 年，负荷计算接口软件升级，可支持 Revit MEP 2012。同时，开始在 Revit 上作为建模和 MEP 协同建模设计分析软件供用户使用。

2012 年 11 月，鸿业科技推出 HYBIM 解决方案 2.0，包括 HYMEP for Revit 2.0 和 HYArch for Revit 2.0。该软件可同时支持 Revit 2012 和 Revit 2013，是国内最早推出的 BIM 类协同建模设计分析软件，也是最早支持 Revit 2013 的设计软件。

2013 年 5 月，鸿业科技推出 HYBIM 解决方案 3.0，包括 HYMEP for Revit 3.0 和 HYArch for Revit 3.0。该软件以 Revit 2013 为主要平台，同时可支持 Revit 2014。重点改进管道连接处理、管道坡度处理、材料表和出图的功能，大大提高了设计效率。

2014 年 11 月，鸿业科技推出 BIMSpace 软件，其中包括建筑、暖通、给排水、电气及相应的族库。该软件整合了原 BIM 系列软件的相关功能，使用模块化的方式，在一个软件中即可实现各专业的协同设计。

> **提示：**
> 目前，BIMSpace 的最新版本为 2019～2020，可以同时搭载 Revit 2019 和 Revit 2020 平台。要想从 Revit 2020 中启动 BIMSpace 2020，必须同时安装 Revit 2019 和 Revit 2020。第一次启动 BIMSpace 2020 时是以 Revit 2019 运行启动的，以后即可单独启动 Revit 2020 并自动启动 BIMSpace 2020。

1.5.2 BIMSpace 2020 模块组成

BIMSpace 是鸿业科技专注于提高设计效率与质量的 BIM 一站式解决方案。

BIMSpace 是针对建筑设计行业基于 Revit 平台的二次开发软件。BIMSpace 分为两部分：一部分是族库管理、资源管理、文件管理，其更多考虑的是项目的创建、分类，包括对项目文件的备份、归档；另一部分包括乐建、给排水、暖通、电气、机电深化和装饰。软件的一系列开发无一不体现设计工作过程中质量、效率、协同、增值的理念。

1. 云族 360

云族 360 是一款免费的海量族库应用软件。用户可以到鸿业科技官方网站（http://bim.hongye.com.cn/）的【下载试用】界面进行下载。

云族 360 包括常见的建筑专业族、电气专业族、给排水专业族、暖通专业族及其他专业族。

族的下载主要有两种方式：一是到云族 360 官方网站（http://www.yunzu360.com/Index.aspx）下载，如图 1-10 所示；二是安装云族 360 插件 2.0 后，在 Revit 2020 中使用族，如图 1-11 所示。

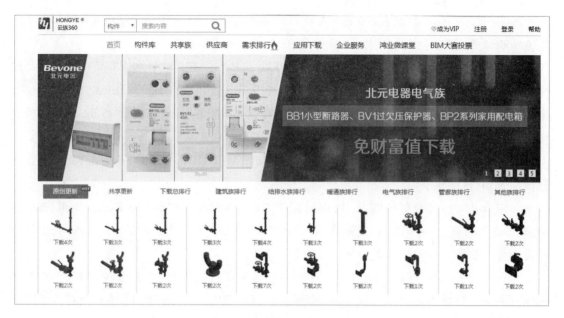

图 1-10　云族 360 官方网站

图 1-11　在 Revit 2020 中使用族

2. 建筑设计（鸿业乐建 2020）

鸿业乐建 2020 沿用二维设计习惯，以及本地化的 BIM 建筑设计平台，以软件内嵌的现行规范、图集及大型企业标准，紧紧围绕设计院的工作流程，强化设计工作，提高设计效率，解决模图一体化难题。

该软件为设计人员提供了快速建模的绘图工具，减少了原有操作层级的数量，集所需参数为一个界面，如快速创建多跑楼梯、一键生成电梯等功能；内嵌了符合本地化规范条例的设计规则，以保证模型的合规性，如防火分区规范校验、疏散宽度、疏散距离检测等功能，减少了设计人员烦琐的检测及校对的工作量；考虑专业内及专业间协同工作，如提资开洞、洞口查看、洞口标注、洞口删除等功能，为用户提供了协同平台；新增了标准化管理的相关功能，如模型对比、提资对比，以满足企业的标准化管理。如图 1-12 所示[①]为鸿业乐建 2020 工作界面。

---

① 图 1-12 中"其它"的正确写法应为"其他"。

第1章 BIM建筑设计概述

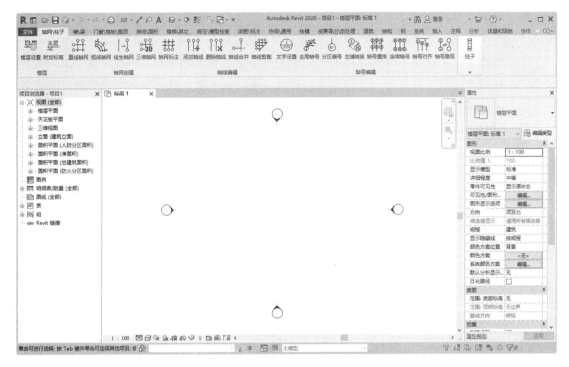

图1-12 鸿业乐建2020工作界面

3. 给排水、暖通及电气设计（鸿业机电2020）

鸿业机电2020主要应用于建筑给排水、暖通及电气等专业的设计。如图1-13所示为鸿业机电2020启动界面。

图1-13 鸿业机电2020启动界面

- **给排水设计**：该软件涵盖了给水、排水、热水、消火栓、喷淋系统的绝大部分功能。从管线设计到管线连接、调整再到水力计算，从消火栓智慧化布置、快速连接，再到保护范围检查，从自喷系统的批量布置到自动连接，再到四喷头校验，该软件提供了相应的一站式解决方案。

- 暖通设计：致力于在 BIM 正向设计上为暖通工程师解决实际问题。该软件中包含了风系统、水系统、采暖系统及地暖四大模块。
- 电气设计：符合《BIM 建筑电气常用构件参数》标准的要求，同时考虑专业设计师的设计习惯，将二维与三维设计相结合，学习成本大幅度降低。该软件结合绿色建筑要求，比如，自动布灯将计算与布灯合二为一，同时兼顾目标值与现行值的要求；温感、烟感根据规范自动布置火灾探测器，并生成保护范围预览，是否能涵盖保护区域一眼可知。电气设计师可以将水暖设备图例快速切换，可一键解决众多水暖设备协同应用出图问题。

如图 1-14 所示为鸿业机电 2020 工作界面。

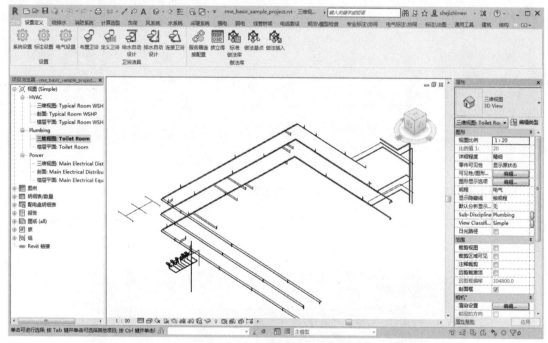

图 1-14　鸿业机电 2020 工作界面

4. 鸿业机电深化 2020

机电深化是设计师进行 BIM 设计的一项重要工作，是模型从简单到精细的一个重要过程，也是设计与施工对接的重要环节。鸿业机电深化 2020 提供了简洁、快速的解决方案，实现各专业管线的快速对齐、自动连接及避让调整；实现各专业管线按加工长度进行分段，并对管段进行编号；支持提取剖面布置支吊架的操作，并可选择多种支架及吊架形式，还可对支吊架进行批量编号和型材统计；实现了机电设计师的一键式开洞提资，在视图中添加套管及标注，土建设计师读取提资文件后可进行开洞并对洞口进行查看、洞口标注及批量删除操作；实现隔热层的添加及删除；可在视图中统计或导出各专业的设备材料表，显著提高了机电深化的工作效率和质量。如图 1-15 所示为鸿业机电深化 2020 工作界面。

5. 鸿业装饰设计 2020

鸿业装饰设计 2020 具备全新的吊顶布置功能，完全采用实际施工的做法来布置生成 BIM

模型。该软件支持实际施工中常用的两种吊顶做法。其预设了市场上常见的国标和非标主材；为摆脱以往图纸做法和实际施工做法脱节的普遍现象，该软件归纳总结了实际做法的主要规律，使设计师布置的吊顶龙骨系统完全符合实际施工的标准；此外，该软件优化了壁纸铺设，利用铺砖功能可以迅速地铺设墙地砖、石材、花砖、波打线、地面垫层等；该软件还提供了诸多算量功能，并提供了方便文字编辑、标注、排图、出图、批量打印等一系列 BIMSpace 通用工具，方便用户使用。

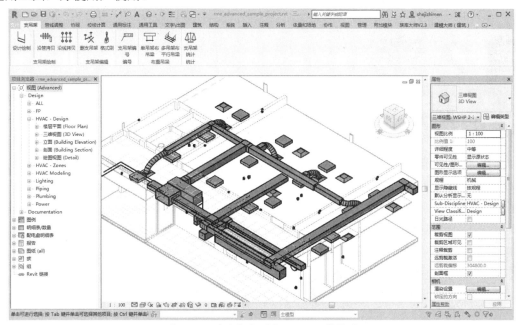

图 1-15　鸿业机电深化 2020 工作界面

如图 1-16 所示为鸿业装饰设计 2020 工作界面。

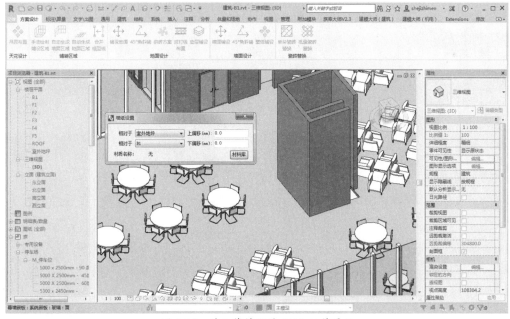

图 1-16　鸿业装饰设计 2020 工作界面

第 2 章
Revit 2020 对象操作

本章内容

　　Revit 2020 是一款三维建筑信息模型建模软件,适用于建筑设计、MEP 工程、结构工程和施工领域。本章将介绍 Revit 2020 的基本操作。

知识要点

- ☑ 图元的选择
- ☑ 创建 Revit 工作平面
- ☑ 图元的变换操作
- ☑ 项目视图
- ☑ 控制柄与造型操纵柄

2.1 图元的选择

要想熟练操作 Revit 并进行快速制图,用户需要掌握图元的选择技巧。下面介绍图元的基本选择方法和通过选择过滤器选择图元的方法。

2.1.1 图元的基本选择方法

在 Revit 中选择图元,常用的方法就是鼠标指针拾取。如表 2-1 所示为图元的基本选择方法。

表 2-1 图元的基本选择方法

目 标	操 作
定位要选择的所需图元	将鼠标指针移动到图形区中的图元上。Revit 将高亮显示该图元并在状态栏和工具提示中显示有关该图元的信息
选择一个图元	单击该图元
选择多个图元	在按住 Ctrl 键的同时单击每个图元
确定当前选择的图元数量	检查状态栏（▽:4）上的选择合计
选择特定类型的全部图元	选择所需类型的一个图元,并输入【SA】(表示"选择全部实例")
选择某种类别（或某些类别）的所有图元	在图元周围绘制一个拾取框,单击【修改|选择多个】上下文选项卡的【警告】面板中的【过滤器】按钮▽。在打开的【过滤器】对话框中选择所需类别,并单击【确定】按钮
取消选择图元	在按住 Shift 键的同时单击每个图元,可以从一组选定图元中取消选择该图元
重新选择以前选择的图元	按 Ctrl+← 快捷键

下面以操作案例来说明图元的基本选择方法。

💻 上机操作——图元的基本选择方法

① 单击快速访问工具栏上的【打开】按钮 📂,在【打开】对话框中选择【rac_advanced_sample_family.rfa】族文件,如图 2-1 所示。

图 2-1 打开族文件

② 将鼠标指针移动到图形区的目标图元上，Revit 将高亮显示该图元并在状态栏和工具提示中显示有关该图元的信息，如图 2-2 所示。

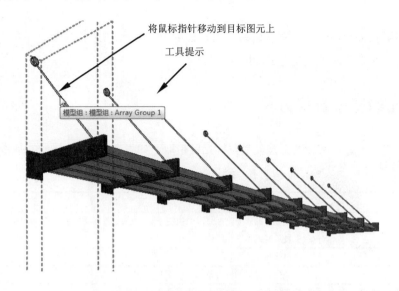

图 2-2 将鼠标指针移动到目标图元上

> **知识点拨：**
> 如果几个图元之间彼此非常接近或者互相重叠，可将鼠标指针移动到该区域上并按 Tab 键，直至状态栏描述所需图元的信息为止。按 Shift+Tab 快捷键可以按相反的顺序循环切换图元。

③ 单击显示工具提示的图元，选中单个图元，被选中的图元呈半透明蓝色状态，如图 2-3 所示。

④ 按住 Ctrl 键继续选中多个图元，如图 2-4 所示。

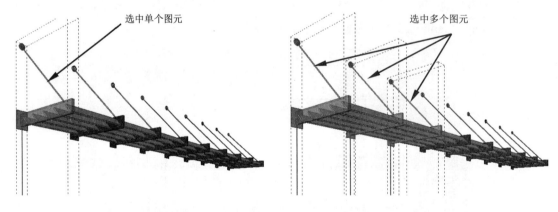

图 2-3 选中单个图元　　　　　　　图 2-4 选中多个图元

⑤ 此时，用户可以在状态栏最右侧查看当前所选图元的数量，如图 2-5 所示。

图 2-5 查看当前所选图元的数量

⑥ 单击 图标,打开【过滤器】对话框,取消勾选或者勾选【模型组】复选框,可控制是否显示所选图元,如图2-6所示。

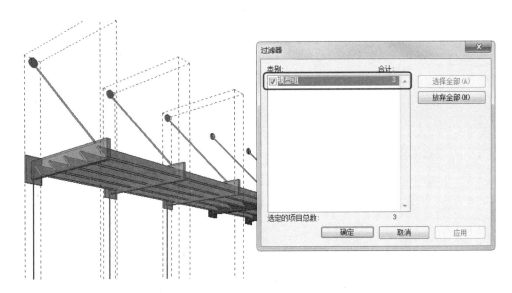

图2-6 通过【过滤器】对话框控制是否显示所选图元

⑦ 同时选择同一类别的图元的方法是先选中一个图元,然后直接输入【SA】(为【选择全部实例】的快捷键命令),其余同一类别的图元被同时选中,如图2-7所示。

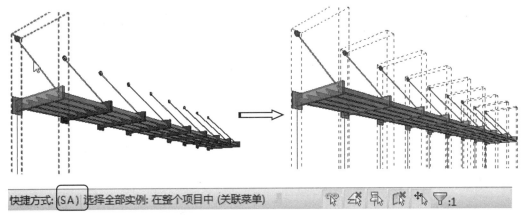

图2-7 同时选择同一类别的图元

知识点拨:
由于Revit中没有命令行文本框,所以输入的快捷键命令只能显示在状态栏上。

⑧ 用户也可以通过【项目浏览器】选项板来选择同一类别的图元。在【项目浏览器】选项板的【族】|【常规模型】|【Support Beam】视图节点下,右击某个族,在弹出的快捷菜单中选择【选择全部实例】|【在整个项目中】(或【在视图中可见】)命令,将全部选中Support Beam族图元,如图2-8所示。

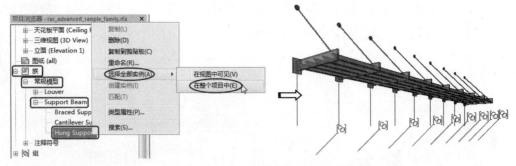

图 2-8　通过【项目浏览器】选项板选择同一类别的图元

⑨ 还有一种选择同一类别的图元的方法就是执行右键快捷菜单命令，即右击某一个图元，在弹出的快捷菜单中选择【选择全部实例】|【在视图中可见】（或【在整个项目中】）命令，即可同时选中同一类别的全部图元，如图 2-9 所示。

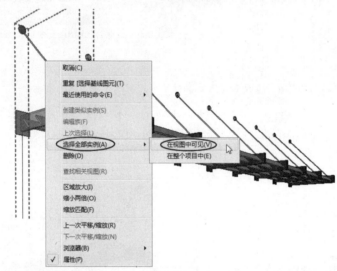

图 2-9　执行右键快捷菜单命令选择同一类别的图元

⑩ 用户可以通过矩形框来选择单个或多个图元，首先用鼠标在图形区由右向左画一个矩形，矩形框所包含或与其相交的图元都将被选中，如图 2-10 所示。

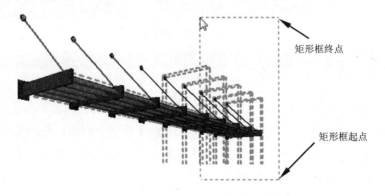

图 2-10　通过矩形框选择单个或多个图元

⑪ 选中图元后，如果要取消选择部分图元或者全部图元，则可以在按住 Shift 键的同时单击图元，如图 2-11 所示。

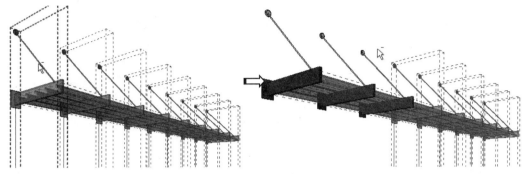

图 2-11 取消选择图元

知识点拨：
按 Shift 键时可看见鼠标指针上新增一个 "−" 符号，按 Ctrl 键时可看见新增一个 "+" 符号。

⑫ 如果想要快速地取消选择全部图元，则按 Esc 键退出操作即可。

2.1.2 通过选择过滤器选择图元

Revit 提供了控制图元是否显示的过滤器选项，【选择】面板中的过滤器选项及状态栏右侧的选择过滤器按钮如图 2-12 所示。

图 2-12 【选择】面板中的过滤器选项及状态栏右侧的选择过滤器按钮

1．选择链接

【选择链接】选项与链接的文件及链接的图元相关。勾选此复选框，则可以选择 Revit 模型、CAD 文件和点云扫描数据文件等类别。如图 2-13 所示，右侧的建筑模型是通过链接插入的 RVT 模型，直接选择链接模型是不能选取的，只有勾选了【选择链接】复选框后其才可以被选取。

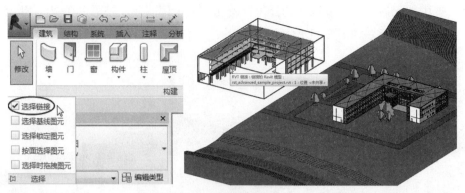

图 2-13　选择链接模型

> **知识点拨：**
> 想要判断一个项目中是否有链接的模型或文件，可以在【项目浏览器】选项板底部的【Revit 链接】视图节点（见图 2-14）下查看是否有链接对象。或者在【管理】选项卡的【管理项目】面板中单击【管理链接】按钮，打开【管理链接】对话框（见图 2-15）查看。

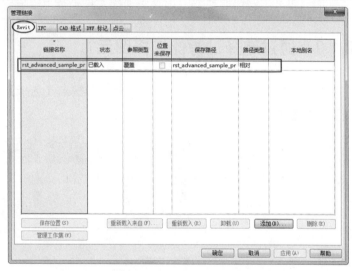

图 2-14　【Revit 链接】视图节点　　　　图 2-15　【管理链接】对话框

2. 选择基线图元

很多新手对于"基线"很难理解或理解不够，当然，可以参考帮助文档，但也不会得到具体的满意答案。

作者的理解是，在制作平面图（包括楼层平面图、天花板平面图、基础平面图等）的过程中，有时会需要使用本建筑中的其他图纸作为参考，这些参考（仅显示墙体线）就是"基线"，其以灰色线显示，如图 2-16 所示。

下面用案例来说明"基线"的设置、显示与选择。在默认情况下，这些基线是不能选择的，只有勾选了【选择基线图元】复选框后其才可以被选中。

第 2 章　Revit 2020 对象操作

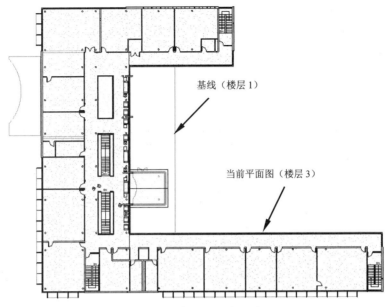

图 2-16　"基线"在平面图中的作用

📔 上机操作——选择基线图元

① 单击快速访问工具栏上的【打开】按钮 📂，在【打开】对话框中选择【rac_advanced_sample_project.rvt】建筑样例文件。

② 在【项目浏览器】选项板的【视图】|【楼层平面】视图节点下双击打开【03-Floor】视图，如图 2-17 所示。

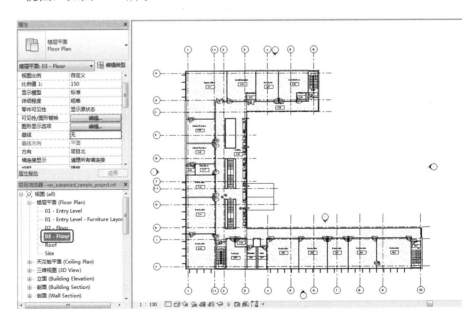

图 2-17　双击打开【03-Floor】视图

25

③ 在【属性】选项板的【图形】选项组中找到【基线】选项,在右侧的下拉列表框中选择【01-Entry Level】选项作为基线,然后单击【属性】选项板底部的【应用】按钮进行确认并应用,如图2-18所示。

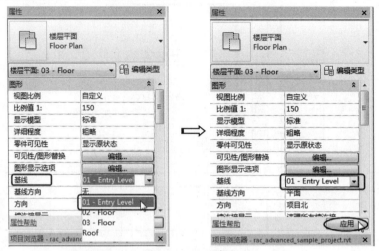

图 2-18 设置基线

④ 图形区中显示楼层1的基线(灰线),如图2-19所示。

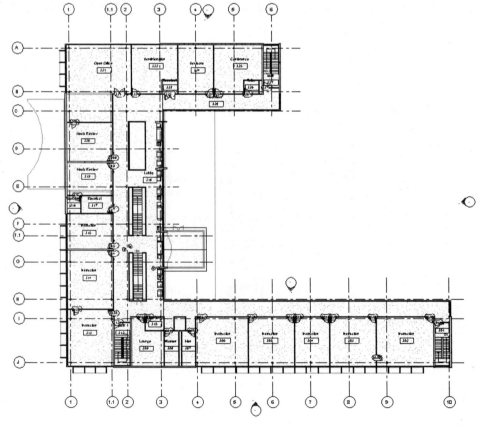

图 2-19 显示基线

⑤ 在【选择】面板中勾选【选择基线图元】复选框,或者在状态栏右侧单击【选择基线图元】按钮 ,即可选择灰线部分的基线图元,如图 2-20 所示[①]。

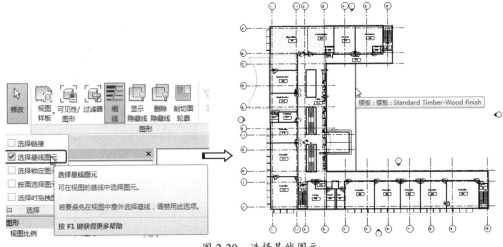

图 2-20　选择基线图元

3. 选择锁定图元

在建筑项目中,某些图元一旦被锁定后,则不能被选择。要想取消选择限制,需要设置【选择锁定图元】过滤器选项。

上机操作——选择锁定图元

① 单击快速访问工具栏上的【打开】按钮 ,在【打开】对话框中选择【rme_advanced_sample_project.rvt】建筑样例文件。

② 打开的建筑样例文件如图 2-21 所示。

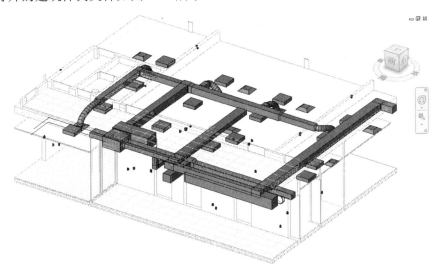

图 2-21　建筑样例文件

---

① 图 2-20 中"拖拽"的正确写法应为"拖曳"。

③ 在图形区中，选择默认视图中的一个通风管图元并右击，在弹出的快捷菜单中，选择【选择全部实例】|【在整个项目中】命令，选中整个项目中的所有通风管图元，如图 2-22 所示。

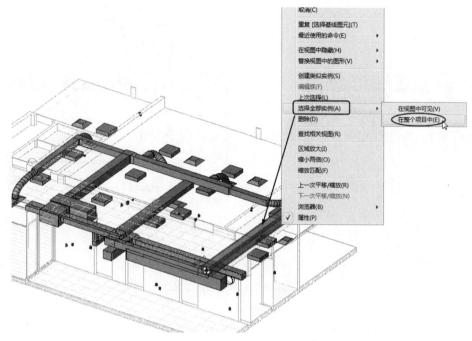

图 2-22 选中所有通风管图元

④ 在打开的【修改|风管】上下文选项卡的【修改】面板中单击【锁定】按钮 ，被选中的通风管图元上添加了图钉标记，表示被锁定，如图 2-23 所示。

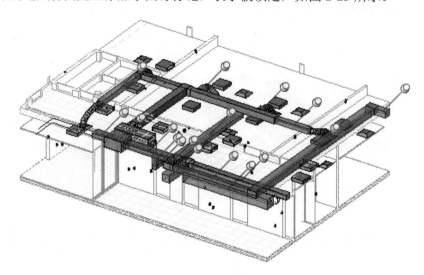

图 2-23 锁定图元

⑤ 在默认情况下，不能选择被锁定的图元。需要在【选择】面板中勾选【选择锁定图元】复选框，解除选择限制，如图 2-24 所示。

图 2-24 解除锁定图元的选择限制

> **知识点拨:**
> 解除选择限制不是解除锁定状态。要解除锁定状态,需要在【修改|风管】上下文选项卡的【修改】面板中单击【解锁】按钮。

4. 按面选择图元

当用户希望通过拾取内部面而不是边来选择图元时,可勾选【按面选择图元】复选框。例如,勾选此复选框后,用户可通过单击墙或楼板的中心来将其选中。

> **知识点拨:**
> 【按面选择图元】选项适用于大多数模型视图和详图视图,但它不适用于视觉样式为"线框"的视图。

如图 2-25 所示为勾选【按面选择图元】复选框后的选择状态,使用鼠标可以在模型的任意面上选择图元。如图 2-26 所示为取消勾选【按面选择图元】复选框后的选择状态,只能使用鼠标在模型边上选择。

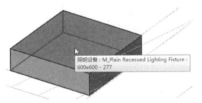 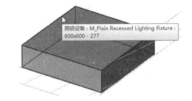

图 2-25 勾选【按面选择图元】复选框　　图 2-26 取消勾选【按面选择图元】复选框
　　　　　后的选择状态　　　　　　　　　　　　　　后的选择状态

5. 选择时拖曳图元

当用户既要选择图元又要同时移动图元时,可勾选【选择】面板上的【选择时拖曳图元】复选框或者单击状态栏上的【选择时拖曳图元】按钮。

勾选【选择时拖曳图元】复选框后(最好同时勾选【按面选择图元】复选框),用户可以迅速地选择图元并可以同时移动图元,如图 2-27 所示。

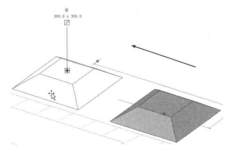

图 2-27 选择时拖曳图元

> **知识点拨：**
> 如果不勾选【选择时拖曳图元】复选框，想要移动图元则需要执行两步操作：选中图元后释放鼠标，再单击拖曳图元。

2.2 创建 Revit 工作平面

要想在三维空间中创建建筑模型，必须先了解什么是工作平面。对于已经使用过三维建模软件的用户来说，"工作平面"就不难理解了。本节将介绍工作平面在建模过程中的作用及设置方法。

2.2.1 工作平面的定义

工作平面是在三维空间中建模时用作绘制起始图元的二维虚拟平面，如图 2-28 所示。工作平面也可以作为视图平面，如图 2-29 所示。

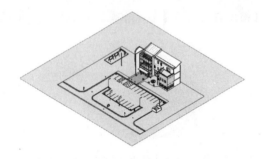

图 2-28 绘制起始图元的工作平面

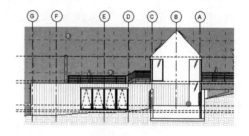

图 2-29 用作视图平面的工作平面

创建或设置工作平面的工具在【建筑】选项卡或【结构】选项卡的【工作平面】面板中，如图 2-30 所示。

图 2-30 【工作平面】面板

2.2.2 设置工作平面

Revit 中的每个视图都与工作平面相关联。例如，平面图与标高相关联，标高为水平工作平面，如图 2-31 所示。

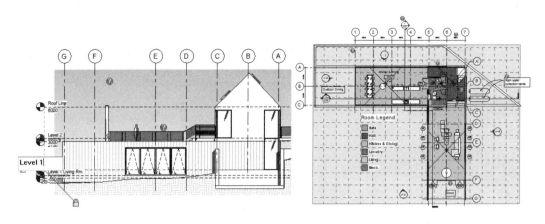

图 2-31　平面图与标高相关联

在某些视图（如平面图、三维视图和绘图视图）及族编辑器的视图中，工作平面是自动设置的。在立面图、剖面图中，必须设置工作平面。

在【工作平面】面板中单击【设置】按钮，打开【工作平面】对话框，如图 2-32 所示。

图 2-32　【工作平面】对话框

【工作平面】对话框的【当前工作平面】选项组中显示了当前工作平面的基本信息。用户可以通过【指定新的工作平面】选项组中的 3 个选项来定义新的工作平面。

- 名称：用户可以从右侧的下拉列表中选择已有的名称作为新工作平面的名称。通常，此下拉列表中包含标高名称、网格名称和参照平面名称。

> **知识点拨：**
> 即使未选择【名称】选项，其右侧的下拉列表也处于活动状态。如果从该下拉列表中选择名称，Revit 会自动选择【名称】选项。

- 拾取一个平面：选择此选项，可以选择建筑模型中的墙面、标高、拉伸面、网格和已命名的参照平面作为要定义的新工作平面。如图 2-33 所示，选择屋顶的一个斜平面作为新工作平面。

> **知识点拨：**
> 如果选择的工作平面垂直于当前视图，则会打开【转到视图】对话框，用户可以根据自己的选择，确定要打开哪个视图。例如，如果选择北向的墙，则允许在该对话框上面的列表框中选择平行视图（【East】立面图或【West】立面图），或者在下面的列表框中选择三维视图，如图 2-34 所示。

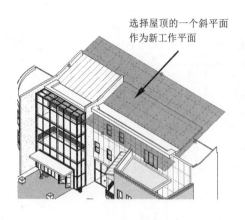

图 2-33 选择屋顶的一个斜平面作为新工作平面

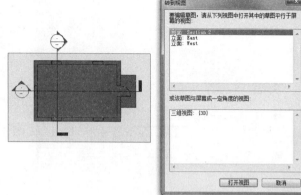

图 2-34 与当前视图垂直的工作平面

- 拾取线并使用绘制该线的工作平面：选择此选项，可以选择与线共面的工作平面作为当前工作平面。例如，选择如图 2-35（a）所示的模型线，模型线是在标高 1 层面上进行绘制的，所以标高 1 层面将作为当前工作平面。

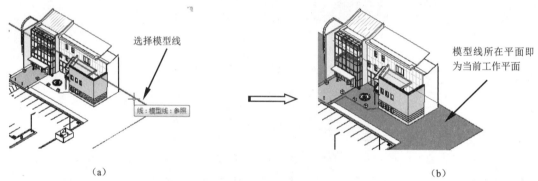

图 2-35 拾取线并使用绘制该线的工作平面

2.2.3 显示、编辑与查看工作平面

工作平面在视图中显示为网格，如图 2-36 所示。

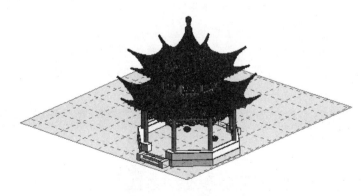

图 2-36 显示工作平面

1. 显示工作平面

想要显示工作平面,在【建筑】选项卡、【结构】选项卡或【系统】选项卡的【工作平面】面板中单击【显示】按钮即可。

2. 编辑工作平面

工作平面是可以被编辑的,用户可以修改其边界大小、网格大小。

上机操作——通过工作平面查看器修改模型

① 打开本例源文件【办公桌.rfa】,如图 2-37 所示。

② 双击桌面图元,显示桌面的截面曲线,如图 2-38 所示。

图 2-37 本例源文件【办公桌.rfa】

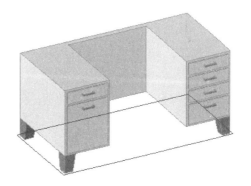
图 2-38 显示桌面的截面曲线

③ 单击【查看器】按钮,打开如图 2-39 所示的【工作平面查看器-活动工作平面:标高:第一层】对话框。

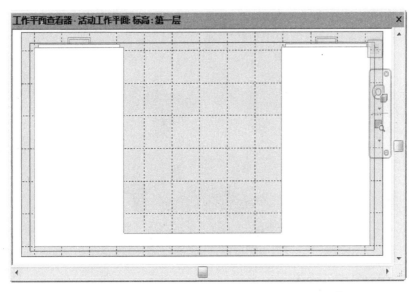
图 2-39 【工作平面查看器-活动工作平面:标高:第一层】对话框

④ 选中左侧边界线,然后使用鼠标拖曳改变其大小,如图 2-40 所示。

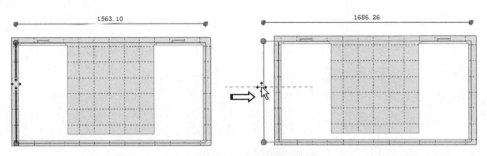

图 2-40　拖曳左侧边界线改变其大小

⑤ 同理，拖曳右侧的边界线改变其大小，拖曳的距离与左侧大致相等即可，如图 2-41 所示。

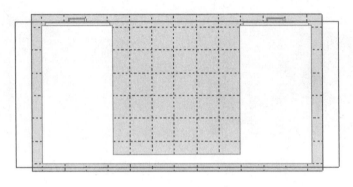

图 2-41　拖曳右侧边界线改变其大小

⑥ 关闭【工作平面查看器】对话框，实际上桌面的截面曲线已经发生改变，如图 2-42 所示。

⑦ 单击【修改|编辑拉伸】上下文选项卡中的【完成编辑模式】按钮 ✓，退出编辑模式，完成桌面的修改，如图 2-43 所示。

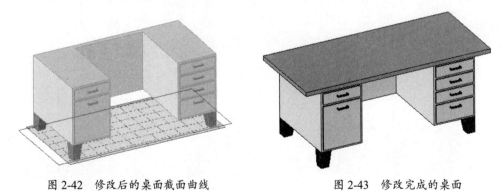

图 2-42　修改后的桌面截面曲线　　　　图 2-43　修改完成的桌面

2.3　图元的变换操作

Revit 提供了类似于 AutoCAD 中的图元变换操作与编辑工具。用户可利用这些变换操作与编辑工具来修改和操纵图形区中的图元,以实现建筑模型所需的设计。这些变换操作与编辑工具在【修改】选项卡中,如图 2-44 所示。

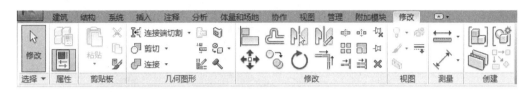

图 2-44 【修改】选项卡

2.3.1 编辑与操作几何图形

【修改】选项卡的【几何图形】面板中的工具用于连接和修剪几何图形,这里的"几何图形"是针对三维视图中的模型图元的。

1. 切割与剪切工具

切割与剪切工具包括【应用连接端切割】、【删除连接端切割】、【剪切几何图形】和【取消剪切几何图形】工具。

上机操作——应用与删除连接端切割

【应用连接端切割】工具与【删除连接端切割】工具主要应用于建筑结构设计中梁和柱的连接端口的切割。下面举例说明这两个工具的基本用法与注意事项。

① 打开本例源文件【钢梁结构.rvt】,如图 2-45 所示。

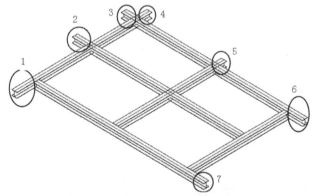

图 2-45 本例源文件【钢梁结构.rvt】

知识点拨:
从图 2-45 中可以看出,纵横交错的多条钢梁构件连接端是相互交叉的,需要用工具进行切割。尤其值得注意的是,用户必须先拖曳结构框架构件端点或造型操纵柄控制点来修改钢梁构件的长度,以便能完全切割与之相交的另一条钢梁构件。

② 选中 1 位置上的钢梁构件,将显示结构框架构件端点和造型操纵柄控制点,如图 2-46 所示。

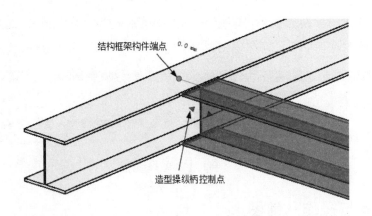

图 2-46 钢梁构件的结构框架构件端点和造型操纵柄控制点

③ 拖曳结构框架构件端点，拉长钢梁构件，如图 2-47 所示。

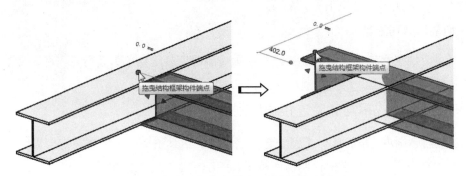

图 2-47 拖曳结构框架构件端点拉长钢梁构件

④ 拖曳时不要将钢梁构件拉伸得过长，这会影响切割的效果。原因是拖曳过长，得到的结果是相交处被切断，切断处以外的钢梁构件均被保留，如图 2-48 所示。此处我们想要的结果是两条钢梁构件相互切割，多余部分切割掉不保留。

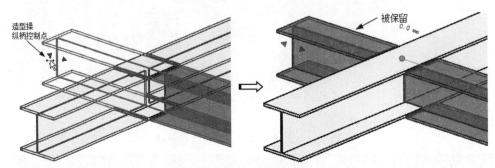

图 2-48 拖曳过长造成的结果

⑤ 同理，拖曳相交的另一条钢梁构件（很明显太长了）的结构框架构件端点缩短其长度，如图 2-49 所示。

第 2 章 Revit 2020 对象操作

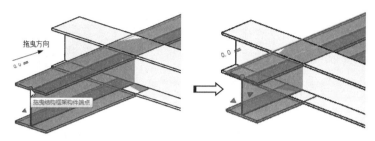

图 2-49 缩短另一条钢梁构件的长度

⑥ 经过上述操作，改变钢梁构件长度后，在【修改】选项卡的【几何图形】面板中单击【连接端切割】按钮，首先选择被切割的钢梁构件，再选择作为切割工具的另一条钢梁构件，如图 2-50 所示。

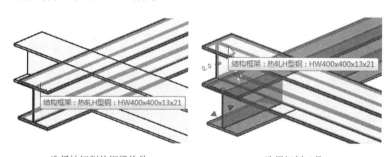

图 2-50 选择连接端被切割的对象和切割工具

⑦ Revit 自动完成切割，切割后的效果如图 2-51 所示。

⑧ 同理，交换被切割对象和切割工具，对未切割的另一条钢梁构件进行切割，切割后的效果如图 2-52 所示。

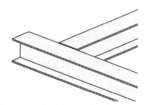

图 2-51 切割钢梁构件后的效果

图 2-52 切割后的效果

⑨ 按照上述方法，对图 2-45 中 2、3、4、5、6、7 位置上的相交钢梁构件进行连接端切割，效果如图 2-53 所示。

图 2-53 切割其他位置上的钢梁构件

⑩ 切割图 2-45 中中间形成十字交叉的两条钢梁构件，仅仅切割其中一条即可，效果如图 2-54 所示。

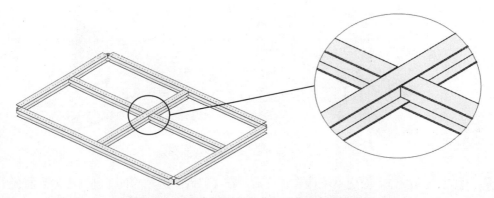

图 2-54 切割中间形成十字交叉的两条钢梁构件

> **知识点拨：**
> 判断被切割对象的钢梁构件是否过长，不妨先进行切割，如果切割效果不是我们想要的，则可以拖曳结构框架构件端点或造型操纵柄控制点修改其长度，Revit 会自动完成切割操作，如图 2-55 所示。

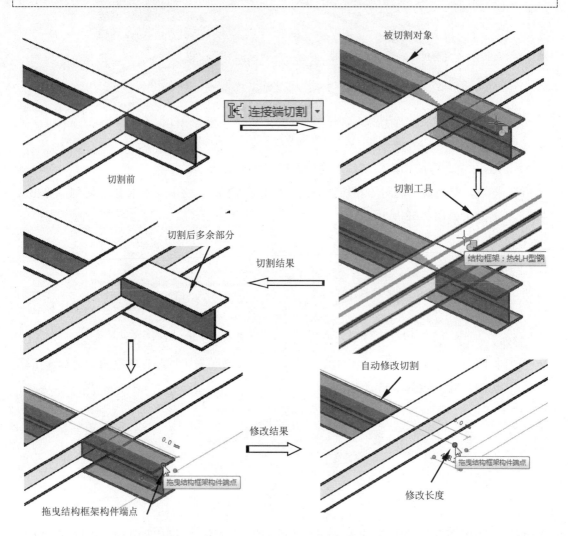

图 2-55 因钢梁构件过长进行切割后的修改操作

⑪ 切割完成后要仔细检查结果，如果切割效果不理想，则需要重新切割，可以单击【删除连接端切割】按钮，然后依次选择被切割对象与切割工具，删除连接端切割，如图 2-56 所示。

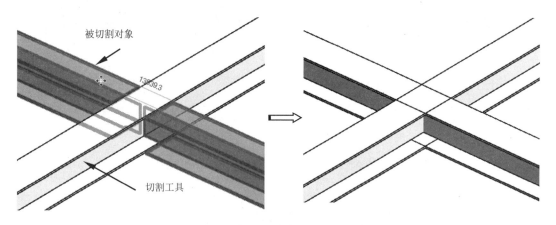

图 2-56 删除连接端切割

上机操作——剪切与取消剪切几何图形

利用【剪切几何图形】工具可以在实心的模型中剪切出空心的形状。剪切工具可以是空心模型，也可以是实心模型。【剪切几何图形】工具和【取消剪切几何图形】工具可用于族，也可以利用【剪切几何图形】工具将一面墙嵌入另一面墙。下面举例说明。

① 打开本例源文件【墙体-1.rvt】，如图 2-57 所示。

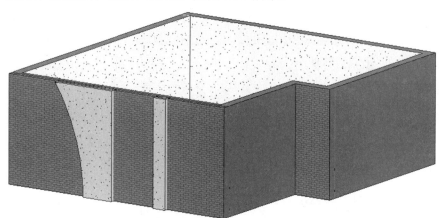

图 2-57 本例源文件【墙体-1.rvt】

② 在【修改】选项卡的【几何图形】面板中单击【剪切】按钮，根据信息提示，拾取被剪切的对象（墙体），如图 2-58 所示。

③ 拾取剪切工具，如图 2-59 所示。

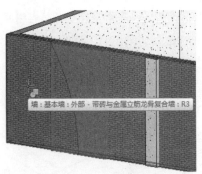

图 2-58　拾取被剪切的对象（主墙体）

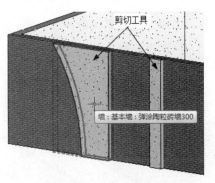

图 2-59　拾取剪切工具

④　Revit 自动完成剪切，并将剪切工具隐藏，结果如图 2-60 所示。

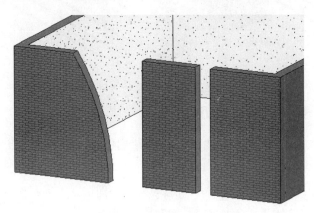

图 2-60　剪切结果

⑤　单击【取消剪切几何图形】按钮，依次选择主墙体（被剪切对象）和重叠墙体（剪切工具），可取消剪切。

2. 连接工具

连接工具主要用于清理两个或多个图元之间的连接部分，实际上是布尔求和或布尔求差运算，包括【连接几何图形】【取消连接几何图形】【切换连接顺序】等工具。

上机操作——连接柱和地板

①　打开本例源文件【花架.rvt】，如图 2-61 所示。

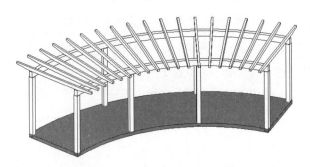

图 2-61　本例源文件【花架.rvt】

② 单击【连接】按钮，拾取要连接的实心几何图形——地板，如图 2-62 所示。
③ 拾取要连接到所选地板的实心几何图形——柱子（其中一根），如图 2-63 所示。

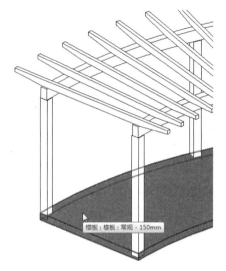

图 2-62　拾取要连接的对象　　　　图 2-63　拾取要连接到的对象

④ Revit 自动完成柱子与地板的连接，连接前后的对比效果如图 2-64 所示。

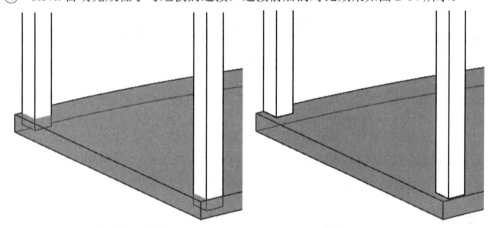

连接前的柱子与地板　　　　　　　　连接后的柱子与地板
图 2-64　柱子与地板连接前后的对比效果

> **知识点拨：**
> 如果将连接的几何图形的顺序改变一下，则会产生不同的连接效果。

⑤ 单击【取消连接几何图形】按钮，随意拾取柱子或地板，即可取消两者之间的连接。
⑥ 如果想要改变连接的几何图形的顺序，则可单击【切换连接顺序】按钮，任意选择柱子或地板，即可得到另一种连接效果。如图 2-65 所示，左图为先拾取地板再拾取柱子的连接效果，右图则是单击【切换连接顺序】按钮后的连接效果（也称为嵌入）。

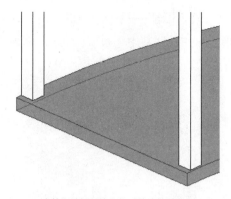 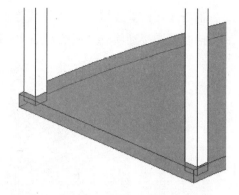

先拾取地板再拾取柱子的连接效果　　　　　　单击【切换连接顺序】按钮后的连接效果

图 2-65　切换连接顺序

💻 上机操作——连接屋顶

【连接几何图形】工具主要用于屋顶与屋顶的连接,以及屋顶与墙的连接。常见范例如图 2-66 所示。

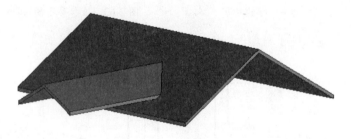

图 2-66　屋顶与屋顶的连接

① 打开本例源文件【小房子.rvt】,如图 2-67 所示。
② 在【修改】选项卡的【几何图形】面板中单击【连接/取消连接屋顶】按钮 ,然后选择小房子模型中大门上方屋顶的一条边作为要连接的对象,如图 2-68 所示。

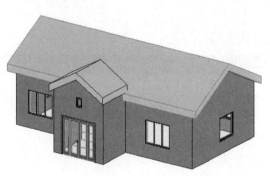 

图 2-67　本例源文件【小房子.rvt】　　　　　图 2-68　选择要连接的一条屋顶边

③ 根据信息提示,选择另一个屋顶上要连接的屋顶面,如图 2-69 所示。
④ Revit 自动完成两个屋顶的连接,效果如图 2-70 所示。

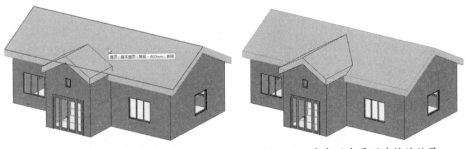

图 2-69　选择要连接的屋顶面　　　图 2-70　完成两个屋顶连接的效果

上机操作——梁/柱、墙连接

【梁/柱连接】工具可以调整梁和柱的缩进方式。图 2-71 显示了 4 种梁和柱缩进方式。下面举例说明。

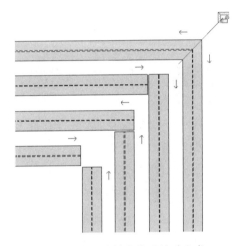

图 2-71　4 种梁和柱的缩进方式

① 打开本例源文件【简易钢梁.rvt】。
② 单击【梁/柱连接】按钮 ，梁和柱的端点连接处显示缩进箭头控制柄,如图 2-72 所示。
③ 单击缩进箭头控制柄，改变缩进方向，如图 2-73 所示，使梁和柱之间产生斜接。

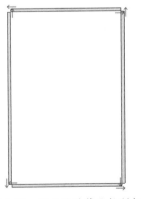
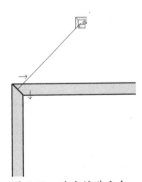

图 2-72　显示缩进箭头控制柄　　　图 2-73　改变缩进方向

④ 同理,改变其余 3 个端点连接处的缩进方向,梁和柱的最终连接效果如图 2-74 所示。

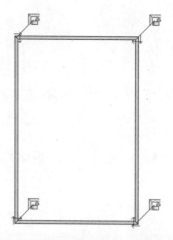

图 2-74 梁和柱的最终连接效果

> **知识点拨:**
> 梁和柱之间的连接是自动的,建筑混凝土形式的梁和梁之间的连接、柱和梁之间的连接也是自动的。

【墙连接】工具用来修改墙的连接方式,包括斜接、平接和方接。当墙与墙相交时,Revit 采用允许连接的方式控制连接点处墙连接的方式。该工具适用于叠层墙、基本墙、幕墙等各种墙图元实例。

绘制两段相交的墙体后,在【修改】选项卡的【几何图形】面板中单击【墙连接】按钮,拾取墙体连接端点,选项栏中将显示墙连接选项,如图 2-75 所示。

图 2-75 【墙连接】选项栏

- 上一个/下一个:当墙的连接方式设为【平接】或【方接】时,可以单击【上一个】或【下一个】按钮循环浏览连接顺序,如图 2-76 所示。

【上一个】连接顺序　　　　　【下一个】连接顺序

图 2-76 循环浏览连接顺序

- 平接/斜接/方接:墙体的 3 种连接方式,如图 2-77 所示。

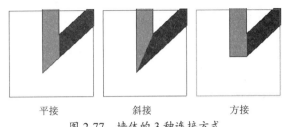

图 2-77 墙体的 3 种连接方式

> **知识点拨：**
> 同类型墙体的连接方式包括斜接、平接和方接 3 种，不同类型墙体的连接方式仅包括平接和斜接。

- 显示：当允许墙连接时，【显示】下拉列表中有 3 个选项，包括【清理连接】、【不清理连接】和【使用视图设置】。
- 允许连接：选择此选项，将允许墙连接。
- 不允许连接：选择此选项，将不允许墙连接。

允许墙连接和不允许墙连接的对比效果如图 2-78 所示。

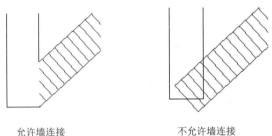

图 2-78 允许墙连接和不允许墙连接的对比效果

2.3.2 移动、对齐、旋转与缩放操作

【修改】选项卡的【修改】面板中的修改工具，可以对模型图元进行变换操作，如移动、旋转、缩放、复制、镜像、阵列、对齐、修剪、延伸等。本节将介绍移动、对齐、旋转与缩放的操作方法。

1. 移动

利用【移动】工具可将图元移动到指定的新位置。

选中要移动的图元，然后单击【修改】面板中的【移动】按钮 ✥，选项栏中将显示移动选项，如图 2-79 所示。

图 2-79 【移动】选项栏

- 约束：勾选此复选框，可限制图元沿着与其垂直或共线的矢量方向移动。
- 分开：勾选此复选框，可在移动前中断所选图元和其他图元之间的关联。例如，要移动连接到其他墙的墙时，该选项很有用。也可以利用【分开】选项将依赖于主体的图元从当前主体移动到新的主体上。

上机操作——移动图元

① 打开本例源文件【加油站服务区_2013.rvt】。在【项目浏览器】选项板中双击【楼层平面】|【二层平面图】视图节点,切换到二层平面图视图,如图2-80所示。

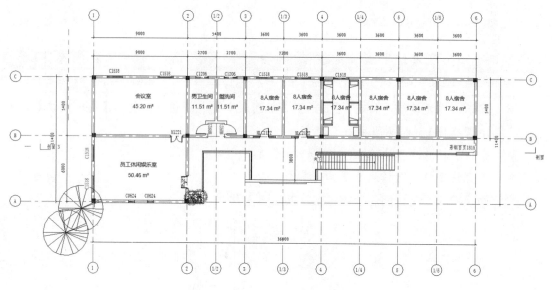

图2-80 二层平面图视图

② 单击【视图】选项卡的【窗口】面板中的【关闭隐藏对象】按钮,关闭其他视图窗口。

③ 在【项目浏览器】选项板中,双击打开【剖面(建筑剖面)】|【剖面3】视图节点。再单击【视图】选项卡的【窗口】面板中的【平铺】按钮,将Revit窗口左右并列平铺,以同时打开二层平面图视图和剖面3视图,如图2-81所示。

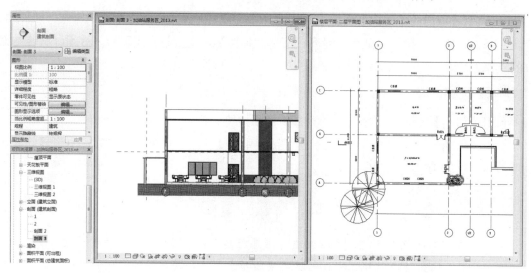

图2-81 同时打开2个视图并平铺视图窗口

④ 单击其中一个视图窗口，激活该视图窗口。滚动鼠标滚轮，放大显示二层平面图视图中的会议室房间，以及剖面 3 视图中的 1～2 轴线间对应的位置，如图 2-82 所示。

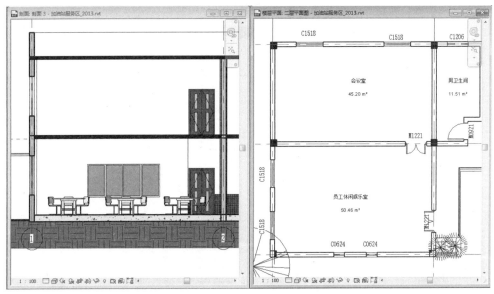

图 2-82　放大显示视图窗口中的视图

⑤ 激活二层平面图视图窗口，选择会议室Ⓑ轴线墙上编号为 M1221 的门图元（注意不要选择门编号 M1221），Revit 将自动切换至与门图元相关的【修改|门】上下文选项卡，如图 2-83 所示。

知识点拨：

【属性】选项板也会自动切换为与所选门相关的图元实例属性，在【类型选择器】中，显示了当前所选门图元的族名称为【门-双扇平开】，其类型名称为【M1221】。

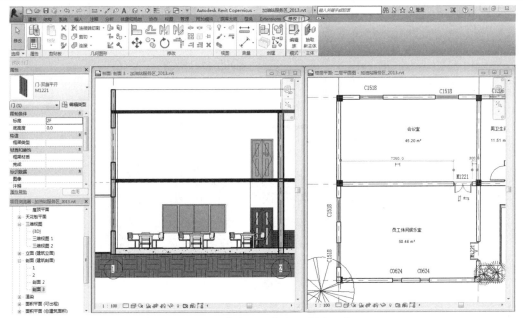

图 2-83　【修改|门】上下文选项卡

⑥ 【属性】选项板的【类型选择器】下拉列表中显示了项目中所有可用的门族及族类型。在【类型选择器】下拉列表中选择【塑钢推拉门】类型，该类型属于【型材推拉门】族，Revit 在剖面 3 视图中，将门修改为新的类型，如图 2-84 所示。

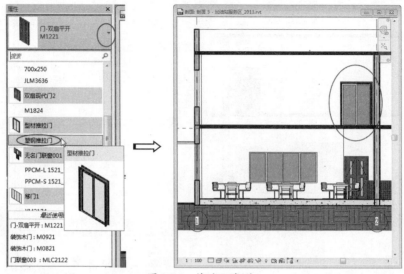

图 2-84　修改门类型

⑦ 激活剖面 3 视图窗口并选中门图元，然后在【修改|门】上下文选项卡的【修改】面板中单击【移动】按钮，接着在选项栏中勾选【约束】复选框，如图 2-85 所示。

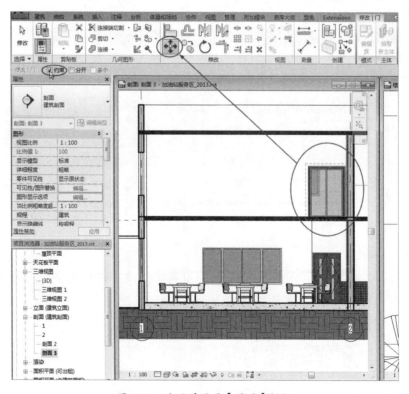

图 2-85　使用并设置【移动】按钮

知识点拨：

如果先单击【移动】按钮✥再选中要移动的图元，则需要按 Enter 键确认。

⑧ 在剖面 3 视图中，使用鼠标拾取门图元的右上角点作为移动起点，向左移动门图元，在移动过程中直接输入【100】（通过键盘输入），按 Enter 键，即可完成移动，如图 2-86 所示。

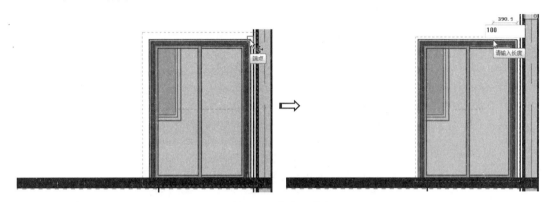

图 2-86 移动门图元

知识点拨：

由于勾选了选项栏中的【约束】复选框，因此 Revit 仅允许在水平或垂直方向移动鼠标。而且 Revit 中各视图是基于三维模型实时剖切生成的，因此在剖面 3 视图中移动门图元时，Revit 同时会自动更新二层平面图视图中门图元的位置。

2. 对齐

利用【对齐】工具可将单个或多个图元与指定的图元对齐，对齐也是一种移动操作。下面利用【对齐】工具，将上一个案例中移动的二层会议室门洞口右侧与一层餐厅门洞口右侧精确对齐。

💻 上机操作——对齐图元

① 继续使用上一个案例。

② 单击【修改】选项卡的【编辑】面板中的【对齐】按钮 ，进入对齐编辑模式，鼠标指针变为 。取消勾选选项栏中的【多重对齐】复选框，如图 2-87 所示。

图 2-87 取消勾选【多重对齐】复选框

③ 激活剖面 3 视图。移动鼠标指针至一层餐厅门洞口右侧边缘，Revit 将自动捕捉门洞口边并高亮显示，单击鼠标左键，Revit 将在该位置处显示蓝色参照线，如图 2-88 所示。

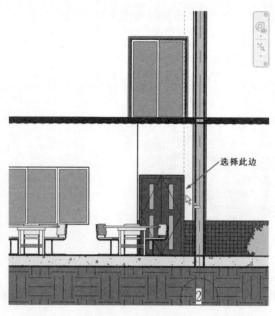

图 2-88 选择要对齐的参照(餐厅门边)

④ 移动鼠标指针至二层会议室门洞口右侧边缘,Revit 将自动捕捉门边参照位置并高亮显示,如图 2-89 所示。

⑤ Revit 自动将会议室门洞口向右移动至参照位置,与一层餐厅门洞口右侧对齐,结果如图 2-90 所示。按两次 Esc 键退出【对齐】操作模式。

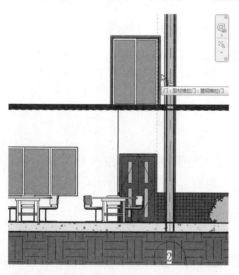

图 2-89 选择要对齐的实体(会议室门边)

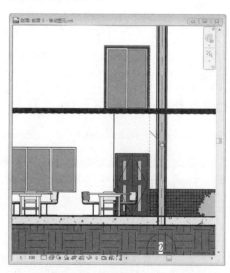

图 2-90 自动对齐右侧门洞口

知识点拨:

利用【对齐】工具将图元对齐至指定位置后,Revit 会在参照位置处给出锁定标记。单击该标记,Revit 将在图元间建立对齐参数关系,同时锁定标记变为。当修改具有对齐关系的图元时,Revit 会自动修改与之对齐的其他图元。

3. 旋转

【旋转】工具用于绕轴旋转选定的图元。某些图元只有在特定的情况下才能旋转，例如，墙不能在立面图中旋转、窗不能在没有墙的情况下旋转。

选中要旋转的图元，再单击【旋转】按钮 ，选项栏中将显示旋转选项，如图 2-91 所示。

图 2-91　【旋转】选项栏

- 分开：勾选此复选框，可在旋转之前中断所选图元与其他图元之间的连接。需要旋转连接到其他墙的墙时，该选项很有用。
- 复制：勾选此复选框，可旋转所选图元的副本，而在原来位置上保留原始对象。
- 角度：用于指定旋转的角度。按 Enter 键，Revit 会以指定的角度执行旋转操作，跳过其他的步骤。
- 旋转中心：默认的旋转中心是图元的中心，如果想要自定义旋转中心，用户可以单击【地点】按钮，捕捉新点作为旋转中心。

4. 缩放

【缩放】工具适用于线、墙、图像、DWG 和 DXF 导入、参照平面及尺寸标注的位置缩放。可以采用"图形"方式或"数值"方式来按比例缩放图元。

调整图元大小时，需要考虑以下事项。

- 调整图元大小时，需要定义一个原点，图元将相对于该固定点同等地改变大小。
- 所有图元都必须位于平行平面中。选择集中的所有墙都必须具有相同的底部标高。
- 调整墙的大小时，插入对象要与墙的中点保持固定距离。
- 调整大小会改变尺寸标注的位置，但不会改变尺寸标注的值。如果被调整的图元是尺寸标注的参照图元，则尺寸标注值会随之改变。
- 导入符号具有名为【实例比例】的只读实例参数。它表明了实例大小与基准符号的差异程度，可以通过调整导入符号的大小来修改该参数。

如图 2-92 所示为缩放模型文字的范例。

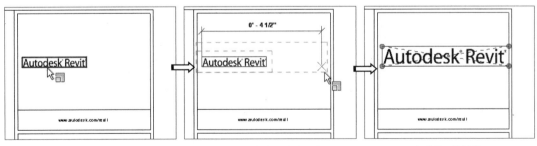

选择要缩放的图元　　　　指定缩放起点和缩放终点　　　　完成图元的缩放

图 2-92　缩放模型文字的范例

2.3.3 复制、镜像与阵列操作

【复制】、【镜像】与【阵列】工具都属于复制类型的工具，类似于 Windows【剪贴板】中的复制、粘贴功能。

1. 复制

【修改】面板中的【复制】工具用于将所选图元复制到新的位置，仅仅在相同视图中使用。与【剪贴板】面板中的【复制到粘贴板】工具有所不同，【复制到粘贴板】工具可以在相同或不同的视图中使用，得到图元的副本。

【复制】选项栏如图 2-93 所示。

图 2-93 【复制】选项栏

勾选【多个】复选框，将会连续复制多个图元副本。

上机操作——复制图元

① 打开本例源文件【加油站服务区-2.rvt】，如图 2-94 所示。

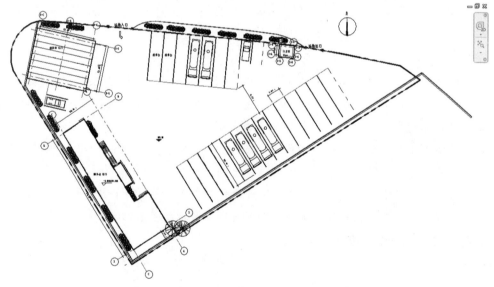

图 2-94 本例源文件【加油站服务区-2.rvt】

② 按住 Ctrl 键并选中图 2-94 中右侧的 4 辆油罐车的模型，然后单击【修改】面板中的【复制】按钮 ，确认选项栏中各复选框不被勾选，并拾取复制的基点，如图 2-95 所示。

③ 拾取基点后，再拾取车位上的一个点作为放置副本的参考点，如图 2-96 所示。

第 2 章 Revit 2020 对象操作

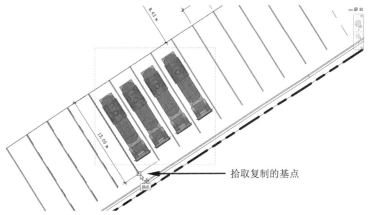

图 2-95 选中要复制的对象并拾取复制的基点

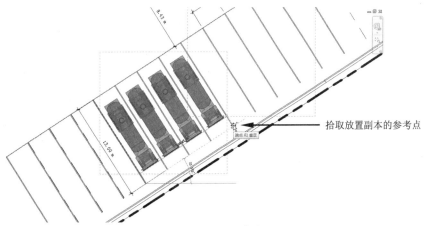

图 2-96 拾取放置副本的参考点

④ 拾取放置副本的参考点后，Revit 将自动创建副本，完成油罐车模型的复制，如图 2-97 所示。

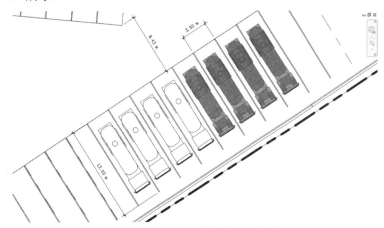

图 2-97 完成油罐车模型的复制

> **知识点拨：**
>
> 【剪贴板】面板中的【复制到剪贴板】工具，可以用键盘快捷键代替，即 Ctrl+C（复制）和 Ctrl+V（粘贴）。当然，如果不需要保留原图元，则可以按 Ctrl+X 快捷键剪切原图元。

2. 镜像

【镜像】工具也是一种复制类型的工具。【镜像】工具是通过指定镜像中心线（或称为镜像轴）或绘制镜像中心线后，进行对称复制的工具。

Revit 中的【镜像】工具包括【镜像-拾取轴】和【镜像-绘制轴】。

- 【镜像-拾取轴】工具的镜像中心线是通过指定现有的线或者图元的边确定的。
- 【镜像-绘制轴】工具的镜像中心线是通过手动绘制的。

上机操作——镜像图元

① 打开本例源文件【农家小院.rvt】，如图 2-98 所示。

② 如图 2-99 所示，主卧和次卧是没有门的，所以需要添加门。

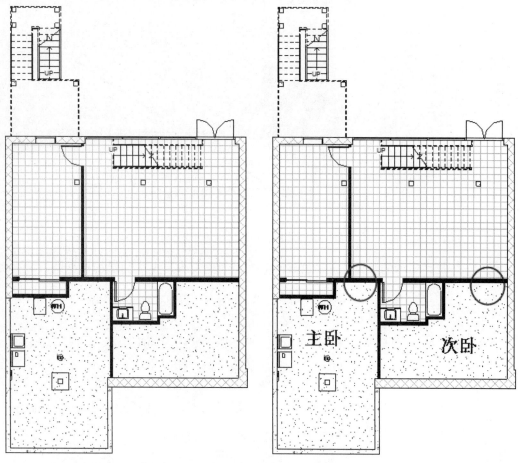

图 2-98　本例源文件【农家小院.rvt】　　图 2-99　主卧和次卧没有门

③ 选中卫生间的门图元，单击【镜像-拾取轴】按钮，拾取主卧与次卧隔离墙体的中心线作为镜像中心线，如图 2-100 所示。

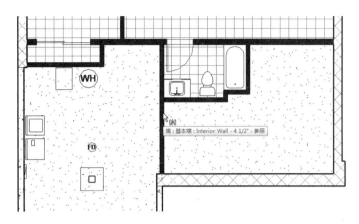

图 2-100 拾取镜像中心线

④ Revit 自动完成镜像并创建副本图元,即主卧的门,如图 2-101 所示。在空白处单击鼠标左键即可退出当前操作。

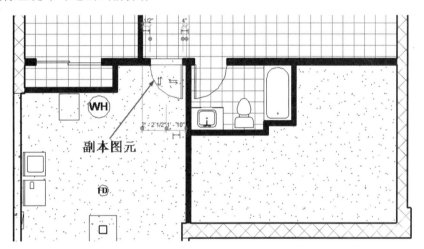

图 2-101 创建主卧的门

⑤ 选中卫生间的门图元,单击【镜像-绘制轴】按钮,拾取卫生间浴缸一侧墙体的中心线,指定镜像中心线的起点和终点,如图 2-102 所示。

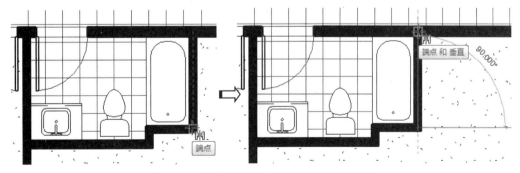

图 2-102 拾取镜像中心线并指定起点和终点

⑥ Revit 自动完成镜像并创建副本图元,即次卧的门,如图 2-103 所示。

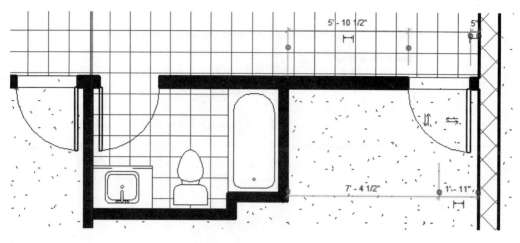

图 2-103　创建次卧的门

3. 阵列

利用【阵列】工具可以创建线性阵列或径向阵列（也称为圆周阵列），如图 2-104 所示。

线性阵列　　　　　　　　　　　径向阵列

图 2-104　图元的阵列

选中要阵列的图元并单击【阵列】按钮，选项栏中将默认显示线性阵列的选项，如图 2-105 所示。

图 2-105　线性阵列选项

单击【径向】按钮，选项栏中将显示径向阵列的选项，如图 2-106 所示。

图 2-106　径向阵列选项

- 【线性】按钮：单击此按钮，将创建线性阵列。
- 【径向】按钮：单击此按钮，将创建径向阵列。
- 激活尺寸标注：仅当为线性阵列时才有此选项。选择此选项，可以显示并激活要阵列图元的定位尺寸。不激活尺寸标注和激活尺寸标注的对比效果如图 2-107 所示。

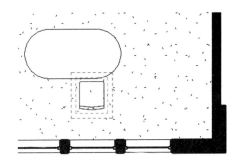 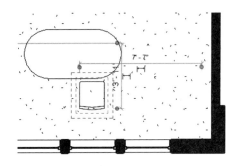

不激活尺寸标注　　　　　　　　　　激活尺寸标注

图 2-107　不激活尺寸标注和激活尺寸标注的对比效果

- 成组并关联：此选项用于控制各阵列成员之间是否存在关联，勾选即产生关联，反之非关联。
- 项目数：此文本框用于输入阵列成员的项目数。
- 移动到：成员之间的间距控制方法。
  - 第二个：选中此选项，将指定第一个图元和第二个图元之间的间距为成员之间的阵列间距，所有后续图元将使用相同的间距，如图 2-108 所示。

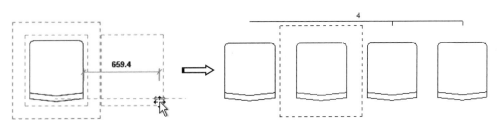

图 2-108　【第二个】阵列间距设定方式

  - 最后一个：指定第一个图元和最后一个图元之间的间距，所有剩余的图元将在它们之间以相等间隔分布，如图 2-109 所示。

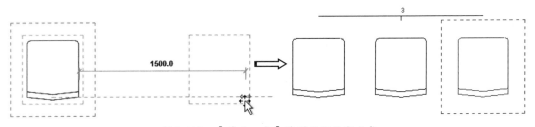

图 2-109　【最后一个】阵列间距设定方式

- 约束：勾选此复选框，可限制图元沿着与其垂直或共线的矢量方向移动。
- 角度：此文本框用于输入总的径向阵列旋转角度，最大为 360 度。如图 2-110 所示为总的径向阵列旋转角度为 360 度、成员数为 6 的径向阵列。
- 旋转中心：设定径向阵列的旋转中心。默认的旋转中心为图元自身的中心，单击【地点】按钮，可以指定旋转中心。

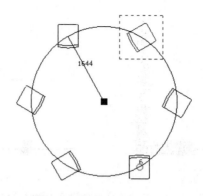

图 2-110　总的径向阵列旋转角度为 360 度、成员数为 6 的径向阵列

上机操作——径向阵列餐椅

① 打开本例源文件【两层别墅.rvt】，如图 2-111 所示。

图 2-111　本例源文件【两层别墅.rvt】

② 选中餐厅中的餐椅图元，再单击【阵列】按钮，在选项栏中单击【径向】按钮，接着单击【地点】按钮，设定圆桌的圆心为径向阵列的旋转中心，如图 2-112 所示。

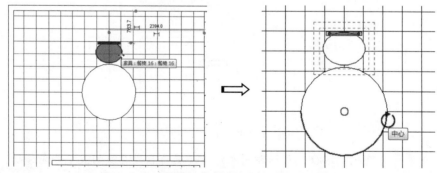

图 2-112　选择阵列对象并拾取阵列的旋转中心

> **知识点拨：**
> 在拾取圆桌的圆心时，要确保【捕捉】对话框中的【中心】复选框被勾选，如图 2-113 所示，且在捕捉时，仅拾取圆桌的边即可自动捕捉到圆心。

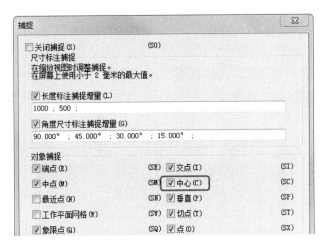

图 2-113 设置捕捉

③ 捕捉到阵列的旋转中心后,在选项栏中输入【项目数】为【6】,【角度】为【360】,按 Enter 键,即可自动创建径向阵列,如图 2-114 所示。

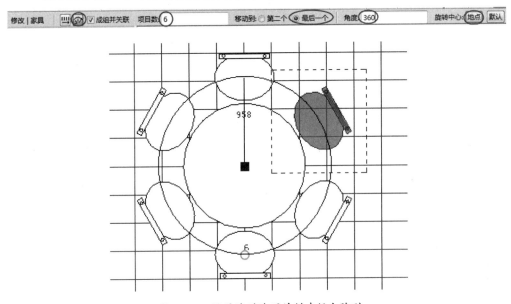

图 2-114 设置阵列选项并创建径向阵列

2.4 项目视图

Revit 模型视图是创建模型和设计图纸的重要参考。用户可以借助不同的视图(工作平面)创建模型,也可以借助不同的视图来创建结构施工图、建筑施工图、水电气布线图、设备管路设计施工图等。进入不同的模组,就会有不同的模型视图。

2.4.1 项目样板与项目视图

在建筑模型中,所有的图纸、二维视图、三维视图及明细表都是同一个基本建筑模型数据库的信息表现形式。

不同的项目视图由不同的项目样板来表示。在【新建项目】对话框中选择【构造样板】、【建筑样板】、【结构样板】或【机械样板】样板文件来创建项目,如图 2-115 所示。

图 2-115 选择样板文件创建项目

> 提示:
> 第一次安装 Revit 2020 是没有任何项目样板文件的,用户需要从官方网站进行下载(本章随书资料中会提供),下载后将【China】文件夹复制并粘贴到 C:\ProgramData\Autodesk\RVT 2020\Templates 路径下替换源文件夹即可。

项目样板为新项目提供了起点,包括视图样板、已载入的族、已定义的设置(如单位、填充样式、线样式、线宽、视图比例等)和几何图形(如果需要)。

Revit 中提供了若干个项目样板,用于不同的规程和建筑项目类型,如图 2-116 所示。

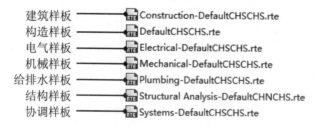

图 2-116 Revit 中提供的项目样板

所谓项目样板之间的差别,是由设计行业的不同需求决定的,同时,在【项目浏览器】选项板中的视图内容也会不同。建筑样板和构造样板的视图内容是一样的,也就是说,这两种项目样板都可以进行建筑模型设计,出图的种类也是最多的。如图 2-117 所示为建筑样板与构造(构造设计包括零件设计和部件设计)样板的视图内容。

> 知识点拨:
> 在 Revit 中进行建筑模型设计,只能做一些造型较为简单的建筑框架、室内建筑构件、外幕墙等模型,复杂外形的建筑模型只能通过第三方软件,如 Rhino、SketchUP、3ds Max 等进行造型设计,然后通过转换格式导入或链接到 Revit 中。

建筑样板的视图内容　　　　　　构造样板的视图内容

图 2-117　建筑样板与构造样板的视图内容

电气样板、机械样板、给排水样板和结构样板的视图内容如图 2-118 所示。

电气样板　　　　　机械样板　　　　　给排水样板　　　　结构样板

图 2-118　电气样板、机械样板、给排水样板和结构样板的视图内容

2.4.2　项目视图的基本使用

1.【楼层平面】视图

在项目视图中,【楼层平面】视图节点下默认的楼层包括【场地】、【标高 1】和【标高 2】,如图 2-119 所示。【场地】视图是用来包容属于场地的所有构建要素的,包括绿地、院落植物、围墙、地坪等。一般来说,场地的标高要比第一层的标高低,避免往室内渗水。

【标高 1】视图就是建筑的地上第一层,与立面图中的【标高 1】标高是一一对应的,如图 2-120 所示。

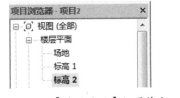　　　　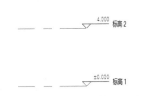

图 2-119　【楼层平面】视图节点　　　图 2-120　立面图中的标高

平面图中【标高 1】的名称可以被修改，选中【标高 1】视图并右击，在弹出的快捷菜单中选择【重命名】命令，即可重命名视图，如图 2-121 所示。

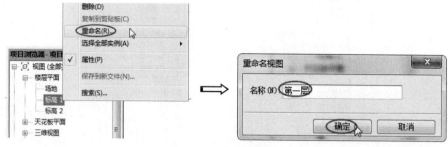

图 2-121　重命名视图

重命名视图后，系统会提示用户：是否希望重命名相应标高和视图。如果单击【是】按钮，则将关联其他视图，反之，只修改该视图名称，其他视图中的名称则不受影响。

2.【立面】视图

【立面】视图包括东、南、西、北 4 个建筑立面图，与之对应的是【楼层平面】视图中的 4 个立面标记，如图 2-122 所示。

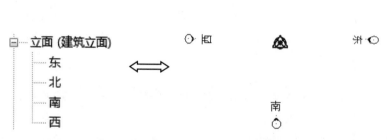

图 2-122　【立面】视图与【楼层平面】视图中的立面标记

在【楼层平面】视图中双击立面标记，即可转入该标记指示的【立面】视图中。

2.4.3　视图范围的控制

视图范围是控制对象在视图中的可见性和外观的水平平面集。

每个平面图都具有视图范围属性，该属性也称为可见范围。可以定义视图范围的水平平面为"俯视图"、"剖切面"和"仰视图"。顶剪裁平面和底剪裁平面表示视图范围的顶部和底部。"剖切面"是一个平面，用于确定特定图元在视图中显示为剖面时的高度。这三个平面可以定义视图的主要范围。

视图深度是主要范围之外的附加平面。更改视图深度，以显示底剪裁平面下的图元。在默认情况下，视图深度与底剪裁平面重合。

如图 2-123（a）所示的立面图中，显示了轴号为⑦的视图范围：顶部❶、剖切面❷、底部❸、偏移（从底部）❹、主要范围❺和视图深度❻。如图 2-123（b）所示的平面图显示了此视图范围的结果。

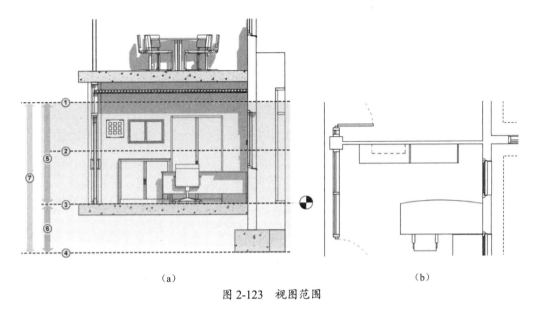

图 2-123 视图范围

当创建了多层建筑后，可以通过设置视图范围，让当前楼层以下或以上的楼层隐藏，以便于观察。

除了图 2-123 中正常情况的剖切显示（剖切面❷的剖切位置），还有以下几种情况的视图范围显示控制方法。

1. 与剖切面相交的图元

在平面图中，Revit 使用以下规则显示与剖切面相交的图元。

- 这些图元使用其图元类别的剖面线宽绘制。
- 当图元类别没有剖面线宽时，该类别不可剖切。此图元使用投影线宽绘制。

与剖切面相交的图元显示的例外情况包括以下内容。

- 高度小于 6 英尺（2m）的墙不会被截断，即使它们与剖切面相交。

> **知识点拨：**
> 从边界框的顶部到主视图范围的底部测量的结果为 6 英尺（2m）。例如，如果创建的墙的顶部比底剪裁平面高 6 英尺，则在剖切面上剪切墙。当测量的结果不足 6 英尺时，整个墙显示为投影，即使是与剖切面相交的区域也是如此。将墙的【墙顶定位标高】属性指定为【未连接】时，始终会出现此行为。

- 对于某些类别，各个族被定义为可剖切或不可剖切。如果族被定义为不可剖切，则其图元与剖切面相交时，使用投影线宽绘制。

如图 2-124 所示，蓝色高亮显示部分表示与剖切面相交的图元，右侧平面图显示以下内容。

- ①表示使用剖面线宽绘制的图元（墙、门和窗）。
- ②表示使用投影线宽绘制的图元，因为它们不可剖切（橱柜）。

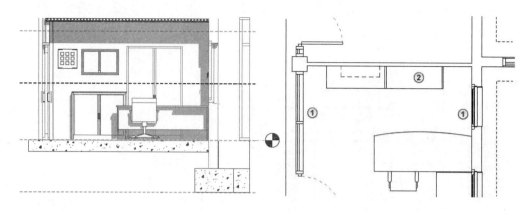

图 2-124 与剖切面相交的图元显示

2. 低于剖切面且高于底剪裁平面的图元

在平面图中，Revit 使用图元类别的投影线宽绘制低于剖切面且高于底剪裁平面的图元。如图 2-125 所示，蓝色高亮显示部分表示低于剖切面且高于底剪裁平面的图元，右侧平面图显示以下内容。

①表示使用投影线宽绘制的图元，因为它们不与剖切面相交（橱柜、桌子和椅子）。

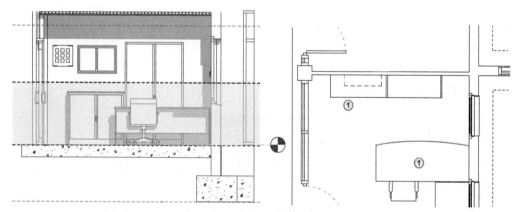

图 2-125 低于剖切面且高于底剪裁平面的图元显示

3. 低于底剪裁平面且在视图深度内的图元

在视图深度内的图元使用超出线样式绘制，与图元类别无关。

例外情况：位于视图范围之外的楼板、结构楼板、楼梯和坡道使用一个调整后的范围，比主要范围的底部低 4 英尺（约 1.22m）。在该调整范围内，使用该类别的投影线宽绘制图元。如果它们存在于此调整范围之外但在视图深度内，则使用超出线样式绘制。

如图 2-126 所示，蓝色高亮显示部分表示低于底剪裁平面且在视图深度内的图元，右侧平面图显示以下内容。

- ①表示使用超出线样式绘制的视图深度内的图元（基础）。
- ②表示使用投影线宽为其类别绘制的图元，因为它满足例外条件。

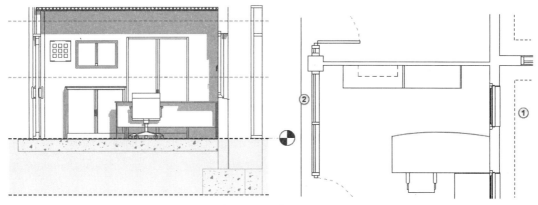

图 2-126 低于底剪裁平面且在视图深度内的图元显示

4. 高于剖切面且低于顶剪裁平面的图元

高于剖切面且低于顶剪裁平面的图元不会显示在平面图中,除非其类别是窗、橱柜或常规模型。这三个类别中的图元使用从上方查看时的投影线宽绘制。

如图 2-127 所示,蓝色高亮显示部分表示高于剖切面且低于顶剪裁平面的图元,右侧平面图显示以下内容。

- ①表示使用投影线宽绘制的壁装橱柜。在这种情况下,在橱柜族中定义投影线的虚线样式。
- ②表示未在平面中绘制的壁灯(照明类别),因为其类别不是窗、橱柜或常规模型。

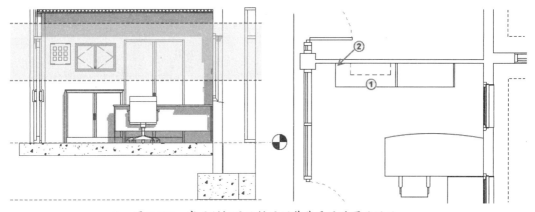

图 2-127 高于剖切面且低于顶剪裁平面的图元显示

在【属性】选项板的【范围】选项组中单击【编辑】按钮,可在打开的【视图范围】对话框中设置视图范围,如图 2-128 所示。

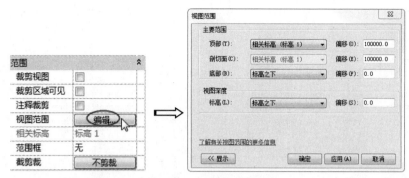

图 2-128 设置视图范围

2.4.4 视图控制栏上的视图显示工具

图形区下方的视图控制栏上的视图显示工具可以帮助用户快速操作视图。

视图控制栏上的视图显示工具如图 2-129 所示。下面简单介绍这些工具的基本用法。

图 2-129 视图控制栏上的视图显示工具

1. 视觉样式

图形的模型显示样式设置，可以在视图控制栏上利用【视觉样式】工具来实现。单击【视觉样式】按钮，弹出下拉列表，如图 2-130 所示。选择【图形显示选项】选项，可打开【图形显示选项】对话框进行视图设置，如图 2-131 所示。

图 2-130 【视觉样式】下拉列表

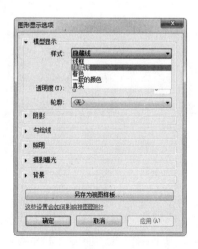

图 2-131 【图形显示选项】对话框

2. 日光设置

当渲染场景为白天时，可以设置日光。单击【日光设置】按钮，弹出包含 3 个选项的下拉列表，如图 2-132 所示。

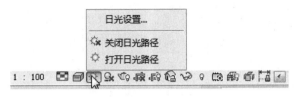

图 2-132 【日光设置】下拉列表

日光路径是指一天中阳光在地球上照射的时间和地理路径,并以运动轨迹可视化,如图 2-133 所示。

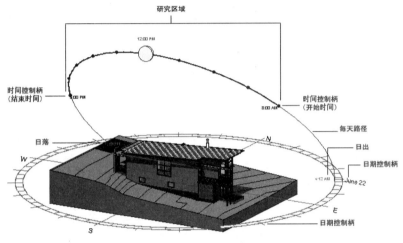

图 2-133 一天的日光路径

选择【日光设置】选项,可以打开【日光设置】对话框进行日光研究和设置,如图 2-134 所示。

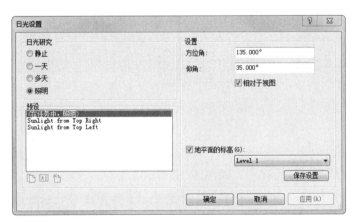

图 2-134 【日光设置】对话框

3. 阴影开关

在视图控制栏上单击【打开阴影】按钮 或者【关闭阴影】按钮 ,可以控制真实渲染场景中的阴影显示或关闭。如图 2-135 所示为打开阴影的场景。如图 2-136 所示为关闭阴影的场景。

图 2-135　打开阴影的场景　　　　　图 2-136　关闭阴影的场景

4. 视图的剪裁

剪裁视图主要用于查看三维建筑模型剖面在剪裁之前和剪裁之后的视图状态。

上机操作——查看视图的剪裁与不剪裁状态

① 从 Revit 2020 主页界面中打开【建筑样例项目】文件（Revit 自带的练习文件）。

② 进入 Revit 建筑项目设计工作界面后，在【项目浏览器】选项板中，双击【视图】|【立面图】|【East】视图，打开【East】立面图，如图 2-137 所示。

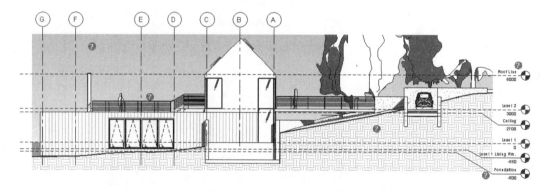

图 2-137　【East】立面图

③ 此视图实际上是一个剪裁视图。单击视图控制栏上的【不剪裁视图】按钮 ，可以查看被剪裁之前的视图，如图 2-138 所示。

④ 此时是没有显示视图裁剪边界的，要想显示，可单击【显示裁剪区域】按钮 ，显示视图裁剪边界，如图 2-139 所示。

⑤ 要返回正常的立面图显示状态，需要单击【剪裁视图】按钮 和【隐藏裁剪区域】按钮 ，如图 2-140 所示。

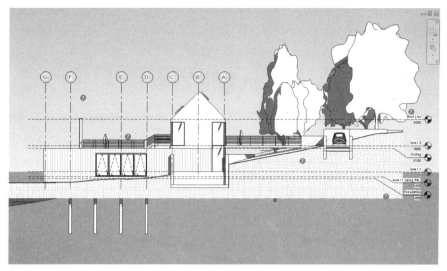

图 2-138 被剪裁之前的视图

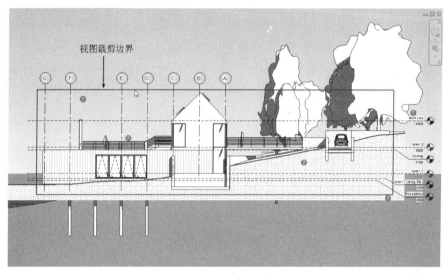

图 2-139 显示视图剪裁边界

图 2-140 恢复立面图显示状态的两个按钮

2.5 控制柄与造型操纵柄

当我们在 Revit 中选择各种图元时,在图元或者图元旁边会出现各种控制柄与操纵柄。这些快速操控模型的辅助工具可以用来处理很多编辑工作,比如,移动图元、修改尺寸参数、修改形状等。

不同类别的图元或者不同类型的视图,所显示的控制柄是不同的。下面介绍常用的控制柄与造型操纵柄。

2.5.1 拖曳控制柄

拖曳控制柄在拖曳图元时会自动显示，它可以用来改变图元在视图中的位置，也可以用于改变图元的尺寸。

Revit 使用如下类型的拖曳控制柄。

- 圆点（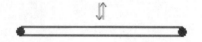）：当移动仅限于平面时，此控制柄在平面图中会与墙和线一起显示。拖曳圆点控制柄可以拉长、缩短图元，还可以修改图元的方向。平面图中一面墙上的拖曳控制柄（以蓝色显示）如图 2-141 所示。

图 2-141　平面图中一面墙上的拖曳控制柄

- 单箭头（ ）：当移动仅限于线，但外部方向明确时，此控制柄在立面图和三维视图中显示为造型操纵柄。例如，未添加尺寸标注限制条件的三维形状会显示单箭头。三维视图中所选墙上的单箭头控制柄也可以用于移动墙，如图 2-142 所示。

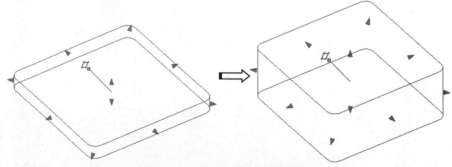

图 2-142　三维视图中的单箭头控制柄

> **知识点拨：**
> 将鼠标指针放置在控制柄上并按 Tab 键，可在不改变墙尺寸的情况下移动墙。

- 双箭头（ ）：当造型操纵柄仅限于沿线移动时显示。例如，如果向某一个族添加了标记的尺寸标注，并使其成为实例参数，则在将其载入项目并选择后，会显示双箭头。

> **知识点拨：**
> 可以在墙端点控制柄上单击鼠标右键，并使用快捷菜单命令来允许或禁止墙连接。

上机操作——利用拖曳控制柄改变模型

① 从 Revit 2020 主页界面中打开【建筑样例族】族文件，如图 2-143 所示。

图 2-143 【建筑样例族】族文件

② 选中凳子的 4 条腿并双击，进入拉伸编辑模式，如图 2-144 所示。

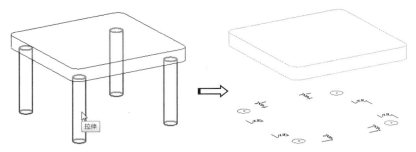

图 2-144 双击凳子腿进入拉伸编辑模式

③ 选择凳子腿截面曲线（圆），修改其半径值，如图 2-145 所示。同理，修改其余 3 条凳子腿截面曲线的半径值。

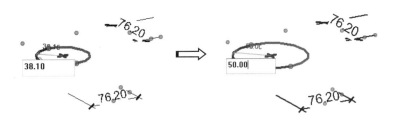

图 2-145 修改凳子腿截面曲线的半径值

知识点拨：
修改技巧是先选中截面曲线，然后选中显示的半径标注数字，即可显示尺寸文本框。

④ 在【修改|编辑拉伸】上下文选项卡的【模式】面板中单击【完成编辑模式】按钮 ✓，退出编辑模式。

⑤ 向下拖曳造型操纵柄，移动一定的距离，使凳子腿变长，如图 2-146 所示。

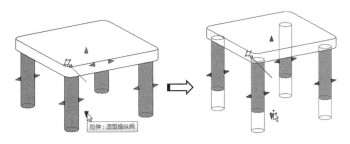

图 2-146 拖曳造型操纵柄使凳子腿变长

⑥ 选中凳面板，显示全部的造型操纵柄。再拖曳凳面板上的控制柄到新位置，如图 2-147 所示。

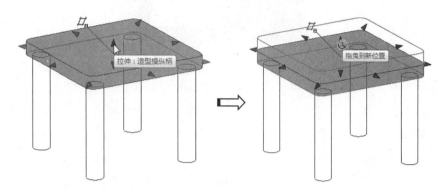

图 2-147　拖曳控制柄到新位置

⑦ 弹出错误的警告信息提示框，单击【删除限制条件】按钮 即可完成修改，如图 2-148 所示。

图 2-148　删除限制条件

知识点拨：
当删除限制条件仍然不能修改模型时，可以反复多次拉伸图元并删除限制条件。

⑧ 拖曳水平方向上的控制柄，使凳面板加长，如图 2-149 所示。

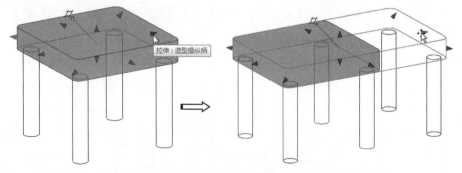

图 2-149　拖曳水平方向上的控制柄使凳面板加长

知识点拨：
如果拖曳圆角上的控制柄，可以同时拉伸两个方向，如图 2-150 所示。

第 2 章 Revit 2020 对象操作

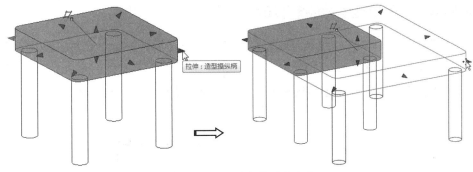

图 2-150 同时拉伸两个方向

⑨ 修改完成的模型如图 2-151 所示。

图 2-151 修改完成的模型

2.5.2 造型操纵柄

造型操纵柄主要用来修改图元的尺寸。在平面图中选择墙后，将鼠标指针置于端点控制柄（蓝色圆点）上，然后按 Tab 键可显示造型操纵柄。在立面图或三维视图中高亮显示墙时，按 Tab 键可将距鼠标指针最近的整条边显示为造型操纵柄，通过拖曳该造型操纵柄可以调整墙的尺寸。拖曳用作造型操纵柄的边时，它将显示为蓝色（或定义的颜色），如图 2-152 所示。

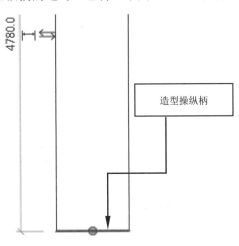

图 2-152 造型操纵柄

上机操作——利用造型操纵柄修改墙体尺寸

① 新建建筑项目文件,选择【Revit 2020 中国样板.rte】文件作为当前建筑项目样板,如图 2-153 所示。

② 在【建筑】选项卡的【构建】面板中单击【墙】按钮,绘制基本墙,如图 2-154 所示。

图 2-153 新建建筑项目文件

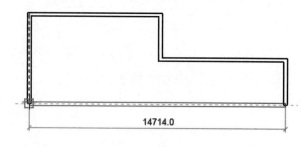

图 2-154 绘制基本墙

③ 选中墙体,然后在【属性】选项板中重新选择基本墙,并设置新墙体类型为【基础-900mm 基脚】,如图 2-155 所示。

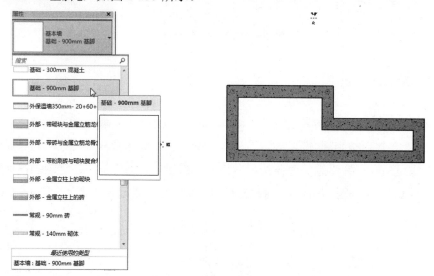

图 2-155 重新设置墙体类型

④ 选中其中一段基脚,显示造型操纵柄,如图 2-156 所示。

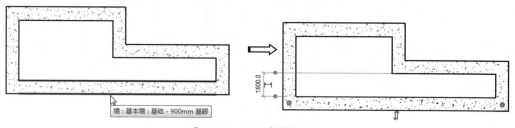

图 2-156 显示造型操纵柄

⑤ 拖曳造型操纵柄,改变此段基脚的位置,即改变垂直方向的基脚尺寸,如图 2-157 所示。

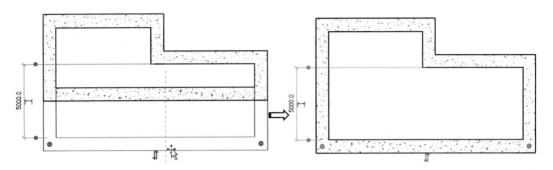

图 2-157 拖曳造型操纵柄改变基脚尺寸

⑥ 将结果保存。

第 3 章
协同设计与项目管理

本章内容

在超大型建筑设计项目中,需要大量的设计师进行协同设计。建筑项目的管理是完成整个建筑项目设计重要的前期工作。本章将介绍 BIMSpace 2020 协同设计功能并完成 Revit 项目管理工作。

知识要点

- ☑ Revit 与 BIMSpace 项目协作设计
- ☑ Revit 项目管理与设置
- ☑ 实战案例——升级旧项目样板文件

3.1 Revit 与 BIMSpace 项目协作设计

我们都知道,任何一个建筑项目都不可能由某个人单独完成建筑、结构、机械电气、给排水、暖通设计等诸多工作。在 Revit 中如何实现多个专业领域的协调与合作设计是建筑工程行业的终极目标。下面介绍在 Revit 中协作设计的具体应用。

3.1.1 管理协作

当有多名建筑设计师和结构设计师共同参与某个建筑项目设计时,可以利用计算机系统组建的内部局域网进行协作设计,这个共同参与设计的工作对象称为【工作集】。

【工作集】将所有人的修改成果通过网络共享文件夹的方式保存在中央服务器上,并将其他人修改的成果实时反馈给参与设计的用户,以便在设计时可以及时了解其他人的修改和变更结果。要启用【工作集】,必须由项目负责人在开始协作前建立和设置【工作集】,指定共享文件夹的位置,并设置所有参与项目工作的人员的权限。

1. 启用工作共享

工作共享是一种设计方法,此方法允许多名团队成员同时处理同一个项目模型,在许多项目中,项目负责人会为团队成员分配一个让其负责的特定功能领域,如图 3-1 所示。

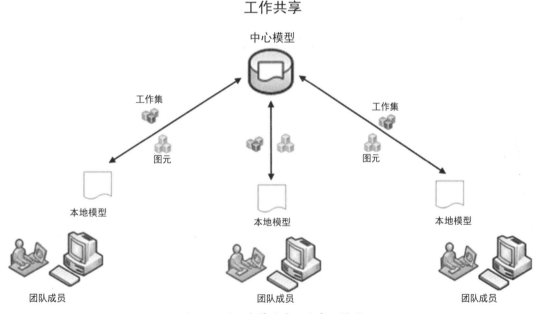

图 3-1 团队成员共享一个中心模型

Revit 中关于工作共享的专业术语及其定义如表 3-1 所示。

表 3-1　Revit 中关于工作共享的专业术语及其定义

专业术语	定义
工作共享	允许多名团队成员同时对同一个项目模型进行处理的设计方法
中心模型	工作共享项目的主项目模型。中心模型存储了项目中所有图元的当前所有权信息，并充当了发布到该文件的所有修改内容的分发点。所有团队成员保存各自的中心模型本地副本，在本地进行工作，然后与中心模型进行同步，以便其他团队成员可以看到自己的工作成果
本地模型	项目模型的副本，驻留在使用该模型的团队成员的计算机系统上。使用工作共享在团队成员之间分发项目工作时，每名团队成员都在他的工作集（功能区域）上使用本地模型。团队成员定期将各自的修改保存到中心模型中，以便其他团队成员可以看到这些修改，并使用最新的项目信息更新各自的本地模型
工作集	项目中图元的集合。对建筑，工作集通常定义了独立的功能区域，例如，内部区域、外部区域、场地或停车场；对建筑系统工程，工作集可以描绘功能区域，例如，HVAC、电气、卫浴或管道。启用工作共享时，可将一个项目分成多个工作集，不同的团队成员负责各自的工作集
活动工作集	要向其中添加新图元的工作集。活动工作集的名称显示在【协作】选项卡的【管理协作】面板或状态栏上
图元借用	用于编辑不属于你的图元。如果没有人拥有该图元，则软件会自动授予你借用权限。如果另一名团队成员当前正在编辑该图元，则该团队成员即为所有者，你必须请求或者等待其放弃该图元，以便你能够借用
工作共享文件	启用了工作集的 Revit 项目
非工作共享文件	尚未启用工作集的 Revit 项目
协作	多名团队成员处理同一个项目。这些团队成员可能属于不同的规程，或在不同的地点工作。协作方法可以包括工作共享和使用链接模型
基于服务器的工作共享	一种工作共享的方法，其中，中心模型存储在 Revit Server 中，可以直接或通过 Revit Server Accelerator 与 WAN 内的团队成员进行通信
基于文件的工作共享	一种工作共享的方法，这种方法将中心模型存储在某个网络位置的文件中
云工作共享	一种将中心模型存储在云中的工作共享方法。团队成员使用 Collaboration for Revit 共同更改模型

上机操作——启用工作共享

启用工作共享，可以在云或者局域网中编辑一个模型。要创建局域网，必须确定主机（如作者工作计算机）和分机（其他计算机）。

① 创建局域网。在作为主机的系统桌面左下角选择【开始】|【控制面板】命令，打开控制面板首页窗口。在该窗口中单击【家庭组】按钮，打开【家庭组】窗口。

第 3 章 协同设计与项目管理

② 单击【创建家庭组】按钮，在打开的【创建家庭组】窗口中选择所有的共享内容，并单击【下一步】按钮，如图 3-2 所示。

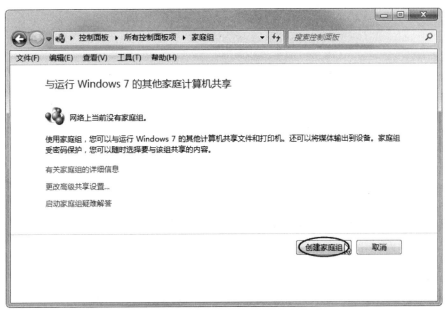

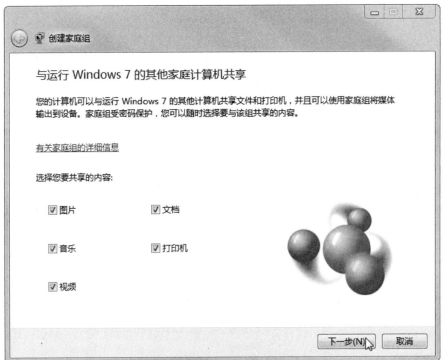

图 3-2 创建家庭组并选择共享内容

③ 单击【完成】按钮，完成家庭组的创建，并记住这个自动生成的家庭组密码。必要时，可以修改家庭组密码。

④ 同理，在分机中也需要打开控制面板的【家庭组】窗口。单击【立即加入】按钮，输入在主机中生成的家庭组密码后，即可加入家庭组。

⑤ 在主机磁盘的任意位置新建名称为【中心文件】的空白文件夹，并设置该文件夹为网络共享文件夹，设置允许所有网络用户拥有该文件夹的读/写权限，操作步骤如图 3-3 所示[①]。

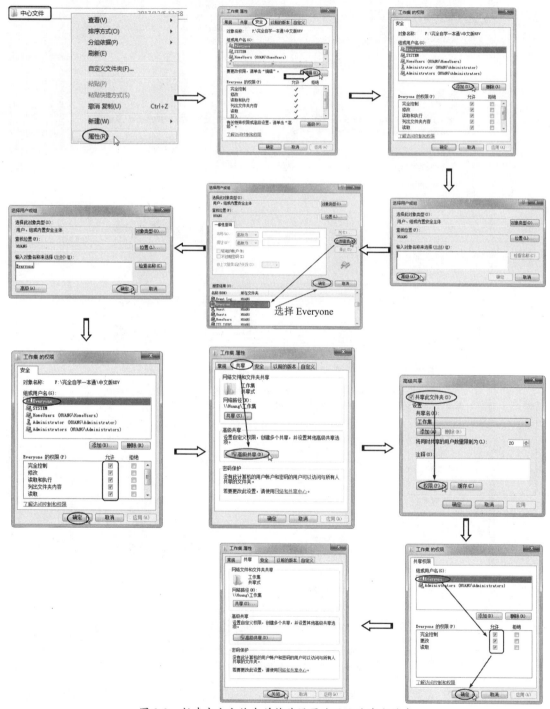

图 3-3　新建空白文件夹并将其设置为网络共享文件夹

---

① 图 3-3 中"帐户"的正确写法应为"账户"。

第 3 章 协同设计与项目管理

⑥ 通过网上邻居的【映射网络驱动器】功能，分别在主机和分机中将【工作集】共享文件夹映射为 Z，如图 3-4 所示。映射网络驱动器后，可以在计算机文件路径的首页找到其位置，如图 3-5 所示。

图 3-4　网络映射共享文件夹

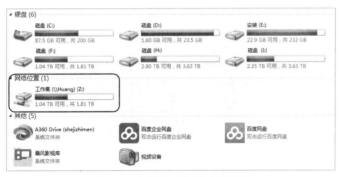

图 3-5　映射的网络驱动器位置

⑦ 在主机中启动 Revit 2020，新建一个建筑项目文件，进入 Revit 工作界面。然后在【协作】选项卡的【管理协作】面板中单击【协作】按钮，将新建的建筑项目文件保存在映射的网络驱动器（中心文件）中。

⑧ 打开【协作】对话框，保留默认的协作方式（在网络内协作），单击【确定】按钮完成网络协作设置，如图 3-6 所示。

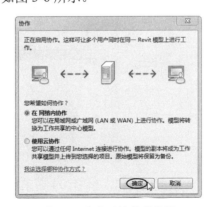

图 3-6　完成网络协作设置

⑨ 同理，在分机中进行相同的设置操作，完成后所有设计师都可以共享同一个建筑项目文件，并可以进行设计、编辑工作。

⑩ 如果需要在云中进行协作，可以从网络共享协作转换到云协作。在【管理协作】面板中单击【在云中进行协作】按钮，保存模型后即可转换到云协作。要进行云协作，使用单位还需要购买使用权限。普通用户暂时不能使用此功能。

2. 创建中心模型

启用工作共享后，需要从现有的模型来创建项目主模型，我们称为【中心模型】。

中心模型存储了项目中所有工作集和图元的当前所有权信息，并充当了发布到该文件的所有修改内容的分发点。所有团队成员都应保存各自的中心模型本地副本，在本地进行编辑，然后与中心模型进行同步，以便其他团队成员可以看到他们自己的工作成果。

上机操作——创建中心模型

① 在主机上打开用作中心模型的项目文件【中心模型.rvt】，该项目中有建筑设计和结构设计的组成要素，如图 3-7 所示。

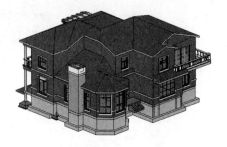

图 3-7　用作中心模型的项目文件【中心模型.rvt】

② 切换到【F1】楼层平面视图，在【项目浏览器】选项板的【视图（全部）】视图节点上单击鼠标右键并在弹出的快捷菜单中选择【浏览器组织】命令，打开【浏览器组织】对话框，设置视图类型为【规程】，单击【确定】按钮完成设置，如图 3-8 所示。

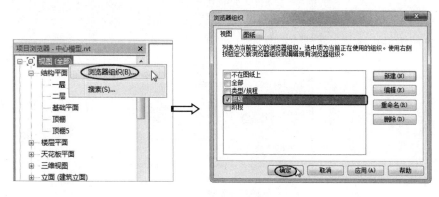

图 3-8　设置视图类型

③ Revit 将按照【规程】重新组织视图，如图 3-9 所示。

第 3 章 协同设计与项目管理

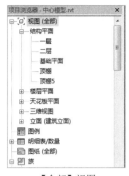

【全部】视图

【规程】视图

图 3-9　重新组织视图

④ 在【协作】选项卡的【管理协作】面板中单击【工作集】按钮，打开【工作集】对话框，如图 3-10 所示。

⑤ 在【工作集】对话框中，Revit 默认将标高和轴网图元移动到名称为【共享标高和轴网】的工作集中，项目中的非标高和轴网图元默认被移动到名称为【工作集 1】的工作集中，单击【重命名】按钮，修改【工作集 1】的名称为【结构设计师】，单击【确定】按钮完成设置，如图 3-11 所示。

图 3-10　【工作集】对话框

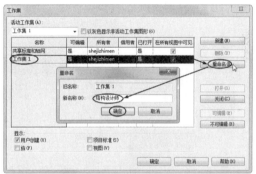

图 3-11　重命名【工作集 1】

知识点拨：

标高和轴网是所有参与工作的人员的定位基础，因此 Revit 默认将标高和轴网图元移动到单独的工作集中进行管理。

⑥ 在【工作集】对话框中列举了当前项目中已有的工作集名称、该工作集的所有者等信息。单击【新建】按钮，打开【新建工作集】对话框，输入新工作集的名称为【建筑设计师】，勾选【在所有视图中可见】复选框，单击【确定】按钮，退出【新建工作集】对话框，为项目添加【建筑设计师】工作集，如图 3-12 所示。

⑦ 至此，已完成工作集的创建工作，不修改其他任何参数，单击【确定】按钮，退出【工作集】对话框后，将打开【指定活动工作集】对话框，提示用户是否将上一步新建的【建筑设计师】工作集设置为活动工作集，单击【否】按钮，不接受该建议，如图 3-13 所示。

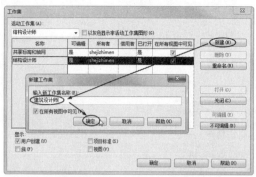 

图 3-12　新建工作集　　　　　　图 3-13　不将新建的工作集设置为活动工作集

> **知识点拨：**
> 在【工作集】对话框中可以重新指定任意工作集为当前活动工作集。

⑧ 在视图中框选所有图元，单击【修改|选择多个】上下文选项卡中的【过滤器】按钮，选择视图中的所有结构柱图元，此时【属性】选项板的【标识数据】选项组中添加了【工作集】和【编辑者】参数，且结构柱【工作集】的默认参数为【结构设计师】，这意味着所选的结构柱属于结构设计师的工作范畴，如图 3-14 所示。

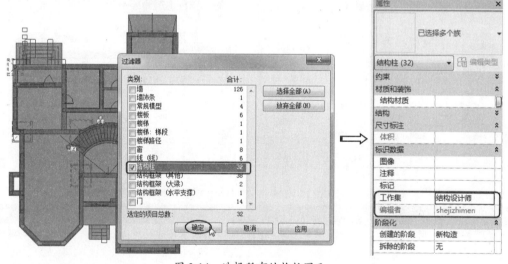

图 3-14　选择所有结构柱图元

⑨ 选择【文件】|【另存为】|【项目】选项，打开【另存为】对话框。单击该对话框右下角的【选项】按钮，打开【文件保存选项】对话框，在该对话框的【工作共享】选项组中，默认勾选了【保存后将此作为中心模型】复选框，即保存的文件将作为中心文件共享给所有团队成员。然后将项目文件保存在之前创建的映射网络驱动器 Z 中，如图 3-15 所示。

第3章 协同设计与项目管理

图 3-15 保存项目文件到映射网络驱动器 Z 中

> **知识点拨：**
> 启用工作集后，保存项目文件时，所保存的项目将默认作为中心文件。保存中心文件时，必须将中心文件保存于映射后的网络驱动器中，以确保保存的路径为 UNC 路径。在任何时候另存为项目时，均可通过【文件保存选项】对话框将所保存的项目设置为中心文件。

⑩ 打开【工作集】对话框，设置所有工作集的【可编辑】选项为【否】，也就是说，其他分机的设计师是不能进行再次编辑的，完成后单击【确定】按钮，退出【工作集】对话框，如图 3-16 所示。

⑪ 在【协作】选项卡的【同步】面板中单击【与中心文件同步】按钮，打开【与中心文件同步】对话框，如图 3-17 所示。如有必要可输入本次同步的注释信息，单击【确定】按钮，将工作集设置为与中心文件同步。

图 3-16 设置所有工作集不可编辑

图 3-17 【与中心文件同步】对话框

> **知识点拨：**
> 由于项目经理并不会直接参与项目的修改与变更，因此在设置完工作集后，需要将所有的工作集释放，即设置所有工作集均不可编辑。如果项目经理需要参与中心文件的修改工作，或需要保留部分工作集不被其他团队成员修改，则可以将该工作集的【可编辑】选项设置为【是】，这样在与中心文件同步后，其他团队成员将无法修改被项目经理占用的工作集图元。所有修改数据必须与中心文件同步后才能生效。Revit 通过向每一个图元实例属性中添加【工作集】参数的方式，控制每一个图元所属的工作集。

3.1.2 链接模型

在 Revit Architecture 中，使用【链接】功能，链接其他专业模型，达到协同设计的目的。

在【插入】选项卡中，可以通过链接或导入的方式将外部文件载入当前项目中。下面详细说明链接模型与导入模型的区别。

现阶段都是用 CAD 进行模型构建的，那么我们就会经常用到 CAD 来进行模型的定位，在插入 CAD 图纸的时候，以链接 CAD 与导入 CAD 为例，来说明这两个功能的区别。

如图 3-18 所示为导入 CAD 图纸后的界面。用户可以将图纸进行分解，分解后，图纸中的线条可以作为 Revit 中的模型线。

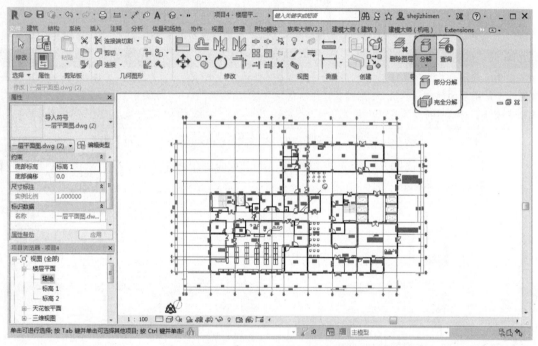

图 3-18 导入 CAD 图纸后的界面

如图 3-19 所示为链接 CAD 图纸后的界面。由于与之前的图纸有某种链接关系，因此图纸是不能被编辑的。

有些 CAD 图纸中带有自身的图块，所以不能直接全部分解，需要进行部分分解。

选择链接 CAD 图纸时，要注意单位的设置，并需要勾选【定向到视图】复选框，如图 3-20 所示。然后利用【移动】工具将其定位到项目基点即可，定位好以后记得锁定 CAD 图纸，并将项目基点关闭，以免之后的操作误移了基点。如果要删除图纸，则需要解锁图纸后再删除，如图 3-21 所示。

第 3 章 协同设计与项目管理

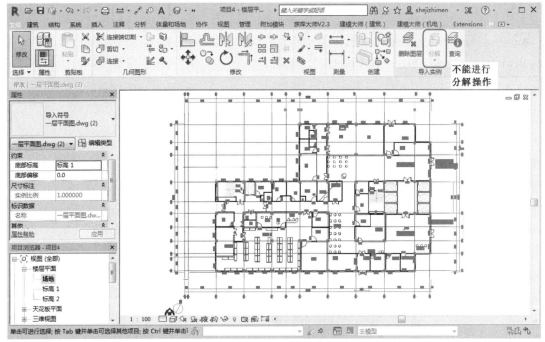

图 3-19 链接 CAD 图纸后的界面

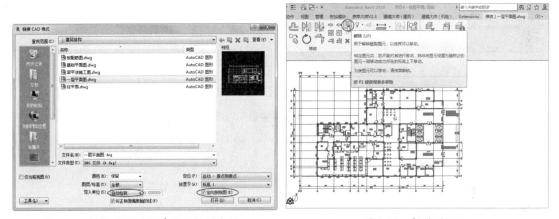

图 3-20 链接图纸时的单位和视图定位　　　图 3-21 解锁图纸

3.1.3 BIMSpace 2020 协同设计功能

BIMSpace 2020 为建筑设计师提供了专业的从施工、设计到装配式建筑的整套解决方案。读者可在鸿业科技官方网站（http://bim.hongye.com.cn/index/xiazai.html）下载 BIMSpace 2020 并进行试用。BIMSpace 2020 为 4 个软件模块的集合，如图 3-22 所示。

图 3-22 4 个软件模块

对4个软件模块全部进行安装,安装完成后,在计算机桌面上双击【鸿业乐建2020】图标 ,自动启动 Revit 和鸿业乐建 2020,读者可以在鸿业乐建主页界面中选择适合自己安装的 Revit 版本(Revit 2016~Revit 2019),如图 3-23 所示。

图 3-23 在鸿业乐建主页界面中选择 Revit 版本

鸿业乐建的功能位于 Revit 2020 功能区的前面几个选项卡中,如图 3-24 所示。

图 3-24 鸿业乐建的功能选项卡

BIMSpace 2020 协同设计功能在 Revit 2020 的【协同\通用】选项卡中,如图 3-25 所示。

图 3-25 BIMSpace 2020 协同设计功能所在的选项卡

下面来介绍【协同】面板中的协同设计工具。

1. 【提资】

【提资】工具用于读取提资文件信息(包括水管、风管、桥架、洞口等),按照提资进行洞口创建。

上机操作——BIMSpace 2020 协同设计

① 打开本例源文件【机械电气项目.rvt】,如图 3-26 所示。

② 单击【提资】按钮 ,BIMSpace 2020 自动对建筑项目中的风管、水管、墙、地板等进行碰撞检测,如图 3-27 所示。

第 3 章 协同设计与项目管理

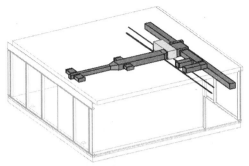

图 3-26 本例源文件【机械电气项目.rvt】

图 3-27 碰撞检测

③ 碰撞检测完成后,打开【提资】对话框,如图 3-28 所示。该对话框中列出了该建筑项目中所有的提资洞口信息。

- 合并洞口:单击此按钮,可以对洞口信息进行合并,最后导出提资信息供协同开洞读取,以创建洞口。
- 设置:单击此按钮,打开【提资设置】对话框,设置提资洞口的相关尺寸。

知识点拨:

利用组合规则判断是否外扩,第一次外扩为【方洞或圆洞外扩尺寸】,第二次外扩为【洞口组合容差】,如图 3-29 所示的圆洞,先将其尺寸外扩 50mm,再外扩洞口组合容差 300mm,以此判断是否进行组合。

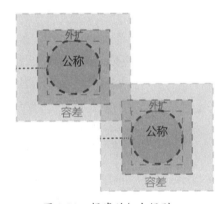

图 3-28 【提资】对话框　　　　图 3-29 提资的组合规则

- 提资:单击此按钮,可以设置提资文件的保存路径,如图 3-30 所示。提资文件的保存格式为.xml。

图 3-30 设置提资文件的保存路径

- 取消：单击此按钮，取消提资操作。

④ 单击【合并洞口】按钮，然后单击【提资】按钮，保存提资信息，如图 3-31 所示。

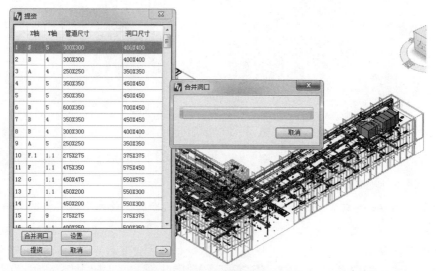

图 3-31　合并洞口并保存提资信息

2. 协同开洞

设计师根据前面保存的提资信息，利用【协同开洞】工具在墙、楼板中进行水管、风管、桥架等的洞口创建。在上一个案例的基础上继续进行操作。

① 在【协同】面板中单击【协同开洞】按钮，打开【开洞文件路径】对话框，从保存的提资文件路径下打开 XML 文件，单击【确定】按钮完成 XML 文件的导入，如图 3-32 所示。

图 3-32　导入开洞文件

② 创建洞口预览，并打开【开洞】对话框，如图 3-33 所示。

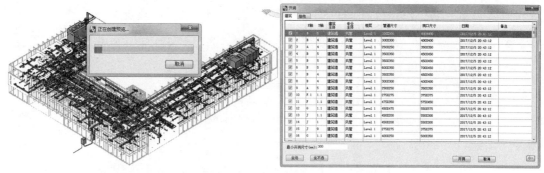

图 3-33　创建洞口预览并打开【开洞】对话框

③ 单击【开洞】按钮，BIMSpace 2020 自动完成开洞，如图 3-34 所示。

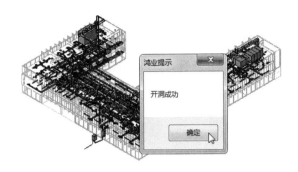

图 3-34　完成开洞

3. 洞口查看

利用【洞口查看】工具可以查看洞口的开启状况。

① 单击【洞口查看】按钮，打开【查看洞口文件路径】对话框，导入提资文件，单击【确定】按钮，如图 3-35 所示。

图 3-35　导入提资文件

② 创建模型组并打开【查看】对话框，查看洞口信息，如图 3-36 所示。从该对话框中可以看出，所有的洞口已开。

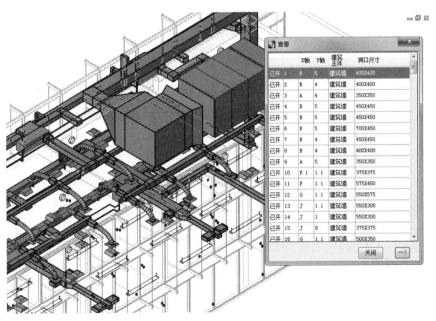

图 3-36　查看洞口信息

4. 洞口删除

单击【洞口删除】按钮，可以对通过协同开洞创建的洞口按专业或时间等分类进行删除。

① 单击【洞口删除】按钮，打开【洞口删除】对话框。
② 选择【洞口删除】对话框中列出的洞口选项，单击【删除洞口】按钮可将项目中所有的洞口删除，如图3-37所示。如果后面需要进行洞口标注，则可以暂时不删除洞口。

5. 洞口标注

【洞口标注】工具可以对创建的洞口进行自动标注，洞口标注形式如图3-38所示。

图 3-37　删除洞口　　　　　　　图 3-38　洞口标注形式

① 单击【洞口标注】按钮，打开【切换视图】对话框。
② 选择要标注的洞口的第一个视图，然后单击【打开视图】按钮，如图3-39所示。
③ 在打开的【洞口标记】对话框中单击【确定】按钮，创建洞口标记，如图3-40所示。
④ 自动创建洞口标记后，在打开的【洞口标记】对话框中选择一个洞口标记，再单击【查看】按钮进行查看，如图3-41所示。

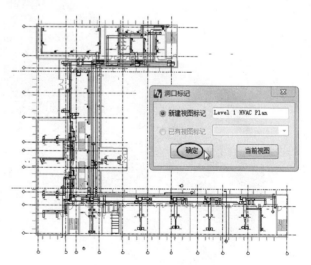

图 3-39　选择视图　　　　　　　图 3-40　创建洞口标记

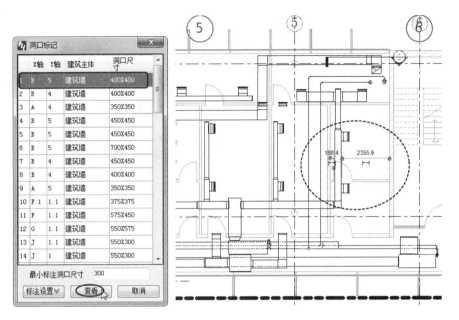

图 3-41 查看洞口标记

3.2 Revit 项目管理与设置

Revit【管理】选项卡的【设置】面板中的工具主要用来设置符合用户自己企业或行业的建筑设计标准。【设置】面板如图 3-42 所示。

图 3-42 【设置】面板

3.2.1 材质设置

材质是 Revit 对 3D 模型进行逼真渲染时,模型上的真实材料表现。换句话说,就是建筑框架搭建完成后进行装修时,购买的建筑材料,包括室内和室外的材料。在 Revit 中,材质以贴图的形式附着在模型表面上,可获得渲染的真实场景反映。

对材质的设置,后续会进行详细讲解,这里仅仅介绍对话框的操作形式。

单击【材质】按钮 ◎,打开【材质浏览器】对话框,如图 3-43 所示。通过该对话框,用户可以从系统材质库中选择已有的材质,也可以自定义新材质。

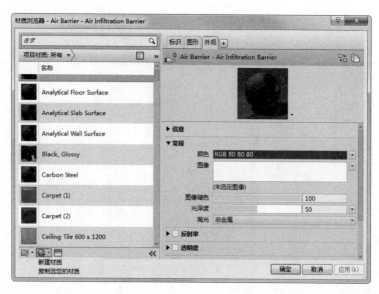

图 3-43 【材质浏览器】对话框

3.2.2 对象样式设置

【对象样式】工具主要用来设置项目中任意类别及其子类型的图元的线宽、线颜色、线型图案和材质属性。

💻 上机操作——设置对象样式

① 单击【对象样式】按钮，打开【对象样式】对话框，如图 3-44 所示。

图 3-44 【对象样式】对话框

② 【对象样式】对话框与【可见性/图形替换】对话框中的功能类似，都能实现对象样式的修改或替换。

③ 在【对象样式】对话框中，灰色图块 表示此项不可编辑，白色图块 表示此项可编辑。例如，在设置线宽时，双击白色图块，会显示下拉列表框，用户可以从下拉列表框中选择线宽编号，如图3-45所示。

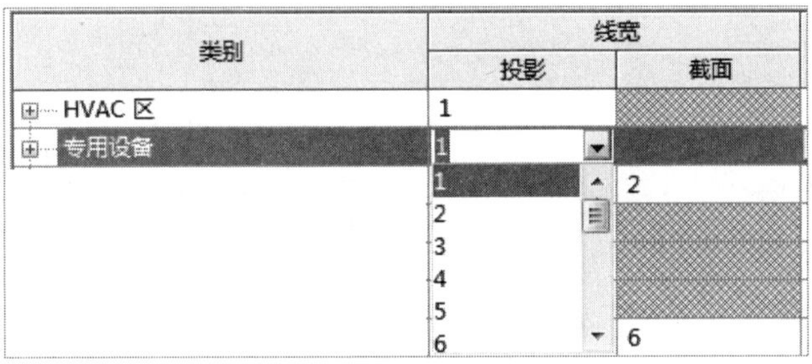

图3-45 设置线宽

3.2.3 捕捉设置

在绘图及建模时启用【捕捉】功能，可以帮助用户精准地找到对应点、参考点，完成快速建模或制图。单击【捕捉】按钮，打开【捕捉】对话框，如图3-46所示。

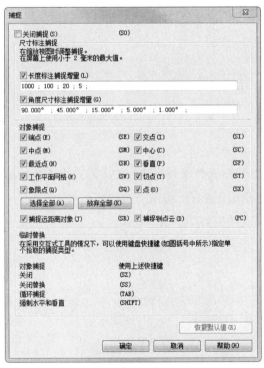

图3-46 【捕捉】对话框

1. 尺寸标注捕捉

- 关闭捕捉：在默认情况下，此复选框是取消勾选的，即当前已经启动了捕捉模式。勾选此复选框，关闭捕捉模式。

- 长度标注捕捉增量：勾选此复选框，在绘制长度图元时系统会根据设置的增量进行捕捉，实现精确建模。例如，仅设置【长度标注捕捉增量】为【1000】，绘制一段剪力墙时，光标在长度方向上每增加1000mm就会停留捕捉一次，如图3-47所示。

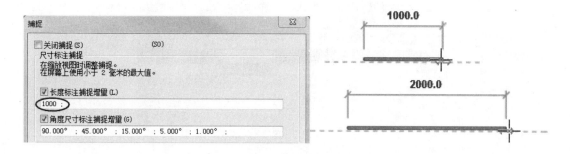

图 3-47　长度标注捕捉增量

- 角度尺寸标注捕捉增量：勾选此复选框，在绘制角度图元时系统会根据设置的增量进行捕捉，实现精确建模。例如，仅设置【角度尺寸标注捕捉增量】为【30.000°】，绘制一段墙体时，光标会在角度为30.000°时停留捕捉一次，如图3-48所示。

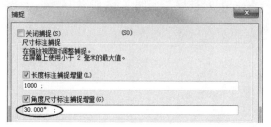 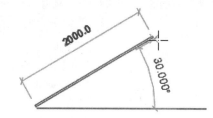

图 3-48　角度尺寸标注捕捉增量

2. 对象捕捉

【对象捕捉】工具在绘制图元时非常重要，如果不启用【对象捕捉】，当两条线间隔很近时，想要拾取标示的交点是很困难的，如图3-49所示。

可以设置的对象捕捉点类型如图3-50所示。

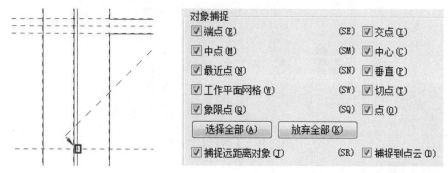

图 3-49　不易拾取的交点　　　图 3-50　可以设置的对象捕捉点类型

用户可以根据实际建模需要，取消勾选或勾选部分对象捕捉点复选框，也可以单击 选择全部(A) 按钮全部勾选，还可以单击 放弃全部(K) 按钮取消勾选所有对象捕捉点复选框。

3. 临时替换

在放置图元或绘制线时，可以临时替换捕捉设置。临时替换只影响单个拾取。

在【建筑】选项卡的【模型】面板中单击【模型线】按钮，执行【绘图】命令，然后执行以下操作之一。

- 输入快捷键命令（这些快捷键命令可在【捕捉】对话框的【对象捕捉】选项组中查找），再捕捉点完成图元的放置。
- 单击鼠标右键，在弹出的快捷菜单中选择【捕捉替换】|【交点】命令，再捕捉点完成图元的放置，如图 3-51 所示。

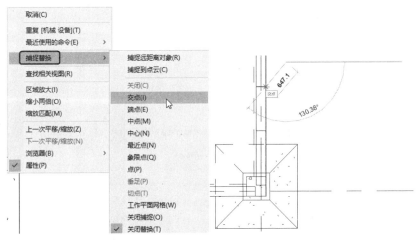

图 3-51　利用右键快捷菜单临时替换捕捉设置

上机操作——利用【捕捉】工具绘制简单的平面图

① 在快速访问工具栏中单击【新建】按钮，打开【新建项目】对话框，选择【建筑样板】样板文件，单击【确定】按钮进入工作环境，如图 3-52 所示。

② 此案例仅仅利用【捕捉】工具绘制基本图形，所以其他选项设置暂时不需要考虑。在【项目浏览器】选项板的【视图】|【楼层平面】视图节点下双击【标高 1】视图，激活该视图。

③ 执行右键快捷菜单中的【重命名】命令，在打开的【重命名视图】对话框的【名称】文本框中输入【一层】，单击【确定】按钮，如图 3-53 所示。

图 3-52　新建建筑项目文件

图 3-53　重命名视图

④ 单击【管理】选项卡的【设置】面板中的【捕捉】按钮,打开【捕捉】对话框。设置【长度标注捕捉增量】值和【角度尺寸标注捕捉增量】值,并启用所有的对象捕捉点,如图 3-54 所示。设置完成后单击【确定】按钮,关闭【捕捉】对话框。

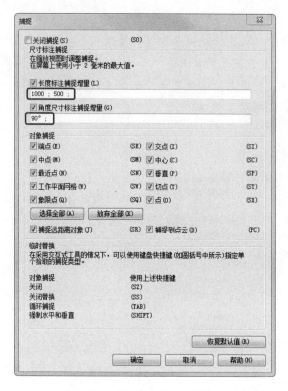

图 3-54 设置捕捉选项

⑤ 在【建筑】选项卡的【基准】面板中单击【轴网】按钮,然后在图形区绘制第 1 条垂直方向的轴线及轴号,绘制过程中捕捉到角度尺寸标注 90.000°,如图 3-55 所示。

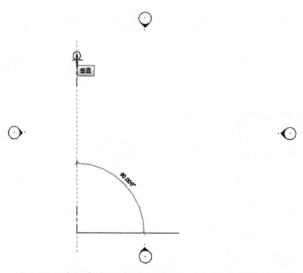

图 3-55 捕捉角度尺寸标注绘制垂直方向的轴线及轴号

⑥ 绘制第 2 条垂直方向的轴线及轴号，捕捉第 1 条轴线的起点（千万不要单击），然后水平右移，接着捕捉长度尺寸标注，最终停留在【3500.0】位置单击，以确定第 2 条轴线的起点，最后垂直向上捕捉到第 1 条轴线的终点作为第 2 条轴线的终点参考，如图 3-56 所示。

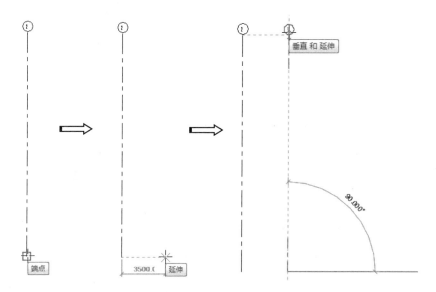

捕捉第 1 条轴线起点并水平右移，捕捉长度标注确定起点后垂直向上确定终点

图 3-56　绘制第 2 条垂直方向的轴线及轴号

⑦ 同理，依次绘制出向右平移距离分别为 5000、4500 和 3000mm 的 3 条垂直方向的轴线及轴号，如图 3-57 所示。

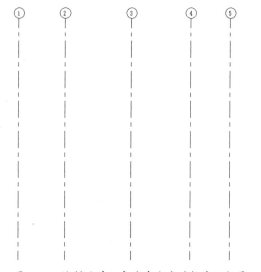

图 3-57　绘制另外 3 条垂直方向的轴线及轴号

知识点拨：

如果所绘轴线的中间部分没有显示，则说明需要重新选择轴线类型，在【属性】选项板中选择【轴网-6.5mm 编号】即可。

⑧ 根据上述步骤,利用【捕捉】工具绘制水平方向的轴线及轴号,如图 3-58 所示。水平方向的轴号需要更改为 A、B、C、D。

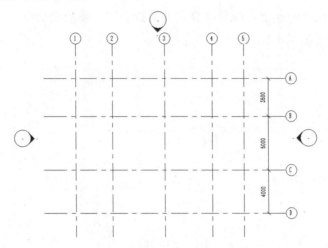

图 3-58 绘制水平方向的轴线及轴号

⑨ 在【建筑】选项卡的【构建】面板中单击【墙】按钮,捕捉轴网中两条相交轴线的交点作为墙体绘制的起点,如图 3-59 所示。

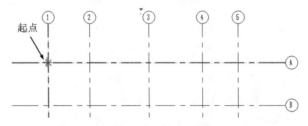

图 3-59 捕捉轴线交点作为墙体绘制的起点

⑩ 继续捕捉轴线交点并依次绘制出整个建筑的一层墙体,如图 3-60 所示。

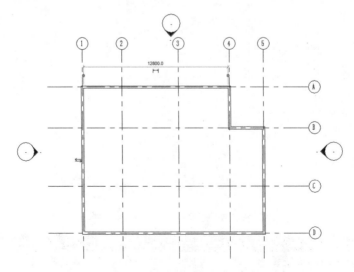

图 3-60 绘制整个建筑的一层墙体

3.2.4 项目信息设置

项目信息是建筑项目中设计图图签、明细表及标题栏中的信息。用户可以单击【项目信息】按钮，在打开的【项目属性】对话框中进行编辑或修改，如图 3-61 所示。

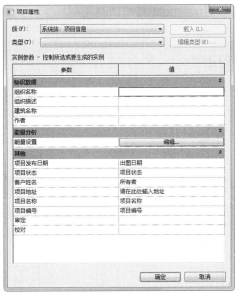

图 3-61 【项目属性】对话框

【项目属性】对话框仅仅是用来修改值的，不能添加或删除参数，要添加或删除参数，可以通过【项目参数】对话框进行设置，下一节将详细介绍。

通常，标题栏信息在【其他】选项组中，明细表信息在【标识数据】选项组中。如图 3-62 所示为图纸标题栏与项目信息。

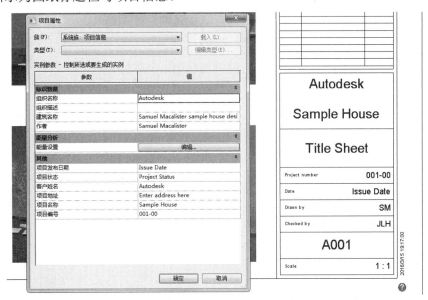

图 3-62 图纸标题栏与项目信息

3.2.5 项目参数设置

项目参数特定于某个项目文件。通过将参数指定给多个类别的图元、图纸或视图，系统会将它们添加到图元。项目参数中存储的信息不能与其他项目共享。【项目参数】工具用于在项目中创建明细表、排序和过滤。与【项目信息】不同，【项目信息】不能增加项目参数，只能修改项目信息。

上机操作——设置项目参数

① 在【管理】选项卡的【设置】面板中单击【项目参数】按钮，打开【项目参数】对话框，如图 3-63 所示。

图 3-63 【项目参数】对话框

② 通过【项目参数】对话框可以添加、修改和删除项目参数。单击【添加】按钮，打开如图 3-64 所示的【参数属性】对话框。

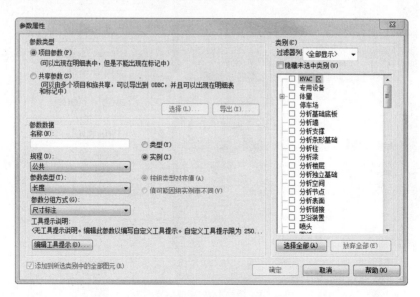

图 3-64 【参数属性】对话框

下面介绍【参数属性】对话框的各选项组中选项的含义。

1. 【参数类型】选项组

【参数类型】选项组包括两种参数类型：项目参数和共享参数。两种参数类型的含义在其选项的下方括号中。

- 【项目参数】仅仅出现在本地项目的明细表中。
- 【共享参数】可以通过【工作共享】方法共享本机上的模型及其所有参数。

2. 【参数数据】选项组

- 名称：在【名称】文本框中输入新数据的名称，将会在【项目属性】对话框中显示。
- 类型：选择此选项，将以族类型的方式存储参数。
- 实例：选择此选项，将以图元实例的方式存储参数，另外还可将实例参数指定为报告参数。
- 规程：规程是 Revit 中进行规范设计的应用程序，其下拉列表中包括【公共】【结构】【电气】【管道】【能量】【HVAC】规程等，如图 3-65 所示。其中，【电气】、【管道】、【能量】和【HVAC】规程是在 Revit MEP 系统设计模块中进行的，【公共】规程是指项目参数应用到所有的规程中。
- 参数类型：设定项目参数的参数编辑类型。【参数类型】下拉列表如图 3-66 所示。如何使用呢？例如，选择【文字】选项，在【项目属性】对话框中此参数后面只可输入文字。而选择【数值】选项，在【项目属性】对话框中此参数后面只可输入数值。

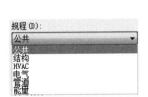
图 3-65　规程

图 3-66　【参数类型】下拉列表

- 参数分组方式：设定参数的分组方式，可在【项目属性】对话框中或【属性】选项板中查看设置结果。
- 编辑工具提示：单击此按钮，可编辑项目参数的工具提示，如图 3-67 所示。

图 3-67　编辑工具提示

3.【类别】选项组

【类别】选项组中包含所有 Revit 规程的图元类别。可以选择【过滤器列】下拉列表中的规程过滤器进行过滤选择。例如，仅选择【建筑】规程过滤器，下方的列表框中将显示所有建筑规程的图元类别，如图 3-68 所示。

图 3-68　选择规程过滤器

3.2.6　项目单位设置

【项目单位】工具用来设置建筑项目中的数值单位，如长度、面积、体积、角度、坡度、货币及质量密度。

上机操作——设置项目单位

① 单击【项目单位】按钮 ，打开【项目单位】对话框，如图 3-69 所示。

图 3-69　【项目单位】对话框

② 在【项目单位】对话框中，可以设置各个规程的单位、格式及小数点/数位分组选项。
③ 单击格式列的按钮，可以打开相对应单位的【格式】对话框，如图 3-70 所示。单击【长度】单位的 1235 [mm] 按钮，打开【格式】对话框，默认的长度单位是毫米。根据建筑项目设计的要求，选择适合图纸设计的单位即可。

图 3-70 【格式】对话框

④ 其余单位设置与上述操作相同。

3.2.7 共享参数设置

【共享参数】工具用于指定在多个族或项目中使用的参数。本机用户可以将本建筑项目的设计参数以文件的形式保存并共享给其他设计师。

上机操作——为通风管添加共享参数

① 打开 Revit 提供的【ArchLinkModel.rvt】建筑样例文件。
② 单击【共享参数】按钮，打开【编辑共享参数】对话框，如图 3-71 所示。
③ 单击 创建(C)... 按钮，在打开的【创建共享参数文件】对话框中输入文件名并单击 保存(S) 按钮，如图 3-72 所示。

图 3-71 【编辑共享参数】对话框

图 3-72 新建共享参数文件

④ 单击【组】选项组中的【新建】按钮，在打开的【新参数组】对话框中输入新的参数组名称，如图 3-73 所示。

⑤ 参数组创建好以后，为参数组添加参数，单击【参数】选项组中的【新建】按钮，打开【参数属性】对话框，输入参数组名称并设置相应选项，如图 3-74 所示。

图 3-73 新建参数组

图 3-74 为参数组添加参数

⑥ 单击【编辑共享参数】对话框中的【确定】按钮，完成编辑。

⑦ 在【管理】选项卡的【设置】面板中单击【项目参数】按钮，打开【项目参数】对话框。单击【添加】按钮，打开【参数属性】对话框，并选择【共享参数】选项，如图 3-75 所示。

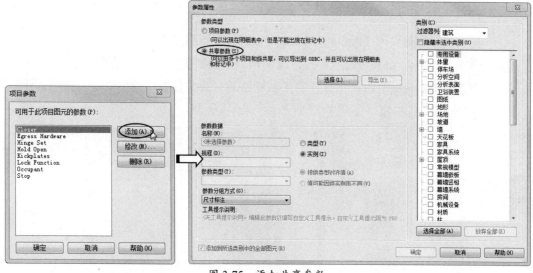

图 3-75 添加共享参数

⑧ 单击 选择(L)... 按钮，打开【共享参数】对话框，选择在前面步骤中所创建的共享参数，如图 3-76 所示。

第 3 章 协同设计与项目管理

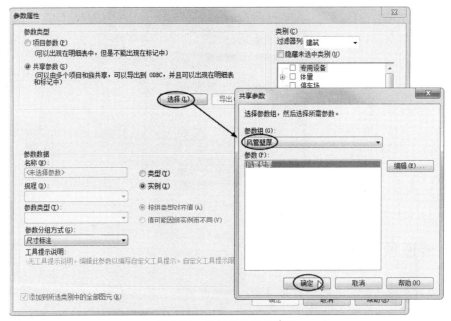

图 3-76 选择要共享的参数

⑨ 在【参数属性】对话框右侧的【类别】选项组中勾选【风管】、【风管附件】和【风管管件】复选框，单击【确定】按钮完成共享参数的添加，如图 3-77 所示。

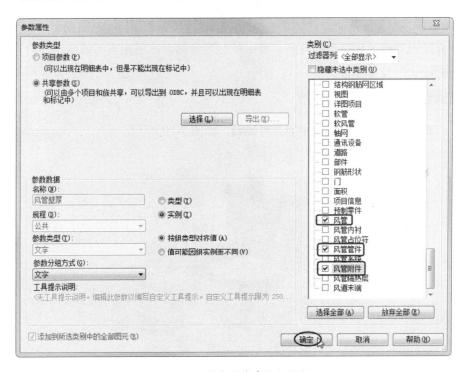

图 3-77 完成共享参数的添加

⑩ 此时可以看见【项目参数】对话框中添加了【风管壁厚】项目参数，如图 3-78 所示。

107

图 3-78 增加的项目参数

3.2.8 传递项目标准

有些项目在设计时，可能会有多个设计院参与设计，如果采用的设计标准不一致，则会对项目设计和施工产生很大的影响。在 Revit 中采用统一标准的方法目前有两种：一种是创建可靠的项目样板；另一种是传递项目标准。

第一种方法适合新建项目时使用，第二种方法适合不同设计院设计同一项目时继承统一标准。

【传递项目标准】是帮助设计师统一不同图纸设计标准的工具，具有高效、快捷的特点。缺点是如果采用的统一标准出现问题，那么所有图纸都会出现相同的错误。

下面介绍如何传递项目标准。

📖 上机操作——传递项目标准

① 打开本例源文件【建筑中心文件.rvt】，如图 3-79 所示。

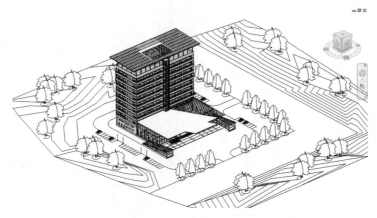

图 3-79 本例源文件【建筑中心文件.rvt】

② 为了证明项目标准能够被传递，先看下打开的样例文件中的一些规范。以某段墙为例，查看其属性中有哪些自定义的标准，如图 3-80 所示。

第 3 章　协同设计与项目管理

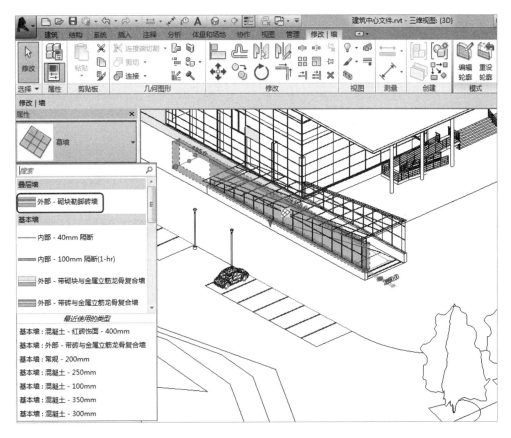

图 3-80　查看属性中的自定义标准

③ 在接下来的项目标准传递中，会把墙的标准传递到新项目中。在快速访问工具栏中单击【新建】按钮，在打开的【新建项目】对话框中新建一个建筑项目文件并单击【确定】按钮，进入项目设计环境，如图 3-81 所示。

图 3-81　新建建筑项目文件

④ 在【管理】选项卡的【设置】面板中单击【传递项目标准】按钮，打开【选择要复制的项目】对话框，如图 3-82 所示。单击 选择全部(A) 按钮，再单击【确定】按钮。

⑤ 开始传递项目标准，在传递过程中如果遇到与新项目中的部分类型相同，则 Revit 会打开【重复类型】对话框，单击【覆盖】按钮即可，如图 3-83 所示。

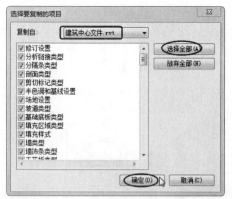

图 3-82 【选择要复制的项目】对话框

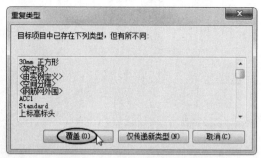

图 3-83 【重复类型】对话框

知识点拨：
虽然有些类型的名称相同，但涉及的参数与单位可能不同，所以最好完全覆盖。

⑥ 项目标准传递完成后，还会弹出【警告】对话框，如图 3-84 所示。单击【警告】对话框右侧的【下一个警告】按钮 ➡，可查看其余的警告。

图 3-84 【警告】对话框

⑦ 验证是否传递了项目标准。在【建筑】选项卡的【构建】面板中单击【墙】按钮，进入绘制与修改墙状态（这里无须绘制墙）。

⑧ 在【属性】选项板中查看墙的类型列表，如图 3-85 所示。源文件中的墙类型全部转移到了新项目中，说明项目标准传递成功。

图 3-85 查看墙的类型列表

3.3 实战案例——升级旧项目样板文件

不同的国家、不同的领域、不同的设计院设计的标准及设计的内容都不一样，虽然 Revit 提供了若干个样板文件用于不同的规程和建筑项目类型，但是仍然与国内各个设计院的标准相差较大，所以每个设计院都应该在工作中定制适合自己的项目样板文件。

在本节中，我们将使用传递项目标准的方法来创建一个符合中国建筑规范的 Revit 2020 项目样板文件，步骤如下。

① 首先从本例源文件夹中打开【revit 2014 中国样板.rte】项目样板文件。如图 3-86 所示为 Revit 2014 的视图样板。

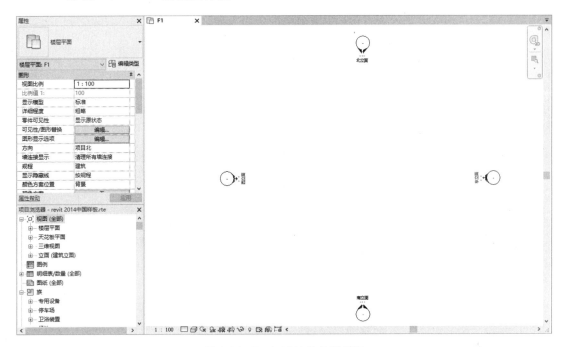

图 3-86　Revit 2014 的视图样板

> **知识点拨：**
> 此样板由 Revit 2014 制作，与 Revit 2020 的项目样板相比，视图样板有些区别。

② Revit 2020 的视图样板如图 3-87 所示。

③ 在快速访问工具栏中单击【新建】按钮，在打开的【新建项目】对话框中选择【建筑样板】样板文件，设置【新建】的类型为【项目样板】，单击【确定】按钮并选择【公制】度量制进入 Revit 项目设计环境，如图 3-88 所示。

④ 在【管理】选项卡的【设置】面板中单击【传递项目标准】按钮，打开【选择要复制的项目】对话框。该对话框中默认选择了来自【revit 2014 中国样板.rte】项目样板文件的所有项目类型，如图 3-89 所示。

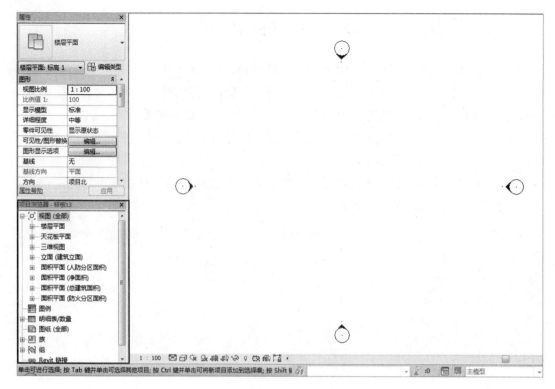

图 3-87　Revit 2020 的视图样板

图 3-88　新建建筑项目文件

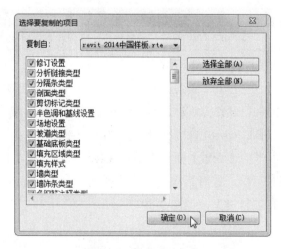

图 3-89　传递项目标准

⑤ 单击【确定】按钮，在打开的【重复类型】对话框中单击【覆盖】按钮，覆盖原项目标准，完成参考样板的项目标准传递，如图 3-90 所示。

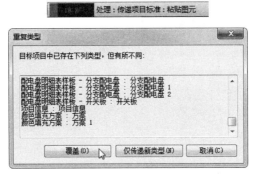

图 3-90　覆盖原项目标准

⑥ 覆盖完成后，会弹出【警告】对话框，如图 3-91 所示。

图 3-91　【警告】对话框

⑦ 在菜单浏览器中选择【另存为】|【样板】命令，将项目样板命名为【Revit 2020 中国样板】，并保存在 C:\ProgramData\Autodesk\RVT 2020\Templates\China 路径下。

第 4 章
建筑项目设计准备

本章内容

在进行建筑设计或者结构设计之前,要先创建用于设计的基础图元。基础图元是构建建筑模型的重要组成部分。模型线、模型文字、模型组、标高、轴网等都是建筑建模和制图的构成单元,因此读者要掌握这部分知识。

知识要点

- ☑ Revit 模型图元
- ☑ Revit 基准——标高与轴网
- ☑ BIMSpace 2020 标高与轴网设计

4.1 Revit 模型图元

本节介绍的基本模型图元是基于三维空间工作平面的单个或一组模型单元，包括模型线、模型文字和模型组。

4.1.1 模型线

模型线可以用来表达 Revit 建筑模型或建筑结构中的绳索、固定线等物体。模型线可以是某个工作平面上的线，也可以是空间曲线。若是空间曲线，则在各个视图中都将可见。

模型线是基于草图的图元，我们通常利用模型线草图工具来绘制诸如楼板、天花板和拉伸的轮廓。

在【模型】面板中单击【模型线】按钮，功能区中将显示【修改|放置线】上下文选项卡，如图 4-1 所示。

图 4-1 【修改|放置线】上下文选项卡

【修改|放置线】上下文选项卡的【绘制】面板与【线样式】面板中包含了所有用于绘制模型线的工具及线样式设置工具，如图 4-2 所示。

图 4-2 【绘制】面板与【线样式】面板

1. 直线

单击【直线】按钮，选项栏中将显示直线绘图选项，如图 4-3 所示，且鼠标指针由箭头变为十字。

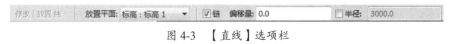

图 4-3 【直线】选项栏

- 放置平面：该下拉列表显示了当前的工作平面，还可以从该下拉列表中选择标高或者拾取新平面作为工作平面，如图 4-4 所示。

图 4-4 放置平面

- 链：勾选此复选框，将连续绘制直线，如图 4-5 所示。

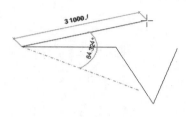

图 4-5　链

- 偏移量：设定直线与绘制轨迹之间的偏移距离，如图 4-6 所示。

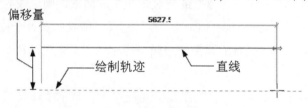

图 4-6　偏移量

- 半径：勾选此复选框，将会在直线与直线之间自动绘制圆角曲线（圆角半径为设定值），如图 4-7 所示。

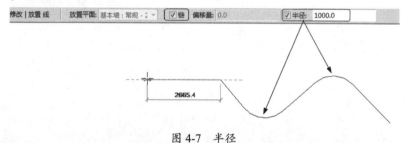

图 4-7　半径

> **知识点拨：**
> 要想使用【半径】选项，必须勾选【链】复选框，否则绘制的单条直线是无法创建圆角曲线的。

2. 矩形

单击【矩形】按钮可绘制由起点和对角点构成的矩形。单击【矩形】按钮，选项栏中将显示矩形绘制选项，如图 4-8 所示。

图 4-8　【矩形】选项栏

【矩形】选项栏中的选项与【直线】选项栏中的相同，此处不再介绍。

3. 多边形

在 Revit 中绘制多边形的方式包括内接多边形（内接于圆）和外接多边形（外切于圆），如图 4-9 所示。

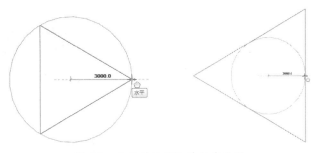

图 4-9 内接多边形和外接多边形

单击【内接多边形】按钮，选项栏中将显示内接多边形绘制选项，如图 4-10 所示。

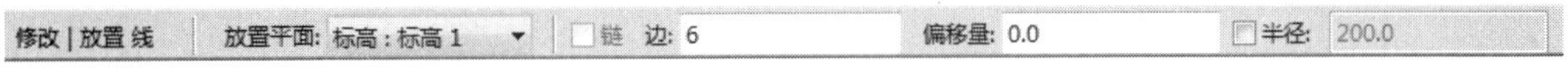

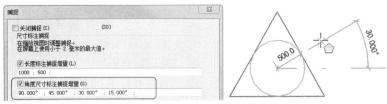

图 4-10 【内接多边形】选项栏

- 边：此文本框用于输入正多边形的边数，边数至少为 3。
- 半径：取消勾选此复选框，可绘制任意半径（内接于圆的半径）的正多边形；勾选此复选框，可按照输入的半径精确绘制内接于圆的正多边形。

在绘制正多边形时，选项栏中的【半径】选项用于控制多边形内接于圆或外切于圆的大小。如果要控制旋转角度，则可通过单击【管理】选项卡的【设置】面板中的【捕捉】按钮，设置【角度尺寸标注捕捉增量】的角度，如图 4-11 所示。

图 4-11 绘制多边形时控制旋转角度

4. 圆形

单击【圆形】按钮，可以绘制由圆心和半径控制的圆，如图 4-12 所示。

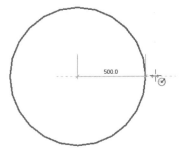

图 4-12 绘制由圆心和半径控制的圆

5. 其他图形

【绘制】面板中的其他绘图工具包括圆弧、样条曲线、椭圆、椭圆弧、拾取线，如表 4-1 所示。

表 4-1 【绘制】面板中的其他绘图工具

绘图工具		图 形	说 明
圆弧	起点-终点-半径弧		以圆弧的起点、终点和半径画弧
	圆心-端点弧	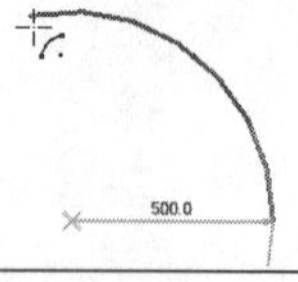	以圆弧的圆心、起点（确定半径）和端点（确定圆弧角度）画弧
	相切-端点弧	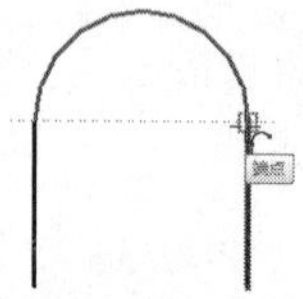	绘制与两条平行直线相切的弧，或者绘制两条相交直线之间的连接弧
	圆角弧	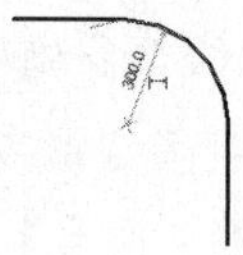	绘制两条相交直线之间的圆角
样条曲线		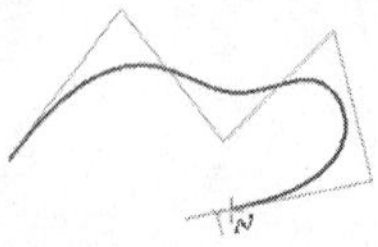	绘制控制点的样条曲线
椭圆		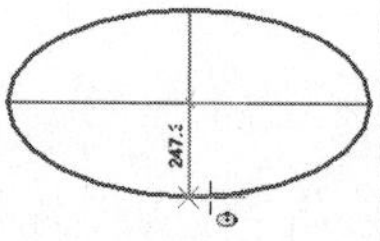	绘制由轴心点、长轴和短轴控制的椭圆
椭圆弧		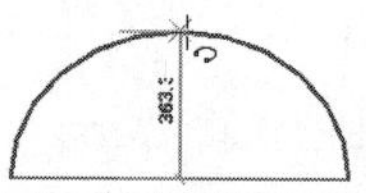	绘制由长轴和短半轴控制的半椭圆
拾取线		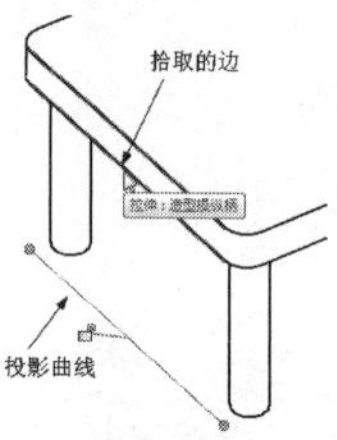	拾取模型边进行投影，得到的投影曲线作为绘制的模型线

6. 线样式

用户可以为绘制的模型线设置不同的线样式，在【修改|放置线】上下文选项卡的【线样式】面板中，提供了多种线样式，如图 4-13 所示。

图 4-13 线样式

要设置线样式,首先选中要变换线型的模型线,然后选择【线样式】下拉列表中的线型,如图 4-14 所示。

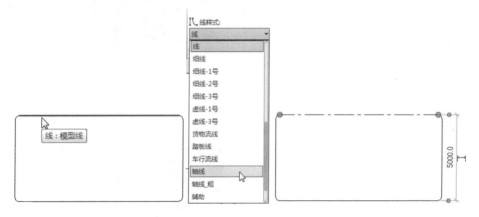

图 4-14 设置线样式

4.1.2 模型文字

模型文字是基于工作平面的三维图元,可作为建筑或墙上的标志或字母。对能以三维方式显示的族(如墙、门、窗和家具族),用户可以在项目视图和族编辑器中添加模型文字。模型文字不可用于只能以二维方式表示的族,如注释、详图构件和轮廓族。

💻 上机操作——创建模型文字

① 打开本例源文件【实验楼.rvt】,如图 4-15 所示。

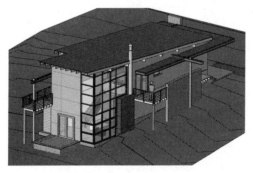

图 4-15 本例源文件【实验楼.rvt】

② 单击【建筑】选项卡的【工作平面】面板中的【设置】按钮,打开【工作平面】对话框。

③ 选择【拾取一个平面】选项，然后单击【确定】按钮，最后选择 East 立面的墙面作为新的工作平面，如图 4-16 所示。

图 4-16　选择工作平面

④ 在【建筑】选项卡的【模型】面板中单击【模型文字】按钮，打开【编辑文字】对话框。在该对话框中输入文本【实验楼】，并单击【确定】按钮，如图 4-17 所示。

⑤ 将文本放置在大门的上方，如图 4-18 所示。

图 4-17　输入文本

图 4-18　放置文本

⑥ 放置文本后自动生成具有凹凸感的模型文字，如图 4-19 所示。

⑦ 编辑模型文字，使模型文字变小并改变深度。首先选中模型文字，然后在【属性】选项板中设置【尺寸标注】的【深度】为【50】，并单击【应用】按钮，如图 4-20 所示。

图 4-19　生成模型文字

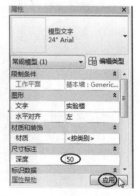

图 4-20　编辑模型文字的深度

⑧ 在【属性】选项板中单击【编辑类型】按钮，打开【类型属性】对话框。在该对话框中设置【文字字体】为【长仿宋体】,【文字大小】为【500】，并勾选【粗体】复选框，最后单击【应用】按钮完成模型文字的类型属性编辑，如图4-21所示。

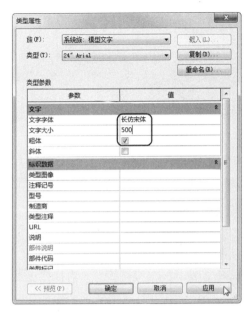

图4-21　编辑模型文字的类型属性

⑨ 模型文字的类型属性编辑完成后，需要重新设置模型文字的位置。拖曳模型文字到新位置即可，如图4-22所示。

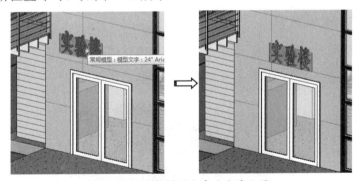

图4-22　拖曳模型文字改变其位置

⑩ 完成后将文件保存。

4.1.3　模型组

组是对现有项目文件中可重复利用的图元的一种管理和应用方式，用户可以通过组这种方式来像族一样管理和应用设计资源。组的应用可以包含模型对象、详图对象，以及模型和详图的混合对象。

Revit可以创建以下类型的组。

- 模型组：此组合全部由模型图元组成，如图 4-23 所示。

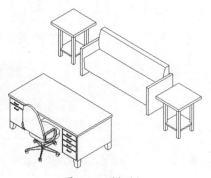

图 4-23 模型组

- 详图组：此组合由尺寸标注、门窗标记、文字等注释类图元组成，如图 4-24 所示。
- 附着的详图组：此组合可以包含与特定模型组关联的视图专有图元，如图 4-25 所示。

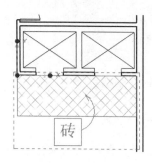

图 4-24 详图组

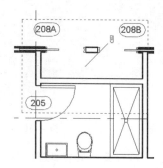

图 4-25 附着的详图组

上机操作——创建模型组

① 打开本例源文件【教学楼.rvt】，该文件为某院校的教学楼模型，已完成墙体、楼板、屋顶等大部分图元的创建，并创建了部分门和窗，如图 4-26 所示。

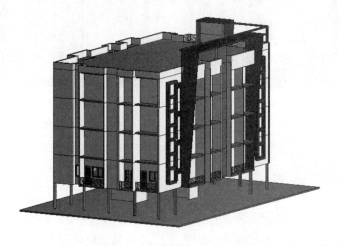

图 4-26 本例源文件【教学楼.rvt】

② 切换到【Level 2】楼层平面视图。在该项目中，已经为左侧模型创建了门窗、阳台及门窗标记，如图 4-27 所示。

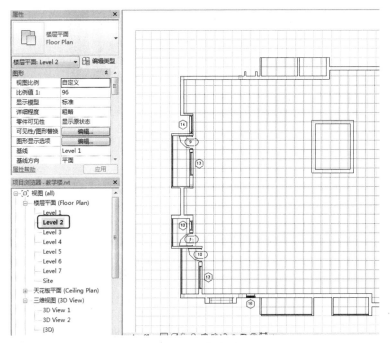

图 4-27 【Level 2】楼层平面视图

③ 在按住 Ctrl 键的同时选择西侧【Level 2】楼层平面的所有阳台栏杆、门和窗，如图 4-28 所示，自动切换到【修改|选择多个】上下文选项卡。

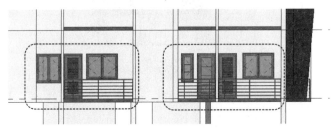

图 4-28 选中要创建组的图元

④ 单击【创建】面板中的【创建组】按钮，打开如图 4-29 所示的【创建模型组】对话框，在【名称】文本框中输入【标准层阳台组合】作为组名称，不勾选【在组编辑器中打开】复选框，单击【确定】按钮，将所选择的图元创建成组，按 Esc 键退出当前选择集。

图 4-29 【创建模型组】对话框

⑤ 单击模型组中的任意窗或窗边图元，Revit 将选择【标准层阳台组合】模型组中的所有图元，如图 4-30 所示，自动切换到【修改|模型组】上下文选项卡。

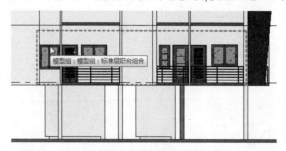

图 4-30　选中模型组

⑥ 单击【阵列】按钮，在选项栏中设置【项目数】为【4】（按 Enter 键确认），其余选项保持默认。然后在视图中选择一个参考点作为阵列的起点，如图 4-31 所示。

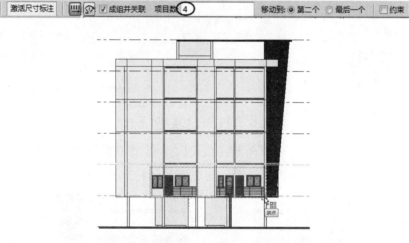

图 4-31　设置阵列选项并选择阵列的起点

⑦ 在【Level 3】楼层平面的标高线上拾取一点作为阵列的终点，且该终点与起点为垂直关系，如图 4-32 所示。

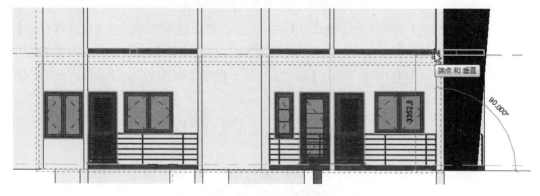

图 4-32　拾取阵列的终点

⑧ 单击终点可以查看阵列的预览效果，如图 4-33 所示。

第 4 章 建筑项目设计准备

⑨ 在空白位置单击，将打开警告提示框，如图 4-34 所示。单击警告提示框中的【确定】按钮即可完成模型组的阵列操作。按 Esc 键退出【修改|模型组】编辑模式。

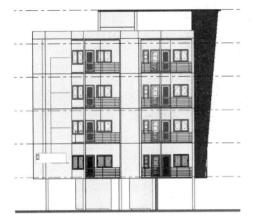

图 4-33 阵列的预览效果

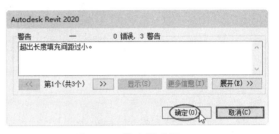

图 4-34 警告提示框

⑩ 在【项目浏览器】选项板的【组】|【模型】视图节点下，选中【标准层阳台组合】并右击，在弹出的快捷菜单中选择【保存组】命令，打开【保存组】对话框，指定保存位置并输入文件名，单击【保存】按钮即可保存，如图 4-35 所示。

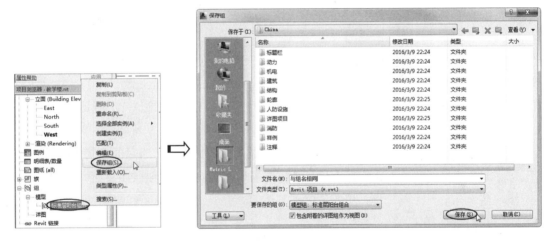

图 4-35 保存组

知识点拨：

如果模型组中包含附着的详图组，则可以勾选【保存组】对话框底部的【包含附着的详图组作为视图】复选框将附着的详图组一同保存。

💻 上机操作——放置模型组

除了用阵列的方式放置模型组，用户还可以用插入的方式放置模型组，操作步骤如下。

① 打开本例源文件【教学楼.rvt】，如图 4-36 所示。

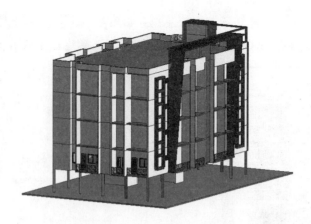

图 4-36　本例源文件【教学楼.rvt】

② 切换到【Level 2】楼层平面视图。在按住 Ctrl 键的同时选择西侧【Level 2】楼层平面的所有阳台栏杆、门和窗，如图 4-37 所示，自动切换至【修改|选择多个】上下文选项卡。

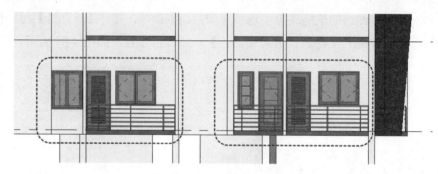

图 4-37　选中要创建组的图元

③ 单击【创建】面板中的【创建组】按钮，打开如图 4-38 所示的【创建模型组】对话框，在【名称】文本框中输入【标准层阳台组合】作为组名称，不勾选【在组编辑器中打开】复选框，单击【确定】按钮，将所选择的图元创建成组，按 Esc 键退出当前选择集。

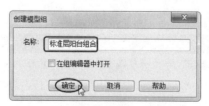

图 4-38　【创建模型组】对话框

④ 在【建筑】选项卡的【模型】面板中单击【放置模型组】按钮，并捕捉组原点垂直追踪线与【Level 3】阳台上表面延伸线的交点，Revit 将以此交点作为放置参考点，如图 4-39 所示。

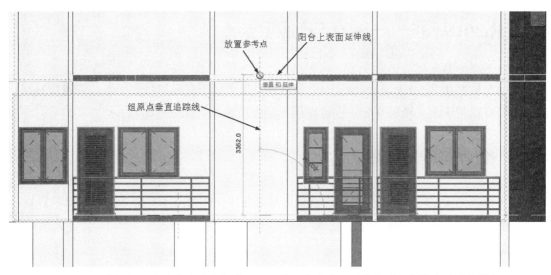

图 4-39　捕捉组原点垂直追踪线与【Level 3】阳台上表面延伸线的交点作为放置参考点

⑤ 在组原点垂直追踪线与阳台上表面延伸线的交点处单击,放置模型组,功能区显示【修改|模型组】上下文选项卡,单击该上下文选项卡中的【完成】按钮✓,结束放置模型组的操作,如图 4-40 所示。

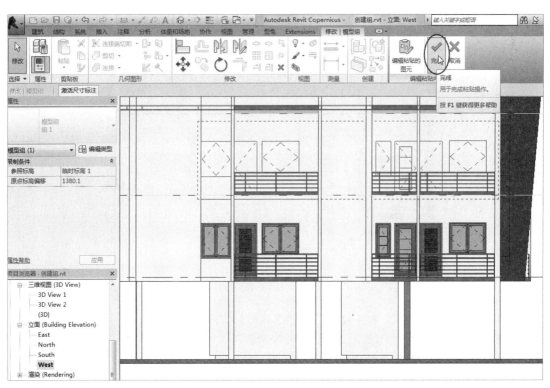

图 4-40　放置模型组并结束操作

4.2 Revit 基准——标高与轴网

标高与轴网在 Revit Architecture 中用于定位及定义楼层高度与视图平面，即设计基准。标高不仅可以用于定义楼层高度，也可以用于定位窗台及其他结构构件。

4.2.1 创建与编辑标高

仅当视图为【建筑立面图】时，建筑项目设计环境中才会显示标高。默认建筑项目设计环境中的预设标高如图 4-41 所示。

图 4-41　默认建筑项目设计环境中的预设标高

标高是指有限的水平平面，用作屋顶、楼板、天花板等以标高为主体的图元的参照。用户可以调整其范围大小，使其不显示在某些视图中，如图 4-42 所示。

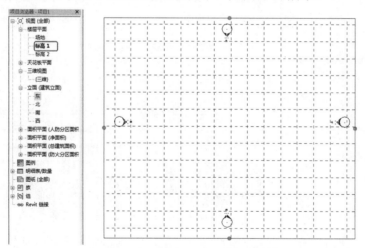

图 4-42　可以调整范围大小的标高平面

用户必须在立面图中创建新标高。

上机操作——创建并编辑标高

① 启动 Revit 2020，在主页界面的【项目】选项组中选择【新建】选项，打开【新建项目】对话框。

② 单击【浏览】按钮，在打开的【选择样板】对话框中选择【Revit 2020 中国样板.rte】建筑样板文件，如图 4-43 所示。

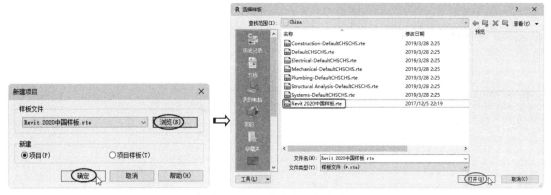

图 4-43　选择建筑样板文件

③ 在【项目浏览器】选项板中切换【标高 1】楼层平面视图为【立面】|【东】视图，立面图中显示预设的标高，如图 4-44 所示。

图 4-44　预设的标高

④ 由于加载的建筑样板文件为中国建筑标准样板，所以项目单位无须更改。如果不是中国建筑标准样板，则需要在【管理】选项卡的【设置】面板中单击【项目单位】按钮，打开【项目单位】对话框，设置【长度】的单位为 mm、【面积】的单位为 m²、【体积】的单位为 m³，如图 4-45 所示。

⑤ 在【建筑】选项卡的【基准】面板中单击 标高 按钮，然后在选项栏中单击 平面视图类型... 按钮，在打开的【平面视图类型】对话框中选择视图类型为【楼层平面】，如图 4-46 所示。

图 4-45　设置项目单位

图 4-46　设置平面视图类型

> **知识点拨：**
> 如果【平面视图类型】对话框中其余的视图类型也被选中，则可以在按住 Ctrl 键的同时选择相应视图类型，即可取消视图类型的选择。

⑥ 在图形区中捕捉标头对齐线（蓝色虚线）作为新标高线的起点，如图 4-47 所示。

图 4-47 捕捉标头对齐线作为新标高线的起点

⑦ 单击确定起点后，水平绘制标高线，直到捕捉到另一侧的标头对齐线，单击确定新标高线的终点，如图 4-48 所示。

图 4-48 捕捉另一侧的标头对齐线作为新标高线的终点

⑧ 随后绘制的标高处于激活状态，此刻我们可以修改标高的临时尺寸值，修改后标高符号上的值将随之变化，而且标高线上会自动显示【标高 3】名称，如图 4-49 所示。

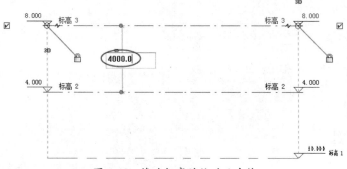

图 4-49 修改标高的临时尺寸值

⑨ 按 Esc 键退出当前操作。接下来介绍另一种较为高效的标高创建方法，即利用【复制】工具。此方法可以连续创建多个标高值相同的标高。

⑩ 选中刚才创建的【标高3】，切换到【修改|标高】上下文选项卡。单击该上下文选项卡中的【复制】按钮，并在选项栏上勾选【多个】复选框。然后在图形区【标高3】的任意位置拾取复制的起点，如图4-50所示。

⑪ 垂直向上移动鼠标，并在某点位置单击，确定复制的终点，以放置复制的【标高4】，如图4-51所示。

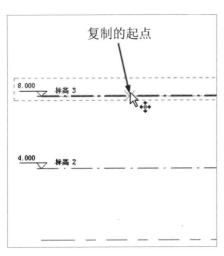
图4-50 拾取复制的起点

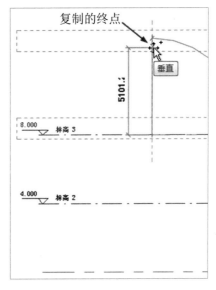
图4-51 确定复制的终点

⑫ 继续垂直向上移动鼠标并单击，放置复制的标高，直到完成所有标高的创建，按Esc键退出，如图4-52所示。

图4-52 完成所有标高的创建

> **知识点拨：**
> 如果是高层建筑，则利用【复制】工具创建标高，效率还是不够高，作者的建议是利用【阵列】工具，一次性完成所有标高的创建。这里就不再详解，读者可以尝试自行完成操作。

⑬ 修改复制后的每一个标高值，最上面的标高修改的是标头上的总标高值，修改结果如图 4-53 所示。

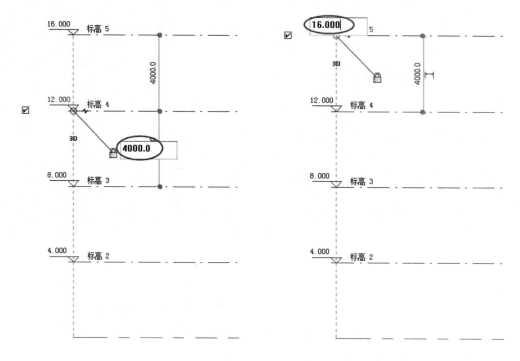

图 4-53 修改标高值

⑭ 同样地，利用【复制】工具，将命名为【标高 1】的标高向下复制，得到一个负值的标高，如图 4-54 所示。

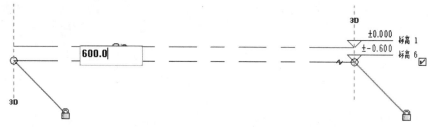

图 4-54 复制出负值的标高

⑮ 不难看出，【标高 1】和其他的标高（上标头）的族属性不同，如图 4-55 所示。

⑯ 选中【标高 1】，然后在【属性】选项板的【类型选择器】下拉列表中重新选择【正负零标头】选项，使其与其他标高的属性类型保持一致，如图 4-56 所示。

第 4 章 建筑项目设计准备

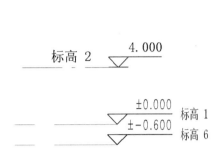
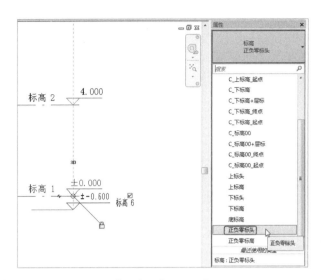

图 4-55 不同族属性的【标高 1】和【标高 2】　　图 4-56 为【标高 1】重新选择属性类型

⑰ 同理，命名为【标高 6】的标高与【标高 1】的族属性相同，因此重新选择属性类型为【下标头】，如图 4-57 所示。

⑱ 可以根据【标高 6】标高的使用性质，修改其名称，例如，此标高用作室外场地标高，那么可以在【属性】选项板中将其重命名为【室外场地】，如图 4-58 所示。

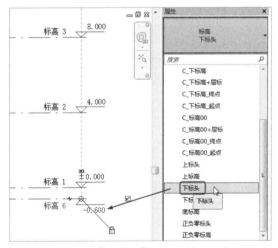
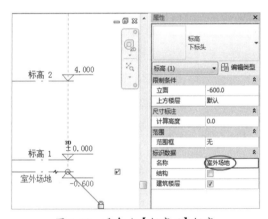

图 4-57 为【标高 6】重新选择属性类型　　图 4-58 重命名【标高 6】标高

⑲ 在【项目浏览器】选项板中切换到其他立面图，也会看到同样的标高已创建。但是，在【项目浏览器】选项板的【楼层平面】视图节点中并没有出现利用【复制】工具或【阵列】工具创建的标高楼层，如图 4-59 所示。而且在图形区中通过【复制】或【阵列】的标高的标头颜色为黑色，与【项目浏览器】选项板中一一对应的标高的标头颜色则为蓝色。

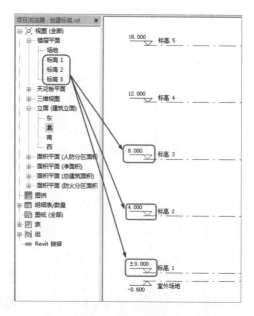

图 4-59 没有视图的标高

⑳ 双击蓝色的标头,会跳转到相对应的楼层平面视图。而单击黑色标头却没有反应。其原因就是利用【复制】或【阵列】工具仅仅是复制了标高的样式,并不能复制标高所对应的视图。

㉑ 为缺少视图的标高添加楼层平面视图。在【视图】选项卡的【创建】面板中,选择【平面视图】下拉列表中的【楼层平面】选项,如图 4-60 所示。

㉒ 打开【新建楼层平面】对话框,在该对话框的列表框中,列出了还未创建视图的所有标高。在按住 Ctrl 键的同时单击鼠标左键,选中所有标高,然后单击【确定】按钮,完成楼层平面视图的创建,如图 4-61 所示。

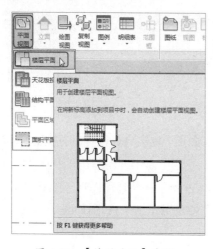

图 4-60 【楼层平面】选项

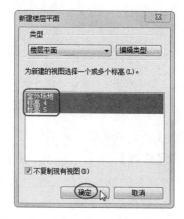

图 4-61 选中标高创建楼层平面视图

㉓ 创建楼层平面视图后,【项目浏览器】选项板的【楼层平面】视图节点中的视图如图 4-62 所示。而且图形区中之前黑色的标头已经转变为蓝色。

图 4-62 显示已创建楼层平面视图的标高

> **知识点拨：**
> 【楼层平面】视图节点中默认的【场地】是整个项目的总平面图，其标高高度默认为 0，与标高 1 平面是重合的。我们所创建的【室外场地】标高是用来建设建筑外的地坪的。

㉔ 单击任意一条标高线，会显示临时尺寸、控制符号和复选框，如图 4-63 所示。可以编辑其尺寸值，单击并拖曳控制符号可以整体或单独调整标高标头的位置，取消勾选或勾选复选框可以控制标头隐藏或显示，还可以偏移标头。

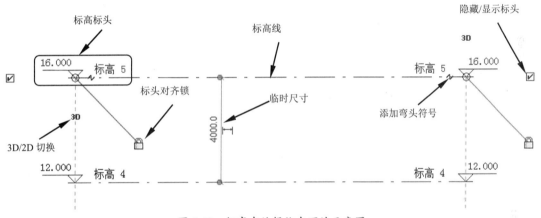

图 4-63 标高在编辑状态下的示意图

> **知识点拨：**
> 在 Revit 中，标高的【标头】包含了标高符号、标高名称、添加弯头符号等。

㉕ 当相邻的两个标高靠近时，有时会出现标头文字重叠，此时可以单击标高线上的添加弯头符号（见图 4-63）添加弯头，使不同标高的标头文字完全显示，如图 4-64 所示。

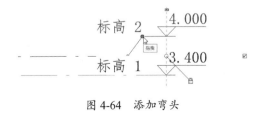

图 4-64 添加弯头

4.2.2　创建与编辑轴网

标高创建完成后，可以切换到任意平面图（如楼层平面视图）来创建和编辑轴网。轴网用于在平面图中定位项目图元。

利用【轴网】工具，可以在建筑项目设计环境中放置柱轴网线。轴线不仅可以作为建筑墙体的中轴线，与标高一样，轴线还是一个有限平面，可以在立面图中编辑其范围大小，使其不与标高线相交。轴网包括轴线和轴号。

上机操作——创建并编辑轴网

① 新建建筑项目文件，然后在【项目浏览器】选项板中切换到【楼层平面】视图节点下的【标高1】视图。

② 楼层平面视图中的 为立面图标记，单击此标记，将显示立面图平面，如图 4-65 所示。

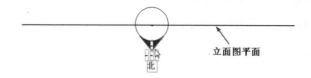

图 4-65　显示立面图平面

③ 双击立面图标记，将切换到立面图，如图 4-66 所示。

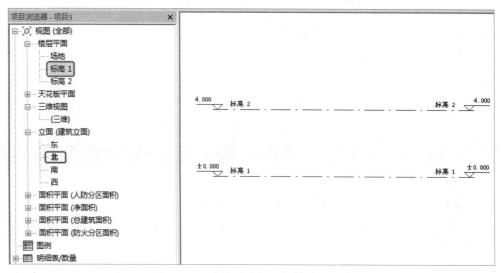

图 4-66　双击立面图标记切换到立面图

④ 立面图标记是可以移动的，当平面图所占区域比较大且超出立面图标记时，可以拖曳立面图标记，如图 4-67 所示。

第 4 章　建筑项目设计准备

图 4-67　移动立面图标记

⑤ 在【创建】选项卡的【基准】面板中单击 轴网 按钮，然后在立面图标记内以绘制直线的方式绘制第一条轴线与轴号，如图 4-68 所示。

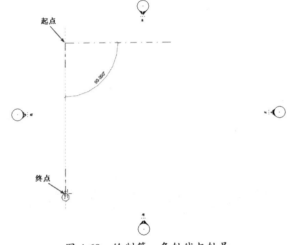

图 4-68　绘制第一条轴线与轴号

⑥ 绘制轴线后，从【属性】选项板中可以看出此轴线的属性类型为【6.5mm 编号间隙】，说明绘制的轴线是有间隙的，而且是单边有轴号，不符合中国建筑标准，如图 4-69 所示。

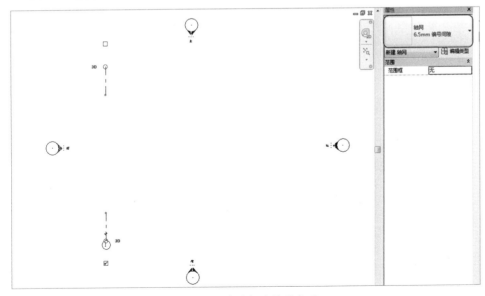

图 4-69　查看轴线属性类型

⑦ 在【属性】选项板的【类型选择器】下拉列表中选择【双标头】选项，绘制的轴线随之更改为双标头的轴线，如图4-70所示。

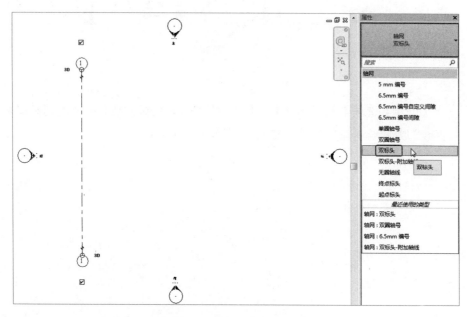

图4-70 修改轴网的属性类型

> **知识点拨：**
> 如果轴线与轴线之间的间距不相等，则可以利用【复制】工具复制；如果轴线与轴线之间的间距相等，则可以利用【阵列】工具快速绘制轴线；如果楼层的布局是左右对称型的，则可以先绘制一半的轴线，再利用【镜像】工具镜像出另一半轴线。

⑧ 利用【复制】工具，复制出其他轴线，轴号是自动排列顺序的，如图4-71所示。

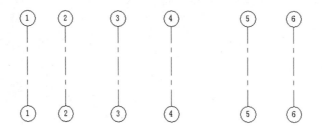

图4-71 复制轴线

⑨ 如果利用【阵列】工具，则包括两种阵列方式：一种是按顺序编号，另一种是乱序。首先看第一种阵列方式，如图4-72所示。

图4-72 按顺序编号的轴线阵列

另一种阵列方式如图 4-73 所示。因此，我们在进行阵列的时候一定要先弄清楚结果，再决定选择何种阵列方式。

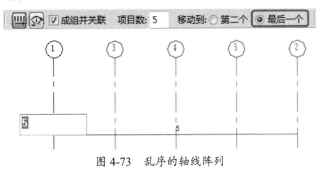

图 4-73　乱序的轴线阵列

⑩ 利用【镜像】工具镜像轴线，将不会按顺序编号。例如，将轴号③的轴线作为镜像轴，镜像轴线①和轴线②，镜像得到的结果如图 4-74 所示。

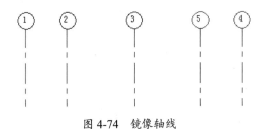

图 4-74　镜像轴线

⑪ 绘制完横向布置的轴线后，我们继续绘制纵向布置的轴线，绘制的顺序是从下至上，如图 4-75 所示。

知识点拨：
横向布置的轴号是从左到右按顺序编写的，而纵向布置的轴号则是用大写的拉丁字母从下往上编写的。

⑫ 绘制完纵向布置的轴线后，其轴号仍然是阿拉伯数字，因此需选中圈内的数字进行修改，从下往上依次修改为 A、B、C、D，如图 4-76 所示。

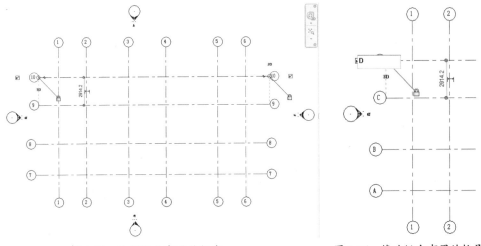

图 4-75　绘制纵向布置的轴线　　　　　图 4-76　修改纵向布置的轴号

⑬ 单击任意一条轴线，进入编辑状态，如图4-77所示。

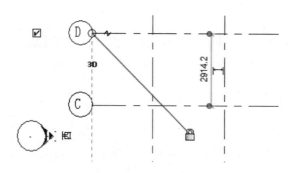

图4-77 轴线编辑状态

⑭ 轴线编辑与标高编辑的方式是相似的，在切换到【修改|轴网】上下文选项卡后，可以利用【修改】工具对轴线进行修改操作。

⑮ 选中临时尺寸，可以编辑此轴线与相邻轴线之间的间距，如图4-78所示。

⑯ 轴网中轴线标头的位置对齐时，会出现标头对齐虚线，如图4-79所示。

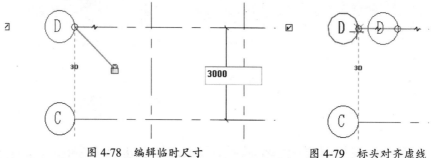

图4-78 编辑临时尺寸　　　　　图4-79 标头对齐虚线

⑰ 单击任意一条轴线，勾选或取消勾选标头外侧的复选框☑，即可关闭/打开轴号显示。

⑱ 如需控制所有轴号的显示，选择所有轴线，自动切换到【修改|轴网】选项卡，在【属性】选项板中单击【编辑类型】按钮，打开【类型属性】对话框。在该对话框中修改类型属性，勾选【平面视图轴号端点1（默认）】复选框和【平面视图轴号端点2（默认）】复选框，如图4-80所示。

⑲ 在【类型属性】对话框中设置【轴线中段】的显示方式为【连续】，如图4-81所示。

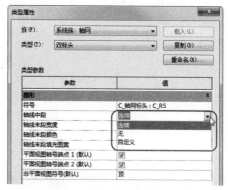

图4-80 设置轴号显示　　　　　图4-81 设置【轴线中段】的显示方式为【连续】

⑳ 【轴线中段】的显示方式设置为【连续】后，设置【轴线末段宽度】、【轴线末段颜色】及【轴线末段填充图案】的样式，如图4-82所示。

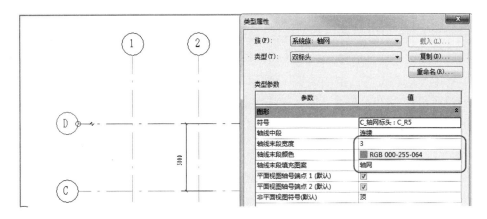

图4-82　设置【轴线末段宽度】、【轴线末段颜色】及【轴线末段填充图案】的样式

㉑ 【轴线中段】的显示方式设置为【无】后，设置【轴线末段宽度】、【轴线末段颜色】、【轴线末段填充图案】及【轴线末段长度】的样式，如图4-83所示。

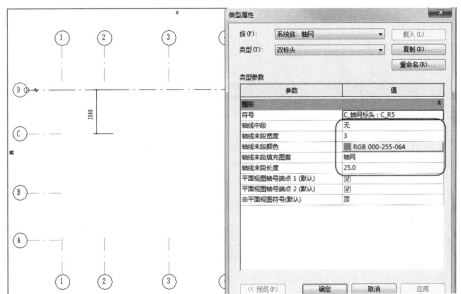

图4-83　设置【轴线末段宽度】、【轴线末段颜色】、【轴线末段填充图案】及【轴线末段长度】的样式

㉒ 当两条轴线相距较近时，可以拖曳添加弯头符号，改变轴号的位置，如图4-84所示。

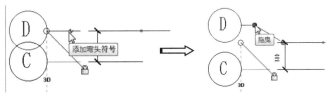

图4-84　改变轴号的位置

4.3 BIMSpace 2020 标高与轴网设计

从前面的 Revit 2020 标高与轴网设计过程中，我们可以看出，对于常见的水平与垂直的轴线与标高设计，还是比较快捷、容易的，但对于弧形、三维的轴网设计，利用 Revit 2020 就显得比较烦琐。使用 BIMSpace 2020 的鸿业乐建 2020 就能轻松解决复杂轴网的设计难题。

启动鸿业乐建 2020，在主页界面中选择【HYBIMSpace 建筑样板】项目文件，进入建筑项目设计环境。如图 4-85 所示为鸿业乐建 2020 的标高与轴网设计工具（在【轴网\柱子】选项卡中）。

图 4-85　鸿业乐建 2020 的标高与轴网设计工具

4.3.1 标高设计

鸿业乐建 2020 能快速地自动创建多层的标高和夹层标高，而不需要用户手动添加与编辑。

> **知识点拨：**
> 由于标高符号与二维模型族中的高程点符号是相同的，所以这里讲解一下"标高"与"高程"的含义。"标高"是针对建筑物而言的，用来表示建筑物某个部位相对基准面（标高零点）的垂直高度。"标高"分为相对标高和绝对标高。绝对标高是以平均海平面作为标高零点的，以此计算的标高称为绝对标高。相对标高是以建筑物室内首层地面高度作为标高零点的，以此计算的标高称为相对标高，本书所讲的标高是相对标高。
> "高程"指的是某点沿铅垂线方向到绝对基准面的垂直距离。"高程"是测绘用词，通俗地称为"海拔高度"。高程也分为绝对高程和相对高程（假定高程）。例如，测量名山湖泊的海拔高度是绝对高程，测量室内某物体的最高点到地面的垂直距离则是相对高程。
> 在【轴网\柱子】选项卡的【楼层】面板中，【楼层设置】工具用于自动创建多层标准层标高，【附加标高】工具用于创建多层中存在夹层的标高。

下面以案例的形式来说明【楼层设置】工具和【附加标高】工具的使用方法。

💻 上机操作——利用 BIMSpace 2020 创建楼层标高

① 启动鸿业乐建 2020，在主页界面中选择【HYBIMSpace 建筑样板】项目文件，进入建筑项目设计环境，如图 4-86 所示。鸿业建筑样板的【项目浏览器】选项板视图列表如图 4-87 所示。

第 4 章　建筑项目设计准备

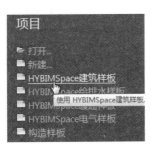

图 4-86　选择项目文件

图 4-87　鸿业建筑样板的【项目浏览器】
选项板视图列表

② 切换到【南】立面图。此时，如果用户安装了 AutoCAD 软件，打开本例源文件【教学楼（建筑、结构施工图）.dwg】，查看教学楼的①～⑩立面图。如图 4-88 所示为教学楼 AutoCAD 的立面图效果。

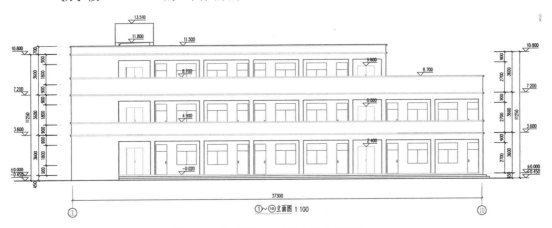

图 4-88　教学楼 AutoCAD 的立面图效果

③ 参考此 AutoCAD 立面图，在【项目浏览器】选项板中切换到【视图（鸿业-建筑）】|【04 立面】|【立面（建筑立面）】|【东】立面图，如图 4-89 所示。

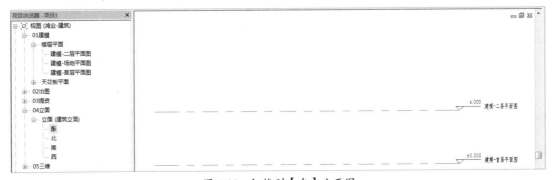

图 4-89　切换到【东】立面图

④ 在【轴网\柱子】选项卡的【楼层】面板中单击【楼层设置】按钮，打开【楼层设置】对话框，如图 4-90 所示。该对话框中显示的楼层是默认生成的楼层，用户可以更改楼层信息或者添加新楼层。

⑤ 从 AutoCAD 立面图中可以看出，除了 4 个楼层，还有地下一层和顶部的蓄水池层。在【楼层设置】对话框中选中【层名】为【建模-首层平面图】的楼层，然后在【楼层信息】选项组中设置【楼层高度】为【3600.0】，并单击【应用】按钮确认修改，如图 4-91 所示。

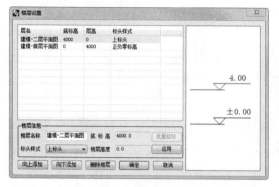

图 4-90 【楼层设置】对话框

图 4-91 修改首层标高

⑥ 在【楼层设置】对话框中选中【层名】为【建模-二层平面图】的楼层，然后单击【向上添加】按钮，打开【添加楼层设置】对话框。

⑦ 在【添加楼层设置】对话框中设置新楼层的参数，单击【确定】按钮，完成新楼层的添加，如图 4-92 所示。

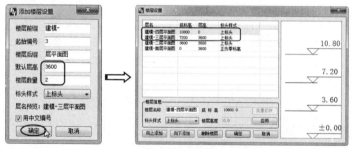

图 4-92 添加上部新楼层

⑧ 在【楼层设置】对话框中选中【层名】为【建模-首层平面图】的楼层，然后单击【向下添加】按钮，打开【添加楼层设置】对话框，设置地下一层的参数，单击【确定】按钮，完成地下一层的添加，如图 4-93 所示。

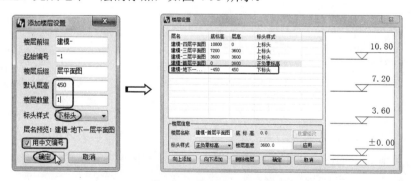

图 4-93 添加地下一层

⑨ 单击【确定】按钮完成楼层设置，结果如图 4-94 所示。

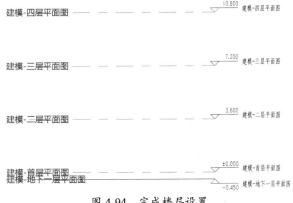

图 4-94 完成楼层设置

⑩ 添加顶层的蓄水池标高。在【轴网\柱子】选项卡的【楼层】面板中单击【附加标高】按钮，打开【附加标高】对话框，然后设置附加标高的信息，如图 4-95 所示。

⑪ 选择第四层的标高线，自动将附加标高置于其上，如图 4-96 所示。

图 4-95 设置附加标高的信息

图 4-96 添加附加标高

4.3.2 轴网设计

鸿业乐建 2020 的轴网设计功能十分强大，应用效率也非常高。下面以某工厂圆弧形建筑平面图（见图 4-97）的轴网设计为例来说明轴网设计工具的具体应用。

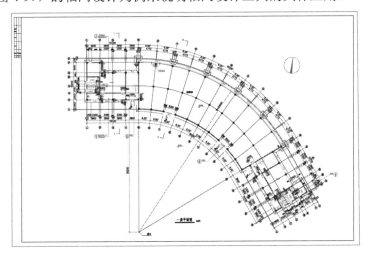

图 4-97 某工厂圆弧形建筑平面图

上机操作——利用 BIMSpace 2020 进行轴网设计

① 通过 AutoCAD 打开本例源文件【圆弧形办公大楼一层平面图.dwg】。

② 启动鸿业乐建 2020，在主页界面中选择【HYBIMSpace 建筑样板】项目文件，进入建筑项目设计环境。

③ 在【轴网\柱子】选项卡的【轴网创建】面板中单击【直线轴网】按钮，打开【直线轴网】对话框。

④ 单击【更多】按钮完全展开对话框。设置轴号①~⑤的轴线参数，如图 4-98 所示。

> **知识点拨：**
> 在【直线轴网】对话框的【数目】列单击空白单元格可以添加数目，双击【距离】列中的数字可以修改轴线距离。

⑤ 设置轴号Ⓐ~Ⓖ的轴线参数，如图 4-99 所示。

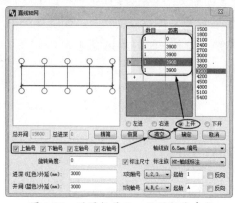

图 4-98　设置轴号①~⑤的轴线参数　　图 4-99　设置轴号Ⓐ~Ⓖ的轴线参数

⑥ 单击【直线轴网】对话框中的【确定】按钮，自动生成轴网，如图 4-100 所示。

⑦ 拖曳 Y 向轴线（以英文字母作为轴号的轴线）右侧端点，使其与轴号为⑤的轴线相交，如图 4-101 所示。

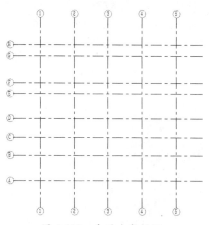 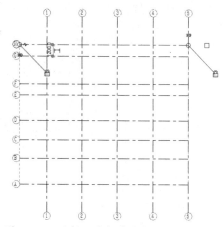

图 4-100　自动生成轴网　　图 4-101　编辑 Y 向轴线右侧端点位置

⑧ 在【轴网\柱子】选项卡的【轴号编辑】面板中单击【主辅转换】按钮，然后选择 Y 向轴线中的Ⓔ轴号，将其转换为⑰轴号，如图 4-102 所示。转换完成后按 Esc 键结束当前操作。

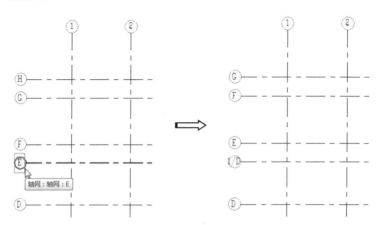

图 4-102 主辅轴号转换

⑨ 在【轴网\柱子】选项卡的【轴网创建】面板中单击【弧线轴网】按钮，打开【弧线轴网】对话框。在该对话框中选择【角度】选项，然后依次列出 10 个数目的角度值，角度均为 6 度，最后设置【内弧半径】为【36200】，如图 4-103 所示。

⑩ 勾选【与现有轴网拼接】复选框，单击【确定】按钮，关闭【弧线轴网】对话框，如图 4-104 所示。

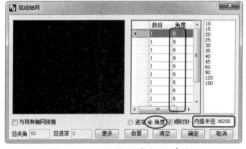

图 4-103 设置弧线轴网参数

图 4-104 选择轴网放置方式

⑪ 在图形区拾取公用的轴线（轴号为⑤的轴线），拾取后再在公用轴线右侧以单击鼠标的方式放置弧线轴网，如图 4-105 所示。

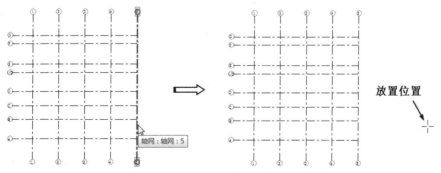

图 4-105 拾取公用轴线并放置弧线轴网

拼接的弧线轴网如图 4-106 所示。

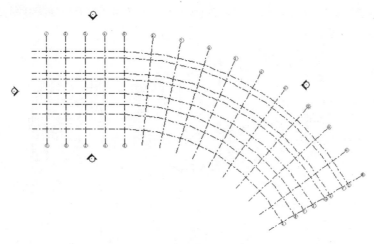

图 4-106　拼接的弧线轴网

⑫ 选择轴号为⑥的轴线，然后在【属性】选项板中单击【编辑类型】按钮，打开【类型属性】对话框，勾选【平面视图轴号端点 1（默认）】复选框，单击【确定】按钮完成轴线编辑，如图 4-107 所示。

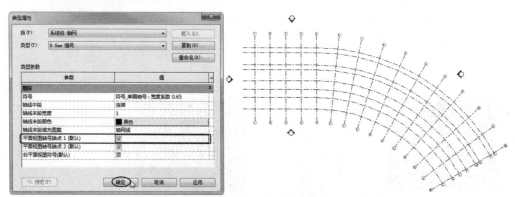

图 4-107　编辑轴号为⑥的轴线的类型属性

⑬ 同理，选择轴号为Ⓐ的轴线，编辑其类型属性，如图 4-108 所示。

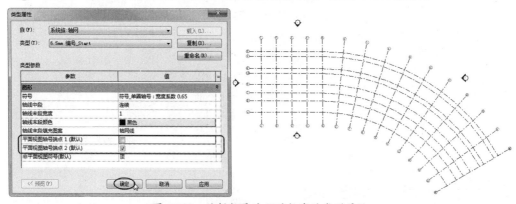

图 4-108　编辑轴号为Ⓐ的轴线的类型属性

⑭ 参考 AutoCAD 立面图，选择轴号为Ⓑ的轴线，再单击【修改|多段轴网】上下文选项卡中的【编辑草图】按钮，最后将弧形草图曲线删除，完成轴号为Ⓑ的轴线的更改，如图 4-109 所示。

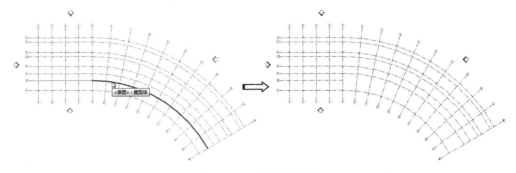

图 4-109　编辑轴线草图

⑮ 同理，继续将轴号为Ⓒ、Ⓓ、Ⓔ的轴线进行编辑，完成结果如图 4-110 所示。

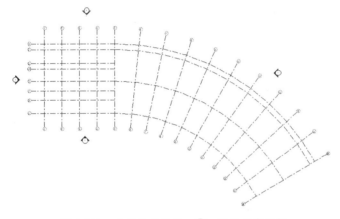

图 4-110　完成轴号为Ⓒ、Ⓓ、Ⓔ的轴线编辑

⑯ 从右下往左上进行窗交选择，选择所有 Y 向轴线和 X 向①～④的轴线，然后单击【修改|选择多个】上下文选项卡中的【镜像-拾取轴】按钮，拾取轴号为⑩的轴线作为镜像轴，如图 4-111 所示。

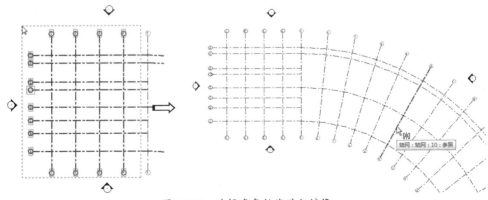

图 4-111　选择多条轴线进行镜像

随后自动完成镜像，镜像结果如图 4-112 所示。

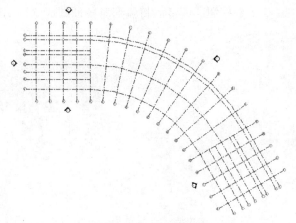

图 4-112　镜像结果

⑰　将镜像的轴号选中并进行修改，完成本例中图纸的轴网绘制。

第 5 章
族的创建与应用

本章内容

　　Revit 中的所有图元都是基于族的。无论建筑设计、结构设计，还是系统设备设计，都只不过是将各类族插入 Revit 环境中进行布局、放置并修改属性后得到的设计效果。"族"不仅是一个模型，其中还包含了参数集和相关的图形表示的图元组合。本章着重介绍 Revit 中族的用途及基本创建方法。

知识要点

- ☑ 了解族与族库
- ☑ 创建族的编辑器模式
- ☑ 创建二维模型族
- ☑ 创建三维模型族
- ☑ 测试族
- ☑ 使用 BIMSpace 2020 族库

5.1 了解族与族库

族是一个包含通用属性（称为参数）集和相关图形表示的图元组。属于一个族的不同图元的部分或全部参数可能有不同的值，但是参数的集合是相同的。族中的这些变体称作"族类型"或"类型"。

例如，门类型所包含的族及族类型可以用来创建不同的门（防盗门、推拉门、玻璃门、防火门等），尽管它们具有不同的用途及材质，但在 Revit 中的使用方法是一致的。

5.1.1 族的种类

Revit 2020 中的族有三种类型：系统族、可载入族（标准构件族）和内建族。

1. 系统族

系统族已在 Revit 中预定义且保存在样板和项目中，用于创建项目的基本图元，如墙、楼板、天花板、楼梯，以及其他要在施工场地装配的图元，如图 5-1 所示。

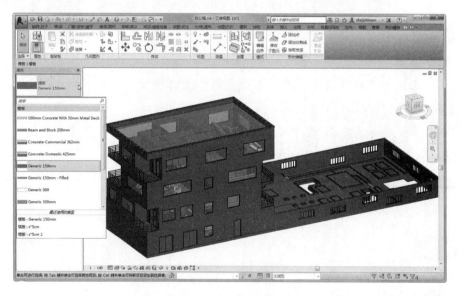

图 5-1 系统族

系统族还包含项目和系统设置，这些设置会影响项目设计环境，如标高、轴网、图纸、视图等。Revit 不允许用户创建、复制、修改或删除系统族，但可以复制和修改系统族中的类型，以便创建自定义系统族类型。

相比 SketchUP 软件，Revit 建模极其方便，当然最主要的是它包含了建筑构件的重要信息。由于系统族是预定义的，因此它是 3 种族中自定义内容最少的，但与可载入族和内建族相比，它包含了更多的智能行为。用户在项目中创建的墙会自动调整大小，来容纳放置在其中的窗和门。在放置窗和门之前，无须为它们在墙上剪切洞口。

2. 可载入族

可载入族是由用户自定义创建的独立保存为.rfa 格式的族文件。例如，当需要为场地插入园林景观树的族时，默认的系统族能提供的类型比较少，则可以通过单击【载入族】按钮，到 Revit 自带的族库中载入可用的植物族，如图 5-2 和图 5-3 所示。

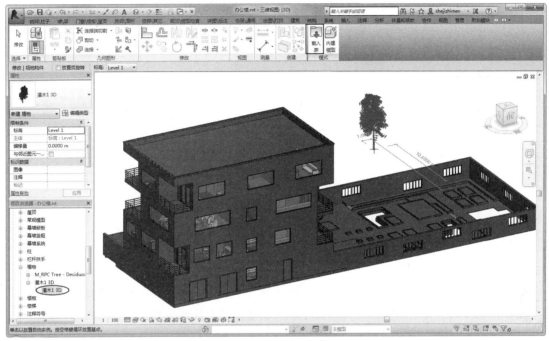

图 5-2　单击【载入族】按钮

图 5-3　载入植物族

由于可载入族具有高度灵活的自定义特性，因此在使用 Revit 进行设计时，最常创建和修改的族为可载入族。Revit 提供了族编辑器，允许用户自定义任何类别、任何形式的可载入族。

可载入族分为 3 种类别：体量族、模型类别族和注释类别族。

- 体量族用于建筑概念设计阶段。
- 模型类别族用于生成项目的模型图元、详图构件等。

- 注释类别族用于提取模型图元的参数信息。例如，在综合楼项目中使用【门标记】族提取门【族类型】参数。

Revit 的模型类别族分为独立个体族和基于主体的族。独立个体族是指不依赖于任何主体的构件，例如，家具、结构柱等。

基于主体的族是指不能独立存在而必须依赖于主体的构件，例如，门、窗等图元必须依赖于墙体而存在。基于主体的族可以依附的主体有墙、天花板、楼板、屋顶、线和面，Revit 分别提供了基于这些主体图元的族样板文件。

3. 内建族

内建族是用户需要创建当前项目专有的独特构件时所创建的独特图元。创建内建族，以便可以参照其他项目几何图形，使其在所参照的几何图形发生变化时进行相应的大小调整和其他调整。内建族包括如下几种。

- 斜面墙或锥形墙。
- 特殊或不常见的几何图形，如非标准屋顶。
- 不打算重用的自定义构件。
- 必须参照项目中其他几何图形的几何图形。
- 不需要多个族类型的族。

内建族的创建方法与可载入族类似。内建族与系统族一样，既不能从外部文件载入，也不能保存到外部文件中，只在当前项目环境中创建，并不打算在其他项目中使用。它们可以是二维或三维对象，通过选择族类别并在项目环境中创建模型，可将它们包含在明细表中。内建族必须参照项目中的其他几何图形进行创建。如图 5-4 所示为内建的【检票口闸机】族。

图 5-4 内键的【检票口闸机】族

5.1.2 族样板

要创建族，就必须选择合适的族样板。Revit 附带大量的族样板。在新建族时，从选择族样板开始。根据用户选择的族样板，新建的族有特定的默认内容，如参照平面和子类别。Revit 因模型族样板、注释族样板和标题栏样板的不同而不同。

当用户需要创建自定义的可载入族时，可以在 Revit 主页界面的【族】选项组中选择【新建】选项，打开【新族-选择样板文件】对话框。从系统默认的族样板文件存储路径下找到族样板文件，单击【打开】按钮即可，如图 5-5 所示。

第 5 章　族的创建与应用

图 5-5　选择族样板文件

如果已经进入了建筑项目设计环境，则可以在【文件】选项卡中选择【新建】|【族】选项，同样可以打开【新族-选择样板文件】对话框。

> **知识点拨：**
> 安装 Revit 2020 后，默认族样板文件和建筑样板文件都是缺少的，需要官方提供样板文件库。我们将在本章的源文件夹中提供相关的族样板文件和建筑样板文件，具体使用方法读者可参见各自的 TXT 文档。

5.1.3　族的创建与编辑环境

不同类型的族有不同的族设计环境（也称为族编辑器模式）。族编辑器是 Revit 中的一种图形编辑模式，使用户能够创建和修改在项目中使用的族。族编辑器与 Revit 建筑项目设计环境的外观相似，不同的是应用工具。

在【新族-选择样板文件】对话框中选择【公制橱柜.rft】族样板文件后，单击【打开】按钮，进入族编辑器模式。默认显示的是【参照标高】楼层平面视图，如图 5-6 所示。

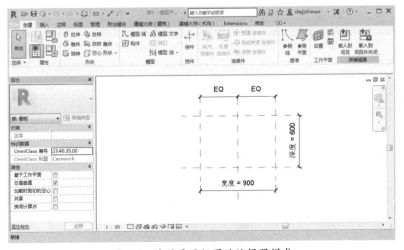

图 5-6　楼层平面视图族编辑器模式

155

如果编辑的是可载入族或者自定义的族，则可以在 Revit 2020 主页界面的【族】选项组中选择【打开】选项，从打开的【打开】对话框中选择一种族类型（建筑、橱柜、家用厨房、底柜-4 个抽屉），打开即可进入族编辑器模式。默认显示的是三维视图，如图 5-7 所示。

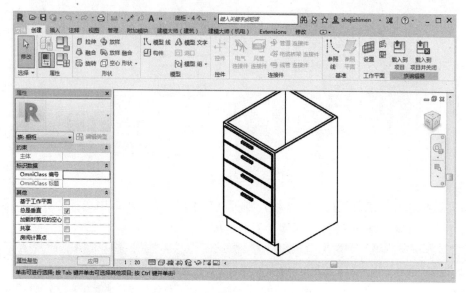

图 5-7　三维视图族编辑器模式

从族的几何体定义来划分，Revit 族又包括二维模型族和三维模型族。本章重点介绍三维模型族的创建与编辑。

5.2　创建族的编辑器模式

族编辑器不是独立的应用程序。创建或修改可载入族或内建族的几何图形时可以访问族编辑器。

> **知识点拨：**
> 与系统族（它是预定义的）不同，可载入族（标准构件族）和内建族始终在族编辑器中创建，但系统族可能包含可在族编辑器中修改的可载入族，例如，墙系统族可能包含用于创建墙帽、嵌条或分隔缝的轮廓构件族几何图形。

上机操作——打开族编辑器（方法一）

① 在 Revit 2020 主页界面的【族】选项组中选择【打开】选项，打开【打开】对话框。通过该对话框可直接打开 Revit 自带的族，【标题栏】文件夹中的族文件为标题栏族，【注释】文件夹中的族文件为注释族，其余文件夹中的族文件为模型族，如图 5-8 所示。

第 5 章　族的创建与应用

图 5-8　【打开】对话框中的 Revit 族

② 在【标题栏】文件夹中打开一个公制的标题栏族文件，进入标题栏族编辑器模式，如图 5-9 所示。

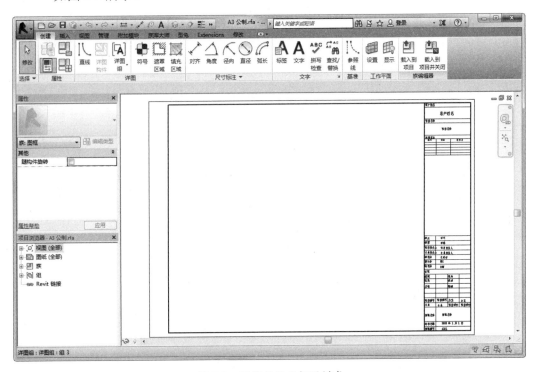

图 5-9　标题栏族编辑器模式

③ 在【注释】文件夹中打开【标记】，或者在【符号】子文件夹中打开【建筑标记】或【建筑符号】，进入注释族编辑器模式，如图 5-10 所示。

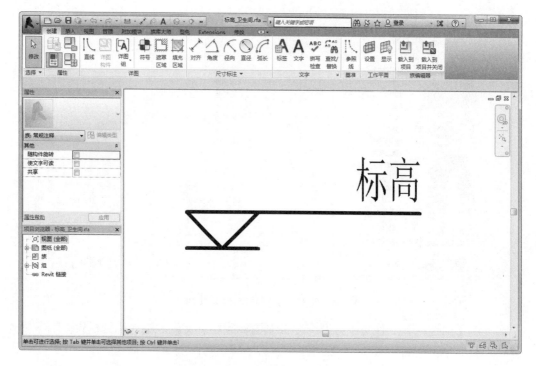

图 5-10 注释族编辑器模式

④ 打开模型族库中的某个族文件,如【建筑】|【按填充图案划分的幕墙嵌板】文件夹中的【1-2 错缝表面.rfa】族文件,进入模型族编辑器模式,如图 5-11 所示。

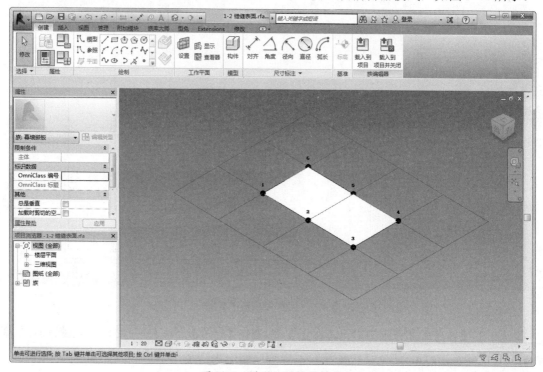

图 5-11 模型族编辑器模式

第 5 章 族的创建与应用

上机操作——打开族编辑器(方法二)

① 新建建筑项目文件,进入建筑项目设计环境。
② 在【项目浏览器】选项板中切换到三维视图。在【插入】选项卡的【从库中载入】面板中单击【载入族】按钮,打开【载入族】对话框。
③ 从【载入族】对话框中载入【建筑】|【橱柜】|【家用厨房】|【底柜-2 个柜箱.rfa】族文件,如图 5-12 所示。
④ 载入的族文件可在【项目浏览器】选项板的【族】|【橱柜】视图节点下看到。
⑤ 选中一个尺寸规格的橱柜族,拖曳到视图窗口中释放,即可添加族到建筑项目设计环境,如图 5-13 所示。

图 5-12　载入【底柜-2 个柜箱】族文件　　　图 5-13　添加族到建筑项目设计环境

⑥ 在视图窗口中选中橱柜族,并选择右键快捷菜单中的【编辑】命令,或者双击橱柜族,即可进入橱柜族编辑器模式,如图 5-14 所示。

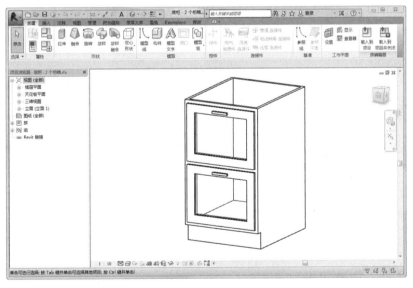

图 5-14　橱柜族编辑器模式

> **知识点拨:**
> 还有一种打开族编辑器模式的方法就是在建筑项目设计环境中,在【建筑】选项卡的【构建】面板中单击【构件】|【内建模型】按钮,在打开的【族类别和族参数】对话框中设置族类别和族参数,如图 5-15 所示,单击【确定】按钮即可激活内建模型族的族编辑器模式。

图 5-15　设置族类别和族参数

5.3　创建二维模型族

二维模型族和三维模型族同属模型类别族。二维模型族可以单独使用，也可以作为嵌套族载入三维模型族中使用。

二维模型族包括注释类型族、标题栏族、轮廓族、详图构件族等。不同类型的族由不同的族样板文件来创建。注释类型族和标题栏族是在平面图中创建的，主要用于辅助建模、绘制平面图例和注释图元。轮廓族和详图构件族仅仅在【楼层平面】|【标高 1】或【标高 2】视图的工作平面上创建。

5.3.1　创建注释类型族

注释类型族是 Revit Architecture 非常重要的一种族，它可以自动提取模型族中的参数值，自动创建构件标记注释。使用【注释】类族模板可以创建各种注释类型族，例如，门标记、材质标记、轴网标头等。

注释类型族是二维的构件族，分为标记和符号两种类型。下面仅介绍标记族的创建过程。

标记主要用于标注各种类别构件的不同属性，如窗标记、门标记等，如图 5-16 所示；而符号则一般在项目中用于装配各种系统族标记，如立面标记、高程点标高等，如图 5-17 所示。注释类型族的创建与编辑都很方便，主要通过对标签参数的设置，以满足用户对于图纸中构件标记的不同需求。

图 5-16　门标记和窗标记　　　　图 5-17　标高标记

与另一种二维构件族【详图构件】不同，注释类型族拥有【注释比例】的特性，即注释类型族的大小会根据视图比例的不同而变化，以保证在出图时注释类型族保持同样的出图大小，如图 5-18 所示。

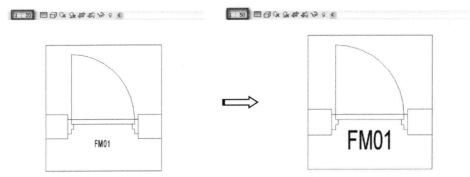

图 5-18　注释类型族的【注释比例】特性

下面以门标记族的创建为例，讲解注释类型族的创建步骤。

上机操作——创建门标记族

① 启动 Revit 2020，在主页界面中选择【新建】选项，打开【新族-选择样板文件】对话框。

② 双击【注释】文件夹，选择【公制门标记.rft】族样板文件，单击【打开】按钮，进入族编辑器模式，如图 5-19 所示。该族样板文件中默认提供了两个正交参照平面，参照平面的交点位置表示标签的定位位置。

图 5-19　选择注释族样板文件

③ 在【创建】选项卡的【文字】面板中单击【标签】按钮，自动切换到【修改|放置标签】上下文选项卡，如图 5-20 所示。设置【格式】面板中的水平对齐和垂直对齐方式均为居中。

图 5-20 【修改|放置标签】上下文选项卡

④ 确认【属性】选项板中的标签样式为【3.0mm】。在【修改|放置标签】上下文选项卡的【属性】面板中单击【类型属性】按钮，打开【类型属性】对话框，复制出名称为【3.5mm】的新标签类型属性，如图 5-21 所示[①]。

⑤ 在【类型属性】对话框中。修改图形【颜色】为【蓝色】，【背景】为【透明】；设置【文字字体】为【仿宋】，【文字大小】为【3.5000mm】，其他参数参照图 5-22 进行设置。设置完成后单击【确定】按钮，退出【类型属性】对话框。

图 5-21 复制类型属性

图 5-22 设置类型属性

⑥ 移动鼠标指针至参照平面交点位置后单击鼠标左键，打开【编辑标签】对话框，如图 5-23 所示。

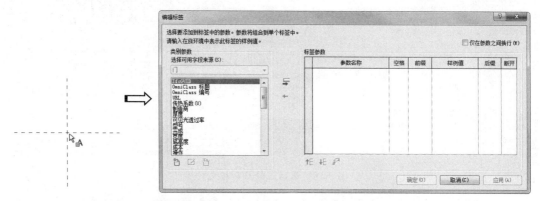

图 5-23 单击参照平面交点打开【编辑标签】对话框

---

① 图 5-21 中"下划线"的正确写法应为"下画线"。

⑦ 在左侧【类别参数】选项组的列表框中列出了门类别中所有默认可用的参数信息。选择【类型名称】参数，单击【将参数添加到标签】按钮，将参数添加到右侧【标签参数】选项组中，单击【确定】按钮关闭【编辑标签】对话框，如图 5-24 所示。

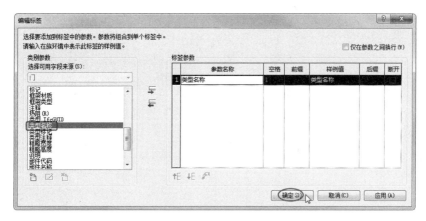

图 5-24　设置标签参数（1）

⑧ 将标签添加到视图中，如图 5-25 所示。然后关闭【修改|放置标签】上下文选项卡。
⑨ 适当移动标签，使样例文字的中心对齐垂直方向的参照平面，底部稍偏高于水平参照平面，如图 5-26 所示。

图 5-25　添加标签（1）　　　　　　图 5-26　移动标签（1）

⑩ 单击【创建】选项卡的【文字】面板中的【标签】按钮，在参照平面交点位置单击，打开【编辑标签】对话框，然后选择【类型标记】参数并完成标签的编辑，如图 5-27 所示。

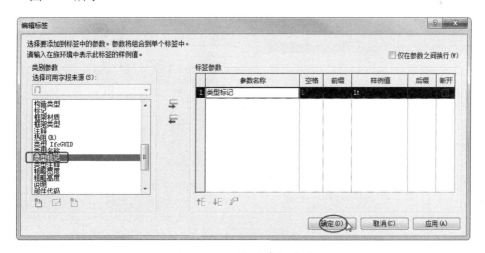

图 5-27　设置标签参数（2）

⑪ 将标签添加到视图中，如图 5-28 所示。然后关闭【修改|放置标签】上下文选项卡。
⑫ 适当移动标签，使样例文字的中心对齐垂直方向的参照平面，底部稍偏高于水平参照平面，如图 5-29 所示。

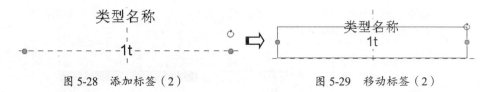

图 5-28　添加标签（2）　　　　　图 5-29　移动标签（2）

⑬ 在图形区选中【类型名称】标签，在【属性】选项板中单击【关联族参数】按钮，如图 5-30 所示。

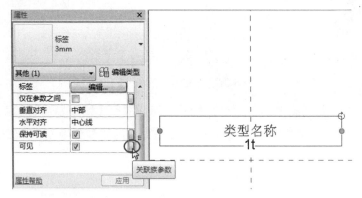

图 5-30　选中【类型名称】标签设置关联族参数

⑭ 在打开的【关联族参数】对话框中单击【添加参数】按钮，在打开的【参数属性】对话框的【名称】文本框中输入【尺寸标记】，单击【确定】按钮关闭该对话框，如图 5-31 所示。

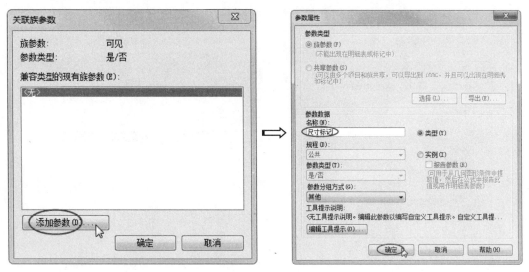

图 5-31　添加参数

⑮ 单击【关联族参数】对话框中的【确定】按钮关闭该对话框。重新选中【1t】标签，然后添加名称为【门标记可见】的新参数，如图 5-32 所示。

图 5-32 添加新参数

⑯ 将族文件保存并命名为【门标记】。下面验证创建的门标记族是否可用。

> **知识点拨：**
> 如果已经打开项目文件，则单击【从库中载入】面板中的【载入族】按钮可以将当前族直接载入项目文件中。

⑰ 新建一个建筑项目文件，如图 5-33 所示。在默认打开的视图中，利用【建筑】选项卡的【构建】面板中的【墙】工具，创建任意墙体，如图 5-34 所示。

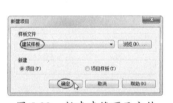

图 5-33 新建建筑项目文件　　　图 5-34 创建墙体

⑱ 在【项目浏览器】选项板的【族】|【注释符号】视图节点下选中 Revit 自带的【标记_门】族并右击，在弹出的快捷菜单中选择【删除】命令将其删除，如图 5-35 所示。

⑲ 单击【建筑】选项卡的【构建】面板中的【门】按钮，打开【未载入标记】对话框，单击【是】按钮即可，如图 5-36 所示。

图 5-35 删除 Revit 自带的门标记族　　　图 5-36 【未载入标记】对话框

⑳ 载入之前保存的【门标记】注释族，如图 5-37 所示。

㉑ 切换到【修改|放置门】上下文选项卡,在【标记】面板中单击【在放置时进行标记】按钮,然后在墙体上添加门图元,系统将自动标记门,如图 5-38 所示。

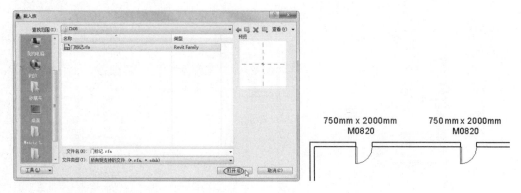

图 5-37 载入【门标记】注释族　　　　图 5-38 添加门图元

㉒ 选中【门标记】注释族,在【属性】选项板中单击【编辑类型】按钮,打开【类型属性】对话框,设置门标记族中包含的 2 个标记是否显示,如图 5-39 所示。

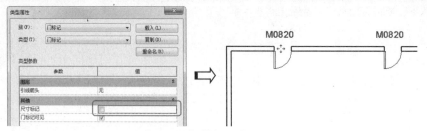

图 5-39 控制标记是否显示

5.3.2 创建轮廓族

轮廓族用于绘制轮廓截面,绘制的是二维封闭图形,在放样、融合等建模时作为轮廓截面载入使用。用轮廓族辅助建模,可以提高工作效率,而且还可以通过替换轮廓族随时更改图形形状。在 Revit 2020 中,系统族库中自带 6 种轮廓族样板文件,如图 5-40 所示。

图 5-40 系统族库中自带的轮廓族样板文件

第 5 章 族的创建与应用

鉴于轮廓族有 6 种，且限于文章篇幅，下面仅仅以创建扶栏轮廓族为例，详细讲解轮廓族的创建步骤及注意事项。

扶栏轮廓族常用于创建楼梯扶手、栏杆、支柱等建筑构件。

上机操作——创建扶栏轮廓族

① 在 Revit 2020 主页界面的【族】选项组中选择【新建】选项，打开【新族-选择样板文件】对话框。

② 在【新族-选择样板文件】对话框中选择【公制轮廓-扶栏.rft】族样板文件，如图 5-41 所示，单击【打开】按钮进入族编辑器模式。

图 5-41 选择族样板文件

③ 在【创建】选项卡的【属性】面板中单击【族类型】按钮，打开【族类型】对话框，如图 5-42 所示。

④ 在【族类型】对话框中单击【参数】选项组中的【添加】按钮，打开【参数属性】对话框，然后设置新参数属性，设置完成后单击【确定】按钮，如图 5-43 所示。

图 5-42 【族类型】对话框

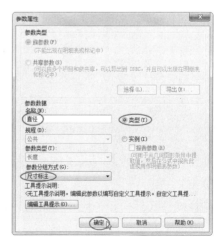

图 5-43 设置新参数属性

⑤ 在【族类型】对话框中输入【直径】参数的值为【60】，如图 5-44 所示。

图 5-44 设置参数的值

⑥ 同理，再添加名称为【半径】的参数并设置相应的值，如图 5-45 所示。

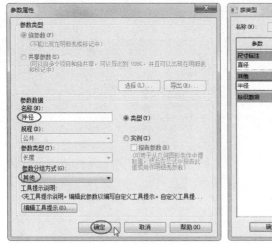

图 5-45 添加名称为【半径】的参数并设置相应的值

⑦ 单击【创建】选项卡的【基准】面板中的【参照平面】按钮，然后在视图中【扶栏顶部】平面下方新建 2 个工作平面，并利用【对齐】工具标注两个新工作平面，如图 5-46 所示。

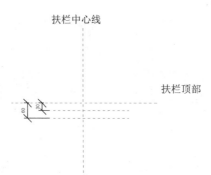

图 5-46 新建 2 个工作平面并进行标注

⑧ 选中标注为【60】的尺寸标注，然后在选项栏中选择【直径=60】标签，如图 5-47 所示。

⑨ 同样地，选择另一个尺寸标注的标签为【半径=直径/2=30】，如图 5-48 所示。

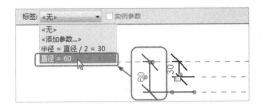
图 5-47　选择尺寸标注的标签（1）
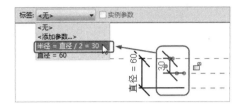
图 5-48　选择尺寸标注的标签（2）

⑩ 单击【创建】选项卡的【详图】面板中的【线】按钮，绘制直径为【60】的圆，作为扶栏的横截面轮廓，如图 5-49 所示。

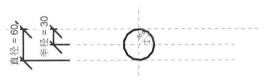
图 5-49　绘制扶栏的横截面轮廓

⑪ 绘制完成后重新选中圆，然后在【属性】选项板中勾选【中心标记可见】复选框，圆中心点显示圆心标记，如图 5-50 所示。

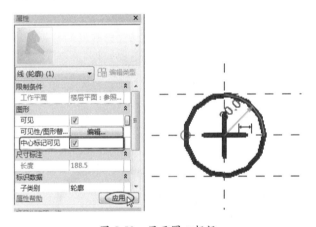
图 5-50　显示圆心标记

⑫ 选中圆心标记和其所在的参照平面，单击【修改】面板中的【锁定】按钮 进行锁定，如图 5-51 所示。

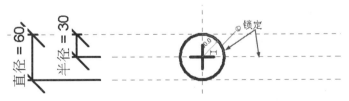
图 5-51　锁定圆心标记和参照平面

⑬ 标注圆的半径，并为其选择【半径=直径/2=30】标签，如图 5-52 所示。

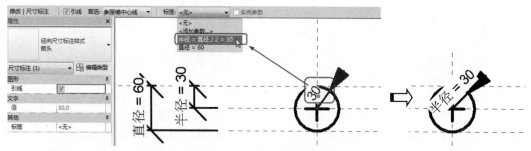

图 5-52 标注圆的半径并选择尺寸标注的标签

⑭ 在【视图】选项卡的【图形】面板中单击【可见性图形】按钮，打开【楼层平面：参照标高的可见性/图形替换】对话框，在该对话框的【注释类别】选项卡中取消勾选【在此视图中显示注释类别】复选框，如图 5-53 所示。

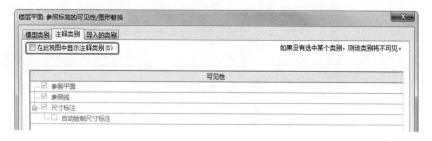

图 5-53 不显示注释类别

⑮ 选中圆，在【属性】选项板中取消勾选【中心标记可见】复选框，如图 5-54 所示。

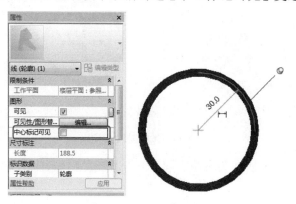

图 5-54 不显示中心标记

⑯ 至此，扶栏轮廓族创建完成，保存族文件即可。

5.4 创建三维模型族

模型工具最终是用来创建模型族的，下面讲解常见的三维模型族的创建方法。

5.4.1 模型工具介绍

三维模型族主要有 2 种：一种是基于二维截面轮廓进行扫掠得到的模型，称为实心形状；另一种是基于已创建模型的剪切得到的模型，称为空心形状。

创建实心形状的工具包括拉伸、融合、旋转、放样和放样融合，创建空心形状的工具包括空心拉伸、空心融合、空心旋转、空心放样和空心放样融合，如图 5-55 所示。

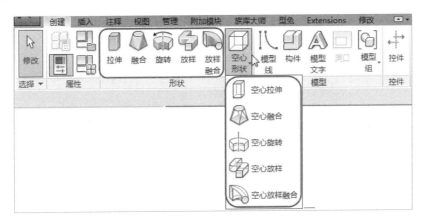

图 5-55 创建实心形状和空心形状的工具

要创建模型族，需要在 Revit 2020 主页界面的【族】选项组中选择【新建】选项，打开【新族-选择样板文件】对话框，选择一个模型族样板文件，然后进入族编辑器模式。

5.4.2 三维模型族的创建步骤

三维模型族的类型非常多，限于文章篇幅，此处不再一一列举创建过程。下面仅列出 2 个比较典型的窗族和嵌套族的创建过程，其余三维模型族的创建过程与这 2 个是相似的。

1. 创建窗族

无论什么类型的窗，其族的创建方法都是一样的，下面介绍创建窗族的过程。

上机操作——创建窗族

① 启动 Revit 2020，在主页界面中选择【新建】选项，打开【新族-选择样板文件】对话框。在该对话框中选择【公制窗.rft】族样板文件，单击【打开】按钮进入族编辑器模式。

② 单击【创建】选项卡的【工作平面】面板中的【设置】按钮，在打开的【工作平面】对话框中选择【拾取一个平面】选项，单击【确定】按钮，然后选择墙体中心位置的参照平面作为工作平面，如图 5-56 所示。

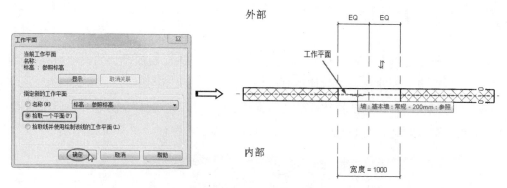

图 5-56 设置工作平面

③ 在打开的【转到视图】对话框中,选择【立面:外部】选项并单击【打开视图】按钮,打开立面图,如图 5-57 所示。

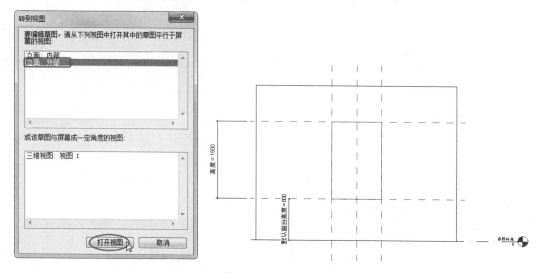

图 5-57 打开立面图

④ 单击【创建】选项卡的【工作平面】面板中的【参照平面】按钮,然后绘制新工作平面(窗扇高度)并标注尺寸,如图 5-58 所示。

图 5-58 绘制新工作平面(窗扇高度)并标注尺寸

⑤ 选中标注为【1100】的尺寸标注，在选项栏的【标签】下拉列表中选择【添加参数】选项，打开【参数属性】对话框。设置【参数类型】为【族参数】，在【参数数据】选项组中添加参数【名称】为【窗扇高】，并设置其【参数分组方式】为【尺寸标注】，单击【确定】按钮完成参数的添加，如图 5-59 所示。

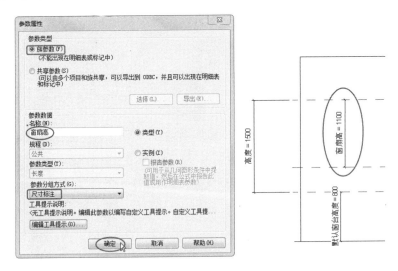

图 5-59　为尺寸标注添加参数

⑥ 单击【创建】选项卡中的【拉伸】按钮，利用【矩形】工具，以洞口轮廓及参照平面作为参照，绘制窗框并与洞口进行锁定，绘制完成的结果如图 5-60 所示。

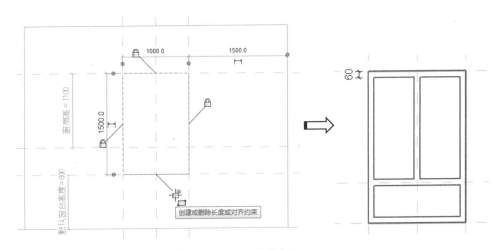

图 5-60　绘制窗框

⑦ 利用【修改|编辑拉伸】上下文选项卡的【测量】面板中的【对齐尺寸标注】工具 标注窗框尺寸，如图 5-61 所示。

⑧ 选中单个尺寸标注，然后在选项栏的【标签】下拉列表中选择【添加参数】选项，在打开的【参数属性】对话框中为选中的尺寸标注添加命名为【窗框宽】的参数，如图 5-62 所示。

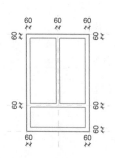
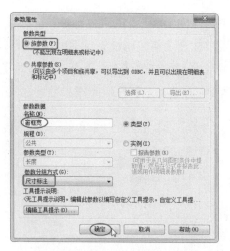

图 5-61 标注窗框尺寸　　　　图 5-62 为窗框尺寸添加参数

⑨ 添加参数后，选中其余窗框的尺寸标注，并依次为其添加【窗框宽=60】的参数标签，如图 5-63 所示。

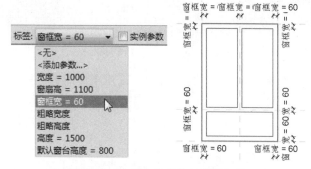

图 5-63 为其余尺寸添加参数标签

⑩ 窗框中间的宽度是左右、上下对称的，因此需要标注 EQ 等分尺寸，如图 5-64 所示。EQ 尺寸标注是连续标注的样式。

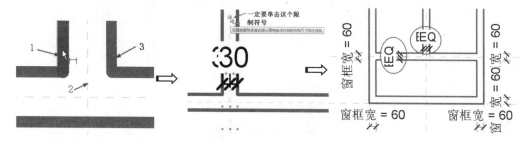

图 5-64 标注 EQ 等分尺寸

⑪ 单击【修改|编辑拉伸】上下文选项卡中的【完成编辑模式】按钮，完成窗框的绘制。在【属性】选项板中设置【拉伸起点】为【-40.0】，【拉伸终点】为【40】，单击【应用】按钮，完成拉伸模型的创建，如图 5-65 所示。

第 5 章 族的创建与应用

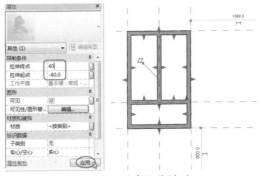

图 5-65 创建拉伸模型

⑫ 在拉伸模型仍然处于编辑的状态下,在【属性】选项板中单击【材质】右侧的【关联族参数】按钮,打开【关联族参数】对话框并单击【添加参数】按钮,如图 5-66 所示。

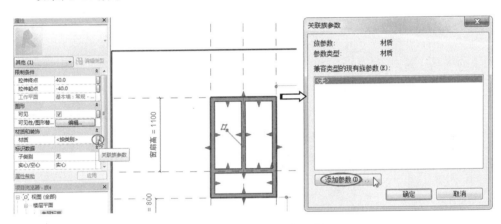

图 5-66 添加材质参数操作

⑬ 在打开的【参数属性】对话框中设置材质参数的名称、参数分组方式等,如图 5-67 所示。依次单击【参数属性】对话框和【关联族参数】对话框中的【确定】按钮,完成材质参数的添加。

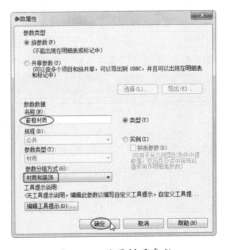

图 5-67 设置材质参数

175

⑭ 窗框绘制完成后，接下来绘制窗扇框。绘制窗扇框的操作与绘制窗框是一样的，只是截面轮廓、拉伸深度、尺寸参数和材质参数有所不同，如图 5-68 和图 5-69 所示。

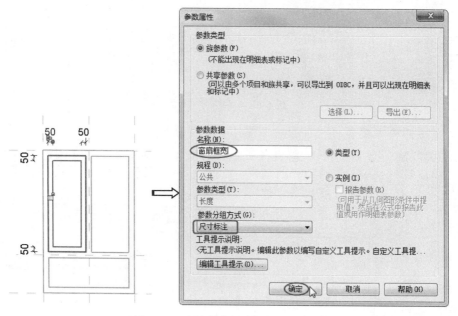

图 5-68 绘制窗扇框并添加尺寸参数

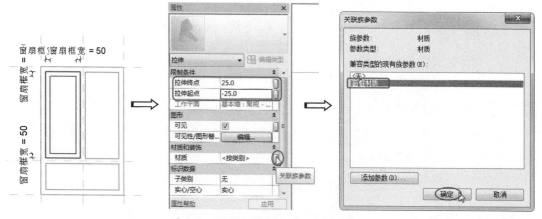

图 5-69 设置拉伸深度并添加材质参数

知识点拨：

在以窗框洞口轮廓为参照创建窗扇框轮廓时，切记与窗框洞口进行锁定，这样才能与窗框发生关联，如图 5-70 所示。

⑮ 右边的窗扇框和左边的窗扇框形状、参数是完全相同的，我们可以采用复制的方法来创建。选中第一扇窗扇框，在【修改|拉伸】上下文选项卡的【修改】面板中单击【复制】按钮，将窗扇框复制到右侧窗框洞口中，如图 5-71 所示。

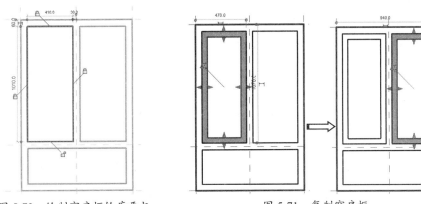

图 5-70　绘制窗扇框轮廓要与
　　　　　　窗框洞口进行锁定

图 5-71　复制窗扇框

⑯ 绘制玻璃轮廓及设置相应的材质。绘制时要注意将玻璃轮廓与窗扇框洞口边界进行锁定，并设置拉伸起点、拉伸终点、构件可见性、材质参数等，过程如图 5-72 和图 5-73 所示。

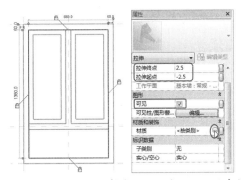

图 5-72　绘制玻璃轮廓并设置拉伸和可见性参数

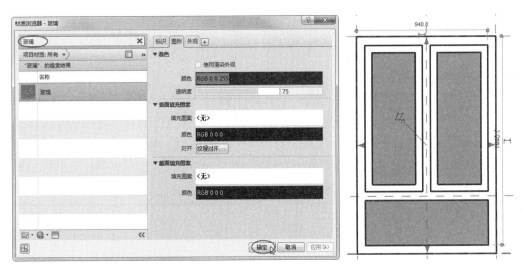

图 5-73　设置玻璃材质

⑰ 在【项目浏览器】选项板中，打开【楼层平面】|【参照标高】视图。标注窗框厚度尺寸并添加尺寸参数标签，如图 5-74 所示。

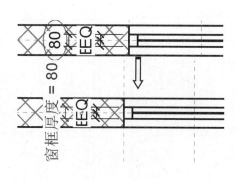
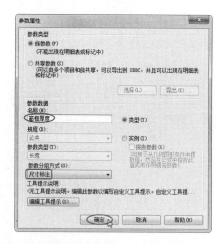

图 5-74 标注窗框厚度尺寸并添加尺寸参数标签

⑱ 至此完成窗族的创建，结果如图 5-75 所示。然后保存窗族文件。

⑲ 测试所创建的窗族。新建建筑项目文件，进入建筑项目设计环境。在【插入】选项卡的【从库中载入】面板中单击【载入族】按钮，从源文件夹中载入【窗族.rfa】族文件，如图 5-76 所示。

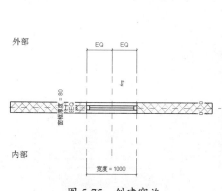

图 5-75 创建窗族　　　　　　图 5-76 载入族文件

⑳ 单击【建筑】选项卡的【构建】面板中的【墙】按钮，绘制一段墙体，然后将【项目浏览器】选项板的【族】|【窗】|【窗族】视图节点下的窗族文件拖曳到墙体中，如图 5-77 所示。

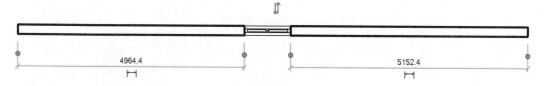

图 5-77 拖曳窗族到墙体中

㉑ 在【项目浏览器】选项板中选择三维视图，然后选中窗族。在【属性】选项板中单击【编辑类型】按钮，在打开的【类型属性】对话框的【尺寸标注】选项组中，可

以设置高度、宽度、窗扇框宽、窗扇高、窗框厚度和窗框宽尺寸参数，以测试窗族的可行性，如图 5-78 所示。

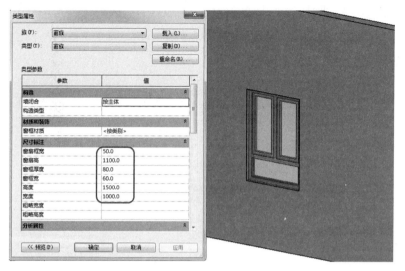

图 5-78　测试窗族

2. 创建嵌套族

除了使用类似窗族的方法创建族，还可以在族编辑器模式中载入其他族（包括轮廓族、模型族、详图构件族、注释符号族等），并在族编辑器模式中组合使用这些族。这种将多个简单的族嵌套在一起而组成的族称为嵌套族。

本节以创建百叶窗族为例，详细讲解嵌套族的创建方法。

上机操作——创建嵌套族

① 打开【百叶窗.rfa】族文件，如图 5-79 所示。切换到三维视图，注意该族文件已经使用【拉伸】工具完成了百叶窗窗框的创建。

② 单击【插入】选项卡的【从库中载入】面板中的【载入族】按钮，载入本章源文件夹中的【百叶片.rfa】族文件，如图 5-80 所示。

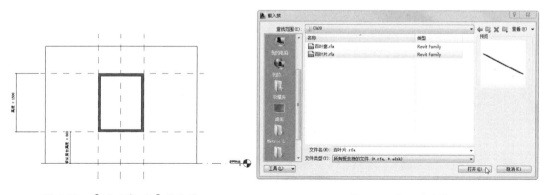

图 5-79　【百叶窗.rfa】族文件　　　　　图 5-80　载入族文件

③ 切换到【参照标高】楼层平面视图。在【创建】选项卡的【模型】面板中单击【构件】按钮，切换到【修改|放置构件】上下文选项卡。

④ 在平面图的墙外部位置单击鼠标左键放置百叶片，利用【对齐】工具，对齐百叶片中心线至窗中心参照平面，单击【锁定】符号，锁定百叶片与窗中心线（左/右）位置，如图 5-81 所示。

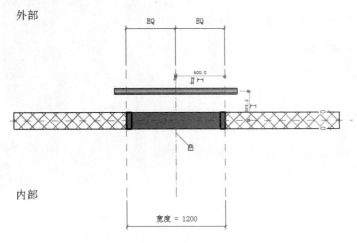

图 5-81　添加构件并锁定

⑤ 选择百叶片，在【属性】选项板中单击【编辑类型】按钮，打开【类型属性】对话框。在该对话框中单击【百叶长度】参数后的【关联族参数】按钮，打开【关联族参数】对话框。在该对话框中选择【宽度】选项，单击【确定】按钮，返回【类型属性】对话框，如图 5-82 所示。

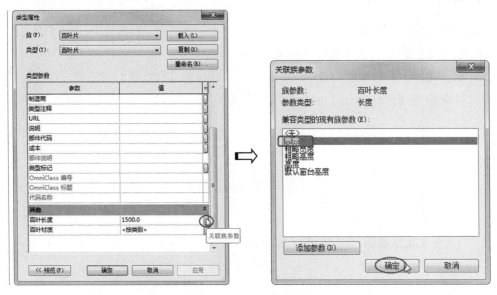

图 5-82　选择关联族参数

⑥ 此时可看到【百叶片】族中的百叶长度与【百叶窗】族中的百叶窗宽度关联了（相等了），如图 5-83 所示。

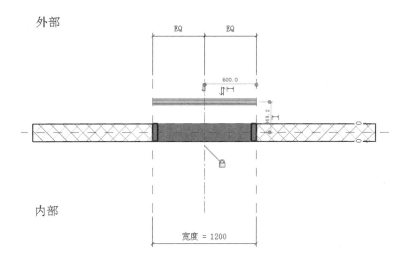

图 5-83 百叶长度与百叶窗宽度关联了

⑦ 使用相同的方法关联【百叶片】族中的【百叶材质】参数与【百叶窗】族中的【百叶材质】参数。

⑧ 在【项目浏览器】选项板中切换到【视图】|【立面】|【外部】立面图,利用【参照平面】工具在距离【窗底】参照平面上方 90mm 处绘制参照平面,并修改标识数据的【名称】为【百叶底】,如图 5-84 所示。

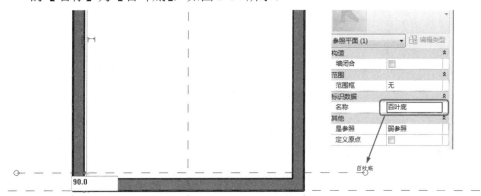

图 5-84 绘制参照平面并修改标识数据的【名称】为【百叶底】

⑨ 在【百叶底】参照平面与【窗底】参照平面添加尺寸标注并添加锁定约束。将【百叶片】族移动到【百叶底】参照平面上,利用【对齐】工具对齐【百叶片】底边至【百叶底】参照平面并锁定与参照平面间的对齐约束,如图 5-85 所示。

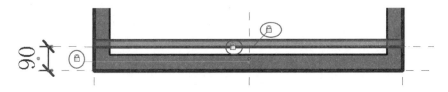

图 5-85 移动【百叶片族】与参照平面对齐并锁定

⑩ 在窗顶部绘制名称为【百叶顶】的参照平面，标注【百叶顶】参照平面与【窗顶】参照平面间的尺寸并添加锁定约束，如图 5-86 所示。

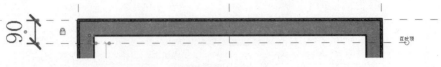

图 5-86　绘制【百叶顶】参照平面

⑪ 切换到【参照标高】楼层平面视图，单击【修改】选项卡中的【对齐】按钮，使百叶窗中心与墙体中心线对齐，单击【锁定】符号，锁定百叶窗中心与墙体中心线位置，如图 5-87 所示。

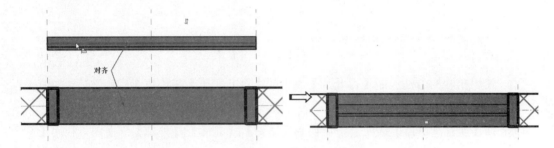

图 5-87　对齐百叶窗与墙体并锁定

⑫ 切换到外部立面图。选择百叶片，单击【修改|常规模型】选项卡的【修改】面板中的【阵列】按钮，设置选项栏中的阵列方式为【线性】，勾选【成组并关联】复选框，设置【移动到】选项为【最后一个】，如图 5-88 所示。

图 5-88　设置阵列选项

⑬ 拾取百叶片上边缘作为阵列起点，向上移动鼠标至【百叶顶】参照平面作为阵列终点，如图 5-89 所示。

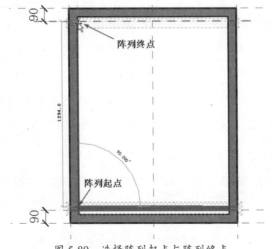

图 5-89　选择阵列起点与阵列终点

⑭ 利用【对齐】工具对齐【百叶片】上边缘与【百叶顶】参照平面，单击【锁定】符号，锁定【百叶片】与【百叶顶】参照平面位置，如图 5-90 所示。

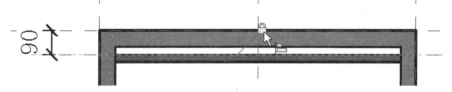

图 5-90 对齐【百叶片】上边缘与【百叶顶】参照平面并锁定

⑮ 选中阵列的百叶片，再选择显示的阵列数量临时尺寸标注，接着选择选项栏【标签】下拉列表中的【添加标签】选项，打开【参数属性】对话框，在该对话框中新建【名称】为【百叶片数量】的族参数，如图 5-91 所示。

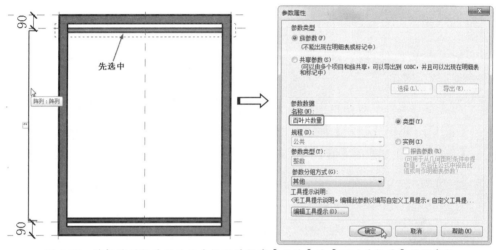

图 5-91 选择阵列数量临时尺寸标注并新建【名称】为【百叶片数量】的族参数

知识点拨：
当选中阵列的百叶片后，如果没有显示数量临时尺寸标注，则可以滚动鼠标滚轮使其显示。如果无法选择数量临时尺寸标注，则可以在【修改】选项卡的【选择】面板中取消勾选【按面选择图元】复选框来解决此问题，如图 5-92 所示。

图 5-92 取消勾选【按面选择图元】复选框

⑯ 单击【修改】选项卡的【属性】面板中的【族类型】按钮，打开【族类型】对话框，修改【百叶片数量】参数的【值】为【18】，其他参数不变，单击【确定】按钮，即可看到百叶窗效果，如图 5-93 所示。

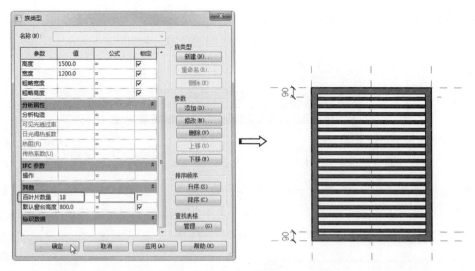

图 5-93　修改百叶片数量后显示百叶窗效果

⑰ 再次打开【族类型】对话框。单击【参数】选项组中的【添加】按钮,打开【参数属性】对话框。

⑱ 在【参数属性】对话框中输入参数【名称】为【百叶间距】,设置【参数类型】为【长度】,单击【确定】按钮,返回【族类型】对话框。在【族类型】对话框中修改【百叶间距】参数的【值】为【50】,单击【应用】按钮应用该参数,如图 5-94 所示。

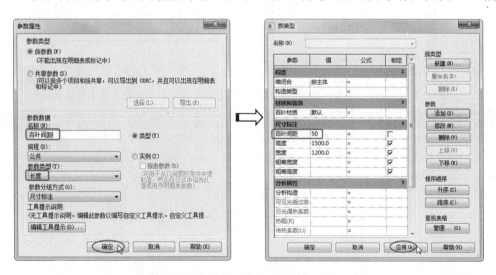

图 5-94　添加族参数并修改参数值

> **知识点拨:**
> 务必单击【应用】按钮使参数及参数值应用生效后再进行下一步操作。

⑲ 如图 5-95 所示,在【百叶片数量】参数后的【公式】列中输入【(高度-180)/百叶间距】,单击【确定】按钮,关闭【族类型】对话框。随后 Revit 会自动根据公式计算百叶片数量。

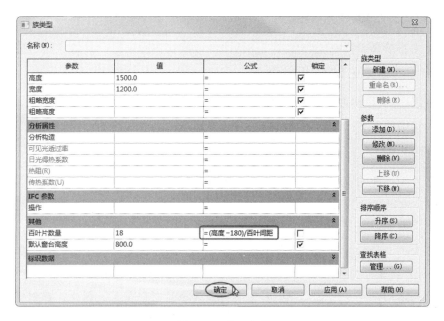

图 5-95　输入公式

⑳ 创建完成的百叶窗族（嵌套族）如图 5-96 所示。然后保存族文件。

㉑ 创建空白项目文件，载入该百叶窗族，利用【窗】工具插入百叶窗，测试百叶窗族，如图 5-97 所示。Revit 会根据窗高度和【百叶间距】参数自动计算阵列数量。

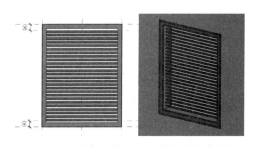

图 5-96　创建完成的百叶窗族（嵌套族）

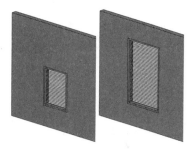

图 5-97　测试百叶窗族

5.5　测试族

前面我们详细介绍了族的创建知识，而在实际使用族文件前还应对创建的族文件进行测试，以确保在实际使用中的正确性。

5.5.1　测试目的

测试自己创建的族，其目的是保证族的质量，避免在今后长期使用中受到影响。下面我们以一个门族为例，详细讲解如何测试族并修改族。

1. 确保族文件的参数参变性能

对族文件的参数参变性能进行测试，从而保证族在实际项目中具备良好的稳定性。

2. 符合国内建筑设计的国标出图规范

参考中国建筑设计规范与图集，以及公司内部有关线型、图例的出图规范，对族文件在不同视图和粗细精度下的显示进行检查，从而保证项目文件最终的出图质量。

3. 具有统一性

对族文件统一性的测试，虽然不直接影响质量本身，但如果在创建族文件时注意统一性方面的设置，将对族库的管理非常有帮助。而且在族文件载入项目文件后，也将给项目文件的创建带来一定的便利。

- 族文件与项目样板的统一性：在项目文件中加载族文件后，族文件自带的信息，例如，"材质""填充样式""线性图形"等被自动加载到项目中。如果项目文件已包含同名的信息，则族文件中的信息将会被项目文件覆盖。因此，在创建族文件时，建议读者尽量参考项目文件已有的信息，如果有新建的需要，则在命名和设置上应当与项目文件保持统一，以免造成信息冗余。
- 族文件自身的统一性：规范族文件的某些设置，例如，插入点、保存后的缩略图、材质、参数命名等，将有利于族库的管理、搜索，以及载入项目文件后使之本身所包含的信息实现统一。

5.5.2 测试流程

关于族的测试，其过程可以概括为依据测试文档的要求，将族文件分别在测试项目设计环境中、族编辑器模式和文件浏览器环境中进行逐条测试，并创建测试报告。

1. 创建测试文档

不同类别的族文件，其测试方式也是不同的，可先将族文件按照二维和三维进行分类。

由于三维模型族文件包含了大量不同的族类别，部分族类别的创建流程、族样板功能和建模方法都具有很高的相似性。例如，常规模型、家具、橱柜、专用设备等族，其中，家具族具有一定的代表性，因此建议以家具族文件测试为基础，创建"三维通用测试文档"，同时"门"、"窗"和"幕墙嵌板"之间具有高度的相似性，但测试流程和测试内容相比"家具"要复杂很多，可以合并作为一个特定类别创建测试文档。而部分具有特殊性的构件，可以在"三维通用测试文档"的基础上添加或者删除一些特定的测试内容，创建相关测试文档。

针对二维模型族文件，详图构件族的创建流程和族样板功能具有典型性，建议以此类别为基础，创建通用的"二维通用测试文档"。标题栏、注释及轮廓等族也具有一定的特殊性，可以在"二维通用测试文档"的基础上添加或者删除一些特定的测试内容，创建相关测试文档。

针对水暖电的三维模型族，还应在族编辑器模式和项目设计环境中对连接件进行重点测试。根据族类别和连接件类别（电气、风管、管道、电缆桥架、线管）的不同，连接件的测试点也不同。一般在族编辑器模式中，应确认以下设置和数据的正确性：连接件位置、连接件属性、主连接件设置、连接件链接等。在建筑项目设计环境中，应测试组能否正确地创建逻辑系统，以及能否正确使用系统分析工具。

针对三维结构族，除了对参数参变性能和统一性进行测试，还要对结构族中的一些特殊设置进行重点的检查，因为这些设置关系到结构族在项目中的行为是否正确。例如，检查混凝土结构梁的梁路径的端点是否与样板中的【构件左】和【构件右】两个参照平面锁定；检查结构柱族的实心拉伸的上边缘是否拉伸至【高于参照 2500】处，并与标高锁定，是否将实心拉伸的下边缘与【低于参照标高 0】的标高锁定等。而后可将各类结构族加载到项目中，检查族的行为是否正确，例如，检查相同/不同材质的梁与结构柱的连接、检查分析模型、检查钢筋是否充满在绿色虚线内，以及弯钩方向是否正确、是否出现畸变、保护层位置是否正确等。

测试文档的内容主要包括测试项目、测试方法、测试标准和测试报告四个方面。

2. 创建测试项目文件

针对不同类别的族文件，测试时需要创建相应的测试项目文件，模拟族在实际项目中的调用过程，从而发现可能存在的问题。例如，在门窗的测试项目文件中创建墙，用于测试门窗是否能正确加载。

3. 在测试项目文件中进行测试

在已经创建的测试项目文件中加载族文件，检查不同视图下族文件的显示和表现。改变族文件类型参数与系统参数设置，检查族文件的参数参变性能。

4. 在族编辑器模式中进行测试

在族编辑器模式中打开族文件，检查族文件与项目样板之间的统一性，例如，材质、填充样式、图案等，以及族文件之间的统一性，例如，插入点、材质、参数命名等。

5. 在文件浏览器中进行测试

在文件浏览器中，观察文件缩略图的显示情况，并根据文件属性查看文件大小是否在正常范围内。

6. 完成测试报告的填写

参照测试文档中的测试标准，对错误的项目逐条进行标注，完成测试报告的填写，以便接下来的文件修改。

5.6 使用 BIMSpace 2020 族库

BIMSpace 2020 为用户提供了海量的族库——云族 360。

云族 360 有极为强大的本地库、企业库和云族库，有数十万个各行各业的族供用户下载使用，尤其为用户提供了个人定制服务，使用户能轻松解决建筑建模过程中的各种难题。

5.6.1 云族 360 构件平台——网页版

云族 360 主要针对企业用户和个人用户。个人用户使用族是完全免费的，可以通过安装云族 360 客户端，在 Revit 中登录后开始使用。

此外，个人用户还可以在鸿业科技官方网站（http://bim.hongye.com.cn/）的【产品系列】页面下，选择【云族 360】产品进入云族 360 网页版页面，如图 5-98 所示。

图 5-98　在鸿业科技官方网站访问云族 360 网页版页面

如果是企业用户，则可在鸿业科技官方网站（http://bim.hongye.com.cn/）的【产品系列】页面下，选择【鸿业云族 360 企业族库管理系统--管·用】产品，访问企业族库网页版页面，如图 5-99 所示。

第 5 章 族的创建与应用

图 5-99 在鸿业科技官方网站访问企业族库网页版页面

在云族 360 网页版页面中,有建筑专业、给排水专业、暖通专业、管廊专业、电气专业及其他专业的族库,如图 5-100 所示。

图 5-100 云族 360 网页版页面中的族库

在云族 360 网页版页面中,选择需要的专业族后,系统会提示用户登录账户,如果没有账户,则可以通过选择鸿业科技官方网站首页顶部的【注册】选项进行注册。

登录以后,就可以下载想要的族了。如图 5-101 所示为一个专业族的下载页面。

图 5-101　一个专业族的下载页面

从云族 360 网页版下载的族，将保存在用户自定义的路径下，然后通过 Revit 载入下载的族即可。

5.6.2　云族 360 客户端

云族 360 客户端是云族 360 构件库平台（http://www.yunzu360.com）的客户端插件。通过云族 360 客户端可以进行族的查询、收藏、下载和布置操作，登录用户还可以进行族的上传和自动同步。云族 360 客户端提供了丰富的与族相关的工具，方便用户对族进行应用与处理。

在鸿业科技官方网站下载 HYEZuClient3.0.exe 客户端程序后，双击进行默认安装。此客户端不会独立打开，仅作为 Revit 的插件使用。

启动鸿业乐建 2020 或者独立启动 Revit 2020 后，创建一个建筑项目文件并进入建筑项目设计环境。在 Revit 的【云族 360】选项卡中，提供了云族 360 的族库管理器、系统设置、用户管理和族放置与编辑工具，如图 5-102 所示。

图 5-102　【云族 360】选项卡

1.【设置】面板

【系统设置】工具用于帮助用户实现个人计算机（或者企业计算机）与云族 360 服务器的连接。在网络通畅的情况下，一般不需要进行此设置，仅在一些企业用户，如公司内部对上网进行了限制后，可通过设置代理服务器的方式和云族服务器之间进行通信。

单击【系统设置】按钮，打开如图 5-103 所示的【设置】对话框。

2.【用户】面板

用户可通过【用户】面板登录账户和注销账户，以便连接云族 360 构件平台（网页版）。单击【登录】按钮，打开【用户登录】对话框，如图 5-104 所示。如果已经有账户，则输入【用户名】和【密码】即可；如果还没有注册账户，则选择【注册新用户】选项，进入云族 360 构件平台首页注册个人或企业新账户。

图 5-103 　【设置】对话框　　　　图 5-104 　【用户登录】对话框

3.【管理】面板

1)【族管理】工具

【管理】面板中的【族管理】工具是云族 360 客户端的启动工具，单击【族管理】按钮，打开【鸿业云族 360 客户端】对话框。

【鸿业云族 360 客户端】对话框中可供用户选择的库包括本地库和云族 360 构件库。用户从云族 360 构件库中选择需要的族后，选中任意一个族并单击鼠标右键，在弹出的快捷菜单中选择【加载】命令，加载成功后族模型将自动保存在本地库的相应分类中，如图 5-105 所示。

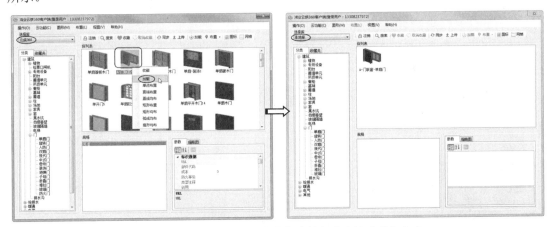

图 5-105 　从云族 360 构件库中选择相应族保存到本地库

选中已经完成加载的族模型，单击鼠标右键，弹出快捷菜单，可以选择快捷菜单中的各种布置命令，将族放置到建筑项目文件中，如图 5-106 所示。或者选中要放置的族，在【鸿业云族 360 客户端】对话框的【布置】下拉列表中选择相应选项进行放置。

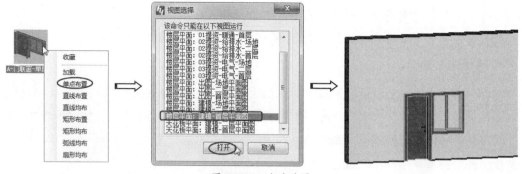

图 5-106 族的放置

【鸿业云族 360 客户端】对话框中的【同步】和【上传】功能可以帮助用户同步本地库数据和上传自定义的族到云族 360 构件平台中。

2)【云族 360】工具

【管理】面板中的【云族 360】工具是云族客户端通往云族 360 构件平台（网页版）的桥梁。可以通过云族 360 网页版下载其他用户共享的族，还可以委托鸿业科技专业工程师为企业及个人定制所需的特殊族类型。

4. 【工具】面板

1)【局部三维】工具

【局部三维】工具主要用来观察局部范围内的三维实体。单击【局部三维】按钮，打开【切换视图】对话框，选择一个楼层平面视图并打开。在打开的【局部三维】对话框中设置相关的局部三维参数，单击【确定】按钮，如图 5-107 所示。

图 5-107 选择要观察的楼层平面视图并设置局部三维参数

在楼层平面视图中用矩形区域选择的方式，确定观察范围，即可查看局部三维视图，如图 5-108 所示。

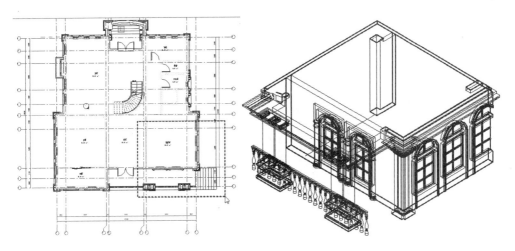

图 5-108 用矩形区域选择的方式查看局部三维视图

2)【族漫游】工具

【族漫游】工具可以帮助用户进行族的三维预览。单击【族漫游】按钮，在当前视图中拾取一个族（比如选择窗族）实例后，打开【族三维预览】对话框，如图 5-109 所示。单击【点选】按钮后可以继续拾取其他族进行三维预览，不再预览时单击【取消】按钮或者按 Esc 键退出即可。

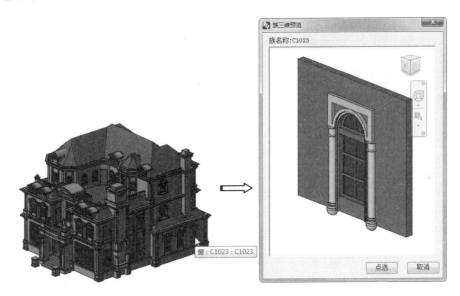

图 5-109 族的三维预览

3)【增强过滤】工具

【增强过滤】工具可用来过滤选择视图范围中的族。此工具在大型建筑项目中非常有用。单击【增强过滤】按钮，在视图中用框选的方式确定族过滤范围，随后打开【增强过滤】对话框，如图 5-110 所示。

 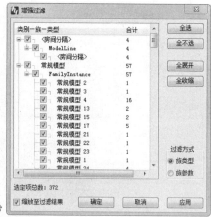

图 5-110 过滤选择视图范围中的族

过滤方式有两种：族类型和族参数。默认的过滤方式为族类型，单击【增强过滤】对话框中的【应用】按钮，框选范围内的族被精准锁定，如图 5-111 所示。选择【族参数】过滤方式，单击【应用】按钮，在视图中除了锁定框选范围内的族，选择某个族，还可以在【族属性】下拉列表中查看族属性，如图 5-112 所示。

 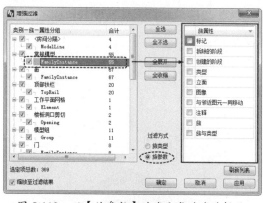

图 5-111 精准锁定框选范围内的族　　　　图 5-112 以【族参数】过滤方式过滤选择族

4)【构件检索】工具

利用【构件检索】工具，输入查找内容，可以查找当前项目中符合搜索条件的族。单击【构件检索】按钮，打开【构件检索】对话框。在该对话框的【查找内容】文本框中输入查找内容（如【窗】），单击【查找】按钮，下面的列表框中会列出符合搜索条件的所有窗族，当选择其中一个窗族时，系统将自动定位到项目中窗族的位置，并高亮显示，如图 5-113 所示。

5)【格式刷】工具

【格式刷】工具可以帮助用户将源族对象的部分参数或所有参数（属性参数），复制到所框选的其他族上，使其他族的部分属性或全部属性与源族对象的属性相同，从而达到改变族类型的目的。单击【格式刷】按钮，在建筑项目中选择源族对象（门联窗族），随后打开【格式刷】对话框。在该对话框中全选或选择部分参数选项，然后在视图中以框选的方式拾取要复制参数的族对象（3 个单扇门），系统会自动完成复制，如图 5-114 所示。

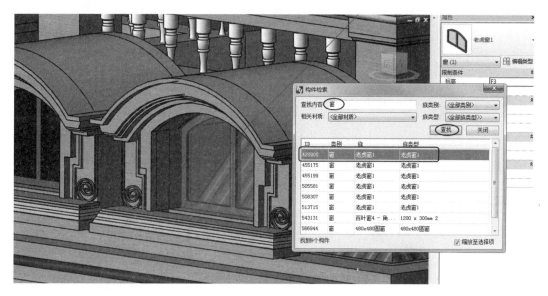

图 5-113　检索族并定位到项目中

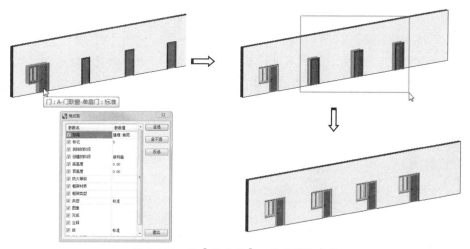

图 5-114　用【格式刷】工具复制族参数

6)【族替换】工具

【族替换】工具可以将选定的族替换成作为参考的族。与【格式刷】工具不同的是,【格式刷】工具是基于族属性进行复制的,且属性参数可以部分复制,也可以完全复制。【族替换】工具是完整地替换族,而不是复制族属性,但两者都能起到改变族类型的作用。

单击【族替换】按钮，选择源族对象,打开【替换方式】对话框。如果只需要替换单个族,则单击【单个替换】按钮即可;如果需要替换整个项目中的同类族,则单击【同类替换】按钮。这里单击【单个替换】按钮,再在视图中选取要替换的族对象,系统自动将其替换成与源族对象相同的族类型,如图 5-115 所示。

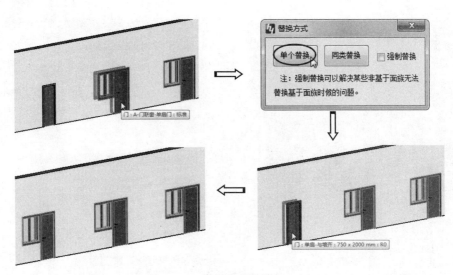

图 5-115　替换族的操作步骤

7）族的布置方式

云族 360 提供了 8 种族的布置方式，这几种布置方式不仅针对云族构件库中的族，也针对所有的载入族与自建族。

- 沿线阵列　：可将族按照所选的参考线进行阵列，也称为"跟随路径阵列"。特别适合布置植物族、园区的石板族等，如图 5-116 所示。

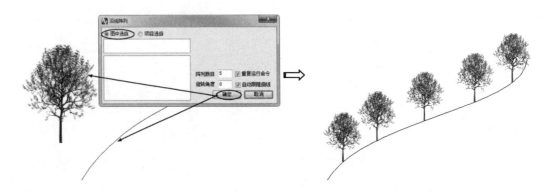

图 5-116　沿线阵列

- 矩形布置　、直线布置　：矩形布置是根据行与列的间距和边距，以及整个布局的角度、错位等参数进行布置的。直线布置是以两点确定一条直线的方式确定方向参考而进行的单行布置。如图 5-117 所示为矩形布置的范例，其布置的方法是，首先选择要布置的族，设置矩形布置参数后，再在视图（此视图必须是楼层平面视图）中拾取布置的起点和终点，这两点确定了布置方向，它们之间的距离确定了布置数量，本范例是从上往下进行矩形布置的。如图 5-118 所示为直线布置的范例。

第 5 章 族的创建与应用

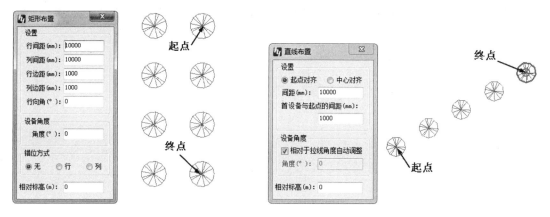

图 5-117　矩形布置　　　　　　　　　图 5-118　直线布置

- 矩形均布 ⁘：此布置方式可以多行多列地进行矩形阵列。矩形均布只能是两行多列或者两列多行布置。矩形均布和矩形布置的操作方法是相同的。如图 5-119 所示为矩形均布的范例。起点和终点（矩形的对角点）的作用是确定布置的范围。

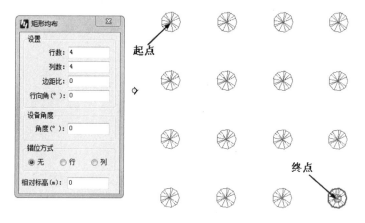

图 5-119　矩形均布

- 弧线均布 ⌒、扇形均布 ✿、直线均布 ●●●：这 3 种布置方式与矩形均布方式类似，分别按照弧线（需要确定圆弧起点、中点和终点）、扇形（需要确定圆弧起点、圆上一点、圆心点和终点）及直线均匀分布，如图 5-120、图 5-121 和图 5-122 所示。

图 5-120　弧线均布　　　　　　　　　图 5-121　扇形均布

> **知识点拨:**
> 直线均布与直线布置的区别是,前者先确定布置数量再以两点的方式确定布置方向和成员间距,后者以两点的方式确定布置方向和布置数量。

- 单点布置 ——•——:单点布置是任意布置单个族实例的方式,如图5-123所示。

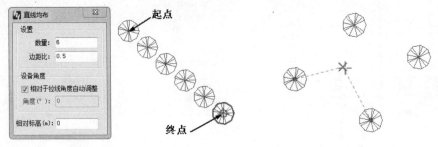

图 5-122　直线均布　　　　　　图 5-123　单点布置

第 6 章
概念模型设计

本章内容

　　概念体量族是用户自定义的三维模型族，主要在项目前期概念设计阶段为建筑设计师提供灵活、简单、快速的概念设计模型。使用概念体量模型可以帮助建筑设计师推敲建筑形态，还可以帮助建筑设计师统计概念体量模型的建筑楼层面积、占地面积、外表面积等设计数据。用户可以根据概念体量模型表面创建建筑模型中的墙、楼板、屋顶等图元对象，完成从概念、方案设计阶段到施工图设计阶段的转换。

知识要点

- ☑ 概念体量设计基础
- ☑ 创建形状
- ☑ 分割路径和表面
- ☑ 实战案例：别墅建筑体量设计

6.1 概念体量设计基础

Revit 提供了两种创建概念体量模型的方式：在项目中在位创建概念体量模型或在概念体量族编辑器中创建独立的概念体量族。

在位创建的概念体量模型仅可用于当前项目中，而创建的概念体量族可以像其他族文件那样载入不同的项目中。

6.1.1 如何创建概念体量模型

要在项目中在位创建概念体量模型，可单击【体量和场地】选项卡的【概念体量】面板中的【内建体量】按钮，在打开的【名称】对话框中输入概念体量名称后即可进入概念体量族编辑器模式。利用【内建体量】工具创建的概念体量模型，称为内建族。

要创建独立的概念体量族，可在【文件】选项卡中选择【新建】|【概念体量】选项，在打开的【新概念体量-选择样板文件】对话框中选择【公制体量.rft】族样板文件，单击【打开】按钮即可进入概念体量族编辑器模式，如图 6-1 所示。

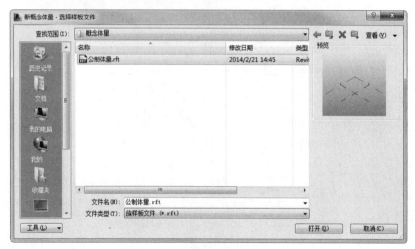

图 6-1 选择概念体量族样板文件

或者在 Revit 2020 主页界面的【族】选项组中选择【创建概念体量】选项，在打开的【新概念体量-选择样板文件】对话框中选择【公制体量.rft】族样板文件，单击【打开】按钮，同样可以进入概念体量族编辑器模式。

6.1.2 概念体量设计环境

概念体量设计环境是 Revit 为了创建概念体量模型而开发的一个操作界面，用户可以专门在此界面中创建概念体量模型。所谓的概念体量设计环境是一种族编辑器模式。概念体量模型是三维模型族。如图 6-2 所示为概念体量设计环境。

第 6 章 概念模型设计

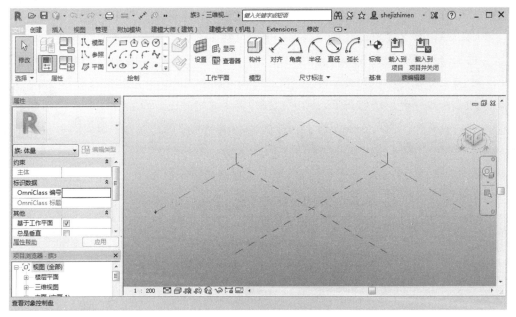

图 6-2 概念体量设计环境

那么概念体量设计环境与族编辑器模式有什么区别呢？相同的是，两者创建的都是三维模型族；不同的是，族编辑器模式只能创建形状比较规则的几何模型，而概念体量设计环境能设计出自由形状的实体及曲面。

在概念体量设计环境中，我们经常会遇到一些名词，例如，三维控件、三维标高、三维参照平面、三维工作平面、形状、放样和轮廓。下面分别对这些名词进行简单的介绍，便于读者更好地了解概念体量设计环境。

1. 三维控件

三维控件是指在选择形状的面、边或顶点后出现的操纵控件，该控件也可以显示在选定的点上，如图 6-3 所示。

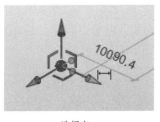
选择点

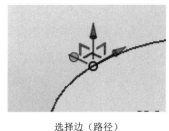
选择边（路径）

选择面

图 6-3 三维控件

对于不受约束的形状中的每个参照点、面、边、顶点或点，在被选中后都会显示三维控件。通过该控件，可以沿局部坐标系或全局坐标系所定义的轴或平面对形状进行拖曳，从而直接操纵形状。通过三维控件可以实现如下操作。

- 在局部坐标系和全局坐标系之间进行切换。
- 直接操纵形状。

- 可以拖曳三维控制箭头将形状拖曳到合适的尺寸或位置。箭头相对于所选形状而定向，但用户也可以通过按空格键在全局坐标系和局部坐标系之间切换其方向。形状的全局坐标系基于 ViewCube 的北、东、南、西四个坐标。当形状发生重定向并且与全局坐标系有不同的关系时，形状位于局部坐标系中。如果形状由局部坐标系定义，则三维控件会以橙色显示。只有转换为局部坐标系，三维控件才会以橙色显示。例如，如果将一个立方体旋转 15 度，X 轴和 Y 轴将以橙色显示，但由于全局坐标系的 Z 坐标值保持不变，因此 Z 轴仍以蓝色显示。

如表 6-1 所示为使用的控件和拖曳对象的位置的对照。

表 6-1 使用的控件和拖曳对象的位置的对照

使用的控件	拖曳对象的位置
蓝色箭头	沿全局坐标系 Z 轴
红色箭头	沿全局坐标系 X 轴
绿色箭头	沿全局坐标系 Y 轴
橙色箭头	沿局部坐标系
蓝色平面控件	在 XY 平面中
红色平面控件	在 YZ 平面中
绿色平面控件	在 XZ 平面中
橙色平面控件	在局部平面中

2. 三维标高

三维标高是指一个有限的水平平面，充当以标高为主体的形状和点的参照。当鼠标指针移动到图形区中三维标高的上方时，三维标高会显示在概念体量设计环境中。这些三维标高可以设置为工作平面。三维标高如图 6-4 所示。

> **知识点拨：**
> 需要说明的是，三维标高仅存在于概念体量设计环境中，在 Revit 项目设计环境中不可以创建概念体量模型。

3. 三维参照平面

三维参照平面是一个三维平面，用于绘制将要创建的形状的线。三维参照平面显示在概念体量设计环境中。这些参照平面可以设置为工作平面，如图 6-5 所示。

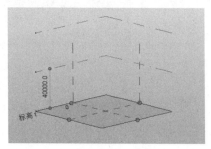

图 6-4 三维标高

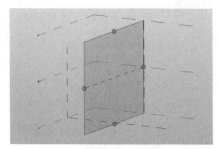

图 6-5 三维参照平面

4. 三维工作平面

三维工作平面一个二维平面，用于绘制将要创建的形状的线。当鼠标指针移动到图形区中三维工作平面的上方时，三维工作平面会自动显示在概念体量设计环境中，如图 6-6 所示。

5. 形状

形状是指通过【创建形状】工具创建的三维或二维表面/实体，如图 6-7 所示。用户可通过创建各种几何图形来研究建筑概念。形状始终是通过如下过程创建的：绘制线，选择线，然后单击【创建形状】按钮，选择可用的创建方式，利用【创建形状】工具创建表面、三维实心或空心形状，最后通过三维控件直接对形状进行操纵。

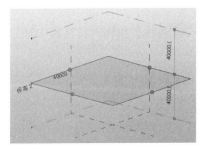
图 6-6　三维工作平面

图 6-7　形状

6. 放样

放样是指由平行或非平行工作平面上绘制的多条线（单个段、链或环）产生的形状。

7. 轮廓

轮廓是指单条曲线或一组端点相连的曲线，可以单独或组合使用，以利用支持的几何图形构造技术（拉伸、放样、扫掠、旋转、曲面）来构造形状图元几何图形。

6.2　创建形状

体量形状包括实心形状和空心形状。两种体量形状类型的创建方法是完全相同的，只是所表现的形状特征不同。如图 6-8 所示为两种体量形状类型。

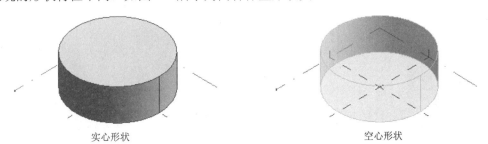
图 6-8　两种体量形状类型

【创建形状】工具可自动分析所拾取的草图。通过拾取草图的形态可以生成拉伸、旋转、扫掠、融合等多种形态的对象。例如，当选择两个位于平行平面的封闭轮廓时，Revit 将以这两个轮廓为端面，以融合的方式创建模型。

下面介绍 Revit 创建概念体量模型的方式。

6.2.1 创建与修改拉伸

当绘制的截面轮廓为单个工作平面上的封闭轮廓时，Revit 将自动识别轮廓并创建拉伸模型。

上机操作——拉伸实体：单一截面轮廓（封闭）

① 在【创建】选项卡的【绘制】面板中单击【直线】按钮，在标高 1 平作平面上绘制如图 6-9 所示的封闭轮廓。

② 在【修改|放置线】上下文选项卡的【形状】面板中单击【创建形状】按钮，Revit 自动识别轮廓并创建如图 6-10 所示的拉伸模型。

图 6-9　绘制封闭轮廓　　　　　图 6-10　创建拉伸模型

③ 单击尺寸标注修改拉伸深度，如图 6-11 所示。

图 6-11　修改拉伸深度

④ 如果要创建具有一定斜度的拉伸模型，则先选中模型表面，再通过拖曳模型上显示的三维控件改变倾斜角度，以此达到修改模型形状的目的，如图 6-12 所示。

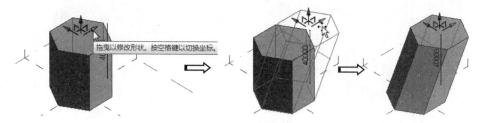

图 6-12　拖曳三维控件修改模型形状

第 6 章 概念模型设计

⑤ 选中模型上的某条边，拖曳三维控件可以修改模型局部的形状，如图 6-13 所示。

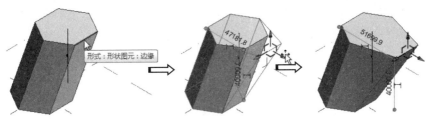

图 6-13 拖曳三维控件修改模型局部的形状（1）

⑥ 选中模型上的端点，拖曳三维控件可以改变该点在 3 个方向上的位置，以此修改模型局部的形状，如图 6-14 所示。

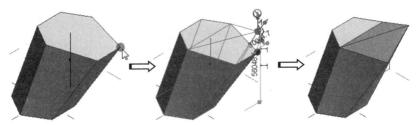

图 6-14 拖曳三维控件修改模型局部的形状（2）

上机操作——拉伸曲面：单一截面轮廓（开放）

当绘制的截面曲线为单个工作平面上的开放轮廓时，Revit 将自动识别轮廓并创建拉伸曲面。

① 在【创建】选项卡的【绘制】面板中单击【圆心-端点弧】按钮，在标高 1 工作平面上绘制如图 6-15 所示的开放轮廓。

② 在【修改|放置线】上下文选项卡的【形状】面板中单击【创建形状】按钮，Revit 自动识别轮廓并创建如图 6-16 所示的拉伸曲面。

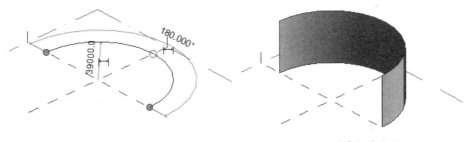

图 6-15 绘制开放轮廓　　　　图 6-16 创建拉伸曲面

③ 选中整个曲面，所显示的三维控件将控制曲面在 6 个自由度方向上的平移，如图 6-17 所示。

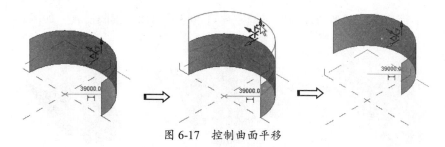

图 6-17 控制曲面平移

④ 选中曲面上的一条边,所显示的三维控件将控制曲面在 6 个自由度方向上的尺寸变化,如图 6-18 所示。

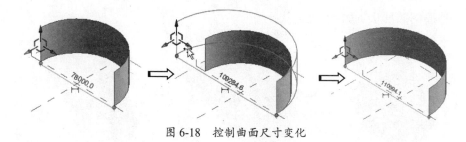

图 6-18 控制曲面尺寸变化

⑤ 选中曲面上的一个角点,所显示的三维控件将控制曲面的自由度变化,如图 6-19 所示。

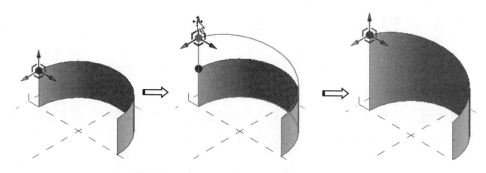

图 6-19 控制曲面自由度变化

6.2.2 创建与修改旋转

当在同一个工作平面上绘制一条直线和一个封闭轮廓时,将创建旋转模型;当在同一个工作平面上绘制一条直线和一个开放轮廓时,将创建旋转曲面。直线可以是模型直线,也可以是参照直线。此直线会被 Revit 识别为旋转轴。

上机操作——创建旋转模型

① 单击【创建】选项卡的【绘制】面板中的【直线】按钮,在标高 1 工作平面上绘制如图 6-20 所示的直线和封闭轮廓。

② 绘制完成后先关闭【修改|放置线】上下文选项卡,然后在按住 Ctrl 键的同时选中直线和封闭轮廓,如图 6-21 所示。

第6章 概念模型设计

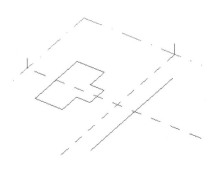

图 6-20　绘制直线和封闭轮廓　　　　　图 6-21　选中直线和封闭轮廓

③ 在【修改|线】上下文选项卡的【形状】面板中单击【创建形状】按钮，Revit 自动识别轮廓和直线并创建如图 6-22 所示的旋转模型。

④ 选中旋转模型，单击【修改|形式】上下文选项卡的【模式】面板中的【编辑轮廓】按钮，显示轮廓和直线，如图 6-23 所示。

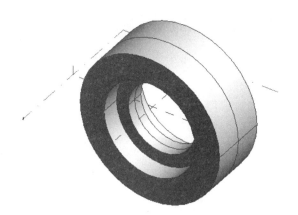
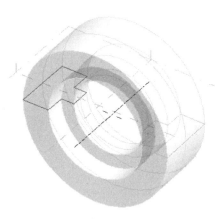

图 6-22　创建旋转模型　　　　　　　图 6-23　显示轮廓和直线

⑤ 将视图切换为【上】视图，然后重新绘制封闭轮廓为圆形，如图 6-24 所示。

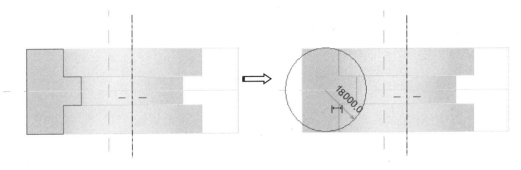

图 6-24　修改轮廓

⑥ 单击【完成编辑模式】按钮，完成旋转模型的创建，结果如图 6-25 所示。

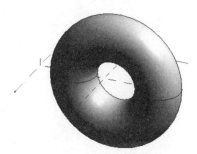

图 6-25　创建旋转模型

6.2.3　创建与修改放样

在单一的工作平面上绘制路径和截面轮廓将创建放样。当绘制的截面轮廓为封闭轮廓时，将创建放样模型；当绘制的截面轮廓为开放轮廓时，将创建放样曲面。

在多个平行的工作平面上绘制开放或封闭轮廓，将创建放样曲面或放样模型。

上机操作——在单一的工作平面上绘制路径和封闭轮廓创建放样模型

① 分别单击【直线】和【圆弧】按钮，在标高 1 工作平面上绘制如图 6-26 所示的路径。

图 6-26　绘制路径

② 单击【点图元】按钮，在路径上创建参照点，如图 6-27 所示。

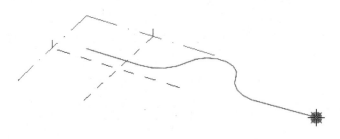

图 6-27　创建参照点

③ 选中参照点，将显示垂直于路径的工作平面，如图 6-28 所示。

④ 单击【圆形】按钮，在参照点位置的工作平面上绘制如图 6-29 所示的封闭轮廓。

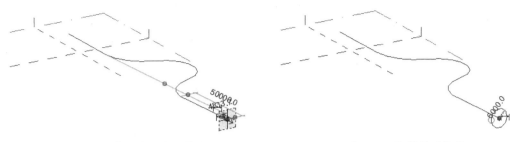

图 6-28 显示垂直于路径的工作平面　　　　图 6-29 绘制封闭轮廓

⑤ 按住 Ctrl 键并选中封闭轮廓和路径，Revit 将自动完成放样模型的创建，如图 6-30 所示。

图 6-30 创建放样模型

⑥ 如果要编辑路径，则先选中放样模型中间部分的表面，再单击【编辑轮廓】按钮，即可编辑路径的形状和尺寸，如图 6-31 所示。

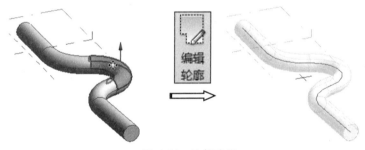

图 6-31 编辑路径

⑦ 如果要编辑截面轮廓，则先选中放样模型的两个端面中的一条边界线，再单击【编辑轮廓】按钮，即可编辑截面轮廓的形状和尺寸，如图 6-32 所示。

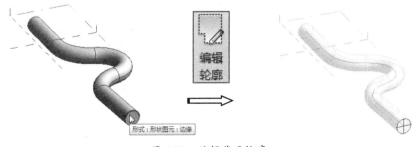

图 6-32 编辑截面轮廓

上机操作——在多个平行的工作平面上绘制开放轮廓创建放样曲面

① 单击【创建】选项卡的【基准】面板中的【标高】按钮，然后输入新标高的偏移量为【40000】，连续创建标高 2 和标高 3 工作平面，如图 6-33 所示。

② 单击【圆心-端点弧】按钮，在标高 1 工作平面上绘制如图 6-34 所示的开放轮廓。

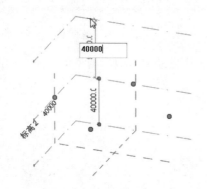
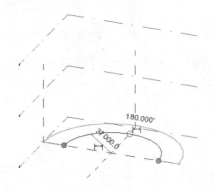

图 6-33　创建标高 2 和标高 3 工作平面　　　图 6-34　在标高 1 工作平面上绘制开放轮廓

③ 同样地，分别在标高 2 和标高 3 工作平面上绘制开放轮廓，如图 6-35 和图 6-36 所示。

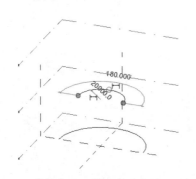
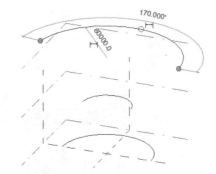

图 6-35　在标高 2 工作平面上绘制开放轮廓　　　图 6-36　在标高 3 工作平面上绘制开放轮廓

④ 按住 Ctrl 键并依次选中上面绘制的 3 个开放轮廓，单击【创建形状】按钮，Revit 自动识别轮廓并创建放样曲面，如图 6-37 所示。

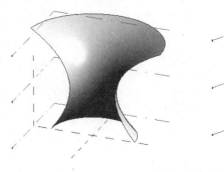

图 6-37　创建放样曲面

6.2.4 创建与修改放样融合

当在不平行的多个工作平面上绘制相同或不同的轮廓时,将创建放样融合。当绘制的轮廓为封闭轮廓时,将创建放样融合模型;当绘制的轮廓为开放轮廓时,将创建放样融合曲面。

💻 **上机操作——创建放样融合模型**

① 单击【起点-终点-半径弧】按钮,在标高 1 工作平面上任意绘制一段圆弧,作为放样融合的路径参考,如图 6-38 所示。

② 单击【点图元】按钮,在圆弧上创建 3 个参照点,如图 6-39 所示。

图 6-38　绘制参照线　　　　　　图 6-39　创建参照点

③ 选中第一个参照点,再单击【矩形】按钮,在第一个参照点位置的工作平面上绘制矩形,如图 6-40 所示。

④ 选中第二个参照点,再单击【圆形】按钮,在第二个参照点位置的工作平面上绘制圆形,如图 6-41 所示。

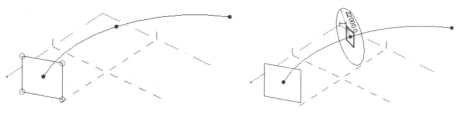

图 6-40　绘制矩形　　　　　　图 6-41　绘制圆形

⑤ 选中第三个参照点,再单击【内接多边形】按钮,在第三个参照点位置的工作平面上绘制多边形,如图 6-42 所示。

⑥ 选中路径和 3 个封闭轮廓,再单击【创建形状】按钮,Revit 自动识别轮廓并创建放样融合模型,如图 6-43 所示。

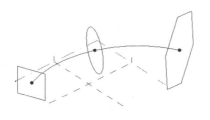 

图 6-42　绘制多边形　　　　　　图 6-43　创建放样融合模型

6.2.5 空心形状

在一般情况下，空心形状将自动剪切与之相交的实体模型，如图 6-44 所示。

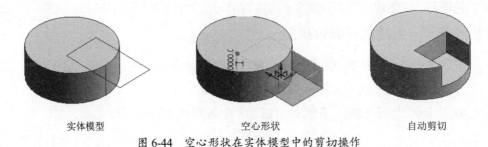

图 6-44 空心形状在实体模型中的剪切操作

6.3 分割路径和表面

在概念体量设计环境中，需要设计作为建筑模型填充图案、配电盘或自适应构件的主体时，就需要分割路径和表面，如图 6-45 所示。

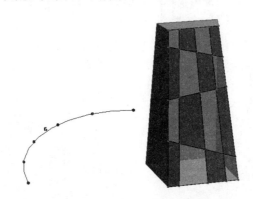

图 6-45 分割路径和表面

6.3.1 分割路径

【分割路径】工具可以沿任意曲线生成指定数量的等分点。如图 6-46 所示，对于任意模型线或形状边，均可以在选择曲线或边对象后，单击【分割】面板中的【分割路径】按钮，对所选择的曲线或边对象进行等分分割。

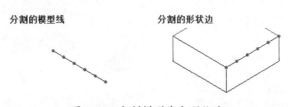

图 6-46 分割模型线和形状边

第 6 章 概念模型设计

> **知识点拨：**
> 相似地，【分割路径】工具还可以分割线链或封闭路径，用户可以按住 Tab 键并选择分割路径，将其进行多次分割。

在默认情况下，路径被分割为具有 6 个等距离节点的 5 段（英制样板）或具有 5 个等距离节点的 4 段（公制样板）。用户可以通过【默认分割设置】对话框来更改这些默认的分区设置。

在图形区中，将显示被分割路径的节点数，单击此数字并输入一个新的节点数，完成后按 Enter 键以更改节点数，如图 6-47 所示。

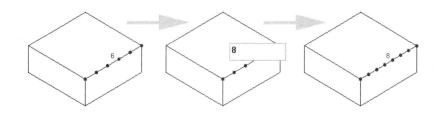

图 6-47 更改分割路径的节点数

6.3.2 分割表面

用户可以利用【分割表面】工具对体量表面或曲面进行分割，分割为多个均匀的小方格，即以平面方格的形式替代原曲面对象。方格中每一个顶点位置均由原曲面对象表面点的空间位置决定。例如，在曲面形式的建筑幕墙中，幕墙最终均由多块平面玻璃嵌板沿曲面方向平铺而成，要得到每块玻璃嵌板的具体形状和安装位置，必须先对曲面进行分割。这在 Revit 中称为有理化曲面。

上机操作——分割体量模型的表面

① 打开本例源文件【体量曲面.rfa】。
② 选择体量模型上的任意面，单击【分割】面板中的【分割表面】按钮，系统将通过 UV 网格（表面的自然网格）对所选表面进行分割，如图 6-48 所示。

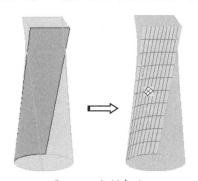

图 6-48 分割表面

③ 分割表面后会自动切换到【修改|分割的表面】上下文选项卡，用于编辑 UV 网格的面板如图 6-49 所示。

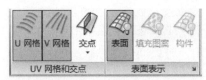

图 6-49　用于编辑 UV 网格的面板

> **知识点拨：**
> UV 网格是用于非平面表面的坐标绘图网格。三维空间中的绘图位置基于 XYZ 坐标系，而二维空间中的绘图位置则基于 XY 坐标系。由于表面不一定是平面的，因此在绘制位置时采用 UVW 坐标系。这在图纸上表示为一个网格，针对非平面表面或形状的等高线进行调整。UV 网格用于概念体量设计环境中，相当于 XY 网格，即两个方向默认垂直交叉的网格，表面的默认分割数为 12 个×12 个（英制单位）和 10 个×10 个（公制单位），如图 6-50 所示。

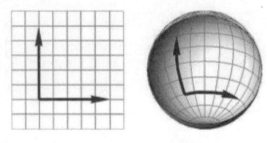

图 6-50　UV 网格

④ UV 网格彼此独立，并且可以根据需要进行开启和关闭。在默认情况下，最初分割表面后，【U 网格】按钮和【V 网格】按钮都处于激活状态。用户可以通过单击两个按钮控制 UV 网格的显示或隐藏，如图 6-51 所示。

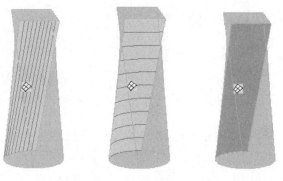

关闭 U 网格　　关闭 V 网格　　同时关闭 UV 网格

图 6-51　UV 网格的显示控制

⑤ 单击【表面表示】面板中的【表面】按钮，可控制分割表面后的网格是否显示，如图 6-52 所示。

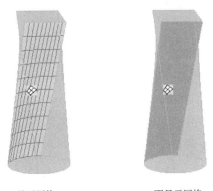

显示网格　　　　　　　不显示网格

图 6-52　分割表面后 UV 网格的显示控制

⑥ 【表面】工具主要用于控制原始表面、节点和网格线是否显示。单击【表面表示】面板右下角的【显示属性】按钮，打开【表面表示】对话框，勾选【原始表面】和【节点】复选框，可以显示原始表面和节点，如图 6-53 所示。

图 6-53　原始表面和节点的显示控制

⑦ 通过选项栏可以设置 UV 网格的排列方式，【编号】表示以固定数量排列网格。如图 6-54 所示的设置，U 网格的【编号】为【10】，表示一共在表面上等距离排布 10 个 U 网格。

图 6-54　通过选项栏设置 UV 网格的排列方式

⑧ 通过选择选项栏的【距离】下拉列表中的【距离】、【最大距离】或【最小距离】选项，可以设置网格之间的距离，如图 6-55 所示。下面以距离数值为 2000mm 为例介绍【距离】下拉列表中的 3 个选项对 U 网格排列的影响。

图 6-55　【距离】下拉列表

- 距离 2000mm：表示以固定间距 2000mm 排列 U 网格，第一个和最后一个不足 2000mm 也自成一格。
- 最大距离 2000mm：以不超过 2000mm 的相等间距排列 U 网格，例如，总长度为 11 000mm，将等距离生成 6 个 U 网格，即每段 2000mm 排布 5 个 U 网格，则还有剩余长度，为了保证每段都不超过 2000mm，将等距离生成 6 个 U 网格。
- 最小距离 2000mm：以不小于 2000mm 的相等间距排列 U 网格，例如，总长度为 11 000mm，将等距离生成 5 个 U 网格，剩余的最后一个不足 2000mm 的距离将被均分到其他网格。

⑨ V 网格的排列设置与 U 网格相同。同理，将模型的其余面进行分割，如图 6-56 所示。

图 6-56 分割表面的模型

6.3.3 为分割的表面填充图案

模型表面被分割后，可以为其填充图案，以得到理想的建筑外观效果。填充图案的方式包括自动填充图案和自适应填充图案。

上机操作——自动填充图案

自动填充图案就是修改被分割表面的填充图案属性。下面举例说明。

① 打开本例源文件【体量模型.rfa】。选中体量模型中的一个分割表面，切换到【修改|分割的表面】上下文选项卡。

② 在【属性】选项板中，默认情况下网格面是没有填充图案的，如图 6-57 所示。

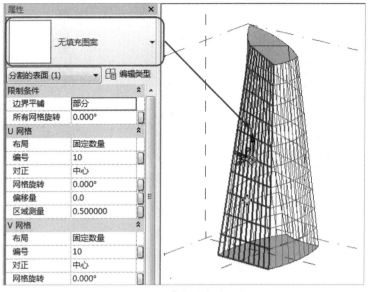

图 6-57　无填充图案的网格面

③ 展开【类型选择器】下拉列表,选择【矩形棋盘】图案,Revit 会自动对所选的 UV 网格面进行填充,如图 6-58 所示。

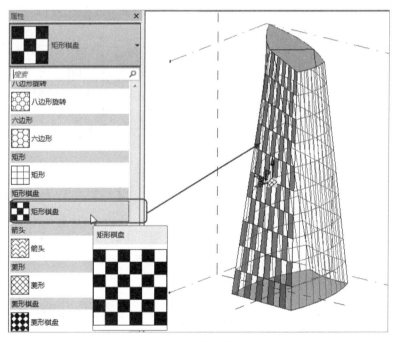

图 6-58　填充图案

④ 填充图案后,用户可以对图案的属性进行设置。在【属性】选项板的【限制条件】选项组中,【边界平铺】选项用于确定填充图案与表面边界相交的方式,包括空、部分和悬挑,如图 6-59 所示。

空：删除与边界相交的填充图案　　部分：剪切超出边界的填充图案　　悬挑：完整显示与边界相交的填充图案

图 6-59　边界平铺

⑤ 【所有网格旋转】选项用于设置网格的旋转角度，例如，输入【45.000°】，单击【应用】按钮后，网格的角度发生改变，如图 6-60 所示。

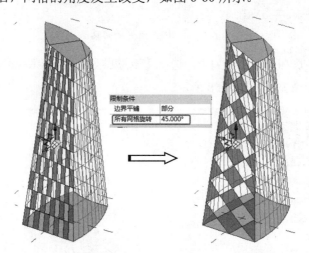

图 6-60　旋转网格

⑥ 在【修改|分割的表面】上下文选项卡的【表面表示】面板中单击【显示属性】按钮，打开【表面表示】对话框。

⑦ 在【表面表示】对话框的【填充图案】选项卡中，可以勾选或取消勾选【填充图案线】复选框和【图案填充】复选框来控制填充图案线、填充图案是否显示，如图 6-61 所示。

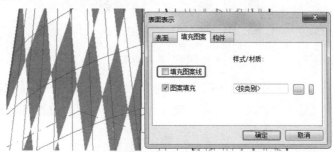

图 6-61　控制填充图案线、填充图案是否显示

第 6 章 概念模型设计

⑧ 单击【图案填充】复选框右侧的【浏览】按钮，打开【材质浏览器】对话框，如图 6-62 所示，在该对话框中可以设置图案的材质、图案截面、颜色等属性。

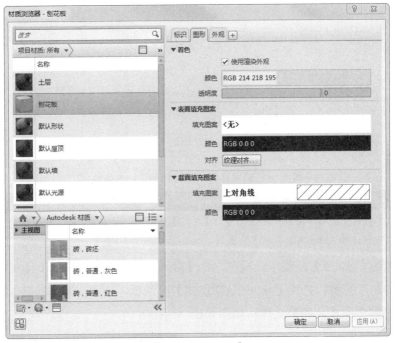

图 6-62 【材质浏览器】对话框

6.4 实战案例：别墅建筑体量设计

在项目前期概念、方案设计阶段，建筑设计师经常会从体量分析入手，首先创建建筑的体量模型，并不断推敲修改，然后估算建筑的表面面积、体积，计算体形系数等经济技术指标。

① 启动 Revit 2020，新建建筑项目文件，选择【Revit 2020 中国样板.rte】样板文件，进入建筑项目设计环境，如图 6-63 所示。

图 6-63 新建建筑项目文件

② 在【项目浏览器】选项板中，切换为【东】立面图。在【建筑】选项卡的【基准】面板中单击【标高】按钮，分别创建场地、标高 1、标高 2、标高 3、标高 4 和标高 5，并修改标高 2 的标高值，如图 6-64 所示。

219

图 6-64 创建标高并修改标高 2 的标高值

知识点拨：
在创建场地标高时，要删除楼层平面视图中的【场地】平面图。为什么要在此处创建标高呢？是为了创建楼层平面以载入相应的 AutoCAD 参考平面图。

③ 切换到【标高 1】楼层平面视图，在【插入】选项卡的【导入】面板中单击【导入 CAD】按钮，打开【导入 CAD 格式】对话框，从本例源文件夹中导入【别墅一层平面图-完成.dwg】文件，如图 6-65 所示。

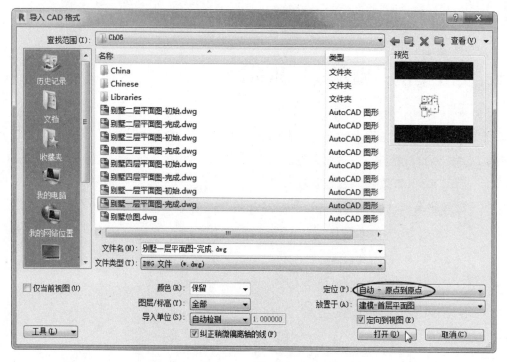

图 6-65 导入【别墅一层平面图-完成.dwg】文件

④ 导入的别墅一层平面图的 CAD 图纸如图 6-66 所示。

⑤ 同理，分别在【标高 2】、【标高 3】和【标高 4】楼层平面视图中依次导入【别墅二层平面图-完成.dwg】、【别墅三层平面图-完成.dwg】和【别墅四层平面图-完成.dwg】。

第 6 章 概念模型设计

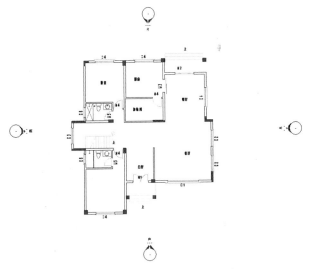

图 6-66 别墅一层平面图 CAD 图纸

⑥ 切换到【标高 1】楼层平面视图。在【体量和场地】选项卡的【概念体量】面板中单击【内建体量】按钮，在打开的【名称】对话框中，新建名为【别墅概念体量】的体量，如图 6-67 所示。

图 6-67 新建体量

⑦ 进入概念体量设计环境后，利用【直线】工具，沿着 CAD 图纸的墙体外边线，绘制封闭的轮廓，如图 6-68 所示。完成绘制后按 Esc 键退出操作。

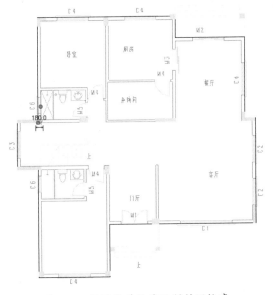

图 6-68 沿墙体外边线绘制封闭轮廓

⑧ 选中绘制的封闭轮廓,在【修改|线】上下文选项卡的【形状】面板中选择【创建形状】下拉列表中的【实心形状】选项,创建实心体量模型,此时切换到三维视图,效果如图6-69所示。

⑨ 单击体量模型的高度值,修改(默认生成高度为【6000.0】)为【3500】,按Enter键即可改变,如图6-70所示。

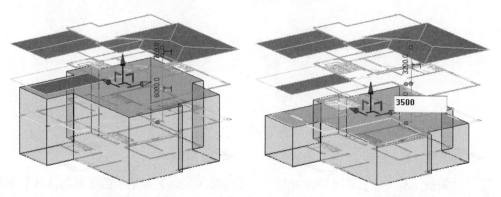

图6-69 创建实心体量模型　　　　图6-70 修改体量模型的高度

⑩ 修改后在图形区空白位置单击返回并继续创建标高2到标高3之间的体量。创建方法完全相同,只是绘制的轮廓稍有改变,绘制的封闭轮廓如图6-71所示。

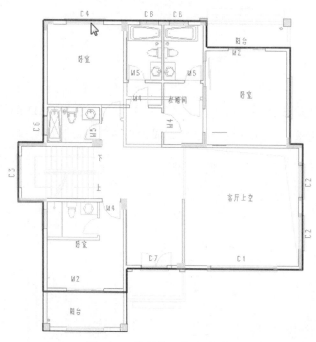

图6-71 绘制封闭轮廓(1)

⑪ 选中绘制的封闭轮廓,在【修改|线】上下文选项卡的【形状】面板中选择【创建形状】下拉列表中的【实心形状】选项,创建实心体量模型,此时切换到三维视图,并修改体量模型的高度为【3200.0】,如图6-72所示。

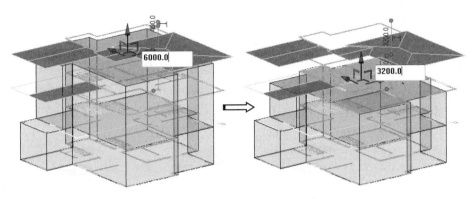

图 6-72 创建实心体量模型并修改体量模型的高度（1）

⑫ 同理，切换到【标高 3】楼层平面视图，绘制封闭轮廓，如图 6-73 所示。创建实心体量模型，切换到三维视图，并修改体量模型的高度为【3200.0】，如图 6-74 所示。

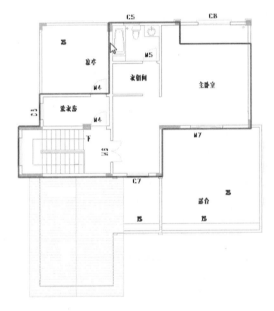

图 6-73 绘制封闭轮廓（2）

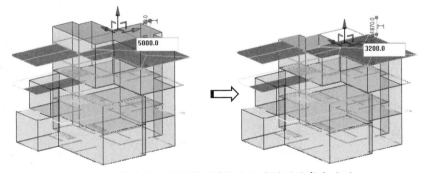

图 6-74 创建实心体量模型并修改体量模型的高度（2）

⑬ 创建建筑附加体的体量，如屋顶、阳台、雨棚等，限于时间及篇幅，这些工作读者可自行完成。这些附加体的体量也可以不创建出来，在后续建筑模型的制作过程中

直接载入相关的屋顶族、阳台构件族、雨棚构件族等即可。最后单击【完成体量】按钮,完成别墅概念体量模型的创建。

⑭ 由于还没有楼层信息,所以还需要创建体量楼层。选中体量模型,切换到【修改|体量】上下文选项卡,单击【体量楼层】按钮,打开【体量楼层】对话框。

⑮ 在【体量楼层】对话框中勾选【标高1】~【标高4】复选框,【场地】和【标高5】是没有楼层的,无须勾选,如图6-75所示。

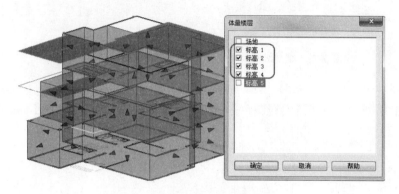

图 6-75　选择要创建体量楼层的标高

⑯ 单击【确定】按钮,自动创建体量楼层,如图6-76所示。

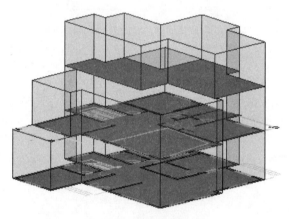

图 6-76　创建体量楼层

⑰ 完成体量设计后,在后面设计各层的建筑模型时,可以将概念模型的面转成墙体、楼板等构件。

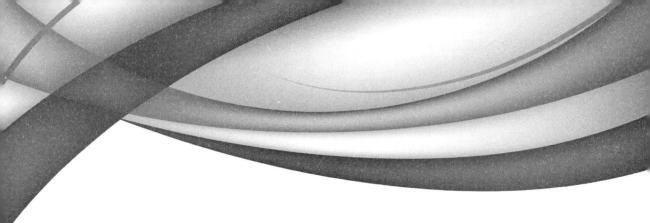

第 7 章
建筑墙、建筑柱及门窗设计

本章内容

　　建筑墙、建筑柱及门窗是建筑楼层中墙体的重要组成要素。Revit 中的建筑设计也好、结构设计也好，都离不开一个重要的概念：族。本章我们将学习建筑墙、建筑柱及门窗的设计过程和技巧。

知识要点

☑ Revit 建筑墙设计
☑ Revit 门、窗与建筑柱设计
☑ BIMSpace 2020 建筑墙、建筑柱及门窗设计

7.1 Revit 建筑墙设计

建筑墙分为承重墙和非承重墙。先于柱、梁及楼板而修建的墙是承重墙，后于柱、梁及楼板而修建的墙是非承重墙。在 Revit 中，建筑墙设计包括基本墙（单体墙、复合墙与叠层墙）、面墙及幕墙的设计。

7.1.1 基本墙设计

1. 单体墙

单体墙是由实心砖或其他砌块砌筑，或由混凝土等材料浇筑而成的实心墙体，如图 7-1 所示。在 Revit 中，墙的创建就是参照轴网放置墙族的过程，如图 7-2 所示。

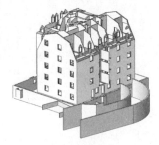
图 7-1 单体墙

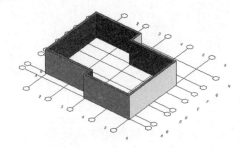
图 7-2 在轴网上放置墙族

上机操作——创建单体墙

① 选择鸿业建筑样板文件，新建建筑项目文件。
② 在【项目浏览器】选项板中切换到【建模-首层平面图】楼层平面视图。
③ 单击鸿业乐建 2020 的【轴网\柱子】选项卡的【轴网创建】面板中的【直线轴网】按钮，在打开的【直线轴网】对话框中设置轴网参数，如图 7-3 所示。

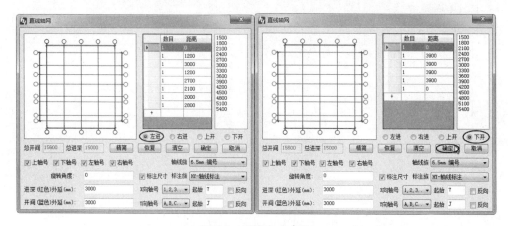
图 7-3 设置轴网参数

第 7 章 建筑墙、建筑柱及门窗设计

④ 单击【确定】按钮后在首层平面图中放置如图 7-4 所示的轴网。

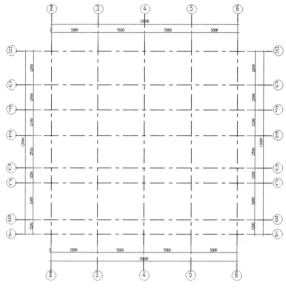

图 7-4 放置轴网

⑤ 在【建筑】选项卡的【构建】面板中单击【墙】按钮，在【属性】选项板的【类型选择器】下拉列表中选择【钢筋混凝土（外保温岩棉）】类型，如图 7-5 所示。

⑥ 在选项栏中设置墙的高度为【4000】，其余选项默认，然后在轴网中绘制基本墙体，如图 7-6 所示。

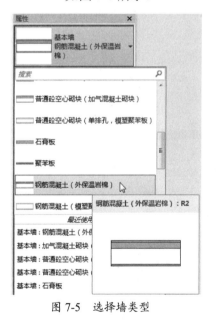

图 7-5 选择墙类型　　　　图 7-6 绘制基本墙体

⑦ 切换到三维视图，查看绘制的墙体，如图 7-7 所示。

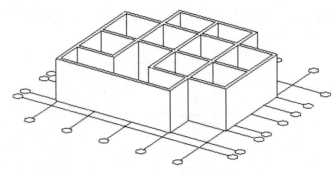

图 7-7 三维视图中的墙体

2. 复合墙与叠层墙

复合墙与叠层墙是基于基本墙的属性修改得到的。复合墙就像屋顶、楼板和天花板可以包含多个水平层一样,它可以包含多个垂直层或区域,如图 7-8 所示。

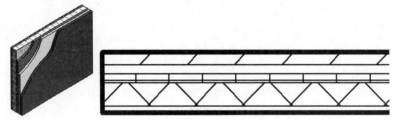

图 7-8 复合墙

用户可以从墙【属性】面板中选择复合墙的系统族来创建复合墙,如图 7-9 所示。

选择复合墙的系统族后,可以单击【编辑类型】按钮，在打开的【编辑部件】对话框中编辑复合墙的结构,如图 7-10 所示。

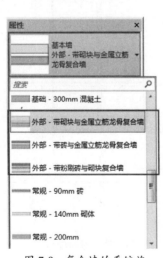

图 7-9 复合墙的系统族

图 7-10 编辑复合墙的结构

叠层墙是一种由若干段不同子墙(基本墙类型)相互堆叠在一起组成的主墙,可以在不同的高度定义不同的墙厚、复合层和材质,如图 7-11 所示。

第 7 章 建筑墙、建筑柱及门窗设计

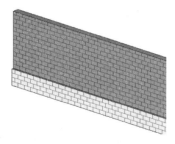

图 7-11 叠层墙

> **知识点拨：**
> 复合墙的拆分是基于外墙涂层的拆分，而不是基于墙体的拆分。而叠层墙是将墙体拆分成上下几部分。

同样地，在墙【属性】选项板中也提供了叠层墙的系统族，如图 7-12 所示。其结构属性如图 7-13 所示。

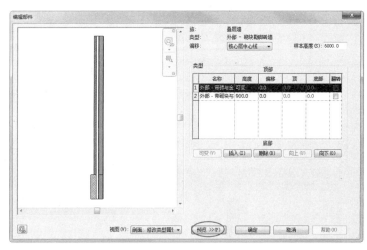

图 7-12 叠层墙的系统族　　　　图 7-13 叠层墙的结构属性

上机操作——创建叠层墙

① 打开本例源文件【基本墙体.rvt】。

② 选中全部墙体，在【属性】选项板的【类型选择器】下拉列表中选择【外部-砌块勒脚砖墙】类型，然后单击【编辑类型】按钮，如图 7-14 所示。

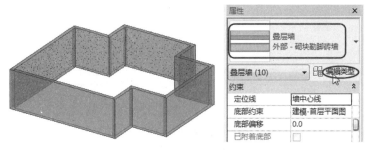

图 7-14 为基本墙体选择墙类型

229

③ 打开【类型属性】对话框,在【结构】参数右侧单击【编辑】按钮,打开【编辑部件】对话框,如图 7-15 所示。

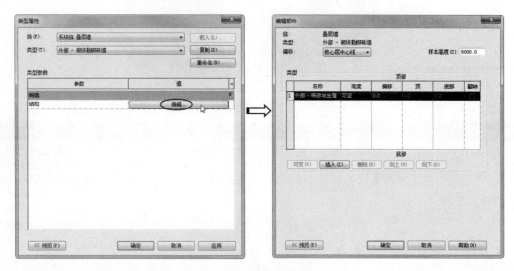

图 7-15 编辑【结构】参数

④ 在【编辑部件】对话框中单击【插入】按钮,增加墙的构造层,将原来的【外部-砌块勒脚砖墙】类型改为【多孔砖 370(水泥聚苯板)】类型,再设置新增的构造层类型为【实心黏土砖 240(水泥聚苯板)】,高度为【2500.0】,如图 7-16 所示[①]。

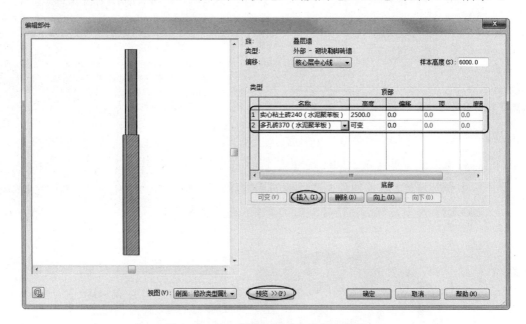

图 7-16 插入新构造层并设置相应参数

⑤ 单击【编辑部件】对话框中的【确定】按钮,再单击【类型属性】对话框中的【确定】按钮,完成叠层墙的创建,效果如图 7-17 所示。

---

① 图 7-16 中"粘土"的正确写法应为"黏土"。

第 7 章　建筑墙、建筑柱及门窗设计

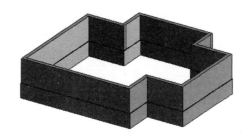

图 7-17　创建叠层墙

3．墙的编辑

1）墙连接

当墙与墙相交时，Revit Architecture 通过采用墙端点处允许连接的方式控制连接点处墙连接的情况。该选项适用于基本墙、幕墙等墙图元实例。

同样是绘制至水平墙表面的两面墙，允许墙连接和不允许墙连接的情况如图 7-18 所示。除了可以控制墙端点处是否允许连接，当两面墙相连时，还可以控制墙的连接方式。

图 7-18　允许墙连接和不允许墙连接的情况

在【修改】选项卡的【几何图形】面板中，提供了墙连接工具，如图 7-19 所示。

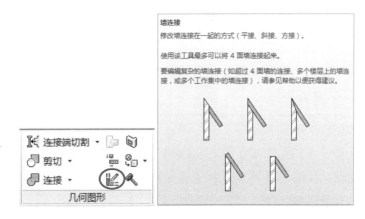

图 7-19　墙连接工具

使用墙连接工具，移动鼠标指针至墙图元相连接的位置，Revit Architecture 将显示预选边框。单击要编辑的墙连接的位置，通过修改选项栏中的连接方式即可指定墙是否连接，如图 7-20 所示。

图 7-20　选项栏中的墙连接方式设置

> **知识点拨：**
> 值得注意的是，当在视图中利用【墙连接】工具单独指定墙连接的显示方式后，选项栏中的墙连接显示选项将不可使用。必须确保视图中所有的墙连接均为默认的【使用视图设置】，选项栏中的墙连接显示选项才可以设置和调整。

2）墙附着与分离

Revit Architecture 在【修改|墙】上下文选项卡中，提供了【附着】工具和【分离】工具。【附着】工具用于将所选择的墙附着至其他图元对象上，如参照平面、楼板、屋顶、天花板等构件表面。【分离】工具用于将附着的墙体与其他图元对象进行分离。如图 7-21 所示为墙与屋顶的附着。

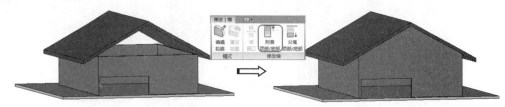

图 7-21　墙与屋顶的附着

7.1.2　面墙设计

要创建斜墙或异形墙，可先在 Revit 概念体量设计环境中创建体量曲面或体量模型，然后在 Revit 建筑设计环境中利用【面墙】工具将体量曲面转换为墙图元。

如图 7-22 所示，通过利用【面墙】工具拾取体量曲面生成异形墙。

上机操作——创建异形墙

① 新建建筑项目文件。

② 在【体量和场地】选项卡的【概念体量】面板中单击【内建体量】按钮，打开【名称】对话框，如图 7-23 所示，在【名称】文本框中输入【异形墙】，单击【确定】按钮进入体量族编辑器模式。

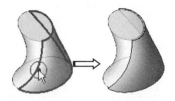

图 7-22　异形墙

图 7-23　【名称】对话框

③ 单击【绘制】面板中的【圆形】按钮,在【标高1】楼层平面视图中绘制截面轮廓1,如图7-24所示。

④ 单击【圆形】按钮,在【标高2】楼层平面视图中绘制截面轮廓2,如图7-25所示。

⑤ 按住Ctrl键并选中两个圆形,再在【修改|线】上下文选项卡的【形状】面板中单击【创建形状】按钮 ,系统自动创建如图7-26所示的放样模型。单击【完成体量】按钮 ,退出体量创建与编辑模式。

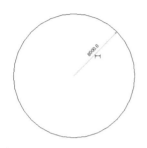 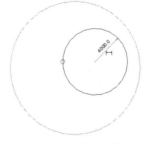 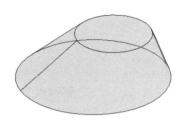

图7-24 绘制截面轮廓1　　　图7-25 绘制截面轮廓2　　　图7-26 创建放样模型

⑥ 在【建筑】选项卡的【构建】面板中单击【墙】|【面墙】按钮,切换到【修改|放置墙】上下文选项卡。

⑦ 在【属性】选项板的【类型选择器】下拉列表中选择【面砖陶粒砖墙250】墙类型,然后在放样模型上拾取一个面作为面墙的参照,如图7-27所示。

⑧ 隐藏放样模型,查看异型墙的完成效果,如图7-28所示。

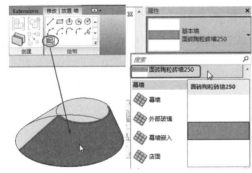 

图7-27 设置墙类型并拾取参照面　　　图7-28 创建完成的异型墙

7.1.3 幕墙设计

幕墙按材料划分为玻璃幕墙、金属幕墙、石材幕墙等类型。如图7-29所示为常见的玻璃幕墙。

幕墙系统由【幕墙嵌板】、【幕墙网格】和【幕墙竖梃】三部分构成,如图7-30所示。

Revit Architecture提供了幕墙系统(其实是幕墙嵌板系统)族类别,用户可以利用【幕墙系统】工具创建所需的各类幕墙嵌板。

图 7-29 常见的玻璃幕墙

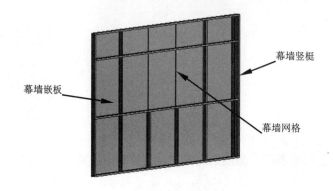

图 7-30 幕墙系统结构

1. 幕墙嵌板设计

幕墙嵌板属于墙的一种类型，用户可以在【属性】选项板的【类型选择器】下拉列表中选择一种墙类型，也可以使用自定义的幕墙嵌板族。幕墙嵌板的尺寸不能像一般墙体一样通过拖曳控制柄或修改属性来修改，只能通过修改幕墙来调整嵌板的尺寸。

幕墙嵌板是构成幕墙的基本单元，幕墙由一块或多块幕墙嵌板组成。幕墙嵌板的大小、数量由划分幕墙的幕墙网格决定。下面介绍 2 个上机操作案例：一个是使用幕墙嵌板族创建幕墙嵌板；另一个则是利用【幕墙系统】工具创建幕墙嵌板。

上机操作——使用幕墙嵌板族创建幕墙嵌板

① 新建 Revit 2020 中国样板的建筑项目文件。

② 切换到三维视图，利用【墙】工具，以【标高 1】为参照标高，在图形区中绘制墙体，如图 7-31 所示。

图 7-31 绘制墙体

③ 选中所有墙体，在【属性】选项板的【类型选择器】下拉列表中选择【外部玻璃】墙类型，基本墙体自动转换成幕墙，如图7-32所示。

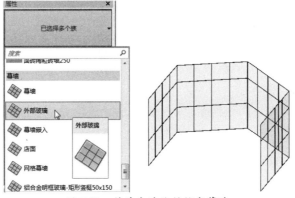

图 7-32 将基本墙体转换成幕墙

④ 在【项目浏览器】选项板的【族】|【幕墙嵌板】|【点爪式幕墙嵌板】视图节点下，选中【点爪式幕墙嵌板】族并右击，在弹出的快捷菜单中选择【匹配】命令，然后选择幕墙系统中的一块嵌板进行匹配替换，如图7-33所示。

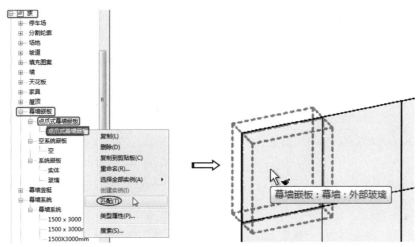

图 7-33 匹配替换幕墙嵌板

⑤ 幕墙嵌板被替换为点爪式幕墙嵌板，如图7-34所示。依次选择其余嵌板进行匹配替换，最终结果如图7-35所示。

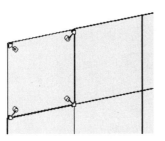

图 7-34 替换后的幕墙嵌板

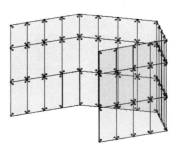

图 7-35 全部替换完毕的幕墙嵌板

上机操作——利用【幕墙系统】工具创建幕墙嵌板

通过选择图元面,可以创建幕墙系统。幕墙系统是基于体量面生成的。

① 新建 Revit 2020 中国样板的建筑项目文件。

② 切换到三维视图,单击【体量和场地】选项卡中的【内建体量】按钮,在打开的【名称】对话框中新建名为【体量1】的体量,如图 7-36 所示,进入体量族编辑器模式。

③ 在【标高1】工作平面上绘制如图 7-37 所示的轮廓。

图 7-36 新建体量

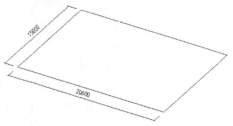

图 7-37 绘制轮廓

④ 单击【创建形状】按钮,创建体量模型,如图 7-38 所示。

⑤ 完成体量设计后,退出体量族编辑器模式。在【建筑】选项卡的【构建】面板中单击【幕墙系统】按钮,再单击【选择多个】按钮,选择 4 个侧面作为添加幕墙的面,如图 7-39 所示。

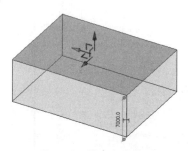

图 7-38 创建体量模型

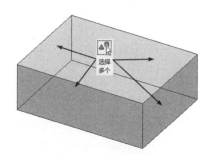

图 7-39 选择要添加幕墙的面

⑥ 单击【修改|放置面幕墙系统】上下文选项卡中的【创建系统】按钮,自动创建幕墙系统,如图 7-40 所示。

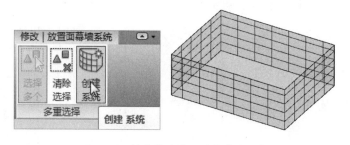

图 7-40 创建幕墙系统(幕墙嵌板)

第 7 章 建筑墙、建筑柱及门窗设计

⑦ 创建的幕墙系统默认是【幕墙系统 1500×3000】类型，用户可以从【项目浏览器】选项板中选择幕墙嵌板族来匹配替换幕墙系统中的嵌板。

2. 幕墙网格

【幕墙网格】工具的作用是重新对幕墙或幕墙系统进行网格划分（实际上是划分嵌板），如图 7-41 所示，划分后将得到新的幕墙网格布局，有时也用作在幕墙中开窗、开门。在 Revit Architecture 中，可以手动或通过参数指定幕墙网格的划分方式和数量。

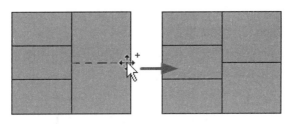

图 7-41 划分幕墙网格

上机操作——添加幕墙网格

① 新建建筑项目文件。
② 在【标高 1】楼层平面视图中绘制墙体，如图 7-42 所示。
③ 选择墙类型为【幕墙】，如图 7-43 所示。

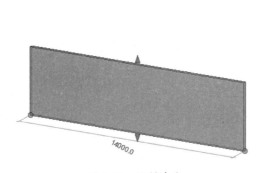

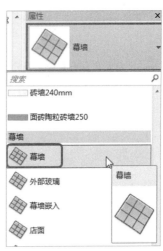

图 7-42 绘制墙体　　　　图 7-43 选择墙类型

④ 单击【幕墙网格】按钮，切换到【修改|放置幕墙网格】上下文选项卡。首先利用【放置】面板中的【全部分段】工具，将鼠标指针靠近垂直幕墙边，然后在幕墙上创建一条水平分段线，如图 7-44 所示。
⑤ 将鼠标指针靠近幕墙的上边或下边，创建一条垂直分段线，如图 7-45 所示。

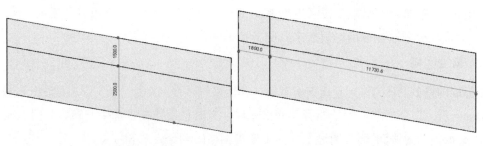

图 7-44　创建水平分段线　　　　　　图 7-45　创建垂直分段线

⑥ 同理，完成其余垂直分段线的创建，如图 7-46 所示。

> **知识点拨：**
> 每创建一条分段线，就修改临时尺寸。不要等分割完成后再修改尺寸，因为每条分段线的临时尺寸皆为相邻分段线的，一条分段线由 2 个临时尺寸控制。

⑦ 单击【修改|放置幕墙网格】上下文选项卡的【设置】面板中的【一段】按钮，然后在其中一个幕墙网格中创建水平分段线，如图 7-47 所示。

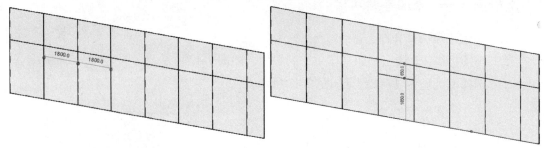

图 7-46　完成其余垂直分段线的创建　　　　图 7-47　在单个幕墙网格中创建水平分段线

⑧ 在单个幕墙网格中创建垂直分段线，如图 7-48 所示。再创建 2 条垂直分段线，完成所有分段，如图 7-49 所示。

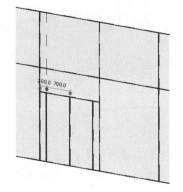

图 7-48　在单个幕墙网格中创建垂直分段线　　　图 7-49　完成所有分段

3. 幕墙竖梃

幕墙竖梃即幕墙龙骨，是沿幕墙网格生成的线性构件。当删除幕墙网格时，依赖于该网格的竖梃也将同时被删除。

第 7 章 建筑墙、建筑柱及门窗设计

上机操作——添加幕墙竖梃

① 以上一个案例的结果作为本例的源文件。

② 在【建筑】选项卡的【构建】面板中单击【竖梃】按钮，切换到【修改|放置竖梃】上下文选项卡。

③ 【修改|放置竖梃】上下文选项卡中有 3 个工具：网格线、单段网格线和全部网格线。利用【全部网格线】工具，一次性创建所有幕墙边和分段线的竖梃，如图 7-50 所示。

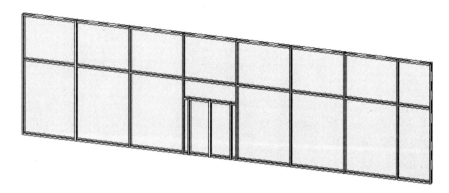

图 7-50　创建竖梃

- 网格线：通过选择长分段线创建竖梃。
- 单段网格线：通过选择单个网格内的分段线创建竖梃。
- 全部网格线：通过一次性选中整个幕墙中的分段线，进而快速地创建竖梃。

④ 放大幕墙门位置，删除部分竖梃，如图 7-51 所示。

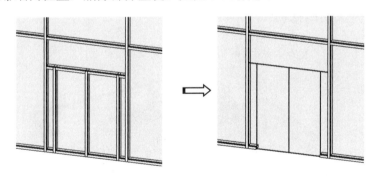

图 7-51　删除幕墙门的部分竖梃

7.2　Revit 门、窗与建筑柱设计

在 Revit Architecture 中，门、窗、柱、梁、室内摆设等均为建筑构件，用户可以在 Revit 中在位创建体量族，也可以加载已经创建的构件族。

7.2.1 门设计

门、窗是建筑设计中常用的构件。Revit Architecture 提供了【门】工具和【窗】工具，用于在项目中添加门、窗图元。门、窗必须放置于墙、屋顶等主体图元上，这种依赖于主体图元而存在的构件称为"基于主体的构件"。删除墙体，门窗也随之被删除。

Revit Architecture 中自带的门族类型较少，如图 7-52 所示。用户可以利用【载入族】工具将自己制作的门族载入当前建筑项目设计环境中，如图 7-53 所示。或者通过鸿业乐建 2020 的云族 360，将需要的门族载入当前建筑项目设计环境中并进行放置。

图 7-52 Revit 自带的门族类型

图 7-53 载入门族

上机操作——添加与修改门

① 打开本例源文件【别墅-1.rvt】，如图 7-54 所示。

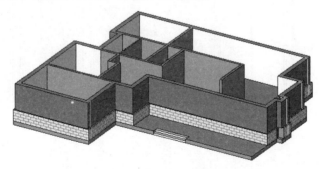

图 7-54 本例源文件【别墅-1.rvt】

② 项目模型是别墅建筑的第一层砖墙，需要插入大门和室内房间的门。在【项目浏览器】选项板中切换到【一层平面】楼层平面视图。

③ 由于 Revit Architecture 中的门族类型仅有一个，不适合用作大门，所以在放置门时需要载入门族。单击【建筑】选项卡的【构建】面板中的【门】按钮，切换到【修改|放置门】上下文选项卡，如图 7-55 所示。

④ 单击【修改|放置门】上下文选项卡的【模式】面板中的【载入族】按钮，从本例源文件夹中载入【双扇玻璃木格子门.rfa】族文件，如图 7-56 所示。

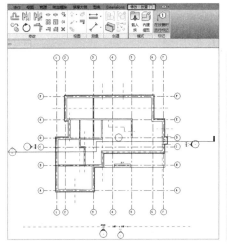

图 7-55 【修改|放置门】选项卡

图 7-56 载入门族

⑤ Revit 自动将载入的门族作为当前要插入的族类型，此时可将门图元插入到建筑模型中有石梯踏步的位置，如图 7-57 所示。

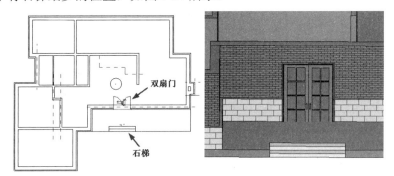

图 7-57 插入门图元

⑥ 在建筑内部有隔断墙，也要插入门，门的类型主要有两种：一种是卫生间门，另一种是卧室门。继续载入【平开木门-单扇.rfa】族文件和【镶玻璃门-单扇.rfa】族文件，并将其分别插入建筑一层平面图中，如图 7-58 所示。

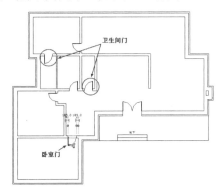

图 7-58 在室内插入卫生间门和卧室门

> **知识点拨：**
> 放置门时注意开门方向，步骤是先放置门，然后指定开门方向。

⑦ 选中一个门图元，门图元被激活（见图 7-59）并打开【修改|门】上下文选项卡。

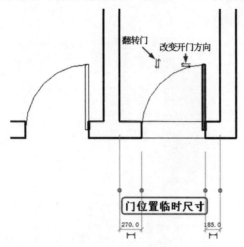

图 7-59　门图元激活状态

⑧ 单击【翻转实例面】符号 ⇕，可以翻转门（改变门的朝向），如图 7-60 所示。

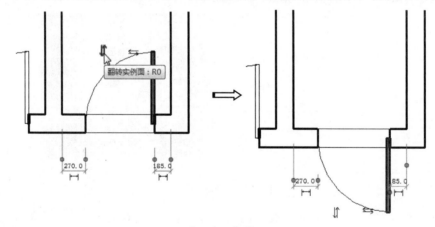

图 7-60　翻转门

⑨ 单击【翻转实例开门方向】符号 ⇌，可以改变开门方向，如图 7-61 所示。

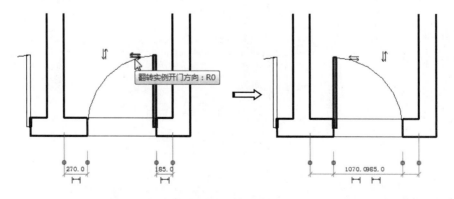

图 7-61　改变开门方向

⑩ 我们需要改变门靠墙的位置，在一般情况下，门到墙边是一块砖的间距，也就是 120mm，因此，更改临时尺寸即可改变门靠墙的位置，如图 7-62 所示。

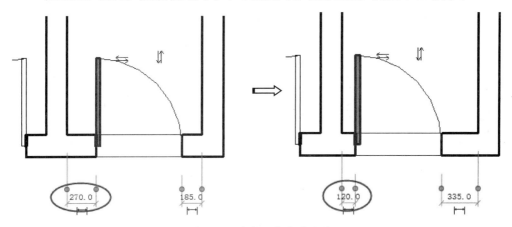

图 7-62　改变门靠墙的位置

⑪ 同理，完成其余门图元的修改，最终结果如图 7-63 所示。

⑫ 插入门后，通过【项目浏览器】选项板将【注释符号】族项目下的【M_门标记】标记添加到平面图中的门图元上，如图 7-64 所示。

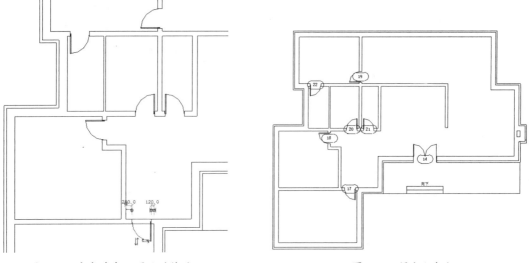

图 7-63　完成其余门图元的修改　　　　　图 7-64　添加门标记

⑬ 如果没有显示门标记，则可以单击【视图】选项卡的【图形】面板中的【可见性/图形】按钮，在打开的【楼层平面：一层平面的可见性/图形替换】对话框的【注释类别】选项卡中设置门标记的可见性，如图 7-65 所示。

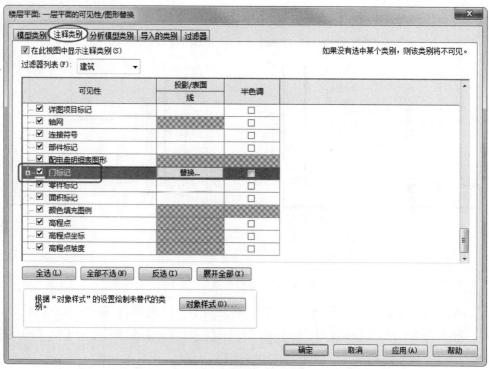

图 7-65　设置门标记的可见性

⑭ 当然，我们还可以利用【修改|门】上下文选项卡的【修改】面板中的【修改】工具，对门图元进行对齐、复制、移动、阵列、镜像等操作，此类操作在第 2 章中已有详细介绍。

⑮ 保存项目文件。

7.2.2　窗设计

在建筑中，门、窗是不可缺少的构件，带来空气流通的同时，也可以让明媚的阳光充分照射到房间中，因此窗的放置也很重要。

窗的插入和门相同，需要事先加载与建筑匹配的窗族。

上机操作——添加与修改窗

① 打开本例源文件【别墅-2.rvt】。

② 在【建筑】选项卡的【构建】面板中单击【窗】按钮，切换到【修改|放置窗】上下文选项卡。单击【载入族】按钮，从本例源文件夹中载入【型材推拉窗（有装饰格）.rfa】族文件，如图 7-66 所示。

图 7-66　载入窗族

③ 将载入的【型材推拉窗（有装饰格）.rfa】窗族添加到大门右侧，并列添加 3 个此类窗族，同时添加 3 个【M_窗标记】窗标记，如图 7-67 所示。

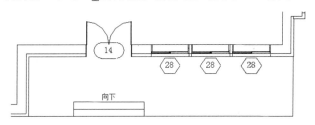

图 7-67　添加窗族和窗标记

④ 载入【弧形欧式窗.rfa】窗族（窗标记为【29】）并添加到一层平面图中，如图 7-68 所示。

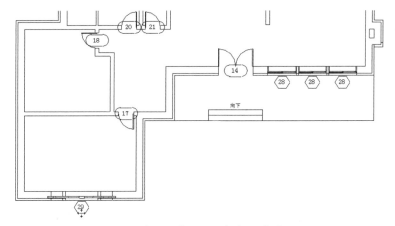

图 7-68　添加【弧形欧式窗.rfa】窗族

⑤ 载入【木格平开窗.rfa】窗族（窗标记为【30】）并添加到一层平面图中，如图 7-69 所示。

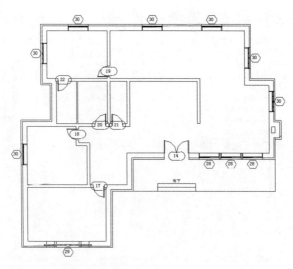

图 7-69 添加【木格平开窗.rfa】窗族

⑥ 添加 Revit 自带的窗类型【固定：1000×1200mm】，如图 7-70 所示。
⑦ 重新设置大门右侧 3 扇窗的位置，尽量将其放置在大门和右侧墙体之间，如图 7-71 所示。

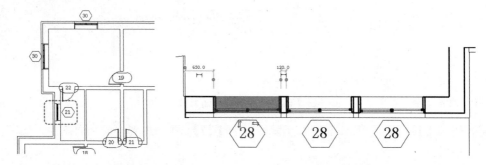

图 7-70 添加 Revit 自带的窗类型　　　　图 7-71 修改大门右侧窗的位置

⑧ 基本上按照在所属墙体中间放置的原则，修改其余窗的位置，如图 7-72 所示。

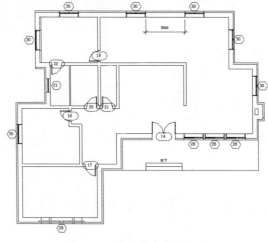

图 7-72 修改其余窗的位置

⑨ 确保所有窗的朝向正确（也就是窗扇位置靠外墙）。切换到三维视图，查看窗的位置、朝向是否有误，如图 7-73 所示。

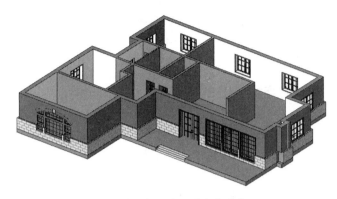

图 7-73 在三维视图中查看窗

⑩ 窗底边高度比叠层墙底层高度要低，不太合理，要么对齐，要么高出一层砖的厚度。按住 Ctrl 键并选中所有【木格平开窗】和【固定：1000×1200mm】窗类型，然后在【属性】选项板的【限制条件】选项组下修改【底高度】的值为【900】，结果如图 7-74 所示。

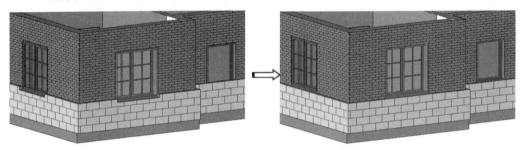

图 7-74 修改窗的底高度

⑪ 选中【弧形欧式窗】窗类型，修改其【底高度】的值为【750】，结果如图 7-75 所示。

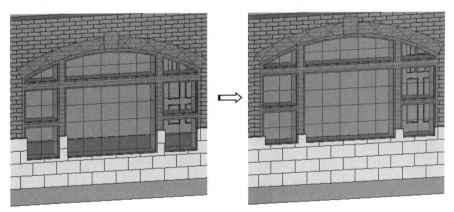

图 7-75 修改【弧形欧式窗】的底高度

⑫ 保存项目文件。

7.2.3 建筑柱设计

建筑柱有时作为墙垛子，用于加固外墙的结构强度，也起到外墙装饰的作用。有时大门外的建筑柱用于承载雨棚。下面通过两个案例详解 Revit 系统族库和鸿业云族 360 族库的建筑柱族添加过程。

上机操作——添加用作墙垛子的建筑柱

① 打开本例源文件【食堂.rvt】。
② 切换到【F1】楼层平面视图，在【建筑】选项卡的【结构】面板中单击【建筑柱】按钮，切换到【修改|放置柱】上下文选项卡。
③ 单击【载入族】按钮，从 Revit 族库中载入【柱】文件夹中的【矩形柱.rfa】族文件，如图 7-76 所示。
④ 在【属性】选项板的【类型选择器】下拉列表中选择【500×500mm】规格的建筑柱，并取消勾选【随轴网移动】复选框和【房间边界】复选框，如图 7-77 所示。

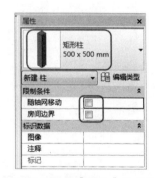

图 7-76　载入建筑柱族　　　　　　　图 7-77　设置【属性】选项板中的参数

⑤ 在【F1】楼层平面视图的轴线交点（轴号②的轴线与轴号◎的轴线）位置上放置建筑柱，如图 7-78 所示。

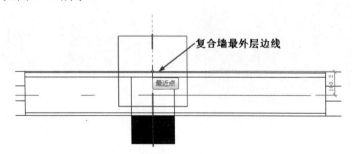

图 7-78　放置建筑柱

⑥ 放置建筑柱后，建筑柱与复合墙自动融为一体，如图 7-79 所示。

第 7 章 建筑墙、建筑柱及门窗设计

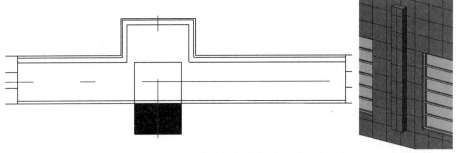

图 7-79 建筑柱与复合墙自动融为一体

⑦ 同理，分别在轴号③、轴号④、轴号⑧的轴线上添加其余建筑柱，如图 7-80 所示。

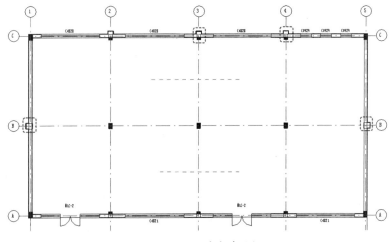

图 7-80 添加其余建筑柱

⑧ 切换到三维视图，选中一根建筑柱并右击，在弹出的快捷菜单中选择【选择全部实例】|【在整个项目中】命令，然后在【属性】选项板中设置【底部标高】为【室外地坪】，【顶部偏移】为【2100.0】，如图 7-81 所示，单击【应用】按钮应用属性设置。

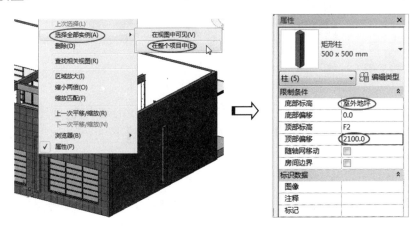

图 7-81 编辑建筑柱的属性

⑨ 建筑柱的前后编辑效果对比如图 7-82 所示。

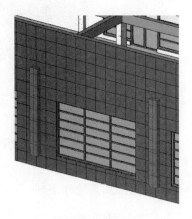 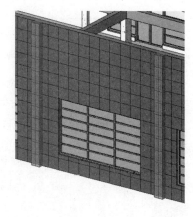

编辑前的建筑柱　　　　　　　　　编辑后的建筑柱

图 7-82　建筑柱的前后编辑效果对比

⑩ 保存项目文件。

💻 上机操作——添加用作装饰与承重的建筑柱

① 打开本例源文件【别墅.rvt】，如图 7-83 所示。

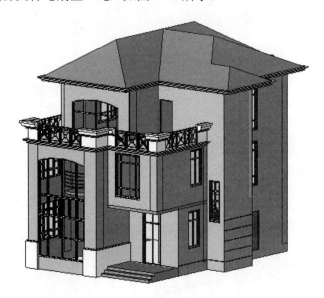

图 7-83　本例源文件【别墅.rvt】

② 在大门入口平台位置添加 1 根起到装饰和承重作用的建筑柱。切换到【场地】楼层平面视图。在【云族 360】选项卡中单击【族管理】按钮 ⊟，打开【鸿业云族 360 客户端】对话框。

③ 在【鸿业云族 360 客户端】对话框左侧【选择库】下拉列表中选择【云族 360】选项，然后在【分类】选项卡下选择【建筑】|【柱】|【建筑柱】视图节点，【族列表】列表框中显示了所有的建筑柱族，最后将【现代柱 3】族加载到项目中，如图 7-84 所示。

第 7 章 建筑墙、建筑柱及门窗设计

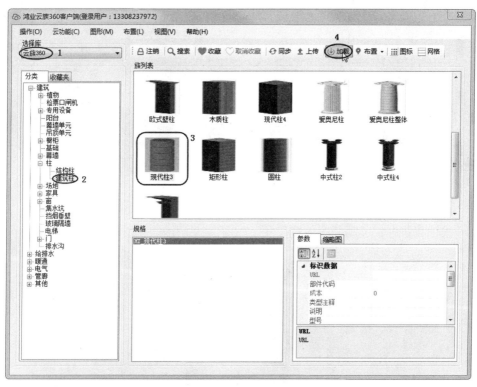

图 7-84 载入建筑柱族

④ 载入的建筑柱族可在【项目浏览器】选项板的【设置】选项卡的【族】|【柱】视图节点下找到,使用载入的建筑柱族时,可以右击【现代柱 3】,在弹出的快捷菜单中选择【创建实例】命令,如图 7-85 所示。当然最快速的方法就是从【鸿业云族 360 客户端】对话框中直接选择【布置】下拉列表中的【单点布置】选项,然后在视图中放置载入的建筑柱族,如图 7-86 所示。

图 7-85 通过右键快捷菜单使用载入的建筑柱族

图 7-86 通过【鸿业云族 360 客户端】对话框使用载入的建筑柱族

⑤ 在【场地】楼层平面视图中放置建筑柱,如图 7-87 所示。
⑥ 切换到三维视图,可以看出建筑柱没有与一层楼板边对齐,如图 7-88 所示。

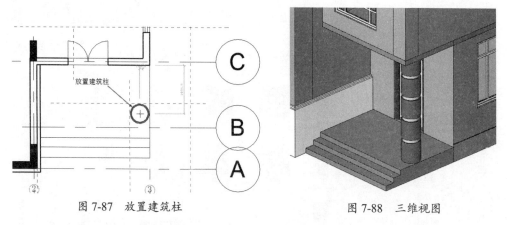

图 7-87　放置建筑柱　　　　　图 7-88　三维视图

⑦　选中建筑柱，手动修改放置尺寸，如图 7-89 所示。

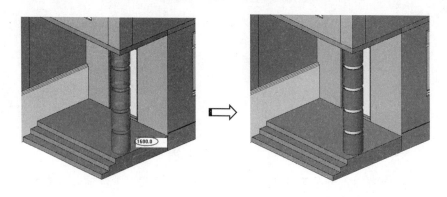

图 7-89　手动修改放置尺寸

⑧　保存项目文件。

7.3　BIMSpace 2020 建筑墙、建筑柱及门窗设计

鸿业乐建 BIMSpace 2020 可以快捷地设计建筑墙、建筑柱及门窗，本节将详细介绍鸿业乐建 BIMSpace 2020 相关的设计工具，以帮助建筑设计师高效地完成设计工作。

7.3.1　BIMSpace 2020 墙的生成与编辑

鸿业乐建 BIMSpace 2020 中的墙创建工具如图 7-90 所示。

图 7-90　墙创建工具

第 7 章　建筑墙、建筑柱及门窗设计

1. 墙的生成

鸿业乐建 BIMSpace 2020 中的墙生成工具包括【绘制墙体】、【轴网生墙】和【线生墙】。【绘制墙体】工具与 Revit 中的【墙】工具是完全相同的，这里不再赘述。

上机操作——【轴网生墙】工具的应用

【轴网生墙】工具是通过拾取轴线来创建墙的，墙分为外墙和内墙。此工具适合创建形状方正的建筑墙。

① 打开本例源文件【轴网.rvt】。

② 切换到首层平面图。单击【轴网生墙】按钮 ，打开【轴网生墙】对话框。在该对话框中设置如图 7-91 所示的参数。

- 墙族：需要生成的墙种类，有【基本墙】【叠层墙】【幕墙】三种。
- 墙类型：需要生成的墙的具体类型，根据不同的墙种类有不同的墙类型供用户选择。
- 墙顶高：生成墙的顶部标高。
- 新建：新建一种新的墙类型，可设置各层厚度，如图 7-92 所示。

图 7-91　设置墙参数

图 7-92　设置墙厚度

- 偏轴：外墙的中心线与轴线之间的偏轴厚度。
- 墙高：墙的顶部标高未约束时，可输入墙高度。
- 分层打断：按照楼层将生成的墙进行打断。

③ 在视图中以框选的方式选择所有轴线，然后在视图区域上方的选项栏中单击【完成】按钮，系统自动创建墙，如图 7-93 所示。

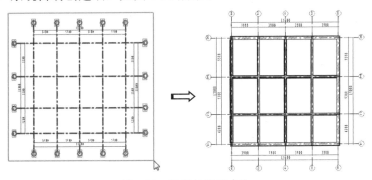

图 7-93　选择轴线创建墙

> **知识点拨:**
> 用户也可以一条一条地选择轴线来创建墙。

④ 不再创建墙时，关闭【轴网生墙】对话框。轴网生墙的三维视图如图 7-94 所示。

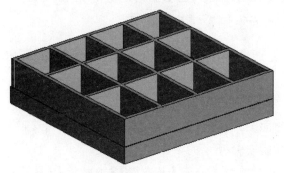

图 7-94 轴网生墙的三维视图

上机操作——【线生墙】工具的应用

【线生墙】工具主要是通过拾取 Revit 模型线或详图线来快速生成墙的。例如，用户可以导入 CAD 图纸，利用【模型线】工具在图纸的轴线上绘制出要创建墙的部分线，然后利用【线生墙】工具拾取这些模型线即可自动生成墙。

① 选择【HYBIMSpace 建筑样板】样板文件，创建建筑项目文件。

② 在 Revit 的【插入】选项卡中单击【导入 CAD】按钮，导入【二层住宅平面图.dwg】图纸。

③ 选中图纸，在【修改】选项卡中单击【解锁】按钮解锁图纸，然后将其平移到立面图标记的中央，如图 7-95 所示。

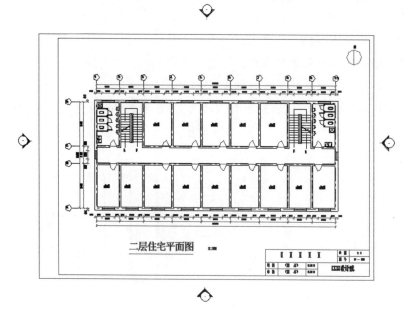

图 7-95 平移图纸

第 7 章　建筑墙、建筑柱及门窗设计

④ 在【建筑】选项卡中单击【模型线】按钮 ℿ 模型 线，利用【矩形】与【直线】工具，以墙体所在位置的轴线为参考，绘制模型线，如图 7-96 所示。

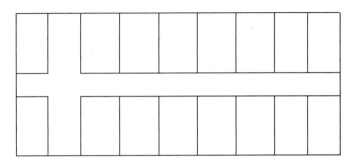

图 7-96　绘制模型线

⑤ 在【墙\梁】选项卡的【墙体生成】面板中单击【线生墙】按钮，打开【线生墙】对话框，设置墙的参数，然后选取所有模型线，如图 7-97 所示。

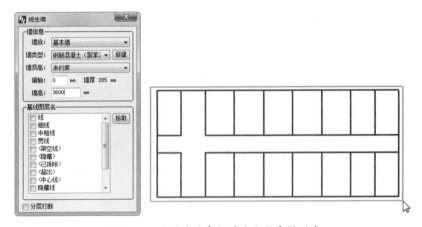

图 7-97　设置墙的参数并选取所有模型线

⑥ 单击选项栏中的【完成】按钮，自动生成墙，如图 7-98 所示。

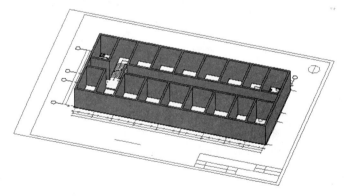

图 7-98　生成墙

2．墙的编辑

通过鸿业乐建 2020 的墙编辑工具，可对生成的墙进行编辑。

255

1)【外墙类型】

利用【外墙类型】工具，可以快速地对项目中的所有墙或者部分墙进行墙类型更改。单击【外墙类型】按钮，打开【外墙类型】对话框，如图 7-99 所示。

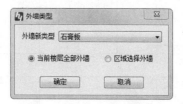

图 7-99 【外墙类型】对话框

- 外墙新类型：选择需要将外墙设置成的墙类型。
- 当前楼层全部外墙：自动分析搜索当前楼层中的所有外墙。
- 区域选择外墙：选择一个区域后，再自动分析搜索外墙。

单击【确定】按钮并选择要更改墙类型的墙体后，打开【提示】对话框，如图 7-100 所示。单击【是】按钮会全部更改，单击【否】按钮不会更改墙类型。

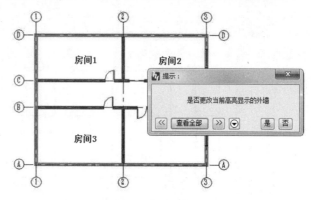

图 7-100 【提示】对话框

2)【外墙朝向】

【外墙朝向】工具用于自动调整项目中的所有外墙朝向。此工具需要在平面图中操作。如图 7-101 所示的墙体中，部分墙体的朝向相反。切换到楼层平面视图，单击【外墙朝向】按钮，系统自动搜索到需要改变朝向的墙体，如图 7-102 所示。

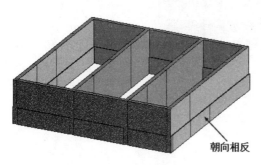

图 7-101 朝向相反的部分墙体

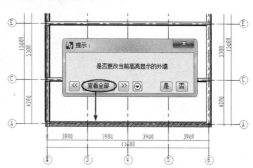

图 7-102 自动搜索朝向相反的墙体

单击【提示】对话框中的【是】按钮,自动改变墙体的朝向,如图 7-103 所示。当然我们也可以手动改变墙体的朝向,在楼层平面视图中,选中墙体,会显示修改墙的方向的箭头,单击箭头可改变墙体朝向,如图 7-104 所示。

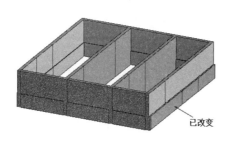 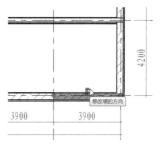

图 7-103　自动改变墙体朝向　　　　　图 7-104　手动改变墙体朝向

3)【外墙对齐】

【外墙对齐】工具用来调整项目中的外墙对齐方式和位置,单击【外墙对齐】按钮,打开【外墙对齐】对话框,如图 7-105 所示。该对话框的【墙体定位线】下拉列表中的选项等同于在创建墙体时,选项栏的【定位线】下拉列表中的选项,如图 7-106 所示。

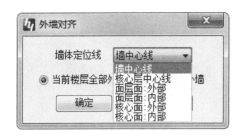 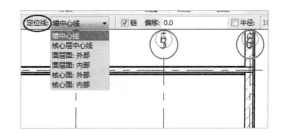

图 7-105　【外墙对齐】对话框　　　　　图 7-106　【定位线】下拉列表

【墙体定位线】与【定位线】在使用上是完全不同的,【墙体定位线】用于后期墙体的位置更改,而选项栏中的【定位线】用于在创建墙体时设定墙体位置,创建后则不能再编辑墙体位置了。

【外墙对齐】对话框中各选项的含义如下。

- 墙体定位线:选择需要将外墙设置成的定位线类型。
- 当前楼层全部外墙:自动分析搜索当前楼层中的所有外墙。
- 区域选择外墙:选择一个区域后,再自动分析搜索外墙。

如图 7-107 所示为定位线对齐改变外部墙体位置的前后对比。

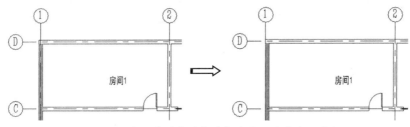

图 7-107　定位线对齐改变外部墙体位置的前后对比

4）【内墙对齐】

【内墙对齐】工具用来调整项目中的内墙对齐方式和位置，其应用对象和操作方式与【外墙对齐】工具是完全相同的。如图 7-108 所示为定位线对齐改变内部墙体位置的前后对比。

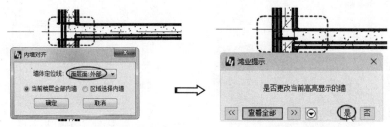

图 7-108　定位线对齐改变内部墙体位置的前后对比

5）【按层分墙】

利用【按层分墙】工具可以将墙体按楼层进行拆分。单击【按层分墙】按钮，打开【按层分墙】对话框，选择列表框中的楼层平面视图，再框选要拆分的墙体，系统自动完成墙体的拆分，如图 7-109 所示。

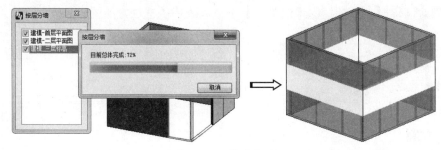

图 7-109　按层分墙

6）【墙体倒角】

利用【墙体倒角】工具可以对直角墙体进行倒角，以此创建出圆角或斜角的墙体。单击【墙体倒角】按钮，打开【墙体倒角】对话框，如图 7-110 所示。

图 7-110　【墙体倒角】对话框

- 倒切角：处理两段不平行的墙体的端头交角，使两段墙体以指定倒角长度进行连接。
- 倒圆角：处理两段不平行的墙体的端头交角，使两段墙体以指定圆角半径进行连接。
- 距离1、距离2：倒切角时两段墙体的倒角距离。
- 半径：倒圆角时与两段需要倒角的墙体连接的圆弧墙的半径。

设定倒角类型及参数后，选择要倒角的两段垂直相交的墙体，系统自动完成倒角操作，如图 7-111 所示。

第7章 建筑墙、建筑柱及门窗设计

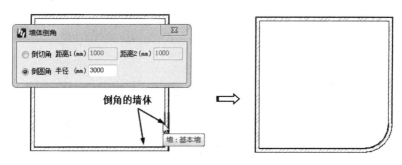

图 7-111 创建墙体倒角

7)【墙体命名】

【墙体命名】工具用于墙体、楼板的批量命名和参数修改。单击【墙体命名】按钮，打开【命名管理】对话框，如图 7-112 所示。该对话框左侧为墙类型选项，可单选或多选，右侧为命名规则和结构信息。

图 7-112 【命名管理】对话框

8)【墙体断开】、【墙体连接】

【墙体断开】工具和【墙体连接】工具主要用于墙体转角处的连接设置。【墙体断开】工具用于将已连接的墙体断开，如图 7-113 所示。【墙体连接】工具用于将断开的墙体重新连接，如图 7-114 所示。

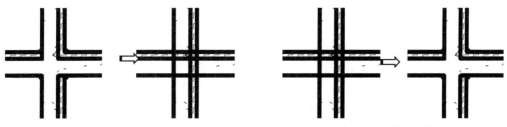

图 7-113 墙体断开   图 7-114 墙体连接

9)【拉伸】

【拉伸】工具可以将墙体、梁等图元进行拉伸。单击【拉伸】按钮，选取要拉伸的墙体边线，然后拾取拉伸起点和拉伸终点，系统自动完成拉伸操作，如图 7-115 所示。

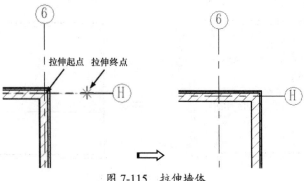

图 7-115 拉伸墙体

7.3.2 BIMSpace 2020 墙体贴面与拆分

BIMSpace 墙体贴面与拆分工具主要针对墙体的外装饰面与墙体进行的合并及拆分操作。下面通过案例说明这些工具的应用。

🖥 **上机操作——墙体贴面与拆分操作**

① 打开本例源文件【食堂-1.rvt】,如图 7-116 所示。

② 切换到【室外地坪】楼层平面视图。单击【外墙饰面】按钮,打开【外墙饰面】对话框。单击该对话框底部的【搜索】按钮,系统会自动搜索项目中所有的外墙墙体。如果无法自动识别外墙,则可以单击【编辑】按钮,如图 7-117 所示。

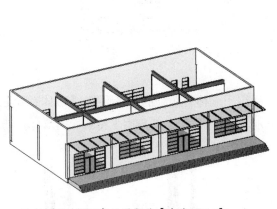

图 7-116 本例源文件【食堂-1.rvt】

图 7-117 单击【编辑】按钮

③ 打开【编辑参考面】对话框,可以通过绘制线、拾取线或拾取墙体的方式获取参考面,如图 7-118 所示。

第 7 章 建筑墙、建筑柱及门窗设计

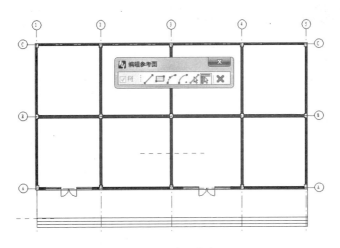

图 7-118 获取参考面

④ 关闭【编辑参考面】对话框，回到【外墙饰面】对话框。单击【添加】按钮添加饰面层，可以添加一层，也可以添加多层。在打开的【构造层设置】对话框中单击【按类别】按钮，为饰面层设置材质，如图 7-119 所示。

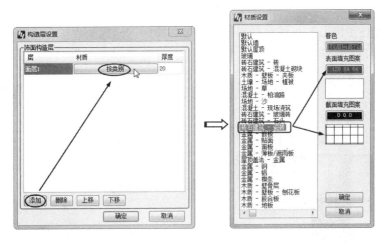

图 7-119 设置饰面层的材质（着色和填充图案）

⑤ 依次单击【构造层设置】对话框和【外墙饰面】对话框中的【确定】按钮，系统自动完成外墙饰面的创建，如图 7-120 所示。

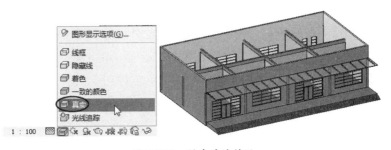

图 7-120 创建外墙饰面

知识点拨：
添加的外墙饰面层需要在【真实】视觉样式下才能看到。

⑥ 单击【内墙饰面】按钮，打开【内墙饰面】对话框。按照前面外墙饰面的创建步骤，完成内墙饰面（内墙的参考面是墙体两侧）的创建，如图 7-121 所示。

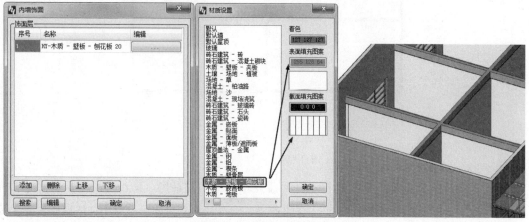

图 7-121 创建内墙饰面

⑦ 删除墙体转角处柱子位置的两个饰面，以便创建柱子饰面。单击【柱子饰面】按钮，打开【柱子饰面】对话框，同样按照外墙饰面的创建步骤来完成柱子饰面的创建，如图 7-122 所示。

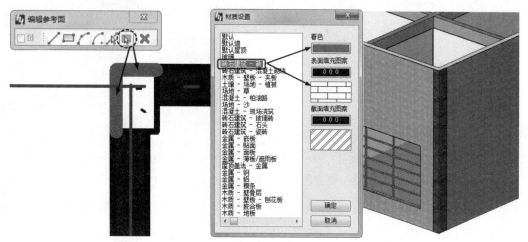

图 7-122 创建柱子饰面

⑧ 单击【多墙合并】按钮，然后对需要合并的外墙体和墙饰面进行合并。单击选项栏中的【完成】按钮，打开【墙体合并】对话框，单击【一道墙体】按钮，再单击【确定】按钮，完成多墙体的合并操作，如图 7-123 所示。

第 7 章 建筑墙、建筑柱及门窗设计

图 7-123 合并外墙体和墙饰面

- 不合并：不合并选择的墙体。
- 一道墙体：将选择的墙体合并成一道墙体。
- 自定义：将选择的墙体合并成自定义的几部分，可通过【组合】和【解组】进行自由合并。

> **知识点拨：**
> 有门窗的墙体和墙饰面不适合合并，如果强制进行合并，则门窗洞口位置将不会保留。

⑨ 单击【多墙修改】按钮，按住 Ctrl 键并选取一个墙饰面和一段墙体，然后单击选项栏中的【完成】按钮，打开【多墙修改】对话框。在左侧的【组 1】节点中，选择一种材质，可以在右侧的【材质】列中修改材质，也可以修改墙体厚度，如图 7-124 所示。

⑩ 单击【确定】按钮后所有同类型的墙体一并完成更新。

⑪ 单击【墙体拆分】按钮，选取前面进行【多墙合并】操作的部分墙体，单击选项栏中的【完成】按钮，打开【墙体拆分】对话框。在左侧将合并的墙体选中，单击【构造层+面层】按钮，再单击【确定】按钮，将合并的墙体进行拆分，如图 7-125 所示。

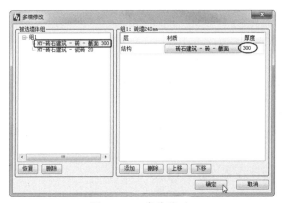

图 7-124 多墙修改

图 7-125 墙体拆分

7.3.3 BIMSpace 2020 门窗插入与门窗表设计

鸿业乐建 2020 的门窗及门窗表设计非常便捷高效。创建门窗的工具在【门窗\楼板\屋顶】选项卡中，如图 7-126 所示。下面我们通过实际操作对门窗插入与门窗表设计过程进行演示。门窗的创建只能在楼层平面视图中进行。

图 7-126 【门窗\楼板\屋顶】选项卡

上机操作——门窗插入与门窗表设计

① 打开本例源文件【食堂-2.rvt】，如图 7-127 所示。

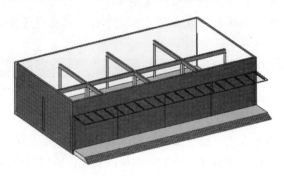

图 7-127 本例源文件【食堂-2.rvt】

② 切换到【F1】楼层平面视图，在【门窗\楼板\屋顶】选项卡中单击【插入门】按钮，打开【插入门】对话框。
- 族库：用户可以选择系统自带族库中的门类型进行布置，也可以右击门族进行新建，修改族参数。
- 当前项目：对于已载入模型的族可在当前项目下查看，也可在当前项目下进行选择布置。
- 二维图例：可查看门族的二维图形表达。
- 三维预览：可查看门族的三维图例，还可进行旋转等操作。
- 门槛高：可设置所选择的门的门槛高度。
- 垛宽：可设置所选择的门的门垛宽度。
- 添加标记：布置时可选择是否添加标记，门标记的样式和标记的文字可以进行设置。
- 标记样式：可设置所选择的门的标记样式。
- 拾取点插入：按照用户在墙上拾取的点定位单个插入门。
- 垛宽插入：按照固定的垛宽距离顺序插入门。

③ 选择【当前项目】选项，然后选择【MLC-2】类型的门联窗，接着单击【拾取点插入】按钮，最后单击【布置】按钮放置门族，如图 7-128 所示。

第 7 章 建筑墙、建筑柱及门窗设计

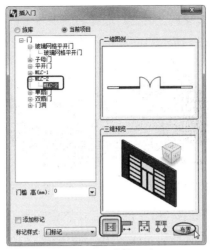

图 7-128 选择门族

④ 将门族放置在如图 7-129 所示的位置，完成后按 Esc 键退出操作。

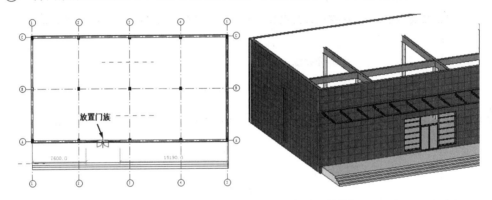

图 7-129 放置门族

⑤ 单击【插入窗】按钮，打开【插入窗】对话框。选择当前项目中的窗族（食堂六格窗 C4828），单击【布置】按钮，将其放置在如图 7-130 所示的位置。

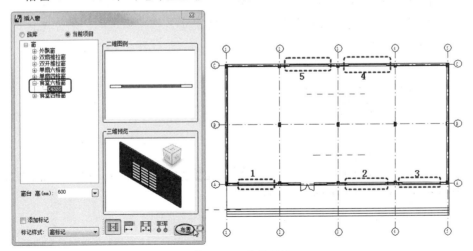

图 7-130 放置窗族

265

⑥ 按 Esc 键返回【插入窗】对话框。选择当前项目中的【单扇六格窗 C0929】窗族，将其放置到如图 7-131 所示的位置。连续按两次 Esc 键完成插入并结束操作。

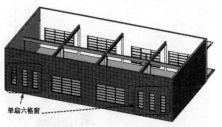

图 7-131 放置【单扇六格窗 C0929】窗族

⑦ 单击【内外翻转】按钮（用于翻转门），然后框选（从右向左进行窗交选择）需要翻转的大门，随后系统自动完成翻转，如图 7-132 所示。

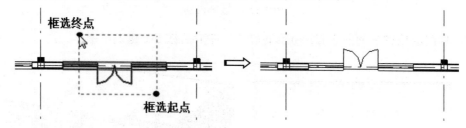

图 7-132 翻转大门

⑧ 同理，单击【左右翻转】按钮，可以改变开门方向，如图 7-133 所示。

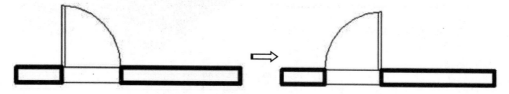

图 7-133 改变开门方向

⑨ 单击【门窗编号】按钮，打开【门窗编号】对话框。通过该对话框可以创建门标记和窗标记，选择【门】选项，单击【确定】按钮后选取门族完成门标记的创建，如图 7-134 所示。

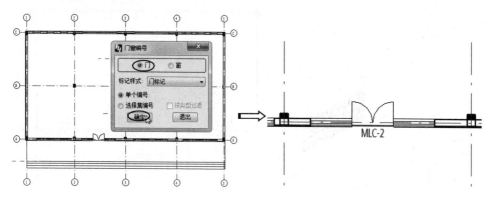

图 7-134 创建门标记

⑩ 按 Esc 键返回【门窗编号】对话框，再选择【窗】选项，并选择【选择集编号】选项，单击【确定】按钮，在视图中框选所有的窗族，最后单击选项栏中的【完成】按钮，系统自动创建窗标记，如图 7-135 所示。

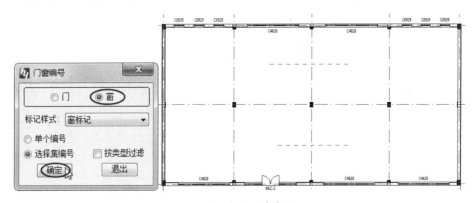

图 7-135 自动创建窗标记

⑪ 单击【门窗图例】按钮，打开【视图选择】对话框，默认创建【门窗图例表_1】视图，单击【确定】按钮后，在空白位置用鼠标画出一个矩形框区域，此区域用来放置各种门窗类型的图例，自动创建的门窗图例如图 7-136 所示。

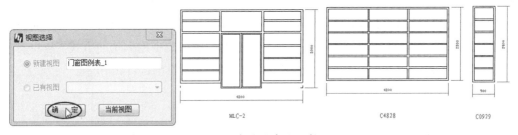

图 7-136 自动创建的门窗图例

知识点拨：
创建的门窗图例将自动保存在【项目浏览器】选项板的【绘图视图（详图）】视图节点下。

⑫ 切换到【F1】楼层平面视图。单击【门窗表】按钮，打开【统计表】对话框。在【表格名称】文本框中输入【门窗表1】，勾选【创建到新绘图视图】复选框，选择【按项目统计】选项，单击【生成表格】按钮，完成门窗表的创建，如图 7-137 所示。此门窗表放置在后期的建筑施工图中。

图 7-137 创建门窗表

⑬ 当修改门窗类型或门窗尺寸后,可单击【刷新门窗表】按钮,完成门窗表中数据的更新。

7.3.4 BIMSpace 2020 建筑柱设计

利用鸿业乐建 2020 的柱子插入和编辑工具,可以快速地创建建筑柱和结构柱,并可对创建后的柱子进行分割与对齐操作。鸿业乐建 2020 中的柱子创建工具在【轴网\柱子】选项卡中,如图 7-138 所示。

图 7-138 柱子创建工具

下面以实际案例来演示创建建筑柱的步骤。本例将在食堂模型中添加暗柱和墙垛子装饰柱。

上机操作——利用 BIMSpace 2020 进行建筑柱设计

① 打开本例源文件【食堂-3.rvt】。切换视图到【F1】楼层平面视图。
② 单击【柱子插入】按钮,打开【插入柱子】对话框。设置如图 7-139 所示的柱子参数,然后单击【选取轴网插入柱子】按钮,在视图中用框选的方式(从右向左框选)拾取两个相交的轴线,即可自动插入建筑柱,如图 7-140 所示。

图 7-139 设置柱子参数

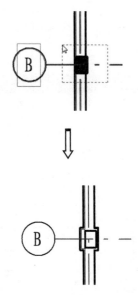

图 7-140 框选轴线插入建筑柱

③ 同理,继续在有结构柱的位置框选轴线,完成建筑柱的插入,如图 7-141 所示。

第 7 章　建筑墙、建筑柱及门窗设计

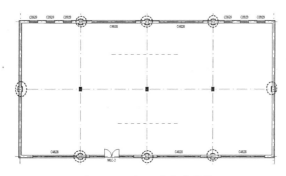

图 7-141　插入其余建筑柱

④ 以上插入的建筑柱，靠墙内的一侧要对齐墙面，不要凸出。单击【柱齐墙边】按钮，首先拾取要对齐的墙边（拾取外墙内侧边），然后框选要对齐的建筑柱，接着拾取柱子边，最后系统自动完成对齐操作，如图 7-142 所示。

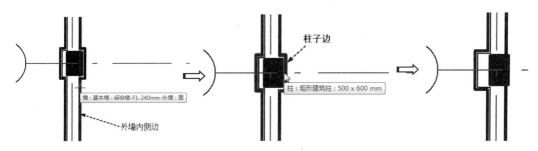

图 7-142　拾取墙边、柱子边进行对齐操作

⑤ 同理，完成其余建筑柱的墙边对齐操作。

⑥ 单击【暗柱插入】按钮，用框选的方式选择一组相交的墙体，这里选择食堂四大角之一的一组墙体，如图 7-143 所示。

⑦ 打开【暗柱插入】对话框，设置暗柱的【长度】为【500】，单击【确定】按钮，自动插入暗柱，如图 7-144 所示。

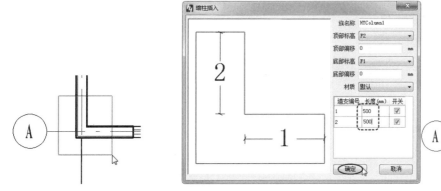

图 7-143　框选一组相交墙体　　　　图 7-144　设置暗柱参数并插入暗柱

⑧ 同理，完成其余三处转角位置的暗柱插入。

269

第 8 章
建筑楼地层设计

本章内容

建筑楼地层与屋顶同属于建筑平面的构件设计。本章利用 BIMSpace 2020 与 Revit 设计楼板、屋顶及女儿墙。通过操作比较,BIMSpace 2020 的优秀设计功能将全面展现。

知识要点

- ☑ 楼地层设计概述
- ☑ Revit 建筑楼板设计
- ☑ Revit 屋顶设计
- ☑ BIMSpace 2020 楼板与女儿墙设计

8.1 楼地层设计概述

楼板层建立在二层及二层以上的楼层平面中。为了满足使用要求,楼板层通常由面层(建筑楼板)、楼板(结构楼板)、顶棚层(天花板)三部分组成。多层建筑中的楼板层往往还需要设置管道敷设、防水隔声、保温等各种附加层。楼板层的组成如图8-1所示。

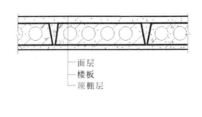 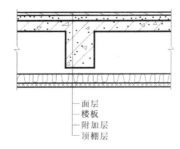

图 8-1 楼板层的组成

- 面层(Revit 中称为"建筑楼板"):又称楼面或地面,起着保护楼板,承受并传递荷载的作用,同时对室内有很重要的清洁及装饰作用。
- 楼板(Revit 中称为"结构楼板"):是楼板层的结构层,一般包括梁和板,主要作用在于承受楼板层上的全部静、活荷载,并将这些荷载传给墙或柱,同时还对墙身起水平支撑的作用,增强房屋刚度和整体性。
- 顶棚层(Revit 中称为"天花板"):在楼板层的下部。根据其构造不同,分为抹灰顶棚、粘贴类顶棚和吊顶棚 3 种。

根据使用材料的不同,楼板分为木楼板、钢筋混凝土楼板、压型钢板组合楼板等。

- 木楼板:在由墙或梁支撑的木搁栅上铺钉木板,木搁栅是由设置增强稳定性的剪刀撑构成的。木楼板具有自重轻、保温性能好、舒适、有弹性、节约钢材和水泥等优点。但是易燃、易腐蚀、易被虫蛀、耐久性差,特别是需要耗用大量木材。所以,此种楼板仅在木材采区使用。
- 钢筋混凝土楼板:具有强度高、防火性能好、耐久、便于工业化生产等优点。此种楼板形式多样,是我国应用最广泛的一种楼板。
- 压型钢板组合楼板:用截面为凹凸形的压型钢板与现浇混凝土面层组合而成的整体性很强的一种楼板结构。压型钢板既是面层混凝土的模板,又起结构作用,增加了楼板的侧向和竖向刚度,使结构的跨度加大,梁的数量减少,楼板自重减轻,从而加快施工进度,在高层建筑中得到广泛应用。

在建筑物中除了楼板层还有地坪层,楼板层和地坪层统称为楼地层。在 Revit Architecture 中可以使用建筑楼板或结构楼板工具进行楼地层的创建。

地坪层主要由面层、垫层和基层组成,如图8-2所示。

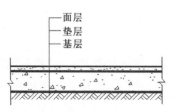
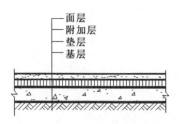

图 8-2 地坪层的组成

8.2 Revit 建筑楼板设计

在 Revit 中，建筑楼板与结构楼板的设计过程是完全相同的，不同的是楼层的材料性质与结构。常见的结构楼板的主要材料是钢筋混凝土，常见的建筑楼板的主要材料是砂浆与地砖，或者龙骨与木地板。

本章将介绍如何利用 Revit 的建筑楼板工具手动创建建筑楼板。

上机操作——别墅建筑楼板设计

① 打开本例源文件【别墅.rvt】，如图 8-3 所示。
② 本例仅在主卧和主卧卫生间中创建建筑楼板。切换到【二层平面】楼层平面视图。单击【视图】选项卡的【图形】面板中的【可见性/图形】按钮，打开【可见性/图形替换】对话框，在【注释类别】选项卡中取消勾选【在此视图中显示注释类型】复选框，隐藏所有的注释标记，如图 8-4 所示。

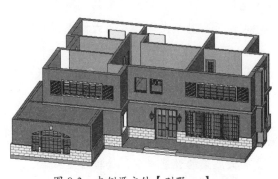
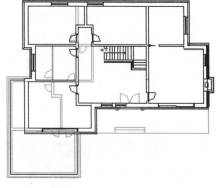

图 8-3 本例源文件【别墅.rvt】　　　图 8-4 隐藏注释标记

③ 在【建筑】选项卡的【构建】面板中单击【楼板：建筑】按钮，然后在【属性】选项板的【类型选择器】下拉列表中选择【常规-150mm】楼板类型，设置【标高】为【F2】，勾选【房间边界】复选框，如图 8-5 所示。
④ 单击【属性】选项板中的【编辑类型】按钮，打开【类型属性】对话框。复制现有类型并重命名为【卧室木地板-100mm】，如图 8-6 所示。

第 8 章 建筑楼地层设计

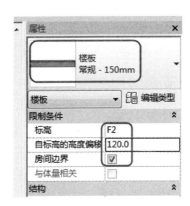

图 8-5 设置楼板类型及限制条件　　图 8-6 复制现有类型并重命名（1）

⑤ 单击【类型属性】对话框的【类型参数】列表框中【结构】参数右侧的【编辑】按钮，打开【编辑部件】对话框。在此对话框中设置地坪层的相关层，并设置各层的材质和厚度，如图 8-7 所示。

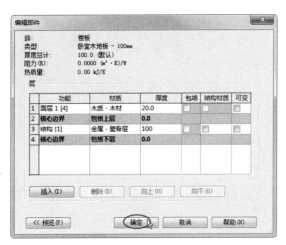

图 8-7 编辑主卧地坪层的各层材质和厚度

知识点拨：
室内的木地板结构主要是木板和骨架，骨架分为木质骨架和合金骨架。

⑥ 单击【确定】按钮关闭设置。在视图中利用【直线】工具沿墙体内侧绘制建筑楼板的边界线，如图 8-8 所示。

⑦ 单击【修改|创建楼层边界】上下文选项卡的【模式】面板中的【完成编辑模式】按钮 ，完成主卧建筑楼板的创建，结果如图 8-9 所示。

273

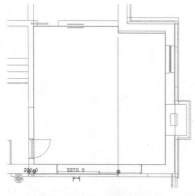
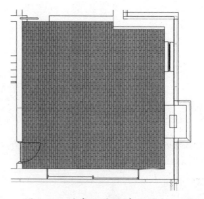

图 8-8 绘制边界线（1）　　　　图 8-9 创建主卧的建筑楼板

⑧ 创建主卧卫生间的建筑楼板。在【建筑】选项卡的【构建】面板中单击【楼板：建筑】按钮，在【属性】选项板的【类型选择器】下拉列表中选择【常规-150mm】楼板类型，设置【标高】为【F2】，勾选【房间边界】复选框。

⑨ 单击【属性】选项板中的【编辑类型】按钮，打开【类型属性】对话框。复制现有类型并重命名为【卫生间地板-100mm】，如图 8-10 所示。

图 8-10 复制现有类型并重命名（2）

⑩ 单击【类型属性】对话框的【类型参数】列表框中【结构】参数右侧的【编辑】按钮，打开【编辑部件】对话框。在此对话框中设置地坪层的相关层，并设置各层的材质和厚度，如图 8-11 所示。

> **知识点拨：**
> 原则上卫生间的地板要比主卧地板低 50～100mm，防止卫生间的水流进主卧。由于卫生间的结构楼板没有下沉 50mm，所有只能通过调整建筑楼板的整体厚度以形成落差。卫生间地板结构为【混凝土-沙/水泥找平】和【涂层-内部-瓷砖】层。

第 8 章 建筑楼地层设计

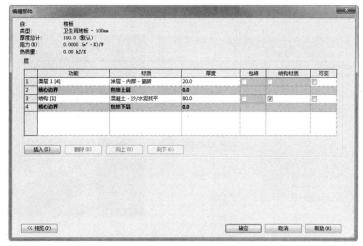

图 8-11 编辑主卧卫生间地坪层的各层材质和厚度

⑪ 单击【确定】按钮关闭设置。在视图中利用【直线】工具沿墙体内侧绘制建筑楼板的边界线，如图 8-12 所示。

⑫ 单击【修改|创建楼层边界】上下文选项卡的【模式】面板中的【完成编辑模式】按钮✓，完成主卧卫生间建筑楼板的创建，结果如图 8-13 所示。

 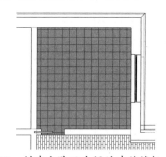

图 8-12 绘制边界线（2）　　图 8-13 创建主卧卫生间的建筑楼板

⑬ 主卧卫生间地板的中间部分要比周围低，以利于排水，因此，需要编辑主卧卫生间地板。选中主卧卫生间建筑地板，切换到【修改|楼板】上下文选项卡。

⑭ 单击【添加点】按钮，在主卧卫生间地板中间添加点，如图 8-14 所示。

⑮ 按 Esc 键结束操作，随后单击某一点，修改该点的高程值为【5.0】，如图 8-15 所示。

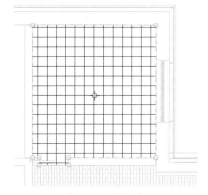 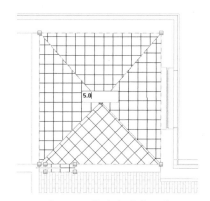

图 8-14 添加点　　图 8-15 修改点的高程值

⑯ 主卧卫生间建筑楼板的修改效果如图 8-16 所示。

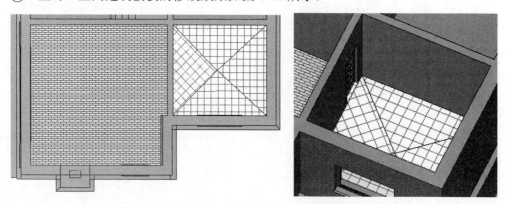

图 8-16　主卧卫生间建筑楼板的修改效果

⑰ 保存项目文件。

8.3　Revit 屋顶设计

不同的建筑结构和建筑样式具有不同的屋顶结构，如别墅屋顶、农家小院屋顶、办公楼屋顶、迪士尼乐园屋顶等。

针对不同的屋顶结构，Revit 提供了不同的屋顶设计工具，包括迹线屋顶、拉伸屋顶、面屋顶、屋檐等。

8.3.1　迹线屋顶

迹线屋顶分为平屋顶和坡屋顶。平屋顶也称为平房屋顶，为了便于排水，整个屋面的坡度应小于 10%。坡屋顶也是常见的一种屋顶结构，如别墅屋顶、人字形屋顶、六角亭屋顶等。

💻 上机操作——创建别墅迹线屋顶

① 打开本例源文件【别墅-1.rvt】，如图 8-17 所示。为别墅第四层（屋顶平面）创建迹线屋顶。

② 切换到【屋顶平面】楼层平面视图，在【建筑】选项卡的【构建】面板中单击【迹线屋顶】按钮，切换到【修改|创建屋顶迹线】上下文选项卡。

③ 在【属性】选项板中选择【白色屋顶】屋顶类型，设置【底部标高】为【屋顶平面】，取消勾选【房间边界】复选框，如图 8-18 所示。

第 8 章 建筑楼地层设计

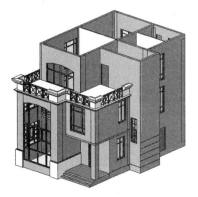

图 8-17 本例源文件【别墅-1.rvt】　　图 8-18 选择屋顶类型并设置约束条件

④ 在选项栏中勾选【定义坡度】复选框，并输入【悬挑】值为【600.0】，如图 8-19 所示。

图 8-19 设置选项栏的选项

⑤ 单击【绘制】面板中的【拾取墙】按钮，然后拾取楼层平面视图中第四层的墙体，以创建屋顶的迹线，如图 8-20 所示。

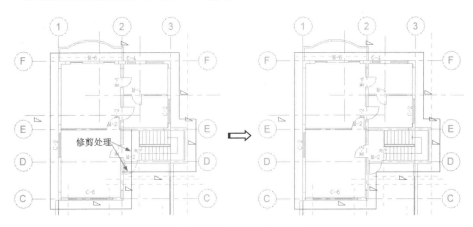

图 8-20 创建屋顶的迹线

⑥ 设置【属性】选项板的【尺寸标注】下的【坡度】值为【30.00°】，单击【完成编辑模式】按钮，完成别墅迹线屋顶的创建，如图 8-21 所示。

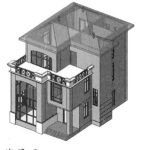

图 8-21 创建别墅迹线屋顶

上机操作——创建坡屋顶（反口）

① 打开本例源文件【别墅-2.rvt】，如图 8-22 所示。

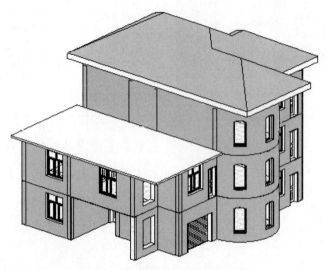

图 8-22　本例源文件【别墅-2.rvt】

② 单击【迹线屋顶】按钮，设置选项栏和【属性】选项板中的选项后，利用【拾取线】工具拾取【F3】屋顶的边线，设置【偏移量】为【0.0】，如图 8-23 所示。

③ 在选项栏中设置【偏移量】为【-1200.0】，拾取相同的屋顶边线，绘制内部的边线，如图 8-24 所示。绘制完成后按 Esc 键结束。

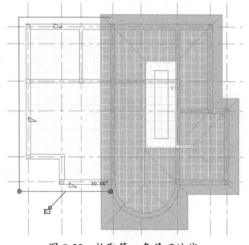

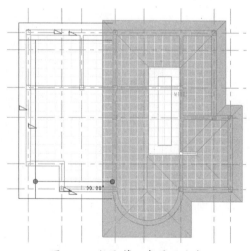

图 8-23　拾取第一条屋顶边线　　　　图 8-24　拾取第二条屋顶边线

④ 拖曳线端点编辑内偏移的边界线，如图 8-25 所示。

⑤ 利用【直线】工具封闭外边界线和内边界线，得到完整的屋顶边界线，如图 8-26 所示。

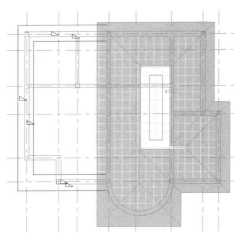
图 8-25 拖曳线端点编辑内偏移的边界线

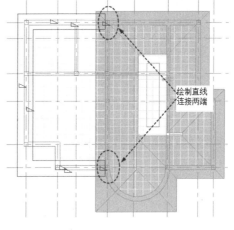
图 8-26 绘制完整的屋顶边界线

⑥ 选中内侧所有的边界线，然后在【属性】选项板中取消勾选【定义屋顶坡度】复选框，如图 8-27 所示。

⑦ 单击【完成编辑模式】按钮 ✓，完成坡屋顶的创建，如图 8-28 所示。

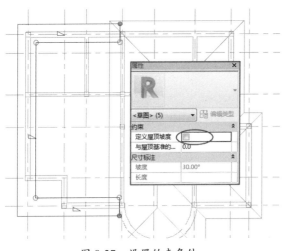
图 8-27 设置约束条件

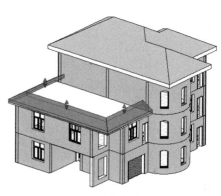
图 8-28 创建坡屋顶

⑧ 保存项目文件。

上机操作——创建平屋顶

本例利用【迹线屋顶】工具创建平屋顶。

① 打开本例源文件【办公楼.rvt】，如图 8-29 所示。

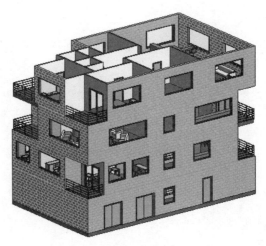

图 8-29 本例源文件【办公楼.rvt】

② 切换到【Level 5】楼层平面视图。单击【迹线屋顶】按钮,切换到【修改|创建屋顶迹线】上下文选项卡。设置【属性】选项板中的约束条件,利用【拾取墙体】工具绘制屋顶边界线,如图 8-30 所示。

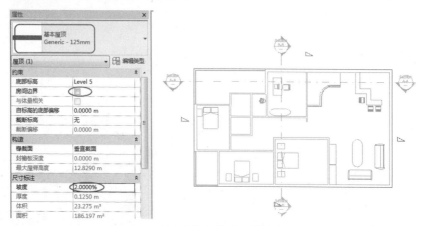

图 8-30 设置约束条件并绘制屋顶边界线

③ 单击【完成编辑模式】按钮 ✓,完成平屋顶的创建,如图 8-31 所示。

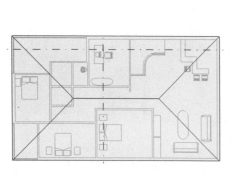
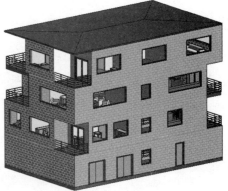

图 8-31 创建平屋顶

上机操作——创建人字形迹线屋顶

① 打开本例源文件【小房子.rvt】,如图 8-32 所示。

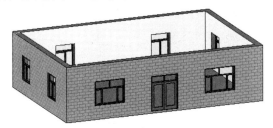

图 8-32 本例源文件【小房子.rvt】

② 切换到【标高 2】楼层平面视图。单击【迹线屋顶】按钮,切换到【修改|创建屋顶迹线】上下文选项卡。

③ 设置选项栏的【悬挑】值为【600.0】,如图 8-33 所示。

图 8-33 设置【悬挑】值为【600.0】

④ 利用【矩形】工具,绘制如图 8-34 所示的屋顶边界。

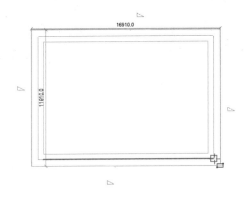

图 8-34 绘制屋顶边界

⑤ 按 Esc 键结束绘制。选中两条短边,然后在【属性】选项板中取消勾选【定义屋顶坡度】复选框,如图 8-35 所示。

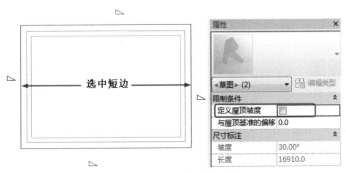

图 8-35 选中短边并取消坡度限制

⑥ 单击【完成编辑模式】按钮,完成人字形迹线屋顶的创建,如图 8-36 所示。

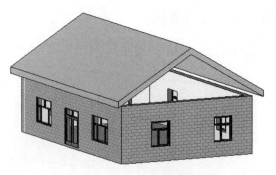

图 8-36 创建人字形迹线屋顶

⑦ 选中四面墙，切换到【修改|墙】上下文选项卡。单击【修改墙】面板中的【附着顶部/底部】按钮，再选择屋顶，随后两面墙自动延伸与人字形迹线屋顶相交，结果如图 8-37 所示。

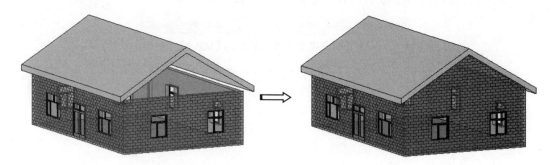

图 8-37 墙附着屋顶的效果

⑧ 最终完成效果如图 8-38 所示。

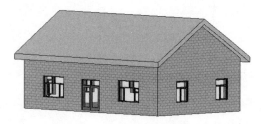

图 8-38 最终完成效果

⑨ 保存项目文件。

8.3.2 拉伸屋顶

拉伸屋顶是通过拉伸截面轮廓来创建简单屋顶的，如人字形屋顶、斜面屋顶、曲面屋顶等。下面以农家小院为例，详细讲解拉伸屋顶的创建过程。

上机操作——创建拉伸屋顶

① 打开本例源文件【迪斯尼小卖部.rvt】，如图 8-39 所示。

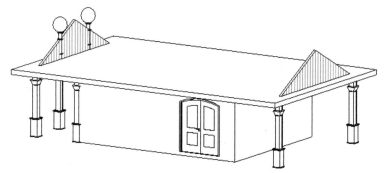

图 8-39　本例源文件【迪斯尼小卖部.rvt】

② 在【建筑】选项卡的【构建】面板中，选择【屋顶】下拉列表中的【拉伸屋顶】选项，打开【工作平面】对话框，选择【拾取一个平面】选项，然后拾取楼板侧面作为工作平面，如图 8-40 所示。

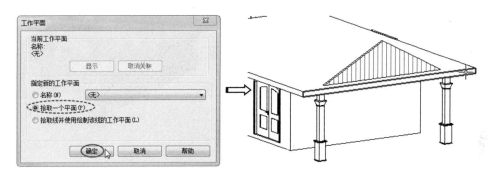

图 8-40　拾取工作平面

③ 设置【标高】和【偏移】，如图 8-41 所示。
④ 切换到【西】立面图。打开【修改|创建拉伸屋顶轮廓】上下文选项卡。在【属性】选项板中选择【保温屋顶-木材】屋顶类型，并设置约束条件，如图 8-42 所示。

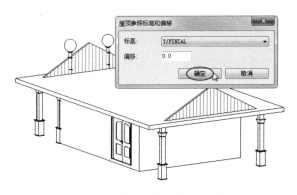

图 8-41　设置【标高】和【偏移】　　　　图 8-42　选择屋顶类型并设置约束条件

知识点拨：

关于选项栏的【偏移】值，可以单击【编辑类型】按钮，根据保温屋顶的厚度来确定。

⑤ 利用【直线】工具绘制两条线段（沿着三角形墙面的斜边），如图 8-43 所示。
⑥ 将两端的线段延伸至与水平面相交，如图 8-44 所示。

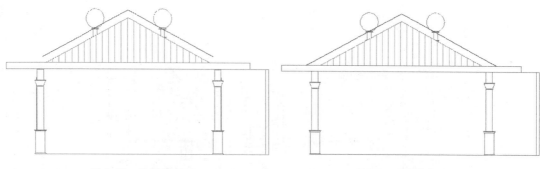

图 8-43　绘制线段　　　　　　　图 8-44　延伸线段

⑦ 单击【完成编辑模式】按钮 ✓，系统自动创建拉伸屋顶，如图 8-45 所示。

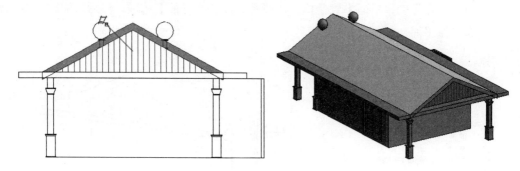

图 8-45　创建拉伸屋顶

⑧ 保存项目文件。

8.3.3　面屋顶

利用【面屋顶】工具可以将体量建筑中的楼顶平面或曲面转换成屋顶图元。

🖥 上机操作——创建面屋顶

① 打开本例源文件【商业中心体量模型.rvt】，如图 8-46 所示。

② 单击【面屋顶】按钮 ⬚ 面屋顶，在【属性】选项板中选择屋顶类型，并设置约束条件，如图 8-47 所示。

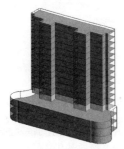

图 8-46　本例源文件【商业中心体量模型.rvt】　　　图 8-47　选择屋顶类型并设置约束条件

③ 选取商业中心体量模型的屋面,然后单击【修改|放置面屋顶】上下文选项卡中的【创建屋顶】按钮，系统自动创建面屋顶，结果如图 8-48 所示。

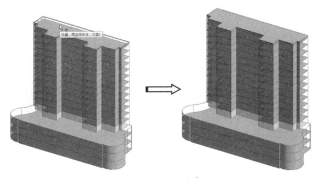

图 8-48 选取屋面创建面屋顶

8.3.4 屋檐

有些民用建筑创建屋顶后，还要创建屋檐。Revit Architecture 提供了 3 种创建屋檐的工具：【屋檐：底板】、【屋顶：封檐板】和【屋顶：檐槽】。

1. 【屋檐：底板】工具

【屋檐：底板】工具是用来创建坡屋顶底边的底板的，底板是水平的，没有坡度。

📔 上机操作——创建坡度屋檐和屋檐底板

① 打开本例源文件【别墅-3.rvt】。此别墅大门上方需要修建遮雨的坡度屋檐和屋檐底板。如图 8-49 所示为别墅建筑创建屋檐的前后对比效果。

创建屋檐前

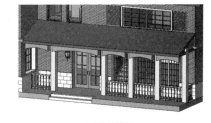
创建屋檐后

图 8-49 别墅建筑创建屋檐的前后对比效果

② 切换到【二层平面】楼层平面视图。单击【屋檐：底板】按钮，利用【矩形】工具绘制底板边界线，如图 8-50 所示。

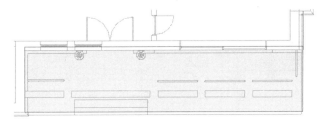

图 8-50 绘制底板边界线

③ 设置【属性】选项板，如图 8-51 所示。单击【完成编辑模式】按钮 ✓，完成屋檐底板的创建，如图 8-52 所示。

图 8-51　设置【属性】选项板　　　图 8-52　创建屋檐底板

④ 利用【迹线屋顶】工具创建坡度屋檐。切换到【二层平面】楼层平面视图。单击【迹线屋顶】按钮，利用【矩形】工具绘制屋檐边界线，如图 8-53 所示。

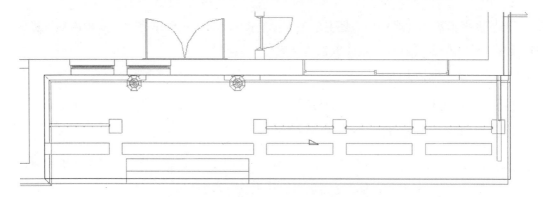

图 8-53　绘制屋檐边界线

⑤ 设置【属性】选项板（仅仅设置 4 条边界线中的 1 条外侧直线的坡度，其余 3 条边界线应取消坡度设置），如图 8-54 所示。

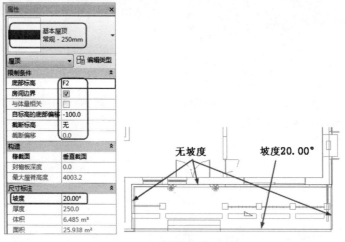

图 8-54　设置【属性】选项板

第 8 章　建筑楼地层设计

⑥ 单击【完成编辑模式】按钮✓，完成坡度屋檐的创建，如图 8-55 所示。

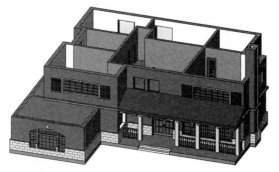

图 8-55　创建坡度屋檐

⑦ 保存项目文件。

2.【屋顶：封檐板】工具

对于屋顶材质为瓦的屋顶，需要设计封檐板，其作用是支撑瓦和美观。

📋 上机操作——添加封檐板

① 打开本例源文件【别墅-4.rvt】，如图 8-56 所示。

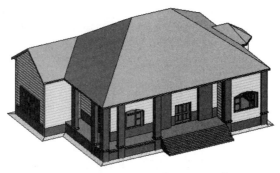

图 8-56　本例源文件【别墅-4.rvt】

② 切换到【F2】楼层平面视图。单击【屋檐：底板】按钮 屋檐:底板，绘制底板轮廓，如图 8-57 所示。

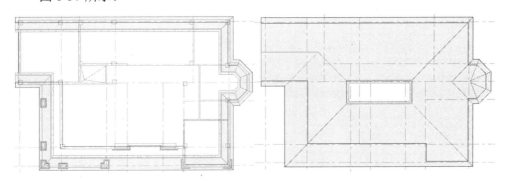

图 8-57　绘制底板轮廓

③ 选择【屋檐底板：常规-100mm】屋檐类型，单击【完成编辑模式】按钮☑，自动创建屋檐底板，如图8-58所示。

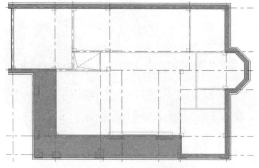

图 8-58　创建屋檐底板

④ 切换到三维视图，在【建筑】选项卡的【构建】面板中单击【屋顶：封檐板】按钮 ⬦屋顶:封檐板，切换到【修改|放置封檐板】上下文选项卡。

⑤ 保留【属性】选项板中的默认设置，然后选择人字形屋顶的侧面底边线，随后系统自动创建封檐板，如图8-59所示。

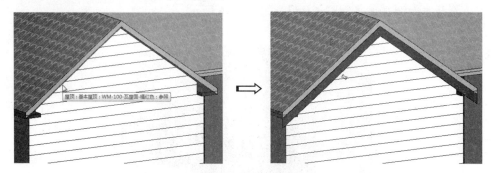

图 8-59　选择人字形屋顶侧面底边线自动创建封檐板

⑥ 单击【编辑类型】按钮，在打开的【类型属性】对话框的【类型参数】列表框中设置【轮廓】的值为【封檐带-平板：19×89mm】，如图8-60所示。

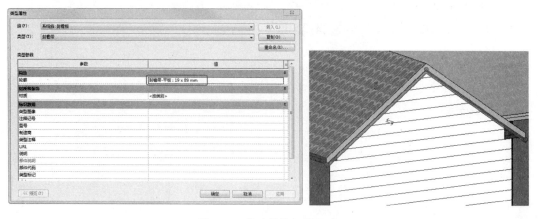

图 8-60　修改封檐板的尺寸

3. 【屋顶：檐槽】工具

檐槽是用来排水的建筑构件，在农村的建筑中应用较广。下面用案例来演示创建檐槽的操作步骤。

上机操作——创建檐槽

① 以上一个案例为基础。在【建筑】选项卡的【构建】面板中单击【屋顶：檐槽】按钮，切换到【修改|放置檐沟】上下文选项卡。

② 保留【属性】选项板中的默认设置，然后选择迹线屋顶的底边线，随后系统自动创建檐槽，如图8-61所示。

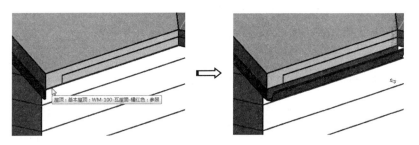

图 8-61　选择迹线屋顶底边线自动创建檐槽

③ 依次选择其余迹线屋顶的底边线，完成檐槽的创建，结果如图8-62所示。

图 8-62　创建檐槽

8.4　BIMSpace 2020 楼板与女儿墙设计

鸿业乐建 BIMSpace 2020 中的楼板与屋顶工具，通常在楼层平面视图中使用，用户可以快速创建整层楼板，也可以拾取某个房间来创建楼板。

鸿业乐建 2020 中的楼板与屋顶工具在【门窗\楼板\屋顶】选项卡中，如图8-63所示。

图 8-63　【门窗\楼板\屋顶】选项卡

【屋顶】面板与【老虎窗】面板中的工具与 Revit 2020【建筑】选项卡中的工具用法是相同的，本节着重介绍【楼板】面板与【女儿墙】面板中的工具。

8.4.1 BIMSpace 2020 楼板设计

鸿业乐建 2020 中的楼板工具是智能化的，去除了 Revit 中手动绘制楼板轮廓的烦琐操作，使得楼板的编辑与操作变得更加轻松。

楼板工具包括【生成楼板】【自动拆分】【楼板合并】【楼板升降】【板变斜板】【楼板边缘】等。

- 生成楼板：此工具是根据用户选定的边界条件自动生成楼板的，用户可以整体拾取楼层边界创建所有房间的楼板，也可以按照房间分区拾取边界创建独立房间的楼板。
- 自动拆分：利用选定的房间边界自动将该房间的楼板从整体楼板中拆分出来。
- 楼板合并：利用此工具，可将相邻房间的楼板合并。
- 楼板升降：利用此工具，可轻松地完成楼板的标高设置。
- 板变斜板：利用此工具，可将水平楼板倾斜放置，可绕边旋转形成倾斜或使单边高度升降完成倾斜。
- 楼板边缘：利用此工具，可创建楼板边缘。

下面用案例来演示楼板工具的应用。

上机操作——利用 BIMSpace 2020 创建与编辑楼板

① 打开本例源文件【工厂厂房.rvt】，该项目由两部分独立的主体建筑构成，两部分建筑的底层高度落差为 1.2m 左右，如图 8-64 所示。

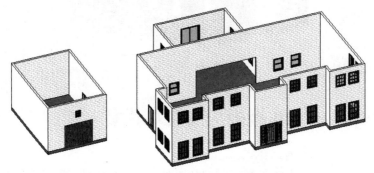

图 8-64 本例源文件【工厂厂房.rvt】

② 切换到【F2】楼层平面视图。在【门窗\楼板\屋顶】选项卡的【楼板】面板中单击【生成楼板】按钮，打开【楼板生成】对话框，如图 8-65 所示。
- 板类型：【板类型】下拉列表中列出了当前项目中的所有板类型。如果当前项目中没有板类型，则可利用云族 360 下载相关的建筑楼板。
- 新建：单击【新建】按钮，可以创建新的板类型，如图 8-66 所示。

第 8 章 建筑楼地层设计

图 8-65 【楼板生成】对话框

图 8-66 新建板类型

- 板标高：选择当前项目中的标高来放置楼板。
- 标高偏移：调整楼板在标高位置上的上下位置。
- 边界外延：设置楼板向墙体外延伸的距离。
- 生成方式：包括【整体】和【分块】，【整体】表示创建所有房间的楼板，【分块】表示选取部分房间创建楼板。
- 操作方式：选取房间的方式。【自由绘制】表示通过区域绘制的方式来确定楼板大小，如图 8-67 所示；【框选房间生成】表示通过框选的方式确定要创建楼板的房间；【多选房间生成】表示通过选取一个或多个房间的方式来确定楼板大小。对于后两种操作方式，前提是先创建房间。

③ 选择【自由绘制】的操作方式，打开【区域绘制】工具条。利用【矩形】工具绘制房间的楼板边界，如图 8-68 所示。

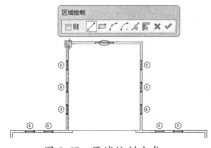

图 8-67 区域绘制方式

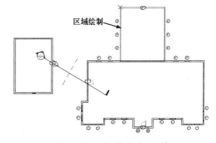

图 8-68 绘制楼板边界

④ 单击【区域绘制】工具条中的【完成绘制】按钮，打开【鸿业提示】对话框，表示楼板创建成功，如图 8-69 所示。

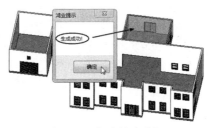

图 8-69 自动创建楼板

⑤ 对于【框选房间生成】和【多选房间生成】操作方式，需要提前创建房间。在鸿业乐建 2020 的【房间\面积】选项卡中单击【生成房间】按钮，然后在主厂房二楼创建房间，如图 8-70 所示。

⑥ 单击【生成楼板】按钮，打开【楼板生成】对话框，选择【分块】生成方式，并选择【多选房间生成】操作方式，然后选择创建的房间生成楼板，如图 8-71 所示。只有单击选项栏中的【完成】按钮并弹出【楼板生成成功】信息提示，楼板才可创建成功，而按 Esc 键退出则不会成功创建楼板。

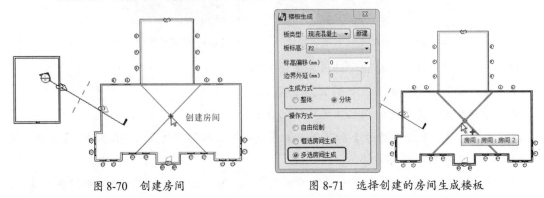

图 8-70　创建房间　　　　　图 8-71　选择创建的房间生成楼板

⑦ 单击【墙\梁】选项卡中的【绘制墙体】按钮，在主厂房的二楼绘制墙体，如图 8-72 所示。

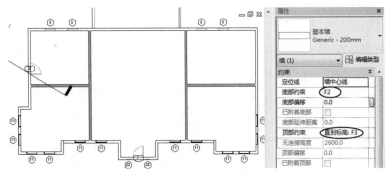

图 8-72　绘制墙体

⑧ 切换到【F3】楼层平面视图。利用【生成楼板】工具，在如图 8-73 所示的两间房屋中以【自由绘制】的操作方式创建楼板。

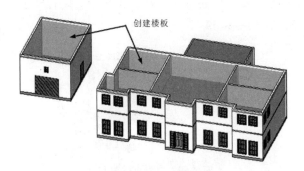

图 8-73　创建两间房屋的楼板

⑨ 前面创建的楼板边界均是外墙边界，可以利用【自动拆分】工具将楼板边界放在墙体内侧或轴线位置上。单击【自动拆分】按钮，打开【楼板自动拆分】对话框。保留默认设置，拆分左边建筑的楼板，如图8-74所示。随后弹出【楼板拆分成功】的提示信息，结果如图8-75所示。

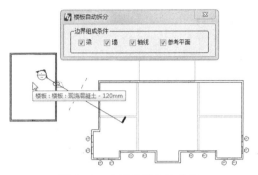
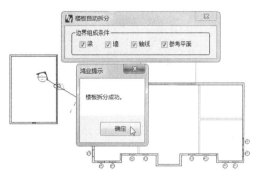

图8-74 选择要拆分的楼板　　　　　图8-75 完成楼板的拆分

⑩ 如图8-76所示为自动拆分楼板的前后对比。

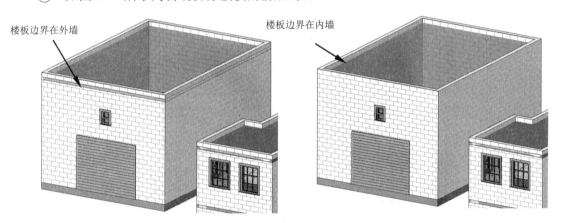

图8-76 自动拆分楼板的前后对比

⑪ 单击【楼板升降】按钮，打开【楼板升降】对话框，设置【楼板偏移值】为【200】，然后选择要升降的楼板，单击选项栏中的【完成】按钮，完成楼板的升降，如图8-77所示。

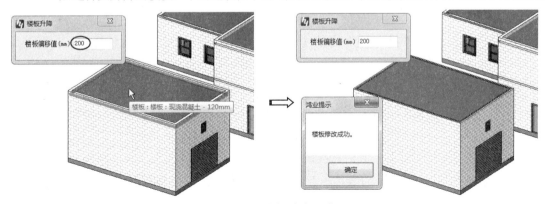

图8-77 楼板升降操作

⑫ 单击【板变斜板】按钮，打开【板变斜板】对话框。设置【Z向偏移量】的值为【-50】，选择【选边倾斜】选项，然后选择要倾斜的楼板，如图8-78所示，接着选择要倾斜的楼板边界，如图8-79所示。最后系统自动完成楼板的倾斜。

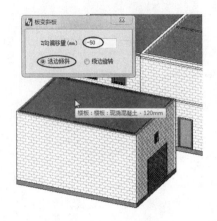

图 8-78 选择要倾斜的楼板　　　　图 8-79 选择要倾斜的楼板边界

⑬ 【楼板边缘】工具主要应用在砖混结构的悬挑、雨棚设计中。下面先创建雨棚。切换到【F2】楼层平面视图，单击【生成楼板】按钮，打开【楼板生成】对话框。设置楼板参数，然后绘制矩形区域，矩形的一条长边与大门同宽，如图8-80所示。

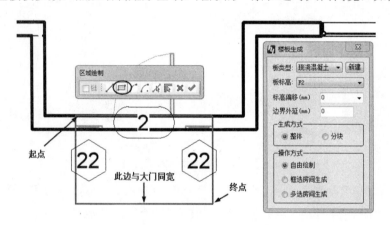

图 8-80 设置楼板参数并绘制矩形区域

⑭ 单击【区域绘制】工具条中的【完成绘制】按钮，系统自动生成楼板，如图8-81所示。

⑮ 单击【楼板升降】按钮，打开【楼板升降】对话框。设置【楼板偏移值】为【-500】，然后选择要升降的楼板，单击选项栏中的【完成】按钮，完成楼板升降，如图8-82所示。

⑯ 由于【楼板升降】工具对每次的升降高度有限制（范围为-500～500mm），因此需要再次升降该楼板，设置【楼板偏移值】为【-320】，完成最终的升降。此块楼板即为雨棚。

第 8 章 建筑楼地层设计

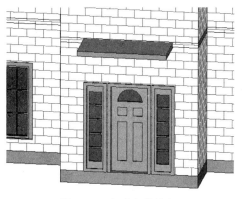

图 8-81　自动生成楼板

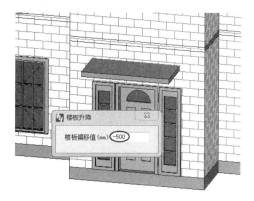

图 8-82　升降楼板

⑰ 此楼板与大门门框之间的距离为 150mm，刚好可以在雨棚底部添加楼板边缘。将视觉样式设为【线框】，单击【楼板边缘】按钮，然后选择雨棚在墙内一侧的边，随后系统自动添加楼板边缘，如图 8-83 所示。

⑱ 利用【修改】选项卡中的【对齐】工具，将楼板边缘底部面与大门门框顶部面对齐，再将楼板边缘外部面与外墙面对齐，如图 8-84 所示。

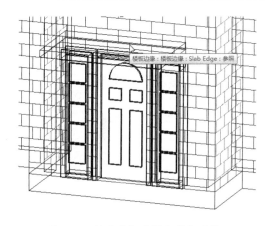

图 8-83　拾取楼板边添加楼板边缘

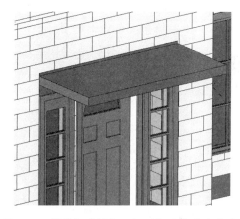

图 8-84　将楼板边缘与门框顶部面和外墙面对齐

⑲ 利用【修改】选项卡中的【连接】工具，将楼板边缘和墙体进行连接。

8.4.2　BIMSpace 2020 女儿墙设计

女儿墙（又称为孙女墙）是建筑物屋顶四周围的矮墙，主要作用是维护安全，有时也会在楼层的外墙上建造出用作防水、压砖的收头或屋顶雨水漫流。依据国家建筑规范规定，可以上人的建筑屋面女儿墙高度不得低于 1.1m，最高不得大于 1.5m，从而起到很好的安全保护作用。

上机操作——自动创建女儿墙

① 打开本例源文件【宿舍楼.rvt】，如图 8-85 所示。

② 单击【自动女儿墙】按钮，打开【自动创建女儿墙】对话框，如图 8-86 所示。

图 8-85 本例源文件【宿舍楼.rvt】

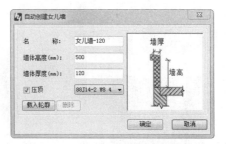

图 8-86 【自动创建女儿墙】对话框

- 名称：设置女儿墙的名称。
- 墙体高度：设置墙体的高度。
- 墙体厚度：设置墙体的厚度。
- 载入轮廓：载入用户自建的轮廓族。
- 压顶：设置女儿墙是否有压顶，还可选择压顶形式。

③ 单击【载入轮廓】按钮，从本例源文件夹中载入【女儿墙饰条.rfa】族文件，加载后选择【女儿墙饰条】作为新的压顶形式，重新设置【墙体高度】和【墙体厚度】，单击【确定】按钮，系统自动创建女儿墙，如图 8-87 所示。从创建好的女儿墙可以看出，饰条面朝内，而且还有断口，这些都需要重新编辑。

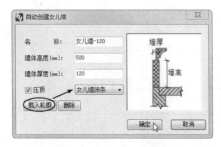

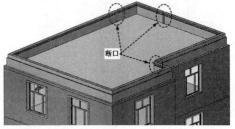

图 8-87 自动创建女儿墙

④ 修改女儿墙的朝向。切换到【F5】楼层平面视图，选择某一段女儿墙，单击【修改墙的方向】符号，改变墙体朝向，如图 8-88 所示。

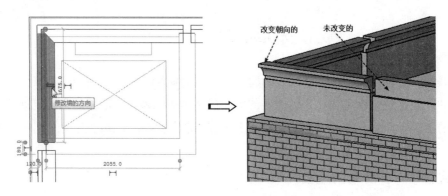

图 8-88 修改女儿墙的朝向

⑤ 在三维视图中，利用【修改】选项卡中的【对齐】工具，将女儿墙的面与砖墙面对齐，如图 8-89 所示。

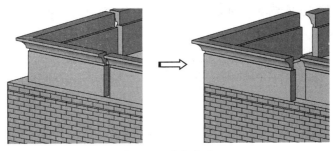

图 8-89　对齐墙面

⑥ 同理，利用【对齐】工具，将断开的女儿墙进行修补，如图 8-90 所示。

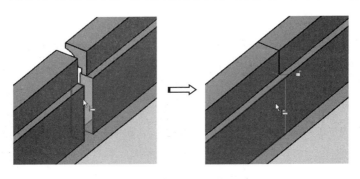

图 8-90　修改断开的女儿墙

上机操作——手动创建女儿墙

① 如果顶层墙体中还有内墙，那么就不太适合自动创建女儿墙。用户可以利用【手动女儿墙】工具，首先删除前面自动创建的女儿墙，再切换到【F5】楼层平面视图。

② 单击【手动女儿墙】按钮，打开【手工创建女儿墙】对话框。保留前面自动创建女儿墙时的墙参数，单击【编辑定位线】按钮，在打开的【编辑定位线】对话框中，利用【直线】工具绘制定位线，如图 8-91 所示。

③ 在绘制的定位线中间出现了一个方向箭头，此箭头是用来改变女儿墙朝向的，如图 8-92 所示。

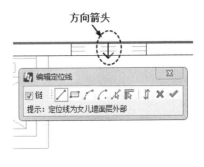

图 8-91　绘制定位线　　　　图 8-92　改变女儿墙朝向的方向箭头

④ 在默认情况下，女儿墙的朝向是向内的，从前面自动创建的女儿墙可以看出。因此，需要更改女儿墙的朝向。在【编辑定位线】对话框中单击【朝向翻转】按钮，然后用框选的方式选取方向箭头，完成朝向更改，如图 8-93 所示。

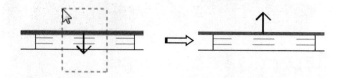

图 8-93　改变墙朝向

⑤ 同理，改变其余定位线的朝向。单击【编辑定位线】对话框中的【绘制完成】按钮，返回【手工创建女儿墙】对话框，再单击【确定】按钮完成女儿墙的创建，如图 8-94 所示。

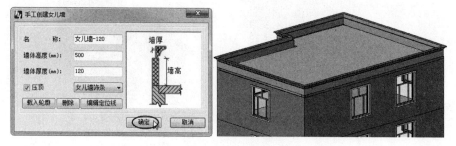

图 8-94　手动创建女儿墙

⑥ 保留项目文件。

> **知识点拨：**
> 从自动创建女儿墙和手动创建女儿墙的效果来看，自动创建的女儿墙有一定的限制，墙体只能有外墙而不能有内墙，且容易断开，而且女儿墙的朝向也是需要更改的。手动创建女儿墙正好解决了自动创建女儿墙存在的问题。此外，用户还可以创建自定义的女儿墙饰条族，即选用【公制轮廓】族样板文件来创建。

第 9 章
房间、面积与洞口设计

本章内容

建筑墙体、楼板、屋顶及天花板创建完成后,可以开始创建房间。创建房间是指对建筑模型中的空间进行细分,便于在室内装修设计中计算材料、绘制室内建筑平面图。利用鸿业乐建 2020 的楼板工具可以创建房间、楼板等。在楼板、屋顶创建完成后,需要在楼板和屋顶上开洞,以便创建楼梯、天窗、老虎窗、墙洞等建筑构造。

知识要点

- ☑ Revit 洞口设计
- ☑ BIMSpace 2020 房间设计
- ☑ BIMSpace 2020 面积与图例

9.1 Revit 洞口设计

在 Revit 中,我们不仅可以通过编辑楼板、屋顶、墙体的轮廓来实现洞口的创建,而且它还提供了专门的洞口工具来创建面洞口、垂直洞口、竖井洞口、老虎窗洞口等,如图 9-1 所示。

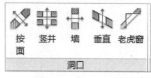

图 9-1 洞口工具

此外,对于异型洞口造型,我们还可以通过创建内建族的空心形式,执行剪切几何形体命令来实现。

9.1.1 创建楼梯间竖井洞口

建筑物中有各种各样常见的"井",例如,天井、电梯井、楼梯井、通风井、管道井等。这类结构的井,在 Revit 中,可通过【竖井】洞口工具来创建。

下面以创建某乡村简约别墅的楼梯井为例,详细讲解【竖井】洞口工具的应用。别墅模型中已经创建了楼梯模型,按照建筑施工流程,每一层应该先有洞口后有楼梯,如果是框架结构,楼梯和楼板则一起施工与设计。本例中先创建楼梯是为了便于看清洞口的所在位置,起参照作用。

上机操作——创建楼梯间竖井洞口

① 打开本例源文件【简约别墅.rvt】,如图 9-2 所示。

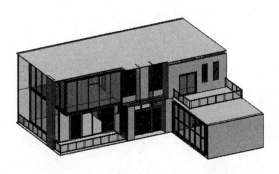

图 9-2 本例源文件【简约别墅.rvt】

> **知识点拨:**
> 楼梯间的洞口大小由楼梯上、下梯步的宽度和长度决定,当然也包括楼梯平台和中间的楼梯间隔。在多数情况下,实际工程中楼梯洞口周边要么是墙体,要么是结构梁。

② 楼层总共两层,也就是在第一层楼板上创建楼梯间洞口,如图 9-3 所示。

第 9 章 房间、面积与洞口设计

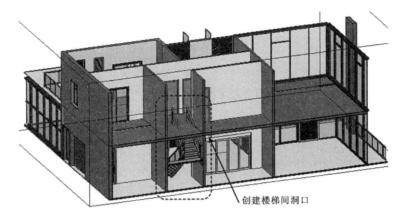

图 9-3 洞口创建示意图

③ 切换到【标高 1】楼层平面视图,在【建筑】选项卡的【洞口】面板中单击【竖井】按钮,切换到【修改|创建竖井洞口草图】上下文选项卡。

④ 在【属性】选项板中设置如图 9-4 所示的选项。

⑤ 利用【矩形】工具,绘制洞口边界(轮廓草图),如图 9-5 所示。

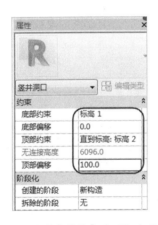

图 9-4 设置【属性】选项板中的选项

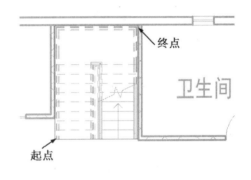

图 9-5 绘制洞口边界

⑥ 单击【完成编辑模式】按钮,完成楼梯间竖井洞口的创建,如图 9-6 所示。

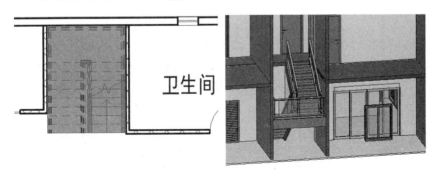

楼层平面视图　　　　　　　　　　三维视图

图 9-6 创建楼梯间竖井洞口

⑦ 保存项目文件。

9.1.2 创建老虎窗

老虎窗也称为屋顶窗，最早出现在我国，其作用是透光和加速空气流通。后来出现了西式建筑风格，其顶楼也开设了屋顶窗，英文的屋顶窗叫作 Roof，译音与老虎近似，所以有了"老虎窗"一说。

中式的老虎窗主要在我国农村地区的建筑中存在，如图 9-7 所示。西式的老虎窗像别墅之类的建筑有开设，如图 9-8 所示。

图 9-7 中式农村建筑的老虎窗　　　　　图 9-8 西式别墅的老虎窗

上机操作——创建老虎窗

如图 9-9 所示为添加老虎窗前后的对比效果。

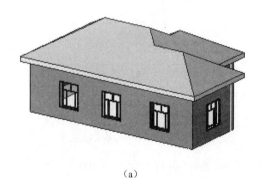 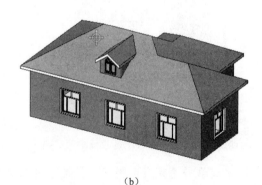

（a）　　　　　　　　　　　　　　　（b）

图 9-9 添加老虎窗前后的对比效果

① 打开本例源文件【小房子.rvt】，如图 9-9（a）所示。切换到【F2】楼层平面视图。

② 在【建筑】选项卡的【构建】面板中单击【墙】按钮，切换到【修改|放置墙】上下文选项卡。在【属性】选项板的【类型选择器】下拉列表中选择【混凝土 125mm】墙类型，并设置约束条件，如图 9-10 所示。

③ 在【修改|放置墙】上下文选项卡的【绘制】面板中单击【直线】按钮，绘制如图 9-11 所示的墙体。连续按 2 次 Esc 键结束绘制。

第9章 房间、面积与洞口设计

图 9-10 选择墙类型并设置约束条件

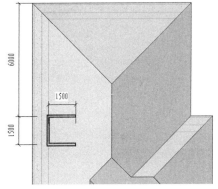

图 9-11 绘制墙体

④ 选中绘制的墙体，在【修改墙】面板中单击【附着顶部/底部】按钮，然后在选项栏中选择【底部】选项，接着选择坡度迹线屋顶作为附着对象，完成修剪操作，如图 9-12 所示。

图 9-12 修剪墙体（1）

⑤ 在【建筑】选项卡的【构建】面板中，选择【屋顶】下拉列表中的【拉伸屋顶】选项，打开【工作平面】对话框，保留默认设置并单击【确定】按钮，拾取工作平面，如图 9-13 所示。

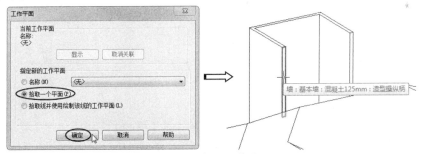

图 9-13 拾取工作平面

⑥ 打开【屋顶参照标高和偏移】对话框。保留默认设置并单击【确定】按钮，关闭此对话框。然后绘制如图 9-14 所示的人字形屋顶直线。

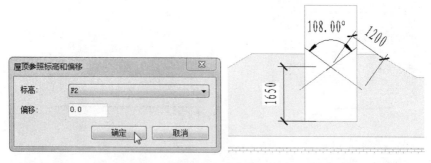

图9-14 绘制人字形屋顶直线

⑦ 在【属性】选项板中选择【架空隔热保温屋顶-混凝土】屋顶类型,设置【拉伸终点】为【-2000.0】,如图9-15所示。

⑧ 单击【编辑类型】按钮,打开【类型属性】对话框,再单击【结构】参数右侧的【编辑】按钮,打开【编辑部件】对话框,设置屋顶结构参数(多余的层删除),如图9-16所示。

图9-15 选择基本屋顶类型并设置约束条件

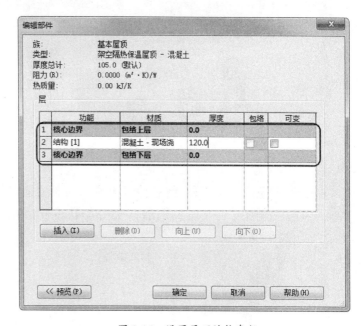

图9-16 设置屋顶结构参数

⑨ 在【修改|创建拉伸屋顶轮廓】上下文选项卡的【模式】面板中单击【完成编辑模式】按钮,完成人字形屋顶的创建,结果如图9-17所示。

⑩ 选中3段墙体,在【修改墙】面板中单击【附着顶部/底部】按钮,然后在选项栏中选择【顶部】选项,接着选择拉伸屋顶作为附着对象,完成修剪操作,如图9-18所示。

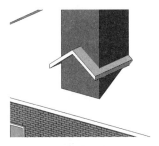 

图 9-17 创建人字形屋顶　　　　图 9-18 修剪墙体（2）

⑪ 我们来编辑人字形屋顶部分。选中人字形屋顶使其变成可编辑状态，同时打开【修改|屋顶】上下文选项卡。

⑫ 在【几何图形】面板中单击【连接/取消连接屋顶】按钮，按照信息提示，先选取人字形屋顶的边及迹线屋顶斜面作为连接参照，随后系统自动完成连接，结果如图 9-19 所示。

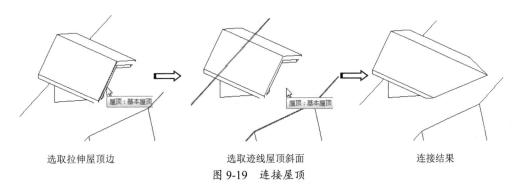

选取拉伸屋顶边　　　　选取迹线屋顶斜面　　　　连接结果

图 9-19 连接屋顶

⑬ 创建老虎窗洞口。在【建筑】选项卡的【洞口】面板中单击【老虎窗】按钮，再选择迹线屋顶作为要创建洞口的参照。

⑭ 将视觉样式设为【线框】，然后选取老虎窗墙体内侧的边缘，如图 9-20 所示。通过拖曳线端点来修剪和延伸边缘，结果如图 9-21 所示。

图 9-20 选取老虎窗墙体内侧的边缘　　　图 9-21 修剪和延伸选取的边缘

⑮ 单击【完成编辑模式】按钮，完成老虎窗洞口的创建。隐藏老虎窗的墙体和人字形屋顶图元，查看老虎窗洞口，如图 9-22 所示。

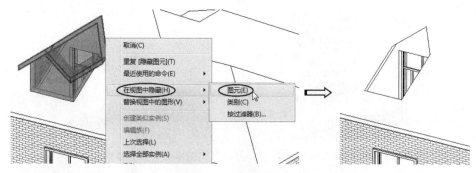

图 9-22 查看老虎窗洞口

⑯ 添加窗模型。在【插入】选项卡中单击【载入族】按钮,从 Revit 系统族中载入【弧顶窗 2.rfa】窗族,如图 9-23 所示。

⑰ 切换到【左】视图。在【建筑】选项卡中单击【窗】按钮,然后在【属性】选项板中选择【弧顶窗 2】窗族,并单击【编辑类型】按钮,在打开的【类型属性】对话框中编辑此窗族的尺寸,如图 9-24 所示。

图 9-23 载入窗族

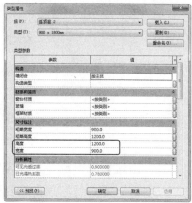

图 9-24 编辑窗族的尺寸

⑱ 将窗族添加到老虎窗墙体中间,如图 9-25 所示。

图 9-25 添加窗族

⑲ 添加窗族后,按 Esc 键结束操作。至此就完成了老虎窗的创建。

9.1.3 其他洞口工具

1.【按面】洞口工具

利用【按面】洞口工具可以创建出与所选面方向垂直的洞口，如图 9-26 所示。与利用【竖井】洞口工具创建洞口的过程相同。

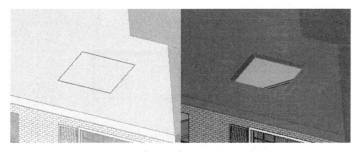

图 9-26　利用【按面】洞口工具创建的洞口

2.【墙】洞口工具

利用【墙】洞口工具可以在墙体上开出洞口，如图 9-27 所示。而且无论墙体是常规墙（直线墙）还是曲面墙，其创建过程都相同。

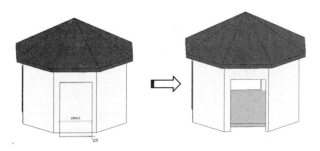

图 9-27　利用【墙】洞口工具创建的洞口

3.【垂直】洞口工具

【垂直】洞口工具用于创建屋顶天窗。【垂直】洞口工具和【按面】洞口工具的不同之处在于洞口的切口方向。【垂直】洞口工具的切口方向为面的方向，【按面】洞口工具的切口方向为楼层垂直方向。如图 9-28 所示为【垂直】洞口工具在屋顶上开洞的应用。

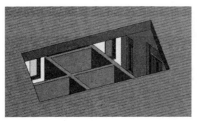

垂直洞口　　　　　　　　　　　　添加幕墙

图 9-28　【垂直】洞口工具在屋顶上开洞的应用

9.2 BIMSpace 2020 房间设计

房间是基于图元（例如，墙、楼板、屋顶和天花板）对建筑模型中的空间进行细分的部分。利用【房间】工具在楼层平面视图中创建房间，或将其添加到明细表便于以后放置在模型中。如图 9-29 所示为在楼层平面视图中创建房间的示意图。

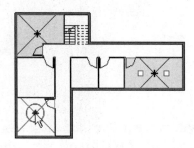

图 9-29　在楼层平面视图中创建房间的示意图

鸿业乐建 BIMSpace 2020 的房间设计工具如图 9-30 所示。

图 9-30　鸿业乐建 BIMSpace 2020 的房间设计工具

9.2.1 房间设置

【房间设置】工具用于对当前项目楼层平面视图中各房间的房间名称、户型名称和编号、房间编号、前缀、后缀、房间面积、面积符号等进行显示设置。

单击【房间设置】按钮，打开【房间设置】对话框，如图 9-31 所示。可以选择是否标注房间名称、户型名称和编号、房间编号及房间面积，也可以选择是否更改已经完成的布置。

图 9-31　【房间设置】对话框

9.2.2 创建房间

【房间】面板中的部分房间设计工具介绍如下。

- 房间编号📦：创建房间之后可以采取框选或者点选的方式对房间进行编号。
- 批量编号📦：可对所选房间进行批量编号。
- 房间分隔📦：可添加和调整房间边界。房间分隔线是房间边界。在房间内指定另一个房间时，分隔线十分有用，如起居室中的就餐区，此时房间之间不需要墙。房间分隔线在平面图和三维视图中可见。
- 标记居中📦：可使房间标记居于房间中心。
- 构件添加房间属性📦：对全部模型中的族实例赋予其所在的房间名称和房间编号信息。
- 三维标记📦：生成包含任意房间参数值的三维房间名称。
- 生成房间📦：根据参数值在平面图中批量生成房间。
- 房间标记📦：自动生成房间标记。
- 房间装饰📦：可对所选房间添加装饰墙、天花板、楼地面、踢脚等构件。
- 名称替换A：在指定视图中快速地完成查找与替换房间名称的工作。

下面通过某办公楼的项目案例进一步说明房间编号的应用。本案例是某政府行政办公楼建筑项目，如图 9-32 所示。

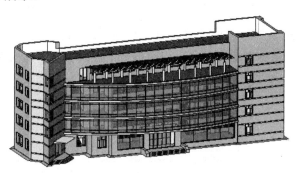

图 9-32 办公楼建筑模型

上机操作——房间编号

① 打开本例源文件【办公楼.rvt】，切换到【F1】楼层平面视图。
② 单击【房间编号】按钮📦，打开【房间编号】对话框。在该对话框的【办公】选项卡中单击【开敞办公区】按钮，然后将该房间的【标注名称】重命名为【办证大厅】，【房间编号】、【面积系数】和【楼号】保留默认设置，如图 9-33 所示。

- 设置：单击此按钮，打开【房间设置】对话框，可以设置标注内容是否显示。
- 框选：单击此按钮，可以通过框选的方式选择要进行编号的房间。
- 点选：单击此按钮，可以选取房间编号的具体位置来放置编号。

③ 单击【点选】按钮，然后在视图中放置房间编号，系统自动生成房间，如图9-34所示。

图9-33 重命名房间标注名称

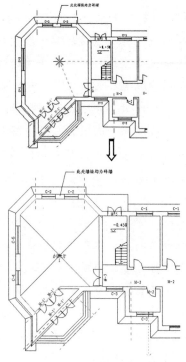

图9-34 放置房间编号自动生成房间

④ 同理，继续创建"休息厅""办公室""档案室""配电间""车库""值班室""卫生间"和"管理室"的房间编号（仅留下1个大厅不创建），如图9-35所示。

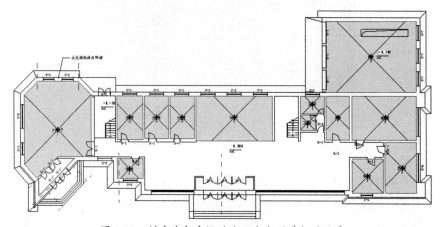

图9-35 创建其余房间（除1个大厅外）的编号

⑤ 休息厅的旁边是3间办公室，可以单击【批量编号】按钮，在打开的【房间批量编号】对话框中设置【房间编号】、【编号前缀】和【编号后缀】选项，单击【选择房间】按钮，选择3间办公室进行编号，单击选项栏中的【完成】按钮完成操作，如图9-36所示。

第 9 章 房间、面积与洞口设计

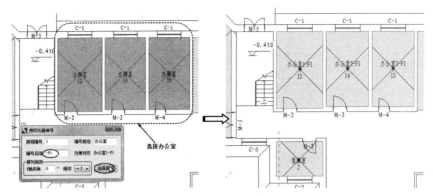

图 9-36 批量编号房间

⑥ 【F1】楼层中还有大厅和 2 个楼梯间没有编号，主要是因为大厅与楼梯间没有隔开。单击【房间分割】按钮，然后利用【直线】工具绘制两条直线，绘制完成后，系统自动完成房间的分割，如图 9-37 所示。

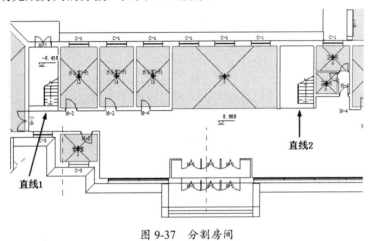

图 9-37 分割房间

⑦ 利用【房间编号】工具，对楼梯间和大厅进行编号，如图 9-38 所示。

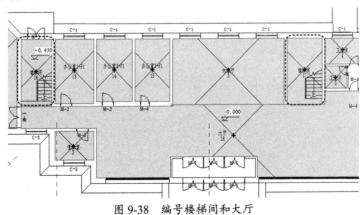

图 9-38 编号楼梯间和大厅

⑧ 单击【标记居中】按钮，框选要居中的房间标记，使房间标记居于房间的中央，如图 9-39 所示。

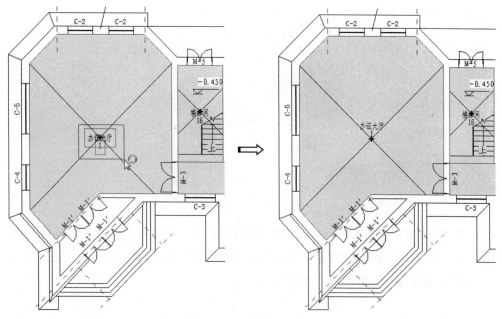

图 9-39 居中房间标记

上机操作——生成房间

除了利用【房间编号】工具创建房间，还可以利用【生成房间】工具创建房间，以及添加房间标记、房间装饰等。

① 继续使用前面的案例。切换到【F2】楼层平面视图。

② 【F2】楼层中有两处位置分区不明显，需要进行房间分割，利用【房间分割】工具，绘制 4 条分割线以分割房间，如图 9-40 所示。

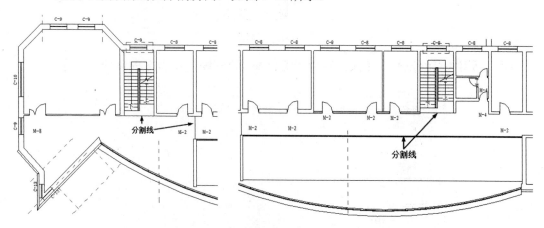

图 9-40 绘制 4 条分割线以分割房间

③ 单击【生成房间】按钮，依次选择具体位置来放置房间，如图 9-41 所示。按 Esc 键结束操作。

第 9 章 房间、面积与洞口设计

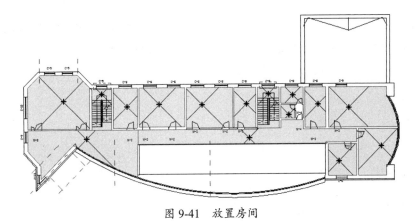

图 9-41 放置房间

④ 单击【房间标记】按钮，在【属性】选项板中选择【名称_无编号_面积_无单元】房间标记类型，然后为所有创建的房间添加标记，如图 9-42 所示。

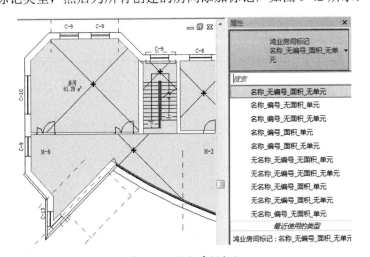

图 9-42 添加房间标记

⑤ 单击【名称替换】按钮，打开【查找和替换】对话框。在【查找内容】文本框右侧单击【拾取查找内容】按钮，然后拾取房间标记，如图 9-43 所示。

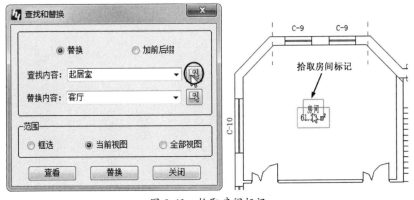

图 9-43 拾取房间标记

313

⑥ 输入【替换内容】为【主会议室】,选择【框选】选项,再到视图中框选要替换名称的房间标记,随后系统自动完成房间名称的替换,如图 9-44 所示。

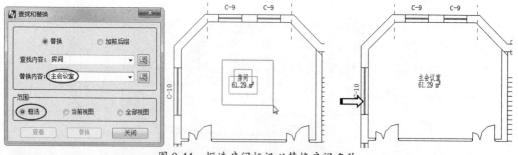

图 9-44　框选房间标记以替换房间名称

知识点拨:

【名称替换】工具主要适用于替换同名的多个房间,对于不同名的单个房间,建议使用双击修改方法——直接双击房间标记中的房间名称来完成单一修改,如图 9-45 所示。

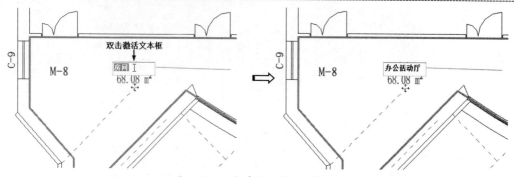

图 9-45　双击房间名称进行修改

⑦【F2】楼层中有多个房间是用来办公的,可以统一替换为相同的房间名称。单击【名称替换】按钮 **A**,打开【查找和替换】对话框。在【查找内容】下拉列表中找到前面拾取的【房间】,输入【替换内容】为【办公室】,选择【当前视图】选项,单击【替换】按钮,统一替换命名为【房间】的所有房间,如图 9-46 所示。

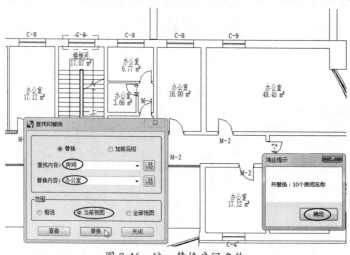

图 9-46　统一替换房间名称

第 9 章 房间、面积与洞口设计

📖 上机操作——创建房间图例

① 切换到【F1】楼层平面视图。

② 单击【面积】面板中的【颜色】按钮 ，然后在建筑上方放置房间颜色填充图例，如图 9-47 所示。

③ 打开【选择空间类型和颜色方案】对话框。选择【空间类型】为【房间】，单击【确定】按钮，如图 9-48 所示。

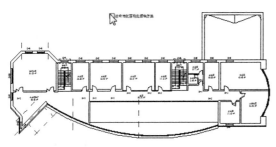
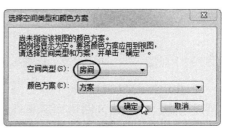

图 9-47 放置房间颜色填充图例　　　　图 9-48 选择空间类型

④ 选中放置的房间颜色填充图例，在打开的【修改】上下文选项卡中单击【编辑方案】按钮 ，打开【编辑颜色方案】对话框。

⑤ 输入新的【标题】名为【F1-房间图例】，选择【颜色】下拉列表中的【名称】选项，打开【不保留颜色】对话框，单击【确定】按钮，如图 9-49 所示。

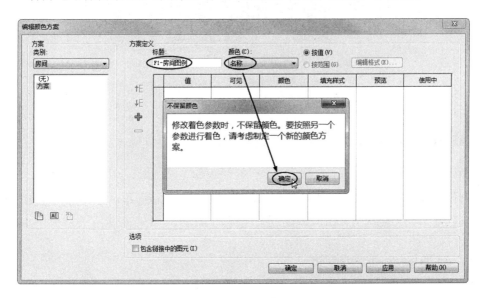

图 9-49 编辑颜色方案

⑥ 系统自动为房间匹配颜色，如图 9-50 所示。单击【确定】按钮完成房间图例的颜色方案编辑。

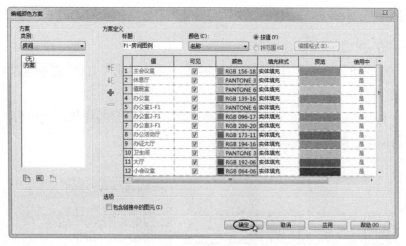

图 9-50 为房间匹配颜色

⑦ 创建完成的房间图例如图 9-51 所示。

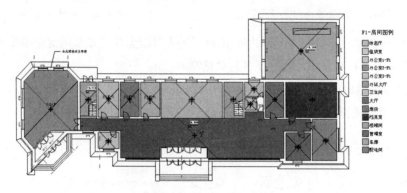

图 9-51 创建完成的房间图例

9.3 BIMSpace 2020 面积与图例

房间创建完成后,我们就可以计算房间面积并生成总建筑面积,还可以根据房间使用功能的不同创建房间功能图例、防火分区及其图例。

9.3.1 创建面积平面视图

要计算总建筑面积、室内净面积,以及创建房间图例,必须先创建面积平面视图。

💻 上机操作——创建面积平面视图

① 打开本例源文件【办公楼-1.rvt】,如图 9-52 所示。

② 在 Revit【视图】选项卡的【创建】面板中,选择【平面视图】下拉列表中的【面积平面】选项,打开【新建面积平面】对话框,如图 9-53 所示。首先创建【净面积

面积平面视图,再在下面的列表框中选择【F1】楼层,单击【确定】按钮,创建【净面积】面积平面视图。

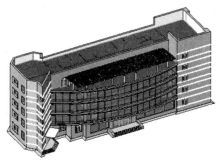

图 9-52 本例源文件【办公楼-1.rvt】

图 9-53 【新建面积平面】对话框

③ 创建完成的【净面积】面积平面视图如图 9-54 所示。

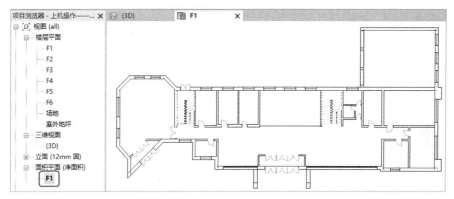

图 9-54 创建完成的【净面积】面积平面视图

④ 同理,按 Enter 键可继续创建 F2~F5 楼层的【净面积】面积平面视图。

⑤ 创建【防火分区面积】和【总建筑面积】面积平面视图。如图 9-55 所示。

图 9-55 创建完成的【防火分区面积】和【总建筑面积】面积平面视图

9.3.2 生成总建筑面积

在【房间\面积】选项卡中单击【建筑平面】按钮,框选楼层中的所有房间,生成建筑外轮廓构成的总建筑面积。总建筑面积包括房间净面积和墙体平面面积。

上机操作——生成总建筑面积

① 切换到【面积平面（总建筑面积）】下的【F1】面积平面视图。

② 在【房间\面积】选项卡的【面积】面板中单击【建筑平面】按钮，打开【设置总建筑面积】对话框。

③ 在【设置总建筑面积】对话框的【名称】文本框中输入【F1-总建筑面积】，然后框选整个面积平面视图，如图 9-56 所示。

④ 单击选项栏中的【完成】按钮，打开【鸿业提示】对话框，给出总建筑面积未创建成功的提示，如图 9-57 所示。

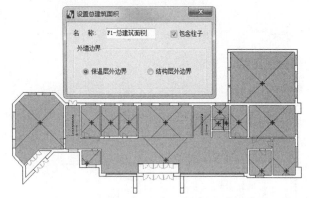

图 9-56 设置名称并框选整个面积平面视图

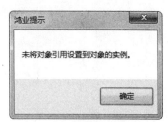

图 9-57 总建筑面积未创建成功的提示

⑤ 这说明此建筑在建模时楼板有间隙，不能形成完整的封闭区域。此时，用户可以退出当前操作，重新单击【建筑面积】按钮，先框选一间房间来创建建筑面积，如图 9-58 所示。

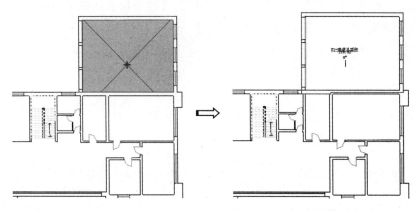

图 9-58 创建一间房间的建筑面积

⑥ 待退出操作后，单击【建筑】选项卡中的【面积边界】按钮，修改面积边界线，部分边界线将重新绘制，形成完整的封闭区域，如图 9-59 所示。同理，其他楼层也按此方法创建建筑面积。

第 9 章 房间、面积与洞口设计

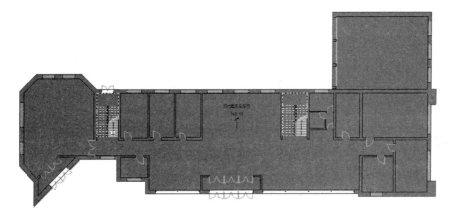

图 9-59 编辑面积边界线

⑦ 为总建筑面积添加颜色填充图例。在【房间\面积】选项卡中单击【颜色方案】按钮，将颜色图例放置在建筑上方，随后打开【选择空间类型和颜色方案】对话框，如图 9-60 所示。

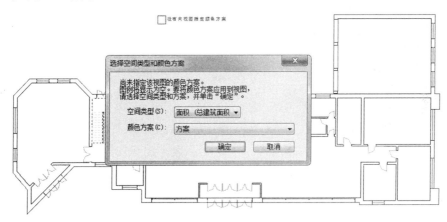

图 9-60 放置颜色填充图例

⑧ 单击【确定】按钮，完成总建筑面积颜色填充图例的创建。选择颜色填充图例，再单击【修改|颜色填充图例】上下文选项卡中的【编辑方案】按钮，打开【编辑颜色方案】对话框。在该对话框中可以删除旧方案，或复制并重命名新方案。然后给新方案设置颜色、填充样式等，如图 9-61 所示。

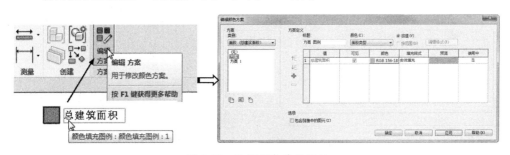

图 9-61 编辑颜色填充图例

9.3.3 创建套内面积

套内面积也就是房间的净面积。【套内面积】工具主要用于计算在一层中存在多套户型的建筑平面。要创建套内面积，必须先利用【房间编号】工具对房间进行编号，并标注出户型名称、户型编号、房间编号、单元、楼号等信息。

上机操作——创建套内面积

① 打开本例源文件【江湖别墅.rvt】，如图 9-62 所示。

② 切换到【面积平面（净面积）】面积平面视图。单击【套内面积】按钮，打开【生成套内面积】对话框。

③ 系统自动拾取整个户型的所有房间边界，用户可以在【生成套内面积】对话框中设置新的户型信息，设置信息后需要重新框选房间，单击【取消】按钮完成套内面积的创建，如图 9-63 所示。

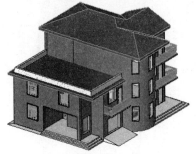

图 9-62 本例源文件【江湖别墅.rvt】

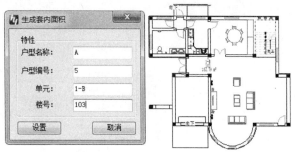

图 9-63 创建套内面积

④ 单击【颜色方案】按钮，在打开的【选择空间类型和颜色方案】对话框中选择【方案1】选项，作为本例的颜色填充图例方案，创建的颜色填充图例如图 9-64 所示。

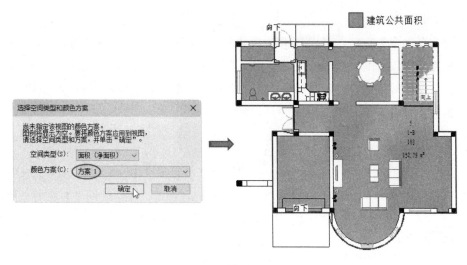

图 9-64 创建的颜色填充图例

9.3.4 创建防火分区

一般来说，防火分区的耐火等级是根据建筑面积进行划分的。在本例的建筑别墅中，我们分别用 3 种颜色表示：灰色表示厨房、紫色表示卧室、红色表示客厅和餐厅。

上机操作——创建防火分区

① 在【视图】选项卡中单击【面积平面】按钮，创建【F1】楼层的【面积平面（防火分区面积）】面积平面视图。

② 切换到【面积平面（防火分区面积）】面积平面视图。

③ 单击【防火分区】按钮，打开【生成防火分区】对话框。首先框选厨房及卫生间区域的房间，以此创建防火分区，如图 9-65 所示。

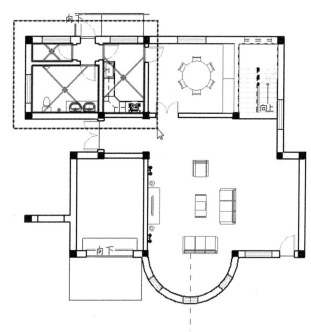

图 9-65 框选房间创建防火分区

④ 依次框选其他区域进行防火分区的创建。

⑤ 单击【颜色方案】按钮，在视图中放置颜色填充图例，并打开【选择空间类型和颜色方案】对话框，单击【确定】按钮。

⑥ 选择颜色填充图例，并进行编辑，在打开的【编辑颜色方案】对话框中输入【标题】名为【F1-防火分区图例】，在【颜色】下拉列表中选择【区域编号】选项，然后对自动生成的 3 种颜色填充图例进行编辑，如图 9-66 所示。

⑦ 单击【确定】按钮，完成防火分区的创建，如图 9-67 所示。

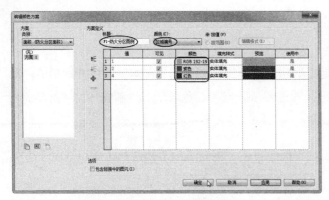 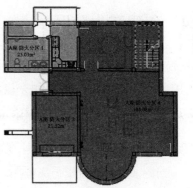

图 9-66 编辑颜色填充图例　　　　图 9-67 创建防火分区

第 10 章
楼梯、坡道与雨棚设计

本章内容

楼梯、坡道及雨棚是建筑物中不可或缺的重要组成单元。由于使用功能不同，所以其设计细则也是不同的。在本章中，我们将学习如何利用 Revit 和 BIMSpace 合理地设计楼梯、坡道、雨棚等建筑构件。

知识要点

- ☑ 楼梯、坡道与雨棚设计基础
- ☑ Revit 楼梯、坡道与栏杆扶手设计
- ☑ BIMSpace 2020 楼梯与其他构件设计

10.1 楼梯、坡道与雨棚设计基础

建筑空间的竖向交通联系,依托于楼梯、电梯、自动扶梯、台阶、坡道、爬梯等竖向交通设施,而楼梯是建筑设计中一个非常重要的构件,且形式多样、造型复杂。栏杆扶手是楼梯的重要组成部分。坡道主要设计在住宅楼、办公楼等大门前,作为车道或残疾人安全通道使用。雨棚则是遮风挡雨的建筑构件。

10.1.1 楼梯设计基础

在建筑物中,为解决竖向交通和高差问题,常设计以下构件。
- 坡道。
- 台阶。
- 楼梯。
- 电梯。
- 自动扶梯。
- 爬梯。

1. 楼梯的组成

楼梯一般由梯段、平台和栏杆扶手三部分组成,如图 10-1 所示。

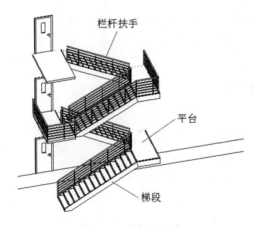

图 10-1 楼梯的组成

- 梯段:设有踏步和梯段板(或斜梁)供层间上下行走的通道构件称为梯段。踏步由踏面和踢面组成。梯段的坡度根据踏步的高宽比确定。
- 平台:平台是供人们上下楼梯时调节疲劳和转换方向的水平面,故也称为缓台或休息平台。平台有楼层平台和中间平台之分,与楼层标高一致的平台称为楼层平台,介于上下两楼层之间的平台称为中间平台。

- 栏杆（或栏板）扶手：栏杆扶手是设在梯段及平台临空边缘的安全保护构件，以保障人们在楼梯处通行的安全。栏杆扶手必须坚固可靠，并保证有足够的安全高度。扶手是设在栏杆（或栏板）顶部供人们上下楼梯倚扶用的连续配件。

2. 楼梯尺寸及计算

1）楼梯坡度

楼梯坡度一般为 20°～45°，其中以 30°左右较为常用。楼梯坡度的大小根据踏步的高宽比确定。

2）踏步尺寸

通常，踏步尺寸根据如图 10-2 所示的经验公式确定。

楼梯间各尺寸计算参考示意如图 10-3 所示。

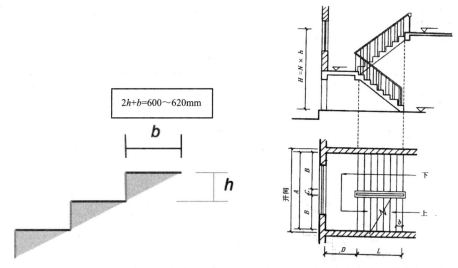

图 10-2　踏步经验公式　　图 10-3　楼梯间各尺寸计算参考示意

其中，A 表示楼梯间开间宽度；B 表示梯段宽度；C 表示梯井宽度；D 表示楼梯平台宽度；H 表示层高；L 表示梯段水平投影长度；N 表示踏步级数；h 表示踏步高度；b 表示踏步宽度。

在设计踏步尺寸时，由于楼梯间进深有限，所以当踏步宽度较小时，可采用踏面挑出或踢面倾斜（角度一般为 1°～3°）的办法，以增加踏步宽度，如图 10-4 所示。

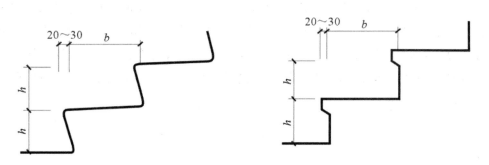

图 10-4　增加踏步宽度的两种方法

各种建筑类型常用的适宜踏步尺寸如表 10-1 所示。

表 10-1　各种建筑类型常用的适宜踏步尺寸

楼梯类型	踏步高度（mm）	踏步宽度（mm）
住宅	156～175	300～260
学校办公楼	140～160	340～280
影剧院会堂	120～150	350～300
医院	150	300
幼儿园	120～150	280～260

3）楼梯井

两个梯段之间的空隙称为楼梯井。公共建筑的梯井宽度不应小于 150mm。

4）梯段宽度

梯段宽度是指梯段外边缘到墙边的距离，它取决于同时通过的人流量股数和消防要求。有关的规范一般限定其下限（见表 10-2 和图 10-5）。

表 10-2　梯段宽度设计依据

类别	梯段宽（mm）	备注
单人通过	≥900	满足单人携带物品通过
双人通过	1100～1400	
多人通过	1650～2100	

注：每股人流量宽度为 550mm+（0～150mm）。

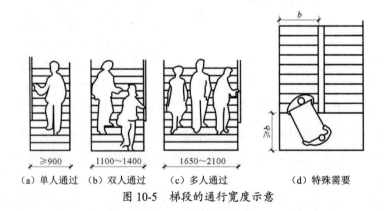

(a) 单人通过　(b) 双人通过　(c) 多人通过　(d) 特殊需要

图 10-5　梯段的通行宽度示意

5）平台宽度

平台有中间平台和楼层平台之分。为保证正常情况下的人流通行和非正常情况下的安全疏散，以及搬运家具、设备的方便，中间平台和楼层平台的宽度均应等于或大于梯段的宽度。

在开敞式楼梯中，楼层平台宽度可根据走廊或过厅的宽度来设定，但为防止走廊上的人流与从楼梯上下的人流发生拥挤或干扰，楼层平台应有一个缓冲空间，其宽度不得小于 500mm，如图 10-6 所示。

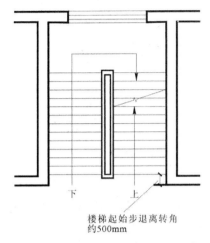

图 10-6 开敞式楼梯间转角处的平台布置

6）栏杆扶手高度

栏杆扶手高度是指踏步前缘线至栏杆扶手顶面之间的垂直距离。

栏杆扶手高度应与人体重心高度相协调，避免人们倚靠栏杆扶手时因重心外移而发生意外。梯段处的栏杆扶手高度一般为900mm，供儿童使用的栏杆扶手高度一般为500～600mm；顶层平台处安全栏杆的高度一般要大于或等于1050mm，如图10-7所示。

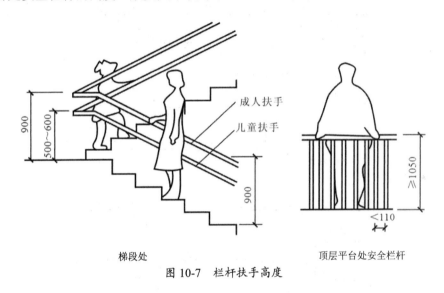

图 10-7 栏杆扶手高度

7）楼梯的净空高度

楼梯的净空高度是指平台下或梯段下通行人时的垂直净高。

平台下净高是指平台或地面到顶棚下表面最低点的垂直距离；梯段下净高是指踏步前缘线至梯段下表面的铅垂距离。

平台下净高应与房间最小净高一致，即平台下净高不应小于2000mm；梯段下净高根据楼梯坡度的不同而有所不同，其净高不应小于2200mm，如图10-8所示。

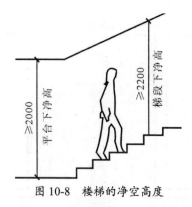

图 10-8　楼梯的净空高度

当在底层平台下设置通道或出入口，楼梯平台下净空高度不能满足 2000mm 的要求时，可采用以下办法解决。

- 将底层第一跑梯段加长，底层形成踏步级数不等的长短跑梯段，如图 10-9（a）所示。
- 各梯段长度不变，将室外台阶内移，降低楼梯间入口处的地面标高，如图 10-9（b）所示。
- 将上述两种方法结合起来，如图 10-9（c）所示。
- 底层采用直跑梯段，直达二楼，如图 10-9（d）所示。

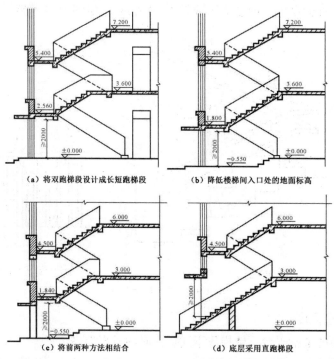

图 10-9　底层平台下做出入口时满足净空高度要求的几种办法

10.1.2　坡道设计基础

坡道以连续的平面来实现高差过渡，人行其上与在地面上行走具有相似性。较小坡度的坡道行走省力，坡度大时则不如台阶或楼梯舒服。按照理论划分，坡度在10°以下为坡道，工程设计上另有具体的规范要求，如室外坡道坡度不宜大于1∶10，对应角度仅为5.7°。而室内坡道坡度不宜大于1∶8，对应角度虽为7.1°，但人行走有显著的爬坡或下冲感觉，非常不适。作为对比，踏步高度为120mm，踏步宽度为400mm的台阶，对应角度为16.7°，行走却有轻缓之感。因此，不能机械地套用规范。

坡道和楼梯都是建筑中常用的垂直交通设施。坡道可与台阶结合应用，如正面做台阶，两侧做坡道，如图10-10所示。

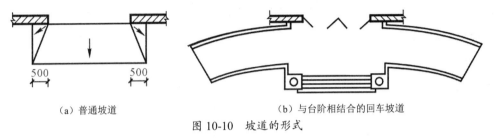

（a）普通坡道　　　　　　　　（b）与台阶相结合的回车坡道

图 10-10　坡道的形式

1）坡道尺寸

坡道的坡段宽度每边应至少大于门洞口宽度500mm，坡段的出墙长度取决于室内外地面高差和坡道的坡度大小。

2）坡道构造

坡道与台阶一样，也应使用坚实耐磨和抗冻性能好的材料来制作，一般常用混凝土坡道，也可采用换土地基坡道，如图10-11（a）和图10-11（b）所示。

当坡度大于1∶8时，坡道表面应进行防滑处理，一般将坡道表面做成锯齿形或设置防滑条，如图10-11（c）和图10-11（d）所示，也可在坡道的面层上进行划格处理。

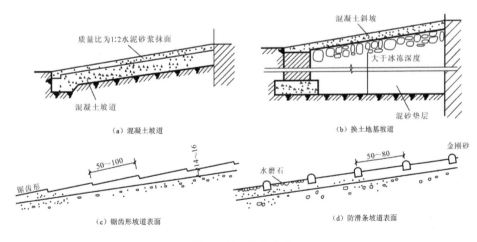

（a）混凝土坡道　　　　　　　　（b）换土地基坡道

（c）锯齿形坡道表面　　　　　　（d）防滑条坡道表面

图 10-11　坡道构造

10.1.3　雨棚设计基础

雨棚是建筑物入口处位于外门上部用于遮挡雨水，保护外门免受雨水侵害的水平构件。

与其作用相似的构件还有遮阳。遮阳多设置在外窗的外部，用来遮挡阳光。遮阳的主体部分可以水平布置。有一些遮阳板可以成角度旋转，以针对一天中不同时段或四季阳光不同的入射角。雨棚的结构形式可以分为两大类：一类是悬挑式，另一类是悬挂式。

悬挑式雨棚如图 10-12 所示。与其建筑物主体相连的部分必须为刚性连接。对于钢筋混凝土的构件而言，当出挑长度不大，在 1.2m 以下时，可以考虑进行挑板处理，而当出挑长度较大时，则一般需要悬臂梁，再由其板支撑。

悬挂式雨棚采用的是装配的构件。尤其是采用钢构件。因为钢的受拉性能好，构造形式多样，而且可以通过钢厂加工做成轻型构件，有利于减轻出挑构件的自重，同使用其他不同材料制作的构件组合，达到美观的效果，近年来应用有所增加。悬挂式雨棚同主体结构连接的节点往往为铰接，尤其是吊杆的两端。因为纤细的吊杆一般只设计为承受拉应力，如果节点为刚性连接，则在有负压时可能变成压杆，那样就需要较大的杆件截面，否则将会失稳。如图 10-13 所示为悬挂式雨棚。

图 10-12　悬挑式雨棚　　　　　　图 10-13　悬挂式雨棚

另外，需要说明的是，阳台与雨棚的部分功能相同，阳台除遮阳挡雨外，主要用于接触室外的平台。阳台的设计完全可以按照结构柱、结构梁、结构楼板的方式进行，所以没有详细介绍建模过程。

10.2　Revit 楼梯、坡道与栏杆扶手设计

Revit 的楼梯、坡道与栏杆扶手设计工具在【建筑】选项卡的【楼梯坡道】面板中，如图 10-14 所示。栏杆扶手可以单独做，比如，阳台、天桥、走廊及坡道中的栏杆扶手，也可以随楼梯自动生成。

10.2.1　楼梯设计

Revit 提供了标准楼梯和异形楼梯的设计工具。在【建筑】选项卡的【楼梯坡道】面板中单击【楼梯】按钮，切换到【修改|创建楼梯】上下文选项卡。楼梯设计工具如图 10-15 所示。

第 10 章　楼梯、坡道与雨棚设计

图 10-14　【楼梯坡道】面板

图 10-15　楼梯设计工具

Revit 中规定了楼梯的构成，如图 10-16 所示。在默认情况下，栏杆扶手随着楼梯自动载入并创建。

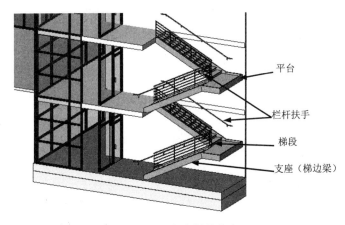

图 10-16　Revit 中楼梯的构成

从形状上讲，Revit Architecture 楼梯包括标准楼梯和异形楼梯。标准楼梯是通过装配楼梯构件的方式进行设计的，而异形楼梯是通过采用草图的形式绘制截面形状来设计的。

梯段的创建有 5 种方式和 1 种草图方式（异形梯段），如图 10-17 所示。平台的创建有拾取梯段方式和草图方式（异形平台），如图 10-18 所示。支座的创建是通过拾取梯段及平台的边完成的，如图 10-19 所示。

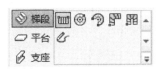　　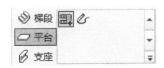　　

图 10-17　梯段创建方式　　图 10-18　平台创建方式　　图 10-19　支座创建方式

1．标准楼梯设计

上机操作——创建标准直线楼梯

室外楼梯的设计一般不受空间大小的限制，仅受楼层标高的限制。所以设计起来相对于室内楼梯要容易很多。在本例中，我们设计一段从一层到四层的直线楼梯，以及一段从四层到五层的直线楼梯，将采用构件的形式来完成。如图 10-20 所示为某酒店创建完成的室外楼梯。

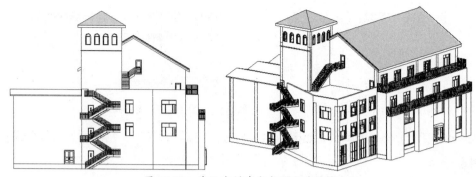

图 10-20 某酒店创建完成的室外楼梯

① 打开本例源文件【酒店-1.rvt】,如图 10-21 所示。

② 切换到【西】立面图,如图 10-22 所示。从图 10-22 中可以看出,将从 L1 到 L4 设计第一段楼梯,再从 L4 到 L5 设计第二段楼梯。每一层楼层标高是相等的,为 3.600m。

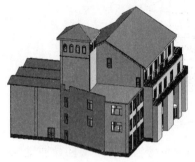

图 10-21 本例源文件【酒店-1.rvt】

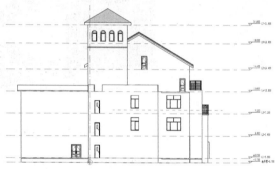

图 10-22 【西】立面图

③ 由于室外不受空间限制,因此根据楼层标高和表 10-1 中提供的踏步参数,可以将踏步的高度设置为 150mm,踢面深度设置为 300mm,平台深度设置为 1200mm,从而设置成 AT 形双跑结构形式。AT 形梯板全由踏步段构成,如图 10-23 所示。

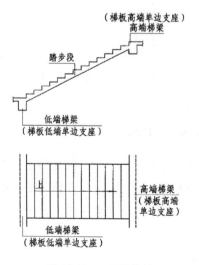

图 10-23 AT 形楼梯

第 10 章　楼梯、坡道与雨棚设计

④ 切换到【L1】楼层平面视图。创建室外楼梯时需要有起点和终点作为参照，这里我们创建垂直于墙的参照平面。单击【建筑】选项卡的【工作平面】面板中的 参照 平面 按钮，然后创建 2 个参照平面，如图 10-24 所示。

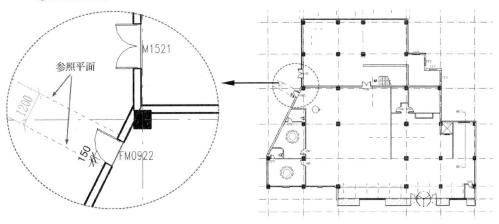

图 10-24　创建 2 个参照平面

⑤ 单击【楼梯】按钮，在【属性】选项板中选择【酒店-外部楼梯 150*300】楼梯类型，在【尺寸标注】选项组中设置【所需踢面数】为【24】,【实际踏板深度】为【300.0】，如图 10-25 所示。

> **知识点拨：**
> 踢面数包括中间平台面和顶端平台面。所以在楼层平面视图中绘制梯段时，上跑梯段的踢面数设置为 11 个，下跑梯段也设置为 11 个即可。

⑥ 单击【编辑类型】按钮，在打开的【类型属性】对话框中查看【最小梯段宽度】是否是【1200.0】，如果不是，则要设置为【1200.0】，完成后单击【应用】按钮，如图 10-26 所示。

图 10-25　设置楼梯类型及尺寸标注参数

图 10-26　设置【最小梯段宽度】的参数

333

⑦ 将参考平面作为楼梯起点,拖曳出 11 个踢面即可创建上半跑梯段,如图 10-27 所示。单击鼠标左键,结束上半跑梯段的创建。

⑧ 利用鼠标捕捉第 11 个踢面边线的延伸线,以此作为下半跑梯段的起点,如图 10-28 所示。

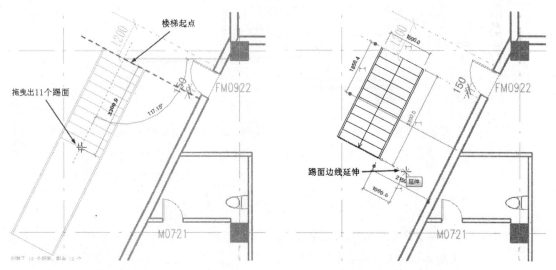

图 10-27 拖曳出 11 个踢面创建上半跑梯段　　图 10-28 捕捉踢面边线的延伸线

⑨ 同理,拖曳出 11 个踢面,单击鼠标左键,结束下半跑梯段的创建,如图 10-29 所示。

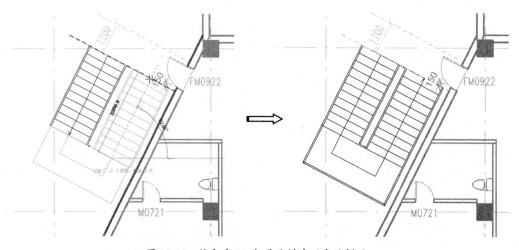

图 10-29 拖曳出 11 个踢面创建下半跑梯段

⑩ 选中下半跑梯段,在【属性】选项板中可以看出,【实际梯段宽度】变成了【1500.0】,用户需要手动设置为【1200】,如图 10-30 所示。

第 10 章 楼梯、坡道与雨棚设计

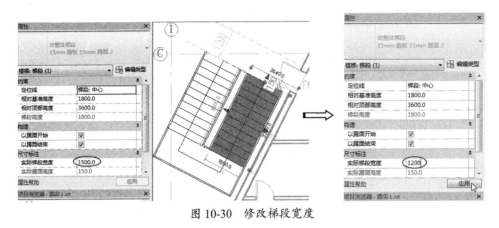

图 10-30 修改梯段宽度

⑪ 修改上半跑梯段的宽度。选中平台，将平台深度修改为【1200.0】，如图 10-31 所示。

⑫ 单击【对齐】按钮，将下半跑梯段边与外墙边对齐，如图 10-32 所示。

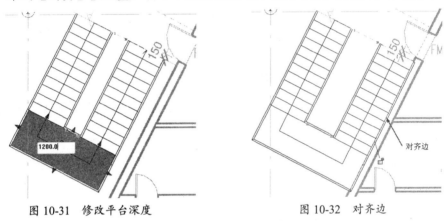

图 10-31 修改平台深度　　　　　　图 10-32 对齐边

⑬ 利用【测量】面板中的【对齐尺寸标注】工具，标注上半跑与下半跑梯段的间隙距离，如图 10-33 所示。按 Esc 键结束标注。

⑭ 选中上半跑梯段，然后修改刚才标注的间隙距离为【200.0】，如图 10-34 所示。

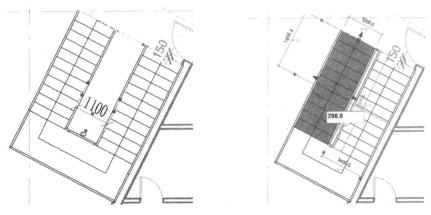

图 10-33 标注上半跑与下半跑梯段的间隙距离　　　图 10-34 修改间隙距离

⑮ 单击【修改|创建楼梯】上下文选项卡中的【完成编辑模式】按钮，完成楼梯的创

建，如图 10-35 所示（一层楼梯未完，稍后进行修改）。

⑯ 由于一层楼梯与二层、三层楼梯是完全相等的，所以我们只需要进行复制、粘贴即可。在三维视图中单击视图导航器的【左】，切换到【左】视图。

⑰ 选中整个楼梯及栏杆扶手，按 Ctrl+C 快捷键进行复制，再按 Ctrl+V 快捷键进行粘贴，同时在选项栏中选择【标高】为【L2-3.600】，复制的楼梯自动粘贴到【L2】标高楼层上，如图 10-36 所示。

图 10-35 创建楼梯

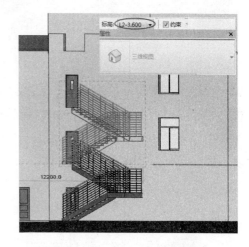
图 10-36 复制、粘贴楼梯

知识点拨：

设置楼层标高后，还要确定楼梯放置的左右位置，输入左右移动的尺寸为 0，即可保证与一层楼梯是垂直对齐的。

⑱ 同理，继续进行粘贴即可复制出第三层楼梯（粘贴板中有复制的图元），如图 10-37 所示。

⑲ 单击【楼梯】按钮，在【修改|创建楼梯】上下文选项卡中单击【平台】按钮 平台，然后单击【创建草图】按钮，利用【直线】工具，绘制如图 10-38 所示的平台草图。

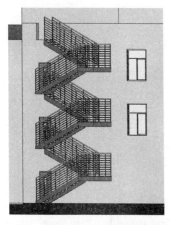
图 10-37 复制出第三层楼梯

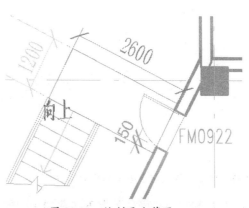
图 10-38 绘制平台草图

㉐ 在【属性】选项板中设置【底部偏移】为【-1950】，单击【完成编辑模式】按钮✓，完成平台的创建，如图 10-39 所示。

㉑ 选中所有栏杆扶手，在【属性】选项板中重新选择扶手类型为【900mm 圆管】，结果如图 10-40 所示。

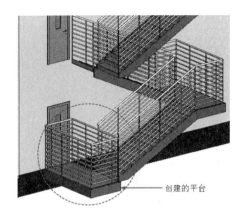
图 10-39　创建平台

图 10-40　修改平台扶手类型

㉒ 有些楼梯及平台上的栏杆扶手明显是不需要的，那么怎么删除呢？双击栏杆扶手族图元，将不需要的栏杆扶手的路径曲线删除即可，删除平台部分栏杆扶手的操作示意，如图 10-41 所示。

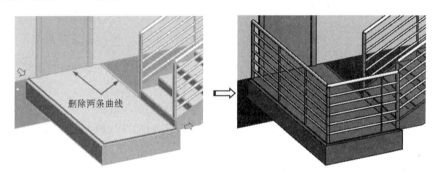
图 10-41　编辑平台栏杆扶手

㉓ 将第一层的平台复制、粘贴到第二层、第三层及第四层中。最终完成标准直线楼梯的创建，如图 10-42 所示。

图 10-42　创建完成的标准直线楼梯

2. 异形楼梯设计

异形楼梯指的是梯段、平台的形状不是直线的形式，如图 10-43 所示。当采用草图绘制形式绘制自定义的梯段与平台时，构件之间不会像使用常用的构件工具那样自动彼此相关。

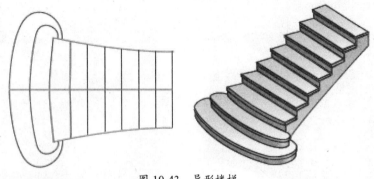

图 10-43　异形楼梯

上机操作——创建草绘的楼梯

① 打开本例源文件【海景别墅.rvt】。

② 创建本例楼梯，由于在室外创建，空间是足够的，所以我们尽量采用 Revit 自动计算规则，只需设置一些楼梯尺寸即可。

③ 切换到【North】立面图，查看楼梯设计标高，如图 10-44 所示。本例将在【TOF】标高至【Top of Foundation】标高之间创建楼梯。

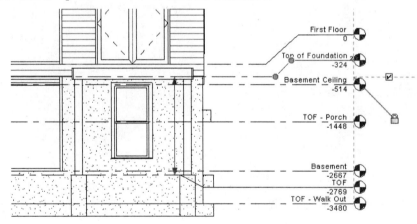

图 10-44　查看楼梯设计标高

④ 切换到【Top of Foundation】楼层平面视图，测量上层平台尺寸，如图 10-45 所示。

⑤ 由于外部空间较大，无须在中间平台上创建踏步，所以单跑踏步的宽度设计为 1200mm，踏板深度设计为 280mm，踏步高度由输入的踢面数（14）确定。

⑥ 单击【楼梯（按草图）】按钮，切换到【修改|创建楼梯草图】上下文选项卡。在【属性】选项板中设置如图 10-46 所示的类型及限制条件。

⑦ 绘制梯段草图，如图 10-47 所示。

第 10 章 楼梯、坡道与雨棚设计

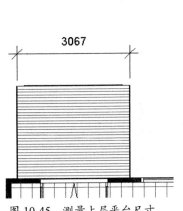

图 10-45 测量上层平台尺寸

图 10-46 设置【属性】选项板

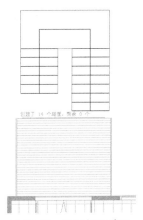

图 10-47 绘制梯段草图

⑧ 利用【移动】、【对齐】等工具修改草图，如图 10-48 所示。切换到【TOF】楼层平面视图，如图 10-49 所示。

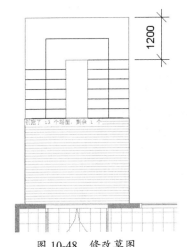

图 10-48 修改草图

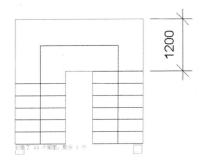

图 10-49 切换到【TOF】楼层平面视图

⑨ 利用【移动】工具将右侧梯段草图与柱子边对齐，如图 10-50 所示。

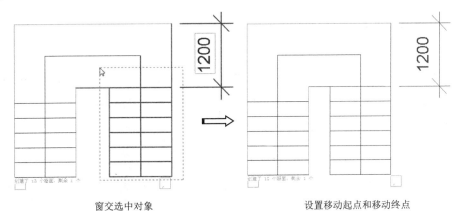

窗交选中对象　　　　　　　　　　设置移动起点和移动终点

图 10-50 移动草图对齐柱子边

339

⑩ 切换到【Top of Foundation】楼层平面视图。单击【边界】按钮 边界，修改边界为圆弧，如图 10-51 所示。

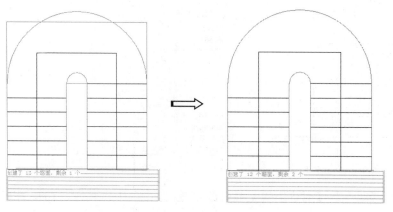

图 10-51　修改楼梯边界

⑪ 单击【完成编辑模式】按钮 ✓，完成楼梯的创建，如图 10-52 所示。

图 10-52　创建完成的楼梯

10.2.2　坡道设计

Revit 中的【坡道】工具用于为建筑添加坡道，坡道的创建方法与楼梯相似。可以定义 U 形坡道和螺旋坡道，还可以通过修改草图的方式来更改坡道的外边界。

📔 **上机操作——利用 Revit 进行坡道设计**

异形坡道需要设计者手动绘制坡道形状。

① 打开本例源文件【阳光酒店-1.rvt】，如图 10-53 所示，需要在大门前创建用于顾客停车的通行道。

第 10 章 楼梯、坡道与雨棚设计

图 10-53 本例源文件【阳光酒店-1.rvt】

② 切换到【室外标高】楼层平面视图。单击【建筑】选项卡的【楼梯坡道】面板中的【坡道】按钮◇，切换到【修改|创建坡道草图】上下文选项卡。

③ 单击【属性】选项板中的【编辑类型】按钮，打开【类型属性】对话框。单击【复制】按钮，复制【酒店：行车坡道】类型，并设置【类型参数】列表框中的类型参数，如图 10-54 所示。

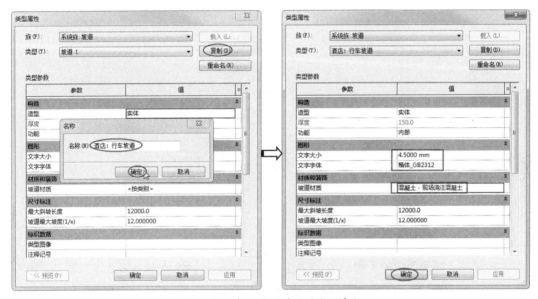

图 10-54 复制类型并设置类型参数

④ 在【属性】选项板中，设置【宽度】为【4000.0】，如图 10-55 所示。

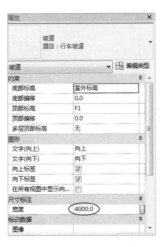

图 10-55 设置【宽度】为【4000.0】

341

⑤ 单击【工具】面板中的【栏杆扶手】按钮，打开【栏杆扶手】对话框，在下拉列表中选择栏杆扶手类型为【无】，如图 10-56 所示。

图 10-56　选择栏杆扶手类型

⑥ 利用【绘制】面板中的【直线】工具，绘制垂直参考线，如图 10-57 所示。

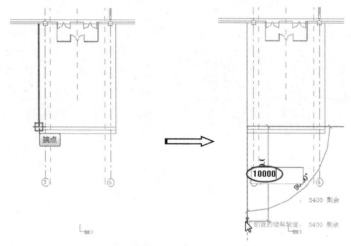

图 10-57　绘制垂直参考线

⑦ 利用【梯段】中的【圆心-端点弧】工具，以垂直参考线末端端点作为圆心，输入半径为【13000.1】（直接输入此值），绘制一段圆弧，如图 10-58 所示。

⑧ 选中坡道中心的梯段模型线，拖曳端点改变坡道弧长，如图 10-59 所示。

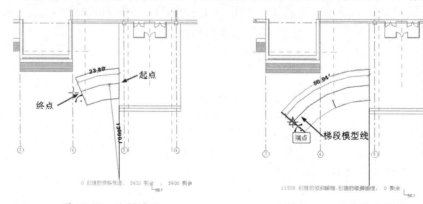

图 10-58　绘制圆弧　　　　　　图 10-59　改变坡道弧长

⑨ 删除作为参考线的垂直踢面线（必须删除）。放大视图后可以看到，坡道下坡的方向不对，需要改变。单击方向箭头改变坡道下坡的方向，如图 10-60 所示。

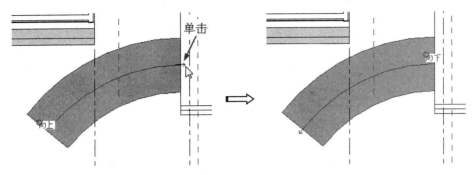

图 10-60 改变坡道下坡的方向

⑩ 单击【完成编辑模式】按钮 ✓，完成左侧坡道的创建，如图 10-61 所示。

⑪ 与平台对称的另一侧坡道无须重建，只需镜像即可。利用【镜像-拾取轴】工具，将左边的坡道镜像到右侧，如图 10-62 所示。

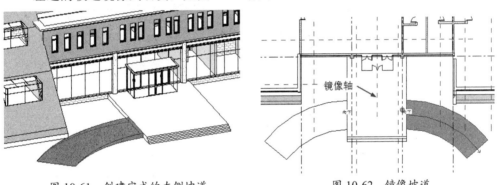

图 10-61 创建完成的左侧坡道　　　图 10-62 镜像坡道

⑫ 最终创建完成的坡道如图 10-63 所示。

图 10-63 创建完成的坡道

10.2.3 栏杆扶手设计

栏杆和扶手都是起安全围护作用的设施，栏杆是在阳台、过道、桥廊等构件上安装的设施，扶手是在楼梯、坡道构件上安装的设施。

Revit Architecture 中提供了栏杆工具（绘制路径）和扶手工具（放置在主体上）。

在一般情况下，楼梯与坡道的扶手会跟随楼梯、坡道模型的创建而自动载入，只需改变扶手的族类型及参数即可。

阳台上的栏杆则需要通过绘制路径进行放置。下面举例说明阳台栏杆的创建过程。

上机操作——创建阳台栏杆

① 打开本例源文件【别墅-1.rvt】，如图 10-64 所示。

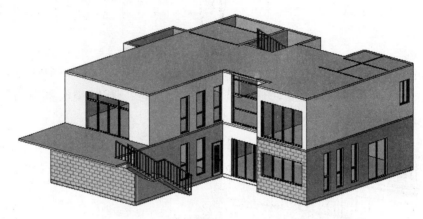

图 10-64　本例源文件【别墅-1.rvt】

② 切换到【1F】楼层平面视图。在【建筑】选项卡的【楼梯坡道】面板中单击【绘制路径】按钮，切换到【修改|创建栏杆扶手路径】上下文选项卡。

③ 在【属性】选项板中选择【栏杆扶手-1100mm】类型，然后利用【直线】工具在【1F】阳台上以轴线为参考，绘制栏杆路径，如图 10-65 所示。

④ 单击【完成编辑模式】按钮 ，完成阳台栏杆的创建，如图 10-66 所示。

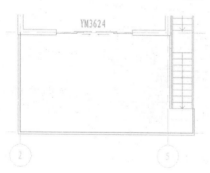
图 10-65　绘制栏杆路径

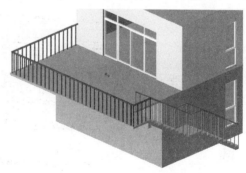
图 10-66　创建完成的阳台栏杆

⑤ 靠墙的楼梯扶手可以删除。双击靠墙一侧的扶手，切换到【修改|绘制路径】上下文选项卡。然后删除上楼第一跑梯段和平台上的扶手路径曲线，并缩短第二跑梯段上的扶手路径曲线（缩短 3 条踢面线距离），如图 10-67 所示。

⑥ 退出编辑模式完成扶手的修改。

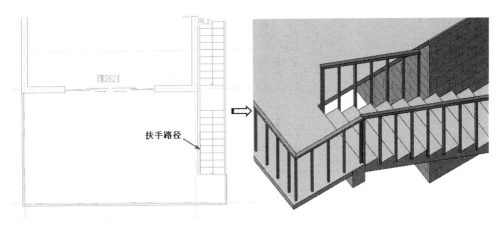

图 10-67　修改靠墙扶手的路径曲线

⑦ 放大视图后可以看出，楼梯扶手和阳台栏杆的连接处出现了问题，有两个立柱在同一位置上，这是不合理的，如图 10-68 所示。

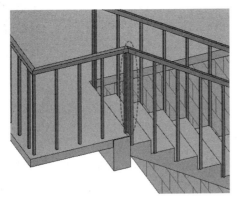

图 10-68　出现问题处

⑧ 其解决方法是，删除栏杆路径曲线，将楼梯扶手路径曲线延伸，并作为阳台栏杆路径曲线，如图 10-69 所示。

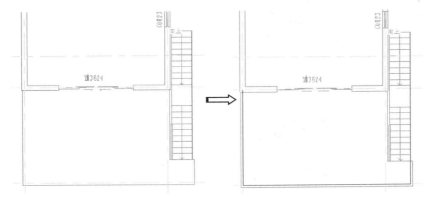

图 10-69　将楼梯扶手路径曲线作为阳台栏杆路径曲线

⑨ 修改扶手路径曲线后，退出路径模式。然后重新选择栏杆类型为【栏杆-金属立杆】，修改后的阳台栏杆和楼梯扶手如图 10-70 所示。

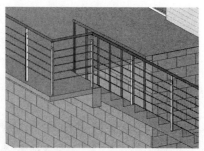

图 10-70 修改后的阳台栏杆和楼梯扶手

⑩ 同理，修改另一侧的楼梯扶手路径，如图 10-71 所示。

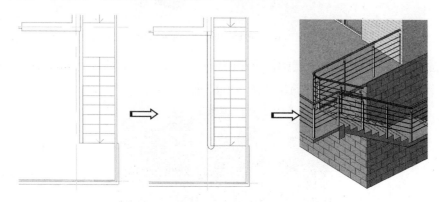

图 10-71 修改另一侧的楼梯扶手路径

⑪ 修改完成另一侧的楼梯扶手路径后，出现一个新问题，如图 10-72 所示，连接处的扶手柄是扭曲的，这是怎么回事呢？答案是扶手族的连接方式不正确，需要重新设置。选中楼梯扶手，然后在【属性】选项板中单击【编辑类型】按钮，打开【类型属性】对话框。

⑫ 将【使用平台高度调整】参数设置为【否】即可，如图 10-73 所示。

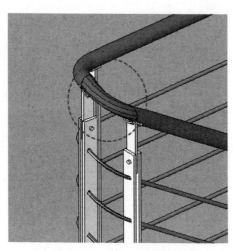

图 10-72 连接处的问题

图 10-73 设置【使用平台高度调整】参数

⑬ 修改后连接处的问题即可解决，如图 10-74 所示。创建完成的阳台栏杆如图 10-75 所示。

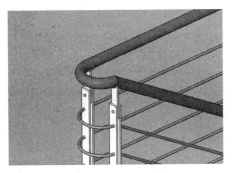
图 10-74 修改后的扶手柄

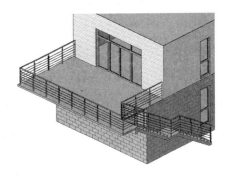
图 10-75 创建完成的阳台栏杆

10.3 BIMSpace 2020 楼梯与其他构件设计

鸿业乐建 BIMSpace 2020 的【楼梯\其他】选项卡中的工具可以帮助用户快速、有效地设计出楼梯、电梯、阳台、台阶、车库、坡道、散水等建筑构件，还可以利用构件布置工具来放置室内摆设构件和卫浴构件。

10.3.1 BIMSpace 2020 楼梯设计

BIMSpace 2020 的楼梯设计完全采用构件的搭建方式来完成。通过一键设置楼梯参数，系统自动生成楼梯。楼梯设计工具如图 10-76 所示。

图 10-76 楼梯设计工具

面对这么多的楼梯设计工具，应该如何选择呢？楼梯设计采用何种结构类型，关键取决于楼梯间的空间尺寸，如长、宽和标高。既要保证楼梯结构设计的合理性，还要保证人走梯步的舒适性。鸿业乐建 BIMSpace 2020 中的楼梯设计工具不仅丰富而且好用，下面仅以几种典型的楼梯作为介绍对象，其他的楼梯设计照搬模式即可。

1. 双跑楼梯设计

双跑楼梯适用于楼梯间进深尺寸较小、标高较低的套内住宅空间，双跑楼梯主要由层间平板、踏步段和楼层平板构成，且平台仅有一个，如图 10-77 所示。

上机操作——创建双跑楼梯

① 打开本例源文件【办公大楼.rvt】,如图 10-78 所示。办公大楼有两处位置需要设计楼梯。

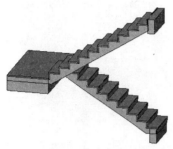

图 10-77 双跑楼梯

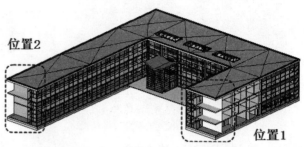

图 10-78 本例源文件【办公大楼.rvt】

② 先看位置 1,此处楼梯间没有开洞,说明在设计楼梯之后才创建洞口。因此,在计算楼梯的时候可以忽略楼梯间长度,按照标准来设定即可。然后测量楼梯间的宽度和标高,如图 10-79 所示。

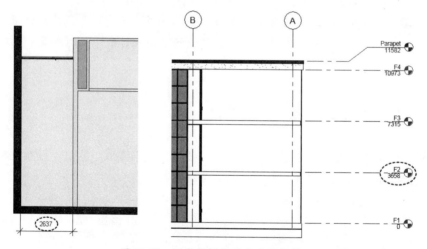

图 10-79 测量楼梯间的宽度和标高

③ 根据楼梯间的宽度(2637mm)和标高(3658mm),单跑梯段宽度(踏步宽度)可以设计为 1200mm,按照标准踏步高度(150mm)计算,一层可以设计出 24.387 步,梯步数不能为小数只能取整,所以应该设计 24 步,每步高约 152.42mm。上下跑各 12 踏步。踏步深度按照标准来设计,为 300mm。

> **知识点拨:**
>
> 用户需要注意【梯步】与【踏步】的区别。【梯步】是指整层的楼梯踢面数,除了中间单跑梯段上的踢面,还包括平台面和上层楼面;【踏步】仅仅是指单跑梯段上的步数。所以,设计的 24 个梯步,实际上踏步仅有 22 个。

④ 切换到【F1】楼层平面视图。单击【双跑楼梯】按钮,打开【双跑楼梯】对话框。设置好双跑楼梯参数后,单击【确定】按钮,如图 10-80 所示。

第 10 章 楼梯、坡道与雨棚设计

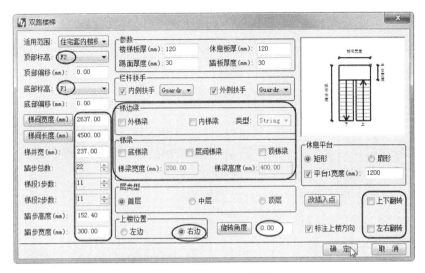

图 10-80 设置双跑楼梯参数

⑤ 将楼梯构件放置在平面图中，如图 10-81 所示。如果放置的时候没有参照面，则可以利用【修改】选项卡中的【对齐】工具进行对齐操作。

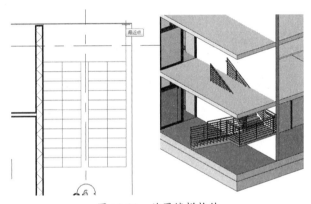

图 10-81 放置楼梯构件

⑥ 切换到【F2】楼层平面视图。使用相同的方法，设置相同的双跑楼梯参数，将二层楼梯放置在相同位置，并进行对齐操作，结果如图 10-82 所示。

⑦ 创建楼梯间洞口。利用【建筑】选项卡的【洞口】面板中的【竖井】工具，创建两层楼梯之间的洞口，如图 10-83 所示。

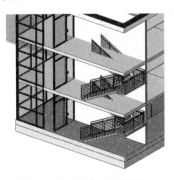

图 10-82 创建二层楼梯

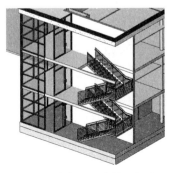

图 10-83 创建两层楼梯之间的洞口

2. 多跑楼梯设计

多跑楼梯也是常见的一种楼梯类型，是双跑楼梯的一种发展形式。多跑楼梯是在单层中创建的，而不是在多层中创建的，常被设计在有底商的公寓楼建筑中。有些底商的商铺空间高度少则 4～5m，多则 6～7m。

上机操作——创建多跑楼梯

① 以上一个案例为基础。查看位置 2，此处楼层的单层标高就是 7315mm，等同于位置 1 的两层标高。二楼楼梯间的长和宽是相等的。

② 切换到【F1】楼层平面视图。单击【多跑楼梯】按钮，打开【多跑楼梯】对话框，然后设置多跑楼梯参数，如图 10-84 所示。

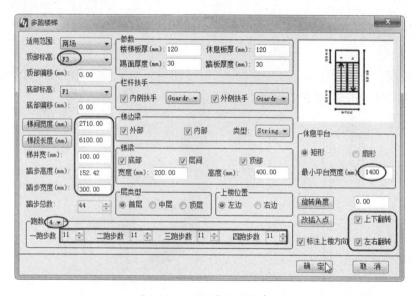

图 10-84　设置多跑楼梯参数

③ 单击【确定】按钮后，将楼梯构件放置在如图 10-85 所示的位置。

④ 三维效果如图 10-86 所示。

图 10-85　放置楼梯构件

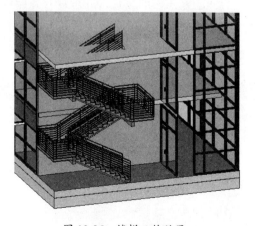

图 10-86　楼梯三维效果

10.3.2 BIMSpace 2020 台阶、坡道与散水设计

1. 台阶

【绘制台阶】工具用于绘制矩形单面和矩形三面的台阶，可根据用户自定义的底部标高和顶部标高绘制台阶，并可以快速创建单边矩形台阶、双边矩形台阶、三边矩形台阶、弓形台阶和自由边台阶。

要创建台阶，只能在楼层平面视图中进行操作。单击【绘制台阶】按钮，打开【绘制台阶】对话框，如图10-87所示。该对话框中各选项的含义如下。

- 顶标高：绘制台阶时参照的顶部标高，可以使用已有的标高值，也可以自定义标高值。
- 底标高：绘制台阶时参照的底部标高，可以使用已有的标高值，也可以自定义标高值。
- 踏步数：台阶所含的踏步数。
- 踏步高度：每一级台阶的高度，系统自动根据踏步数及台阶总高度计算。
- 踏步宽度：除顶层外，每一级台阶的宽度默认为300 mm。
- 界面输入：顶层台阶的宽度，默认为5000 mm。
- 材质：用于设置台阶的材质，如图10-88所示。

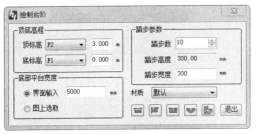

图10-87 【绘制台阶】对话框

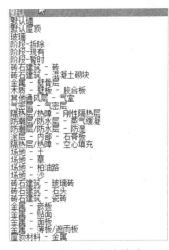

图10-88 台阶的材质

> **知识点拨：**
> 顶部标高的值必须大于底部标高的值，否则无法绘制台阶。如果当前选择的平面为最低标高，则需要手动修改【底标高】右侧文本框中的值。

上机操作——创建台阶

① 打开本例源文件【江湖别墅.rvt】，如图10-89所示。

② 切换到【室外地坪】楼层平面视图，利用【建筑】选项卡中的【模型线】工具，绘制如图10-90所示的矩形，此矩形用作台阶的放置参考。

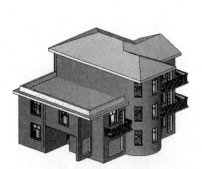

图 10-89 本例源文件【江湖别墅.rvt】

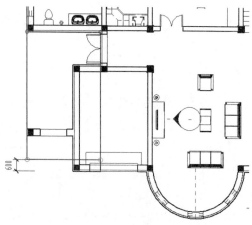

图 10-90 绘制矩形

③ 利用【注释】选项卡的【尺寸标注】面板中的【对齐】工具，标注几个尺寸，用作台阶的尺寸参考，如图 10-91 所示。

④ 在【楼梯\其他】选项卡中单击【绘制台阶】按钮，打开【绘制台阶】对话框。在该对话框中设置【顶底高程】、【底部平台宽度】、【踏步参数】选项组中的参数，以及【材质】参数，并单击【创建双边矩形台阶】按钮，如图 10-92 所示。

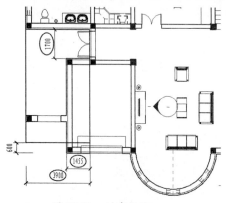

图 10-91 创建标注

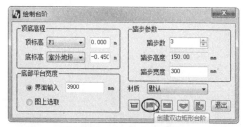

图 10-92 设置台阶参数

⑤ 按照提示，选择参照边的起点与终点，如图 10-93 所示。

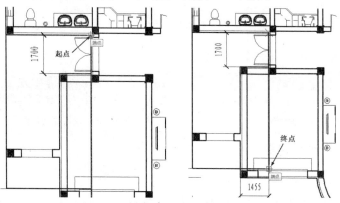

图 10-93 选择参照边的起点与终点

⑥ 指定宽度方向和另一侧台阶的布置方向，如图10-94所示。

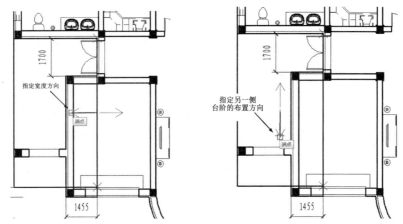

图10-94 指定宽度方向和另一侧台阶的布置方向

⑦ 完成操作后自动放置台阶构件，如图10-95所示。单击【退出】按钮，关闭【绘制台阶】对话框。

⑧ 从结果可以看出，部分台阶超出了墙边界，所以需要对这个台阶族进行修改。双击此台阶族进入族编辑器模式，然后根据标注的尺寸，在族编辑器模式中先编辑一层台阶的轮廓，如图10-96所示。

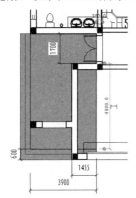
图10-95 放置台阶构件

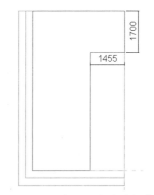
图10-96 编辑一层台阶的轮廓

⑨ 同理，编辑二层和三层台阶的轮廓，如图10-97所示。

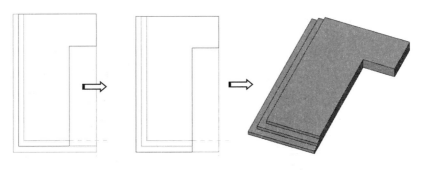

图10-97 编辑二层和三层台阶的轮廓

⑩ 完成族的轮廓编辑后，单击【载入到项目并关闭】按钮，返回建筑项目设计环境。创建完成的台阶如图 10-98 所示。

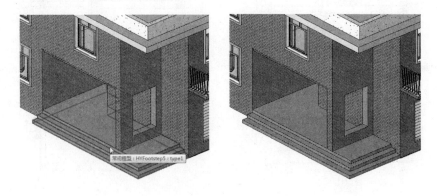

图 10-98 创建完成的台阶

2. 坡道

创建坡道的工具包括【入门坡道】和【无障碍坡道】。继续操作上一个案例，在江湖别墅中创建入门坡道和无障碍坡道。

上机操作——创建入门坡道和无障碍坡道

① 切换到【室外地坪】楼层平面视图。单击【入门坡道】按钮，打开【入门坡道】对话框。

② 在【入门坡道】对话框中设置如图 10-99 所示的坡道参数。

③ 设置参数后，选择视图中的车库门族作为放置参照，如图 10-100 所示。

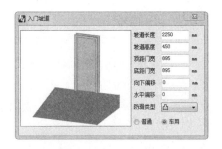

图 10-99 设置入门坡道参数

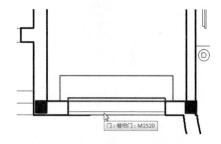

图 10-100 选择坡道放置参照

④ 创建完成的入门坡道如图 10-101 所示。

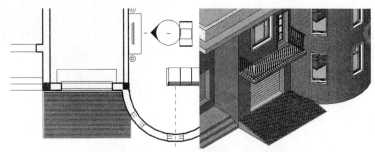

图 10-101 创建完成的入门坡道

⑤ 创建无障碍坡道。单击【无障碍坡道】按钮，打开【无障碍坡道】对话框。
- 顶部偏移值：设置参照面的顶部偏移数值。
- 内侧扶手、外侧扶手：选择是否添加内外侧扶手。
- 结构形式：选择坡道的结构形式，包括【整体式】和【结构板】两种。
- 坡道厚度：设置坡道的厚度。
- 坡道坡度：根据需要选择坡度。
- 最大高度：设置坡道的最大高度，这里提供的规范检查的最大高度为 1200mm。
- 平台宽度：设置坡道的宽度，直线型默认为 1500mm。
- 坡道净宽：坡道除去扶手的净宽。
- 坡道材质：用于选择坡道的材质。
- 坡道类型：这里提供了多种类型供用户选择，包括直线型、直角型、折返型 1 和折返型 2 四种。
- 坡段长度：设置不同坡段的长度。
- 坡段对称：勾选此复选框，则折返型坡道的对应坡段尺寸对称一致。
- 改插入点：选择插入点，参考对话框【示意图】中的红色叉形标记。
- 旋转角度：用于设置楼梯的旋转角度。
- 上下翻转、左右翻转：是否进行上下翻转或左右翻转。

⑥ 在【无障碍坡道】对话框中设置坡道参数，单击【确定】按钮后在【室外地坪】楼层平面视图中拾取一个参考点放置坡道，如图 10-102 所示。

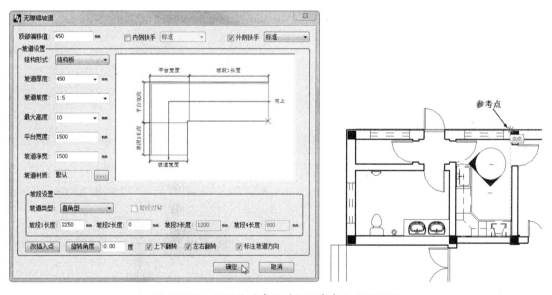

图 10-102　设置坡道参数并拾取参考点放置坡道

⑦ 创建完成的无障碍坡道如图 10-103 所示。

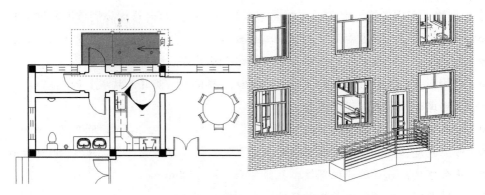

图 10-103 创建完成的无障碍坡道

3. 散水

散水的作用是迅速排走勒脚附近的雨水,避免雨水冲刷或渗透到地基中,防止基础下沉,以保证房屋的耐久性。本例是在建筑外墙四周的勒脚处(室外地坪上)用混凝土浇筑的散水坡,室外台阶与无障碍坡道处无须设计散水。

💻 上机操作——创建散水

① 切换到【室外地坪】楼层平面视图。

② 单击【创建散水】按钮 ,打开【创建散水】对话框,如图 10-104 所示。

③ 设置散水参数,然后单击【编辑】按钮,绘制或者拾取要创建散水的墙边,如图 10-105 所示。

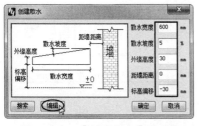

图 10-104 【创建散水】对话框

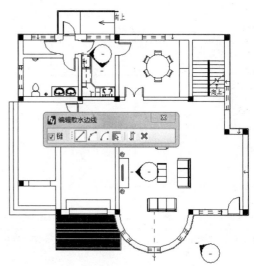

图 10-105 设置散水参数并绘制墙边

④ 保证所有的边线一致朝向墙外,若不是,则单击【编辑散水边线】对话框中的【边线朝向翻转】按钮 ,然后拾取要改变朝向的边线,如图 10-106 所示。

第 10 章　楼梯、坡道与雨棚设计

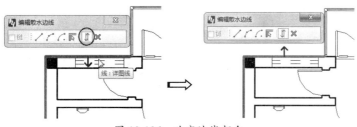

图 10-106　改变边线朝向

⑤ 关闭【编辑散水边线】对话框，再单击【创建散水】对话框中的【确定】按钮，完成散水的创建，如图 10-107 所示。

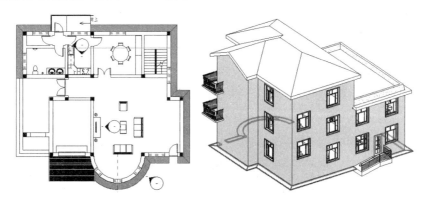

图 10-107　创建完成的散水

10.3.3　BIMSpace 2020 雨棚设计

本节通过云族 360 加载雨棚族放置雨棚构件。下面举例说明悬挂式雨棚的创建方法及过程。

上机操作——创建悬挂式雨棚

本例利用鸿业云族 360 来创建悬挂式雨棚。

① 打开本例源文件【阳光酒店.rvt】，如图 10-108 所示。在大门上部创建玻璃铝合金骨架的悬挂式雨棚。

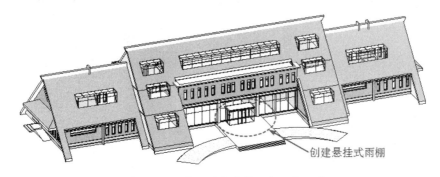

图 10-108　本例源文件【阳光酒店.rvt】

② 切换到【F2】楼层平面视图，单击【云族 360】选项卡中的【族管理】按钮，打开【鸿业云族 360 客户端】对话框，然后在该对话框中单击【搜索】按钮，搜索雨棚族，随即显示雨棚族，将其下载到当前项目中，如图 10-109 所示。

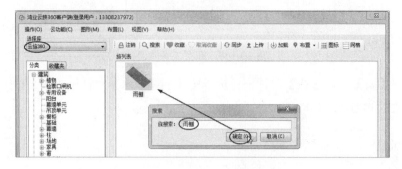

图 10-109　搜索并下载雨棚族

③ 选择【单点布置】选项，在【F2】楼层平面视图中放置雨棚，如图 10-110 所示。

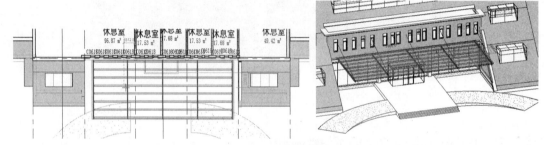

图 10-110　放置雨棚

知识点拨：

【雨棚】属于比较大的构件，除了挡雨还能遮阳，有顶柱或者拉索，相当于简易的建筑物，常见的有悬挂式、悬挑式、柱支承式、定型雨棚等。云族 360 族库中的【雨棚】构件是悬挂式雨棚，构件结构较单一。

④ 选中雨棚，然后在【属性】选项板中设置雨棚属性参数，如图 10-111 所示。将其对齐到墙边和建筑的中轴线上，如图 10-112 所示。

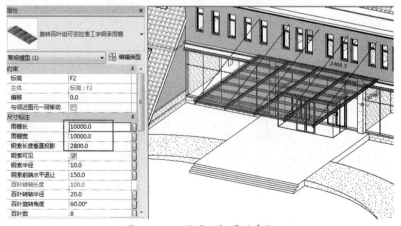

图 10-111　设置雨棚属性参数

第 10 章 楼梯、坡道与雨棚设计

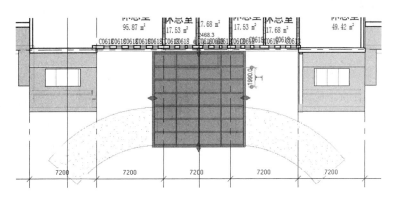

图 10-112 对齐雨棚

⑤ 最终通过鸿业云族 360 设计的雨棚效果如图 10-113 所示。

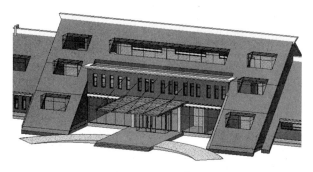

图 10-113 雨棚效果

第 11 章
规范与模型检查

本章内容

当建筑模型创建完成后,设计师需要根据建筑专业规范与标准对建筑的防火、楼梯设计、结构图元、室内空间、建筑性能等进行检测和分析,可使建筑质量和建筑施工效率得到质的提升。本章将详细介绍鸿业乐建 2020 的规范与模型检查功能。

知识要点

- ☑ 防火规范检查
- ☑ 楼梯规范校验
- ☑ 模型检查
- ☑ 净高分析
- ☑ 性能分析

11.1 防火规范检查

鸿业乐建 2020 中提供的防火规范检查功能依据 2015 年 5 月 1 日起执行的《建筑设计防火规范》（GB 50016—2014）。

> 知识点拨：
> 读者可在本章源文件夹中打开《建筑设计防火规范》（GB 50016—2014）进行参阅。

鸿业乐建 2020 的防火规范检查工具如图 11-1 所示。

图 11-1 防火规范检查工具

11.1.1 防火分区面积检测

1. 防火分区的定义与作用

防火分区就是用具有较高耐火极限的墙、楼板等构件划分出的，能在一定时间内阻止火势向同一建筑的其他区域蔓延的防火单元。

防火分区的作用是阻止火势蔓延，为人员、物资的疏散，以及火灾扑救提供条件。

2. 防火分区的划分原则

（1）满足防火规范中规定的面积及构造要求。

（2）作为避难通道使用的楼梯间、前室和走廊，必须受到完全保护，保证其不受火灾侵害。

（3）同一建筑物内，各危险区域之间、不同户型之间、办公用房和生产车间之间，应进行防火分隔处理。

（4）高层建筑中的各种竖井，其本身应是独立的防火单元。

（5）高层建筑在垂直方向应以每个楼层为单元划分防火分区。

（6）所有建筑物的地下室，在垂直方向应以每个楼层为单元划分防火分区。

（7）设有自动喷水灭火系统的防火分区，其允许建筑面积可以适当扩大。

（8）有特殊防火要求的建筑，在防火分区之间应设置更小的防火区域。

3. 防火分区的划分方法

防火分区划分得过小，则势必会影响建筑物的使用功能，而划分得过大，就不会起作用，这样做显然都是行不通的。本章以民用建筑为例，介绍防火分区的划分依据及最大允许建筑面积。

除《建筑设计防火规范（2018年版）》（GB 50016—2014）另有规定外，不同耐火等级建筑的允许建筑高度或层数、防火分区的最大允许建筑面积应符合如表 11-1 所示的规定。

表 11-1　不同耐火等级建筑的允许建筑高度或层数、防火分区的最大允许建筑面积

名　　称	耐火等级	允许建筑高度或层数	防火分区的最大允许建筑面积（m²）	备　　注
高层民用建筑	一、二级	按本规范 5.1.1 条确定	1500	对于体育馆、剧场的观众厅，防火分区的最大允许建筑面积可适当增加
单、多层民用建筑	一、二级	按本规范 5.1.1 条确定	2500	
	三级	5 层	1200	
	四级	2 层	600	
地下或半地下建筑（室）	一级		500	设备用房的防火分区最大允许建筑面积不应大于 1000m²

资料来源：《建筑设计防火规范（2018 年版）》。

> **提示：**
> ① 当建筑内设置自动喷水灭火系统时，可按表 11-1 中规定的防火分区最大允许建筑面积增加 1 倍，局部设置时，防火分区的增加面积可按该局部面积的 1 倍计算。
> ② 裙房与高层建筑主体之间设置防火墙时，裙房的防火分区可按单、多层建筑的要求确定。
> ③ 建筑内设置自动扶梯、敞开楼梯等上、下层相连通的开口时，其防火分区的建筑面积按上、下层相连通的建筑面积叠加计算，当叠加计算后的建筑面积大于《建筑设计防火规范（2018 年版）》第 5.3.1 条的规定时，应划分防火分区。

1）设置中庭

在建筑内设置中庭时，其防火分区的建筑面积应按上、下层相连通的建筑面积叠加计算，当叠加计算后的建筑面积大于《建筑设计防火规范（2018 年版）》第 5.3.1 条的规定时，应符合下列规定。

（1）与周围连通的空间应进行防火分隔。

- 采用防火隔墙时，其耐火极限不应低于 1.00h。
- 采用防火玻璃墙时，其耐火隔热性和耐火完整性不应低于 1.00h。
- 采用耐火完整性不低于 1.00h 的非隔热性防火玻璃墙时，应设置自动喷水灭火系统进行保护。
- 采用防火卷帘时，其耐火极限不应低于 3.00h，并应符合《建筑设计防火规范（2018 年版）》第 6.5.3 条的规定。
- 与中庭相连通的门、窗，应采用发生火灾时能自行关闭的甲级防火门、窗。

（2）高层建筑内的中庭回廊应设置自动喷水灭火系统和火灾自动报警系统。

（3）中庭应设置排烟设施。

（4）中庭内不应布置可燃物。

（5）防火分区之间应采用防火隔墙进行分隔，当有困难时，可采用防火卷帘等防火分隔设施进行分隔，采用防火卷帘分隔时，应符合《建筑设计防火规范（2018 年版）》第 6.5.3 条

的规定。《建筑设计防火规范（2018年版）》第6.5.3条规定，防火分隔部位设置防火卷帘时，应符合下列规定。

- 除中庭外，当防火分隔部位的宽度不大于30m时，防火卷帘的宽度不应大于10m；当防火分隔部位的宽度大于30m时，防火卷帘的宽度不应大于该部位宽度的1/3，且不应大于20m。
- 防火卷帘应具有发生火灾时靠自重自动关闭的功能。
- 除本规范另有规定外，防火卷帘的耐火极限不应低于本规范对所设置部位墙体的耐火极限要求。
- 当防火卷帘的耐火极限符合现行国家标准《门和卷帘的耐火试验方法》（GB/T 7633—2008）有关耐火完整性和耐火隔热性的判定条件时，可不设置自动喷水灭火系统进行保护。
- 当防火卷帘的耐火极限仅符合现行国家标准《门和卷帘的耐火试验方法》（GB/T 7633—2008）有关耐火完整性的判定条件时，应设置自动喷水灭火系统进行保护。自动喷水灭火系统的设计应符合现行国家标准《自动喷水灭火系统设计规范》（GB 50084—2007）的规定，但火灾延续时间不应小于该防火卷帘的耐火极限。
- 防火卷帘应具有防烟功能，与楼板、梁、墙、柱之间的空隙应采用防火封堵材料进行封堵。
- 需在火灾时自动降落的防火卷帘，应具有信号反馈的功能。
- 其他要求应符合现行国家标准《防火卷帘》（GB 14102—2005）的规定。

2）一、二级耐火等级建筑

一、二级耐火等级建筑内的商店营业厅、展览厅，当设置自动喷水灭火系统和火灾自动报警系统并采用不燃或难燃装修材料时，其每个防火分区的最大允许建筑面积应符合下列规定。

（1）设置在高层建筑内时，不应大于4000m^2。

（2）设置在单层建筑或仅设置在多层建筑的首层内时，不应大于10 000m^2。

（3）设置在地下或半地下建筑（室）内时，不应大于2000m^2。

3）总建筑面积大于20 000m^{2}的地下或半地下建筑（室）

（1）总建筑面积大于20 000m^{2}的地下或半地下商店，应采用无门、窗、洞口的防火墙，耐火极限不低于2.00h的楼板分隔为多个建筑面积不大于20 000m^{2}的区域。

（2）相邻区域需要局部连通时，应采用下沉式广场等室外开敞空间、防火隔间、避难走道、防烟楼梯间等方式进行连通，并应符合下列规定。

- 下沉式广场等室外开敞空间应能防止相邻区域的火灾蔓延并便于安全疏散，应符合本规范第6.4.12条的规定。
- 防火隔间的墙应为耐火极限不低于3.00h的防火隔墙，并应符合本规范第6.4.13条的规定。
- 避难走道应符合本规范第6.4.14条的规定。

- 防烟楼梯间的门应采用甲级防火门。

4）顶棚的步行街连接

餐饮、商店等商业设施通过有顶棚的步行街连接，且步行街两侧的建筑需要利用步行街进行安全疏散时，应符合下列规定。

（1）步行街两侧建筑的耐火等级不应低于二级。

（2）步行街两侧建筑向对面的最近距离，均不应小于本规范对相应高度建筑的防火间距的规定且不应小于9m。

（3）步行街的端部在各层均不宜封闭，确实需要封闭时，应在外墙上设置可开启的门窗，且可开启门窗的面积不应小于该部位外墙面积的一半，步行街的长度不宜大于300m。

（4）步行街两侧建筑的商铺之间应设置耐火极限不低于2.00h的防火隔墙，每间商铺的建筑面积不宜大于300m²。

（5）步行街两侧建筑的商铺，其面向步行街一侧的围护构件的耐火极限不应低于1.00h，并宜采用实体墙，其门、窗应采用乙级防火门、窗。

- 当采用防火玻璃墙（包括门、窗）时，其耐火隔热性和耐火完整性不应低于1.00h。
- 当采用耐火完整性不低于1.00h的非隔热性防火玻璃墙（包括门、窗）时，应设置闭式自动喷水灭火系统进行保护。
- 相邻商铺之间面向步行街一侧应设置宽度不小于1m、耐火极限不低于1.00h的实体墙。

（6）当步行街两侧的建筑为多个楼层时，每层面向步行街一侧的商铺均应设置防止火灾竖向蔓延的设施，并应符合本规范第6.2.5条的规定。

> 提示：
> 设置回廊或挑檐时，其出挑宽度不应小于1.2m，步行街两侧的商铺在上部各层需设置回廊和连接天桥时，应保证步行街上部各层楼板的开口面积不应小于步行街地面面积的37%，且开口宜均匀布置。

（7）步行街两侧建筑内的疏散楼梯应靠外墙设置并宜直通室外，设置确实有困难时，可在首层直接通至步行街。

- 首层商铺的疏散门可直接通至步行街，步行街内任意一点到达最近室外安全地点的步行距离不应大于60m。
- 步行街两侧建筑二层及以上各层商铺的疏散门至该层最近疏散楼梯口或其他安全出口的直线距离不应大于37.5m。

（8）步行街的顶棚材料应采用不燃或难燃材料，其承重结构的耐火极限不应低于1.00h，步行街内不应布置可燃物。

（9）步行街的顶棚下檐距离地面的高度不应小于6m，顶棚应设置自然排烟设施并宜采用常开式的排烟口，且自然排烟口的有效面积不应小于步行街地面面积的25%，常闭式自然排烟设施应能在发生火灾时手动和自动开启。

（10）步行街两侧建筑的商铺外应每隔30m设置DN65的消火栓，并应配备消防软管卷盘或消防水龙，商铺内应设置自动喷水灭火系统和火灾自动报警系统，每层回廊均应设置自动喷水灭火系统,步行街内宜设置自动跟踪定位射流灭火系统。

(11)步行街两侧建筑的商铺内、外均应设置疏散照明、灯光疏散指示标志和消防应急广播系统。

> 提示:
> 以上是关于民用建筑的防火分区的介绍,读者在装修的时候,一定要灵活运用,因为在设计、审核和检查时,必须结合工程实际,严格执行。

4. 防火分区划分与面积检测案例

下面以某行政办公大楼一层的防火分区划分为例,详细讲解操作流程。办公大楼共5层,属于低、多层民用建筑,采用防火墙、防火卷帘或加水幕保护、甲级防火门窗分割等措施,如图11-2所示。

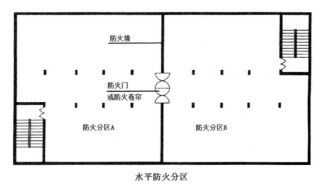

图 11-2 防火分区示意图

本例中办公大楼一层的总建筑面积为 742.62m²,耐火等级为三级。一层平面图如图 11-3 所示。

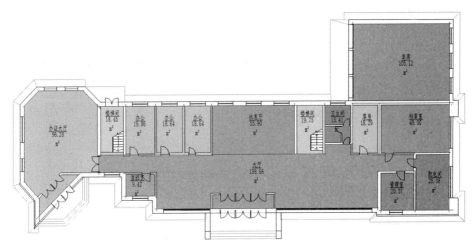

图 11-3 办公楼一层平面图

从防火的角度看,防火分区划分得越小,越有利于保证建筑物的防火安全,当然不能过小。防火分区建筑面积的确定应考虑建筑物的使用性质、重要性、火灾危险性、建筑物高度、消防扑救能力及火灾蔓延的速度等因素。

鉴于此,按使用性质将办公楼一层划分为3个防火分区。

- 车库、库房、档案室、配电间和管理室为一个防火分区(水平分区)。
- 卫生间、大厅、办公室、值班室和办证大厅为一个防火分区(水平分区)。
- 两个楼梯间为独立的一个防火分区(垂直分区)。

上机操作——防火分区面积检测

① 打开本例源文件【行政办公楼.rvt】,如图11-4所示。
② 切换到【面积平面(防火分区面积)】视图节点下的【F1】楼层平面视图,如图11-5所示。

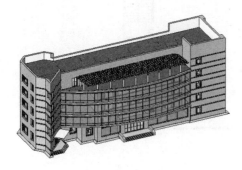

图11-4 本例源文件【行政办公楼.rvt】

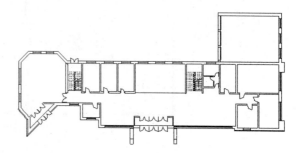

图11-5 防火分区【F1】楼层平面视图

③ 在【房间\面积】选项卡的【面积】面板中单击【防火分区】按钮,打开【生成防火分区】对话框。在该对话框中选择【多选房间生成】绘制方式,然后选择车库、库房、档案室、配电间和管理室,在选项栏中单击【完成】按钮,系统自动生成防火分区,如图11-6所示。

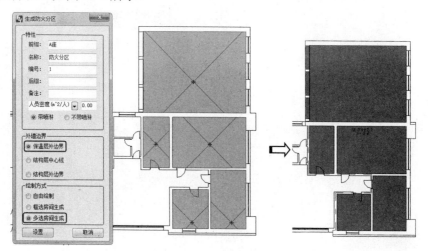

图11-6 选择房间生成防火分区

④ 同理，选择楼梯间生成防火分区。最后选择其余房间生成防火分区。如果选择房间后不能自动生成防火分区，可以在【生成防火分区】对话框中选择【自由绘制】绘制方式，手动绘制防火分区。创建完成的防火分区如图 11-7 所示。

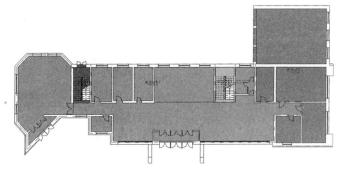

图 11-7　创建完成的防火分区

⑤ 单击【颜色方案】按钮，创建颜色填充图例，如图 11-8 所示。

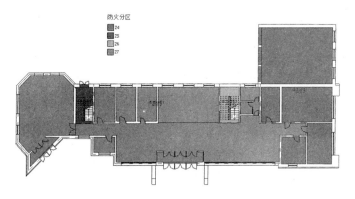

图 11-8　创建颜色填充图例

⑥ 选中颜色填充图例，单击【编辑方案】按钮，打开【编辑颜色方案】对话框。在【方案定义】选项组中选择【颜色】下拉列表中的【区域编号】选项，单击【应用】按钮应用新的颜色方案，如图 11-9 所示。

图 11-9　编辑颜色方案

⑦ 应用新的颜色方案后的防火分区，如图 11-10 所示。

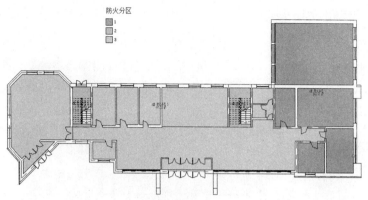

图 11-10　应用新的颜色方案后的防火分区

⑧ 在【规范\模型检查】选项卡的【防火规范检查】面板中单击【防火分区面积检测】按钮，打开【楼层选择】对话框。仅勾选【F1】复选框，单击【确定】按钮，系统自动检测防火分区面积并打开【检测结果】对话框，如图 11-11 所示。

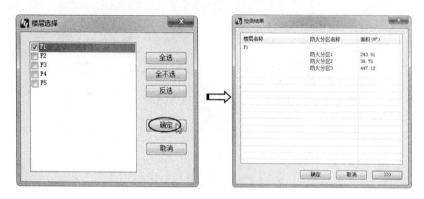

图 11-11　防火分区面积检测

⑨ 在【检测结果】对话框下方单击 >>> 按钮，展开对话框显示【参考规范】。根据参考规范对照防火分区检测结果，如图 11-12 所示。

图 11-12　根据参考规范对照防火分区检测结果

11.1.2 防火门检测

防火门的检测项目包括等级检测、方向检测和标注检测。防火门的检测只能在楼层平面视图中进行。下面通过案例讲解【防火门等级检测】、【防火门方向检测】和【防火门标注检测】工具的基本用法。

💻 上机操作——防火门检测

① 使用上一个案例，或者打开源文件【行政办公楼-1.rvt】。

② 切换到【F1】楼层平面视图。在【模型\检查】选项卡的【防火规范检查】面板中单击【防火门等级检测】按钮，打开【楼层选择】对话框。勾选除【室外地坪】外的其他复选框，单击【确定】按钮，如图11-13所示。

③ 系统自动搜索楼层中的所有门族，并打开【防火门等级检测】对话框，如图11-14所示。该对话框中列出了当前【F1】楼层中的4种门族。

图11-13 楼层选择（1）   图11-14 【防火门等级检测】对话框

④ 列出的门族并非防火门。选中轴号为①、名称为【M-2】的门族，单击【防火构件】按钮，在打开的【族替换】对话框中选择【族库】选项，并勾选【单扇钢制防火门】复选框，单击【确定】按钮后，自动完成所有防火门族的替换，如图11-15所示。

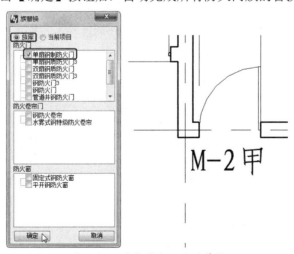

图11-15 完成防火门族的替换

⑤ 在【防火门等级检测】对话框的【标线下防火墙】选项卡中列出了所有楼层中标高线以下的防火墙，单击【防火墙封闭】按钮，可将楼层中没有封闭的防火墙进行封闭，单击【关闭】按钮完成防火门的等级检测，如图 11-16 所示。

⑥ 在【防火规范检查】面板中单击【防火门方向检测】按钮，打开【楼层选择】对话框。依次单击【全选】按钮和【确定】按钮，确定所选楼层，如图 11-17 所示。

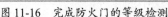

图 11-16　完成防火门的等级检测　　　　图 11-17　楼层选择（2）

⑦ 打开【防火门方向检测】对话框。可以看出有两种门族不支持链接门定位，需要进行修改。依次单击【全选】按钮和【修改】按钮，系统自动完成方向检测并修改所选的门族，修改完成后将不会有门族显示在列表中，如图 11-18 所示。

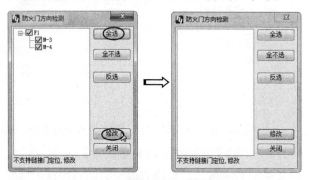

图 11-18　完成防火门的方向检测

⑧ 单击【防火门标注检测】按钮，打开【楼层选择】对话框。依次单击【全选】按钮和【确定】按钮，打开【防火门未标注检测结果】对话框。依次单击【全选】按钮和【确定】按钮，系统自动完成所有防火门的标注，如图 11-19 所示。

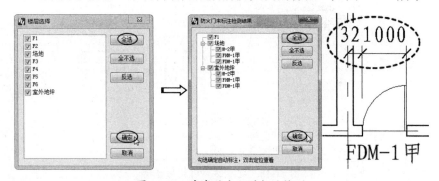

图 11-19　完成防火门的标注检测

11.1.3 前室面积检测

前室是设置在人流进入消防电梯、防烟楼梯间或者没有自然通风的封闭楼梯间之前的过渡空间，如图 11-20 所示。

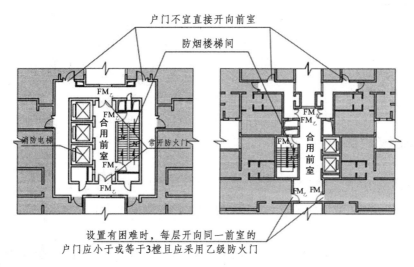

图 11-20 消防电梯、防烟楼梯间的前室示意图

上机操作——前室面积检测

① 单击【前室面积检测】按钮，打开【楼层选择】对话框，如图 11-21 所示。选择要检测的楼层，单击【确定】按钮打开【前室检查结果】对话框。

② 【前室检查结果】对话框中列出了所有含有前室的楼层，单击【手动添加】按钮，在打开的【手动添加前室】对话框中设置添加前室的【操作方式】和【类型属性】，如图 11-22 所示。

图 11-21 【楼层选择】对话框

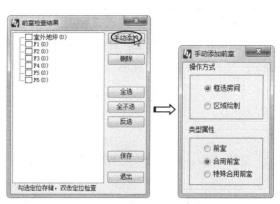

图 11-22 手动添加前室

③ 手动添加前室后，选择所有楼层（或单击【全选】按钮），然后单击【保存】按钮，对列表框中的前室数据进行存储，并完成前室的面积检测操作，系统会给出检测结果，最后单击【确定】按钮确认检测结果，如图 11-23 所示。

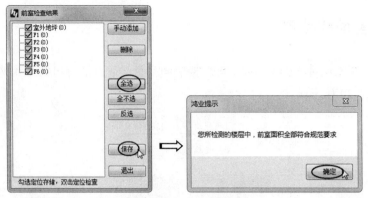

图 11-23 完成前室的面积检测

11.1.4 疏散距离检测

民用建筑应根据其建筑高度、规模、使用功能、耐火等级等因素合理设置安全疏散和避难设施。安全出口和疏散门的位置、数量、宽度及疏散楼梯间的形式应满足人员安全疏散的要求。

建筑的安全疏散和避难设施主要包括疏散门、疏散走道、安全出口或疏散楼梯（包括室外楼梯）、避难走道、避难间或避难层、疏散指示标志和应急照明，有时还要设置疏散诱导广播等。

安全出口和疏散门的位置、数量、宽度，疏散楼梯的形式和疏散距离，避难区域的防火保护措施，对于满足人员安全疏散至关重要。而这些与建筑的高度、楼层或一个防火分区、房间的大小，以及内部布置、室内空间高度和可燃物的数量、类型等关系密切。设计时应区别对待，充分考虑区域内使用人员的特性，结合上述因素合理设置相应的疏散和避难设施，为人员疏散和避难提供安全的条件。

1. 建筑设计中关于疏散门的规定

（多层建筑设计防火规范第 5.3.8 条）公共建筑和通廊式非住宅类居住建筑中各房间疏散门的数量应经过计算确定，且不应少于 2 个，该房间相邻 2 个疏散门最近边缘之间的水平距离不应小于 5m。当符合下列条件之一时，可设置 1 个疏散门。

（1）房间位于 2 个安全出口之间，且建筑面积小于或等于 $120m^2$，疏散门的净宽度不小于 0.9m。

（2）除托儿所、幼儿园、疗养院建筑外，房间位于走道尽端，且由房间内任意一点到疏散门的直线距离小于或等于 15m，其疏散门的净宽度不小于 1.4m。

（3）歌舞娱乐放映游艺场所内建筑面积小于或等于 $50m^2$ 的房间。

（多层建筑设计防火规范第 5.3.9 条）剧院、电影院和礼堂的观众厅，其疏散门的数量应经过计算确定，且不应少于 2 个。每个疏散门的平均疏散人数不应超过 250 人；当容纳人数超过 2000 人时，其超过 2000 人的部分，每个疏散门的平均疏散人数不应超过 400 人。

（多层建筑设计防火规范第 5.3.12 条）地下、半地下建筑（室）房间疏散门的设置应符合下列规定。

（1）房间建筑面积小于或等于 50m^2，且经常停留人数不超过 15 人时，可设置 1 个疏散门。

（2）歌舞娱乐放映游艺场所的安全出口不应少于 2 个，其中，每个厅室或房间的疏散门不应少于 2 个。当其建筑面积小于或等于 50m^2，且经常停留人数不超过 15 人时，可设置 1 个疏散门。

（多层建筑设计防火规范第 5.3.10 条）体育馆的观众厅，其疏散门的数量应经过计算确定，且不应少于 2 个，每个疏散门的平均疏散人数不宜超过 400～700 人。

（高层建筑设计防火规范第 6.1.12.3 条）人员密集的厅、室疏散出口总宽度，其通过人数应按 1m/百人计算。

（高层建筑设计防火规范第 6.1.7 条）高层建筑内的观众厅、展览厅、多功能厅、餐厅、营业厅、阅览室等，其室内任意一点至最近的疏散出口的直线距离，不宜超过 30m；其他房间内最远一点至房门的直线距离不宜超过 15m。

（高层建筑设计防火规范第 6.1.8 条）公共建筑中位于两个安全出口之间的房间，当其建筑面积不超过 60m^2 时，可设置一个疏散门，门的净宽不应小于 0.9m。公共建筑中位于走道尽端的房间，当其建筑面积不超过 75m^2 时，可设置一个疏散门，门的净宽不应小于 1.4m。

（高层建筑设计防火规范第 6.1.12.2 条）高层建筑中地下、半地下建筑（室）的安全疏散，房间面积不超过 50m^2，停留人数不超过 15 人的房间，可设置一个疏散门。

2. 建筑设计中关于疏散距离的规定

（1）营业厅内任意一点至最近安全出口的直线距离不宜大于 30m，且行走距离不应大于 45m。

（2）高层建筑内的观众厅、展览厅、多功能厅、餐厅、营业厅、阅览室等，其室内任意一点至最近的疏散出口的直线距离，不宜超过 30m；其他房间内最远一点至房门的直线距离不宜超过 15m。

（3）楼梯间的首层应设置直通室外的安全出口或在首层采用扩大封闭楼梯间。当层数不超过 4 层时，可将直通室外的安全出口设置在离楼梯间小于或等于 15m 处。

（4）房间内任意一点到该房间直接通向疏散走道的疏散门的距离，不应大于表 11-2 中规定的袋形走道两侧或尽端的疏散门至安全出口的最大距离。

表 11-2 直接通向疏散走道的房间的疏散门至最近安全出口的最大距离

单位：m

名 称	位于两个安全出口之间的疏散门			位于袋形走道两侧或尽端的疏散门		
	耐火等级			耐火等级		
	一、二级	三 级	四 级	一、二级	三 级	四 级
托儿所、幼儿园	25	20		20	15	
医院、疗养院	35	30		20	15	

续表

名称	位于两个安全出口之间的疏散门			位于袋形走道两侧或尽端的疏散门		
	耐火等级			耐火等级		
	一、二级	三级	四级	一、二级	三级	四级
学校	35	30		22	20	
其他民用建筑	40	35	25	22	20	15

注：① 一、二级耐火等级的建筑物内的观众厅、多功能厅、餐厅、营业厅、阅览室等，室内任意一点至最近安全出口的直线距离不大于 30m。

② 敞开式外廊建筑的房间疏散门至安全出口的最大距离可按本表增加 5m。

③ 建筑物内全部设置自动喷水灭火系统时，其安全疏散距离可按本表规定增加 25%。

④ 房间内任意一点到该房间直接通向疏散走道的疏散门的距离计算：住宅应为最远房间内任意一点到户门的距离；跃层式住宅内的户内楼梯的距离可按其梯段总长度的水平投影尺寸计算。

3. 鸿业乐建 2020 疏散距离检测工具

疏散距离检测工具在【规范\模型检查】选项卡的【防火规范检查】面板中，如图 11-24 所示。

图 11-24 疏散距离检测工具

下面以办公大楼项目的疏散距离检测为例，详细介绍疏散距离检测的操作过程。

上机操作——疏散距离检测

① 打开本例源文件【行政办公大楼-2.rvt】，如图 11-25 所示。切换到【F1】楼层平面视图。

图 11-25 本例源文件【行政办公大楼-2.rvt】

② 房间疏散门间距检测。单击【房间疏散门间距】按钮，在打开的【楼层选择】对话框中选择所有楼层，并单击【确定】按钮，随后系统会提示没有找到前室，可以单击【是】按钮重新检测，检测结果将显示在【前室检查结果】对话框中，如图 11-26 所示。

第 11 章 规范与模型检查

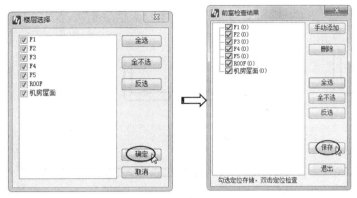

图 11-26 楼层选择及前室检查

③ 单击【保存】按钮，打开【疏散门间距检测】对话框，如图 11-27 所示。该对话框中列出了所有楼层中疏散门的间距检测结果。在【规范值】列中，系统根据新规范列出了疏散门的规范值，在【设计值】列中则列出了当前项目中疏散门的实际值，对于间距值相差不大的门，可以忽略；对于间距值相差较大的门，可以做出适当的修改。

图 11-27 【疏散门间距检测】对话框

④ 接近规范值的门可以在【是否信任】列中勾选复选框，间距值相差较大的主要为【F3】和【F4】楼层。单击【确定】按钮，关闭【疏散门间距检测】对话框。切换到【F3】楼层平面视图，并重新单击【房间疏散门间距】按钮进行检测，检测结果中仅显示不被信任的门间距值。在【门洞口名称】列中双击【F3】楼层中的【M1】门族，可以切换到【F3】楼层平面视图中的 M1 门位置上，如图 11-28 所示。

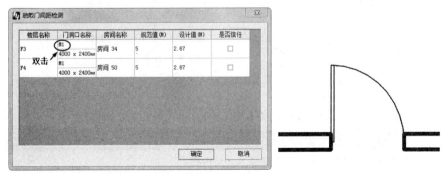

图 11-28 重新检测房间疏散门间距找到要修改的门

⑤ 关闭【疏散门间距检测】对话框，在【F3】楼层平面视图中，修改门的位置，如图 11-29 所示。

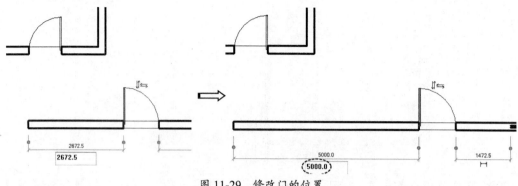

图 11-29 修改门的位置

⑥ 此时再重新进行检测，系统会提示【F3】楼层中所有房间疏散门全部满足规范要求，如图 11-30 所示。同理，切换到【F4】楼层平面视图中，对【M1】疏散门进行相同的修改。

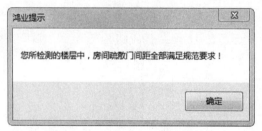

图 11-30 再次检测后的系统提示

⑦ 房间内疏散距离检测。切换到【F1】楼层平面视图。单击【房间内疏散距离】按钮，在打开的【楼层选择】对话框中选择所有楼层并单击【确定】按钮，然后在打开的【建筑类型】对话框中设置【建筑类型】和【耐火等级】选项，单击【确定】按钮，如图 11-31 所示。

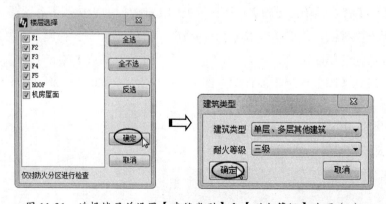

图 11-31 选择楼层并设置【建筑类型】和【耐火等级】选项（1）

> **知识点拨：**
> 要进行房间内疏散距离检测，必须先创建防火分区面积。

⑧ 系统会给出【均符合规范】的提示，如图 11-32 所示。说明整栋办公楼的房间内疏散距离设置是符合《建筑设计防火规范（2018 年版）》的。

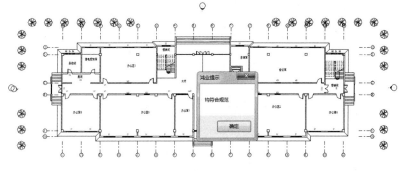

图 11-32 完成房间内疏散距离检测

⑨ 房间门疏散距离检测。单击【房间门疏散距离】按钮，在打开的【楼层选择】对话框中选择所有楼层并单击【确定】按钮，然后在打开的【建筑类型】对话框中设置【建筑类型】和【耐火等级】选项，如图 11-33 所示。

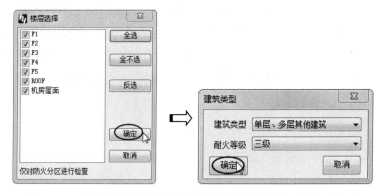

图 11-33 选择楼层并设置【建筑类型】和【耐火等级】选项（2）

⑩ 系统会给出【疏散距离全部符合规范】的提示，如图 11-34 所示。说明整栋办公楼的房间门疏散距离设置是符合《建筑设计防火规范（2018 年版）》的。

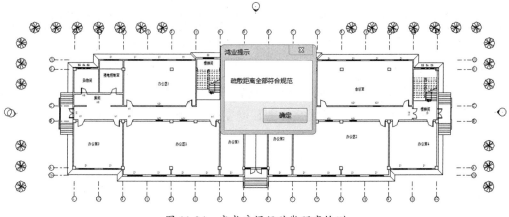

图 11-34 完成房间门疏散距离检测

⑪ 水平门窗距离检测（根据测量的建筑水平方向相邻防火分区间的门窗距离判断是否满足规范要求）。单击【水平门窗距离】按钮，在打开的【选择视图】对话框中选择所有楼层并单击【确定】按钮，随后系统给出【您所检测的楼层中，门窗洞口的水平距离全部满足规范要求！】的提示，如图11-35所示。

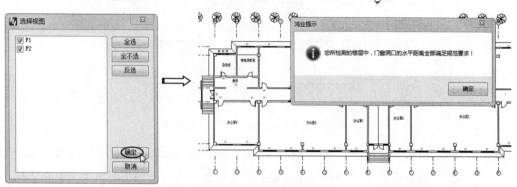

图11-35 完成水平门窗距离检测

⑫ 垂直门窗距离检测（根据测量的建筑垂直方向相邻的门窗距离判断是否满足规范要求）。单击【垂直门窗距离】按钮，在打开的【选择视图】对话框中选择所有楼层并单击【确定】按钮，然后在打开的【垂直距离检测喷淋信息】对话框中选择【是】选项，并单击【确定】按钮，系统自动完成检测，如图11-36所示。

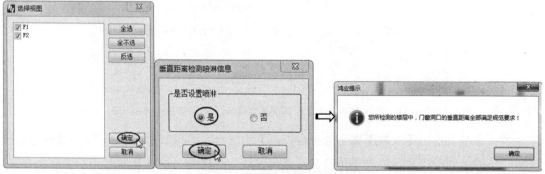

图11-36 完成垂直门窗距离检测

> **知识点拨：**
> 要进行垂直门窗距离检测，必须选择两个或两个以上的楼层才能完成此项操作。

⑬ 疏散宽度检测（消防安全出口的宽度检测）。单击【疏散宽度检测】按钮，在打开的【楼层选择】对话框中选择所有楼层并单击【确定】按钮，然后在打开的【建筑信息】对话框中设置【建筑信息】和【耐火等级】选项，如图11-37所示。

第 11 章　规范与模型检查

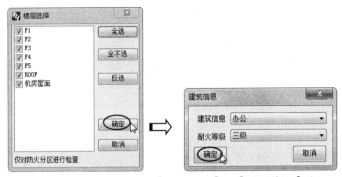

图 11-37　选择楼层并设置【建筑信息】和【耐火等级】选项

> **知识点拨：**
> 疏散宽度是按照百人疏散的宽度指标进行计算的，在允许疏散时间内，以单股人流形式计算所需的疏散宽度。计算公式如下：
>
> $$百人疏散宽度 = \frac{N}{At} b$$
>
> 式中，N 表示疏散人数（100 人）；t 表示允许疏散时间（min）；A 表示单股人流同行能力（平、坡地面为 43 人/min；阶梯地面为 37 人/min）；b 表示单股人流宽度（0.55～0.60m）。

⑭ 防火分区疏散宽度检测结果如图 11-38 所示。根据得到的结果，结合《建筑设计防火规范（2018 年版）》中的疏散宽度规定，若发现【设计宽度】值不符合要求，则可以对其进行更改。本例中有 2 个防火分区的【设计宽度】（为 0.00m）不符合要求，实际上是在创建防火分区时用房间分隔法进行创建的，没有前室及防火门，所以显示【设计宽度】为【0.00m】。楼梯间与走廊通道连接在一起的，不存在疏散问题。在【是否信任】列中选择所有防火分区，并在对话框底部单击【信任】按钮，结束检测操作。

图 11-38　防火分区疏散宽度检测结果

⑮ 疏散距离测量。单击【疏散距离测量】按钮，打开【疏散距离测量结果】对话框。此对话框是一个测量工具，测量前可单击【参考规范】按钮，在打开的【规范检查】对话框中查看疏散距离规范。例如，本例是多层建筑，耐火等级为三级，而即将要测量的就是位于两个安全出口之间的疏散门的直线距离（为 35m），如图 11-39 所示。

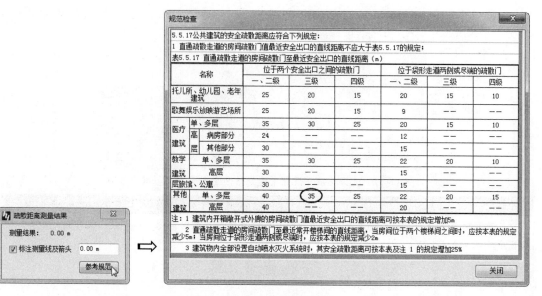

图 11-39 查看疏散距离规范

⑯ 单击【关闭】按钮，然后在【F1】楼层平面视图中将测量起点选取在前大门，测量终点选取在后大门，得到测量结果，如图 11-40 所示。没有超出疏散距离规范规定的最大值，说明是符合疏散距离规范的。

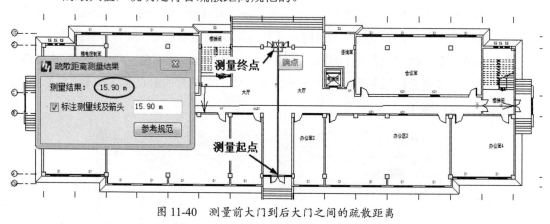

图 11-40 测量前大门到后大门之间的疏散距离

11.2 楼梯规范校验

鸿业乐建 2020 的楼梯规范校验用于检测建筑项目中楼梯与坡道设计是否符合建筑设计规范，比如，楼梯净高、梯段宽度、踏步宽度、踏步高度、平台净高/净宽、坡道高度/宽度/长度/坡度及水平长度等。

上机操作——楼梯规范校验

① 打开本例源文件【行政办公楼-3.rvt】。切换到【F1】楼层平面视图。

第 11 章 规范与模型检查

② 在【楼梯规范校验】面板中单击【楼梯规范校验】按钮，打开【楼梯/坡道检测】对话框，如图 11-41 所示。

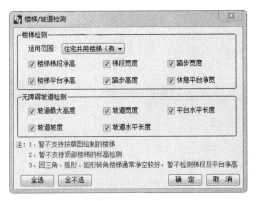

图 11-41 【楼梯/坡道检测】对话框

③ 在【适用范围】下拉列表中选择【办公】选项，并勾选所有复选框，再单击【确定】按钮，系统自动检测项目中所有楼层的楼梯及坡道，并给出检测结果，如图 11-42 所示。单击【确定】按钮确认结果。

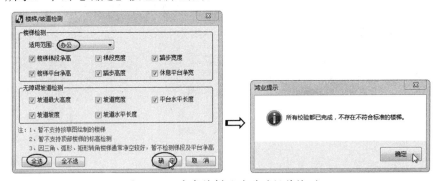

图 11-42 完成楼梯及坡道的规范检测

11.3 模型检查

模型检查工具用于对项目模型中的图元进行属性对比、误差检查、连接处理及图形操作等。

1. 模型对比

【模型对比】工具用于对加载的两个模型的族、属性字段等进行对比。单击【模型对比】按钮，打开【模型对比】对话框。依次单击【加载文件 1】按钮和【加载文件 2】按钮，分别载入要进行对比的模型文件，单击【开始比对】按钮，得到模型对比结果，如图 11-43 所示。

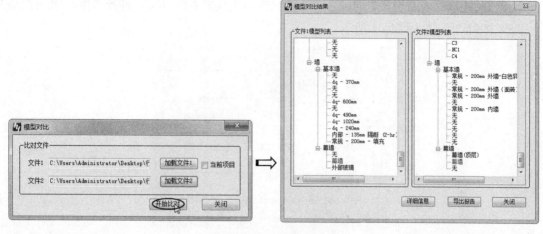

图 11-43 模型对比结果

> **知识点拨：**
> 可以勾选【模型对比】对话框中的【当前项目】复选框，与加载的文件 2 进行对比。

【模型对比结果】对话框中列出了两个项目中相对应的族，要进行对比的族以红色字体显示。选择一个对比中的族（红色字体），单击【详细信息】按钮可查看对比信息，如图 11-44 所示。单击【导出报告】按钮，将模型对比结果导出为 Excel 文件，如图 11-45 所示。

图 11-44 查看对比信息

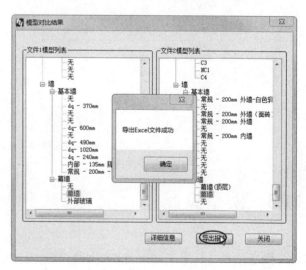

图 11-45 导出报告

2. 提资对比

【提资对比】工具通过对比前后提资的两个 Revit 文件，提示两个文件中存在的差异。单击【提资对比】按钮，打开【提资对比】对话框，单击【加载文件】按钮，载入要与当前项目进行提资对比的 Revit 文件，最后单击【确定】按钮，完成提资对比，如图 11-46 所示。

图 11-46　提资对比

3. 链接模型对比

【链接模型对比】工具用于对比链接模型中的墙体，当墙体结构层与结构墙发生重合时，则以链接结构墙为主，对建筑墙体进行物理扣减。单击【链接模型对比】按钮，系统自动完成链接模型的对比，并打开【鸿业提示】对话框，如图 11-47 所示。

图 11-47　链接模型对比完成的提示

4. 误差墙检查

当链接模型的墙体与墙中心线出现错位时，可以利用【误差墙检查】工具进行检查，可以检查出误差小于 0.8mm 的墙体，如图 11-48 所示。

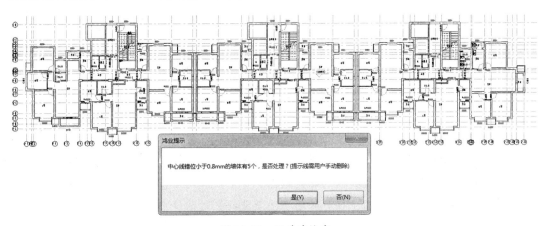

图 11-48　误差墙检查

5. 连接处理

利用【连接处理】工具系统可以自动对项目中的墙、梁、柱等进行连接检测。单击【连接处理】按钮，打开【构件连接检测】对话框。可以框选构件，还可以设置当前层的所有构件或者整个项目的构件，单击【确定】按钮，在打开的【楼层选择】对话框中选择所有楼层，再单击【确定】按钮，打开【未处理检测结果】对话框，最后单击【处理】按钮，自动完成项目中所有构件的连接，如图 11-49 所示。

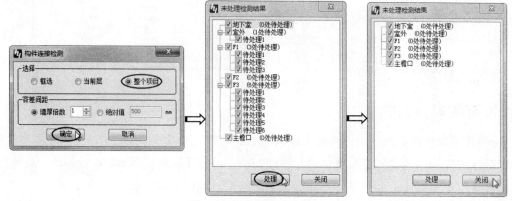

图 11-49　构件自动连接

6. 模型扣减

【模型扣减】工具用于设定柱、墙、梁、板之间的扣减关系。单击【模型扣减】按钮，打开【选择】对话框。可以单击【设置】按钮查看模型扣减规则，如图 11-50 所示。

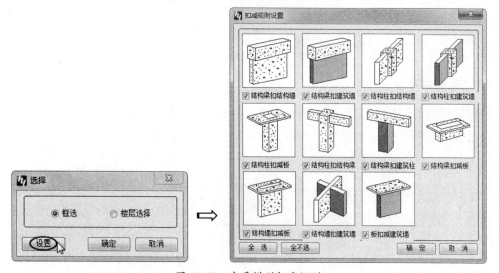

图 11-50　查看模型扣减规则

选择一种或多种扣减规则后，单击【确定】按钮返回【选择】对话框，有两种选择方式。
- 框选：框选要进行模型扣减的结构构件。
- 楼层选择：选择此选项，在打开的【楼层选择】对话框中选择要进行模型扣减操作的楼层。

选择【楼层选择】选项，选择所有楼层进行扣减操作，随后系统给出【模型扣减完成】的提示，如图 11-51 所示。

图 11-51 【模型扣减完成】的提示

7. 取消扣减

用户可以利用【取消扣减】工具,手动选择要取消扣减的构件实体。

8. 连接几何图形

【连接几何图形】工具等同于 Revit 的【修改】选项卡中的【连接几何图形】工具,可以将图元进行布尔求和运算。

11.4 净高分析

净高分析包括楼层净高分析、夹层净高分析、窗口净高分析、楼梯净高分析等。鸿业乐建 2020 的净高分析工具如图 11-52 所示。

1. 净高设置

【净高设置】工具用于设置净高平面、净高标注样式、板类型等。单击【净高设置】按钮,打开【净高设置】对话框,如图 11-53 所示。

图 11-52 净高分析工具

图 11-53 【净高设置】对话框

- 填充方案:以填充图案的形式来填充净高平面。单击【填充方案】按钮,打开【图案填充方案】对话框,如图 11-54 所示。通过该对话框,可以查看各净高平面代表的净高值、颜色、可见性、填充样式、图案等。当然也可以先单击【清空方案】按钮,再单击【方案添加】按钮,以此创建颜色填充方案。

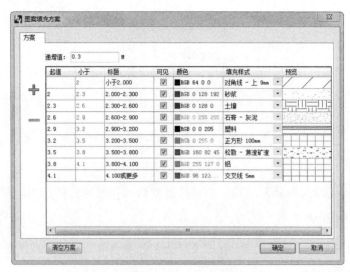

图 11-54 【图案填充方案】对话框

- 颜色方案：以填充颜色的形式来填充净高平面，单击【颜色方案】按钮，打开【颜色填充方案】对话框，如图 11-55 所示。

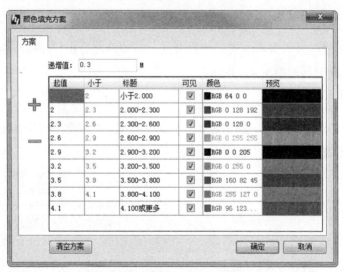

图 11-55 【颜色填充方案】对话框

- 净高值标注：勾选此复选框，净高平面创建完成后系统将自动完成标注。
- 方案图例：勾选此复选框，净高平面创建完成后系统将自动创建颜色填充图例。
- 更新当前视图中已完成的布置：勾选此复选框，单击【确定】按钮，把净高设置更新到当前的视图中。
- 类型设置：单击此按钮，可以设置检测的楼板类型。如果不选择楼板，则将不会对项目进行净高分析。

2. 净高检查

【净高检查】工具用于对所选房间或区域的楼层净高进行分析检查。单击【净高检查】按钮，打开【净高检测方式】对话框，如图 11-56 所示。

第 11 章 规范与模型检查

图 11-56 【净高检测方式】对话框

区域绘制：选择此选项，将利用区域绘制工具来绘制要检测的范围，如图 11-57 所示。

图 11-57 区域绘制工具

- 区域选择：选择此选项，可以通过选择净高平面区域来确定检测范围，如图 11-58 所示。
- 楼层标高：选择此选项，可以通过选择楼层标高来确定检测范围，如图 11-59 所示。

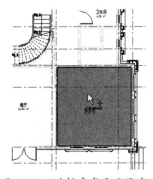

图 11-58 选择净高平面区域

图 11-59 选择楼层标高

- 框选房间：选择此选项，可以框选单个或多个房间来进行净高检测（前提是先生成房间）。

选择一种检测方式后，单击【确定】按钮，选取检测范围，随后打开【净高检测】对话框，如图 11-60 所示。此对话框将列出不满足【最低净高】值的所有构件。用户可以设置【最低净高】值，并单击【刷新】按钮，重新检测净高。

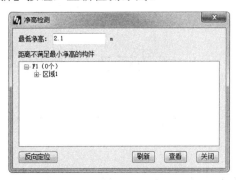

图 11-60 【净高检测】对话框

3. 净高平面

【净高平面】工具用于创建净高分析的平面。创建净高平面后,净高平面将按照【净高设置】对话框中设置的【净高平面方案】和【标注】进行显示。

切换到某一个楼层平面视图(如【F1】楼层)。单击【净高平面】按钮,打开【净高平面绘制】对话框,如图 11-61 所示。

图 11-61　【净高平面绘制】对话框

- 区域绘制:选择此选项,利用区域绘制工具来绘制净高平面区域。
- 框选房间:框选单个或多个房间来创建净高平面。

当没有创建房间时,可以使用【区域绘制】方式;已经创建房间的使用【框选房间】方式比较便捷。单击【确定】按钮,并单击选项栏中的【完成】按钮,系统自动创建净高平面,如图 11-62 所示。

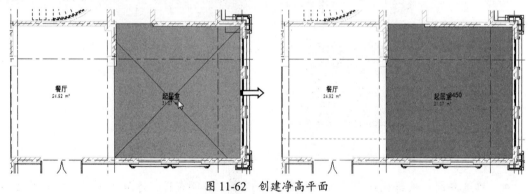

图 11-62　创建净高平面

创建净高平面后,在【项目浏览器】选项板的【视图(全部)】|【楼层平面】视图节点中会自动生成该楼层的【净高分析图-F1】视图,如图 11-63 所示。

图 11-63　自动生成的【净高分析图-F1】视图

4. 净高刷新

当重新创建净高平面并修改净高值后,单击【净高刷新】按钮即可将修改应用到项目中。

11.5 性能分析

鸿业乐建 2020 的性能分析工具主要提供项目窗墙比的粗略计算和项目体系参数的粗略计算功能，供设计师参考。性能分析工具包括窗墙比分析和体形系数分析。

1. 窗墙比分析

窗墙比中的墙是指一层室内地坪线至屋面高度线（不包括女儿墙和勒脚高度）的围护结构。窗墙比是建筑和建筑热工节能设计中常用的一个指标。单击【窗墙比分析】按钮，系统会自动计算整个项目中的窗墙比，并自动生成窗墙比表格，如图 11-64 所示。

2. 体形系数分析

建筑物与室外大气接触的外表面积与其所包围的体积的比值就称为体形系数。

外表面积中不包括地面、不采暖楼梯间隔墙和户门的面积，也不包括女儿墙、屋面层的楼梯间与设备用房等的墙体。突出墙面的构件，如空调板在计算时忽略掉，按完整的墙体计算即可。

单击【体形系数】按钮，系统自动对项目进行体形系数计算，并打开包含计算结果的【体形系数】对话框，如图 11-65 所示。

	方向	设计值
窗墙比	东	0.06
	南	0.15
	西	0.11
	北	0.18

图 11-64 自动生成的窗墙比表格

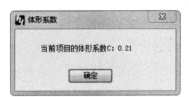

图 11-65 【体形系数】对话框

第 12 章
场地景观设计

本章内容

整体建筑模型创建完成后,我们会在该建筑中或者周围进行场地设计,也就是进行园林景观设计。本章将详细讲解 Revit 的景观设计思路及操作步骤。

知识要点

- ☑ 确定项目位置
- ☑ 景观地形设计
- ☑ 应用云族 360 设计景观

12.1 确定项目位置

Revit 提供了可定义项目地理位置和项目坐标的工具。

【地点】工具用于指定建筑项目的地理位置信息，包括位置、天气情况和场地。此工具对于后期渲染时进行日光研究和漫游很有用。

💻 上机操作——设置项目地点

① 单击【管理】选项卡的【项目位置】面板中的【地点】按钮 ⊕，打开【位置、气候和场地】对话框，如图 12-1 所示。

图 12-1 【位置、气候和场地】对话框

② 设置【位置】选项卡中的选项。【位置】选项卡中的选项用于设置本项目在地球上的精确地理位置。定义位置的依据包括【默认城市列表】和【Internet 映射服务】。

③ 图 12-1 中显示的是【Internet 映射服务】位置依据。用户可以手动输入项目地址，如输入【南极洲】，即可利用内置的 bing 地图进行搜索，得到新的地理位置，如图 12-2 所示。搜索到项目地址后，会显示 📍 图标，鼠标指针靠近该图标将显示经纬度和项目地址信息。

图 12-2 手动搜索项目地址

④ 选择【默认城市列表】选项，用户可以从【城市】下拉列表中选择一个城市作为当前项目的地理位置，如图 12-3 所示。

图 12-3 默认城市列表

⑤ 设置【天气】选项卡中的选项。【天气】选项卡中的天气情况是 MEP 系统设计工程师最重要的气候参考条件。默认显示的气候条件是参考的当地气象站的统计数据，如图 12-4 所示。

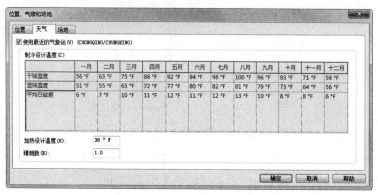

图 12-4 【天气】选项卡中的天气情况

⑥ 如果用户需要获取更精准的气候数据，则需要在本地亲自测量，获取真实天气情况，然后取消勾选【使用最近的气象站】复选框，手动修改天气数据，如图 12-5 所示。

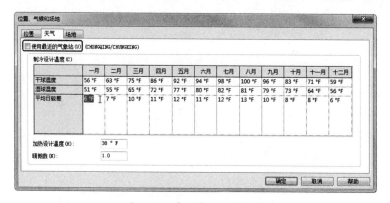

图 12-5 手动修改天气数据

⑦ 设置【场地】选项卡中的选项。【场地】选项卡（见图12-6）用于确定项目在场地中的方向和位置，以及相对于其他建筑物的方向和位置。在一个项目中可能定义了许多共享场地。单击【复制】按钮可以新建场地，新建场地后再为其指定方位。

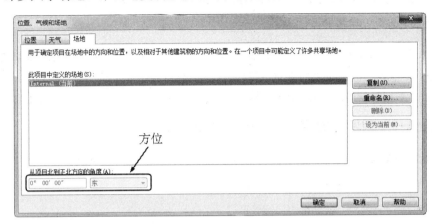

图12-6 【场地】选项卡

12.2 景观地形设计

使用 Revit Architecture 提供的场地工具，可以为项目创建场地三维地形模型、场地红线、建筑地坪等构件，完成建筑场地的设计。

12.2.1 场地设置

单击【体量与场地】选项卡的【场地建模】面板中的【场地设置】按钮，打开【场地设置】对话框，如图12-7所示。可设置【间隔】【经过高程】【附加等高线】【剖面填充样式】【基础土层高程】【角度显示】等选项。

图12-7 【场地设置】对话框

12.2.2 构建地形表面

地形表面的构建方式包括放置点（设置点的高程）和导入测量点文件。

1. 通过放置点构建地形表面

放置点的方式允许用户手动放置地形轮廓点并指定放置轮廓点的高程。Revit Architecture 将根据用户指定的地形轮廓点，生成三维地形表面。使用这种方式，用户必须手动绘制地形中的每个轮廓点并设置每个点的高程，所以其适用于创建简单的地形、地貌。

上机操作——利用【放置点】工具构建地形表面

① 新建一个基于中国样板 2020 的建筑项目文件，如图 12-8 所示。

图 12-8 新建建筑项目文件

② 在【项目浏览器】选项板的【视图（全部）】|【楼层平面】视图节点下双击【场地】视图，切换到【场地】视图，如图 12-9 所示。

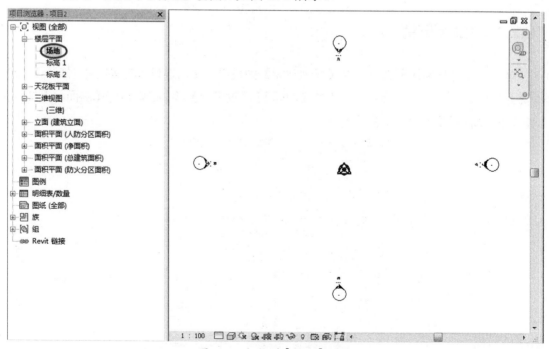

图 12-9 切换到【场地】视图

③ 在【体量和场地】选项卡的【场地建模】面板中单击【地形表面】按钮，然后在【场地】平面图中放置几个点，作为整个地形的轮廓，几个轮廓点的高程均为【0.0】，如图 12-10 所示。

④ 继续在 5 个轮廓点围成的区域内放置 1 个点或者多个点，这些点是地形区域内的高程点，如图 12-11 所示。

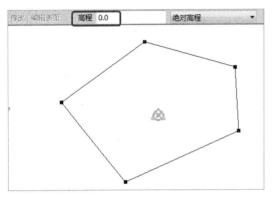

图 12-10　放置轮廓点并设置高程

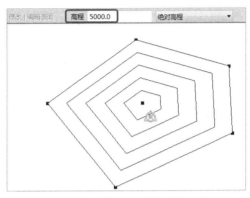

图 12-11　放置地形区域内的高程点

⑤ 在【项目浏览器】选项板中切换到三维视图，可以看到创建的地形表面如图 12-12 所示。

图 12-12　地形表面

2. 通过导入测量点文件构建地形表面

用户还可以通过导入测量点文件的方式，根据测量点文件中记录的 X、Y 和 Z 坐标值来构建地形表面。通过下面的案例，学习使用测量点文件创建地形表面的方法。

上机操作——通过导入测量点文件构建地形表面

① 新建基于中国样板 2020 的建筑项目文件。

② 切换到三维视图，单击【地形表面】按钮，切换到【修改|编辑表面】上下文选项卡。

③ 在【工具】面板的【通过导入创建】下拉列表中选择【指定点文件】选项，打开【选择文件】对话框。设置【文件类型】为【逗号分隔文本】，然后选择本例源文件夹中的【指定点文件.txt】文件，如图 12-13 所示。

④ 单击【打开】按钮导入该文件,将打开【格式】对话框。如图 12-14 所示,设置文件中的单位为【米】,单击【确定】按钮继续导入测量点文件。

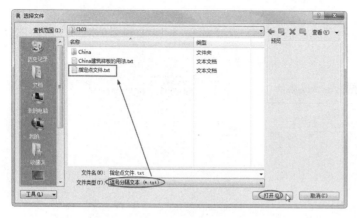

图 12-13　选择测量点文件

图 12-14　设置导入的测量点文件的单位

⑤ Revit 自动生成地形表面,如图 12-15 所示。

图 12-15　自动生成地形表面

⑥ 保存项目文件。

> **知识点拨:**
> 　　导入的测量点文件必须使用【逗号分隔文本】的文件类型(可以是 CSV 或 TXT 文件),且必须以测量点的 X、Y 和 Z 坐标值作为每一行的第一组数值,测量点的任何其他数值信息必须显示在 X、Y 和 Z 坐标值之后。Revit Architecture 忽略该测量点文件中的其他信息(如点名称、编号等)。如果该文件中存在 X 和 Y 坐标值相等的点,Revit Architecture 会使用 Z 坐标值中最大的点。

12.2.3　修改场地

当地形表面设计完成后,有时还要依据建筑周边的场地用途,对地形表面进行修改。比如,创建园区道路(拆分表面)、创建建筑红线、平整土地等。

下面以创建园区道路及健身场地为例,讲解如何修改场地。

上机操作——创建园区道路和健身场地

① 打开本例源文件【别墅.rvt】,如图 12-16 所示。
② 进入三维视图,再切换到【上】视图,如图 12-17 所示。

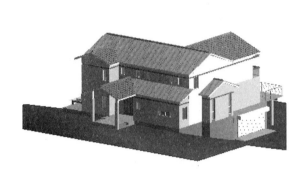
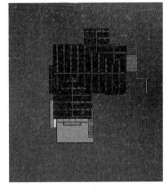

图 12-16 本例源文件【别墅.rvt】　　　　图 12-17 切换视图方向

③ 单击【修改场地】面板中的【拆分表面】按钮,选择已有的地形表面作为拆分对象。利用【修改|拆分表面】上下文选项卡中的【曲线绘制】工具,绘制如图 12-18 所示的封闭轮廓。

④ 单击【完成编辑模式】按钮,完成地形表面的拆分,如图 12-19 所示。如果发现拆分的地形表面不符合要求,则可以直接删除拆分的部分地形表面,或者单击【合并表面】按钮,合并拆分的部分地形表面,再重新拆分即可。

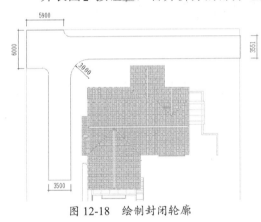
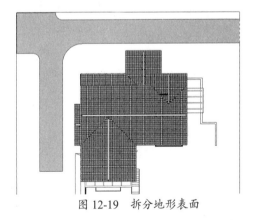

图 12-18 绘制封闭轮廓　　　　图 12-19 拆分地形表面

⑤ 选中拆分出来的部分地形表面,在【属性】选项板中设置【材质】为【场地-柏油路】,如图 12-20 所示。

⑥ 在院内一角拆分出一块地形表面,作为健身场地。单击【子面域】按钮,然后绘制一个矩形,单击【完成编辑模式】按钮,完成子面域的创建,如图 12-21 所示。

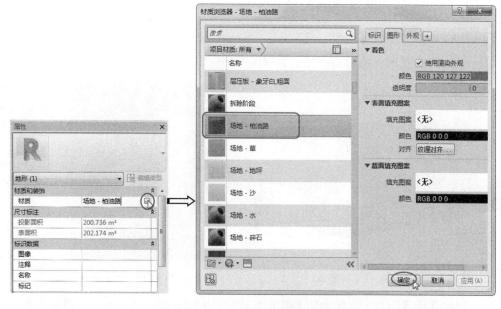

图 12-20 设置园区道路的材质

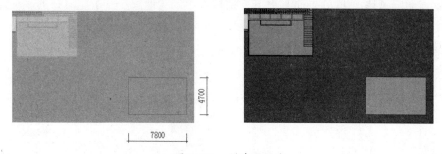

图 12-21 创建子面域

⑦ 选中子面域,在【属性】选项板中重新设置【材质】为【场地-沙】,如图 12-22 所示。

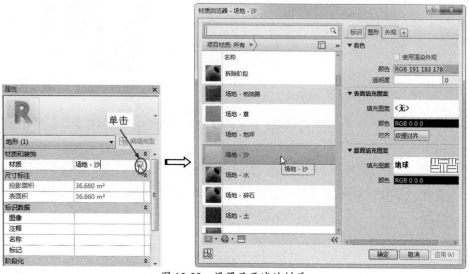

图 12-22 设置子面域的材质

12.3 应用云族 360 设计景观

场地地形设计完成后，可以在场地中添加植物、停车场等场地构件，以丰富场地表现。下面以独栋别墅的场地设计为例，详解景观设计过程。

12.3.1 建筑地坪设计

建筑地坪是在沙地、土壤地基础之上浇筑的一层砂浆与碎石或与其他建渣的混合物，室内外的建筑地坪均可铺设地砖、木地板等装饰材料。建筑地坪只能在场地上创建。

📖 上机操作——创建建筑地坪

① 以上一个案例为基础。切换到【-1F-1】楼层平面视图。
② 在【场地建模】面板中单击【建筑地坪】按钮 ，切换到【修改|创建建筑地坪边界】上下文选项卡。
③ 利用【拾取墙】工具 和【直线】工具 绘制地坪边界，如图 12-23 所示。

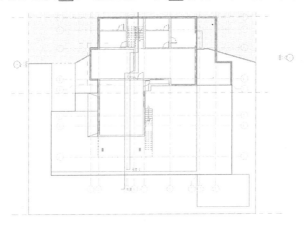

图 12-23 绘制地坪边界

④ 单击【完成编辑模式】按钮 ，完成建筑地坪的创建，如图 12-24 所示。

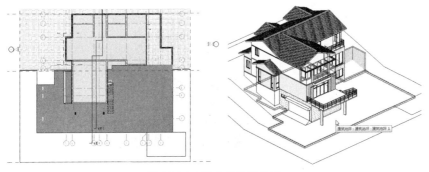

图 12-24 创建完成的地坪

12.3.2 添加场地构件

场地构件包含园林景观的所有景观小品、植物、体育设施、公共交通设施等。这些场地构件完全可以通过【鸿业云族 360 客户端】对话框来添加。

上机操作——添加场地构件

① 切换到三维视图的【上】视图。

② 单击【公共/个人库】按钮,打开【鸿业云族 360 客户端】对话框。通过搜索【交通工具】,查找所有交通工具构件族,如图 12-25 所示。

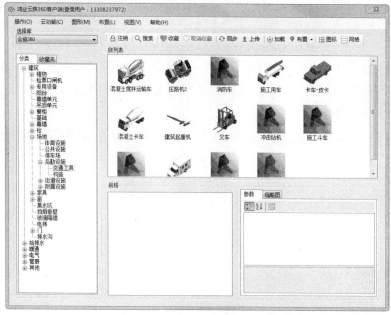

图 12-25 查找所有交通工具构件族

③ 在右侧【族列表】列表框中选择【法拉利-车】族,然后单击【加载】按钮,将构件族先载入当前项目中。然后选择【布置】下拉列表中的【单点布置】选项,将构件族放置到项目中,如图 12-26 所示。

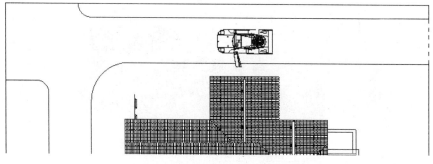

图 12-26 放置【法拉利-车】构件族到项目中

④ 通过搜索、加载，将【车棚】构件族放置到地坪上（车棚、停车位等只能放置到有厚度的地坪上），如图 12-27 所示。在【属性】选项板中设置停车位的【偏移值】为【2850】，提升到车道高度，并将其移动到左上角，如图 12-28 所示。

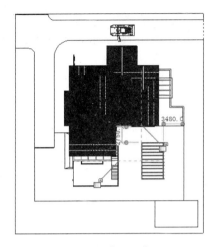 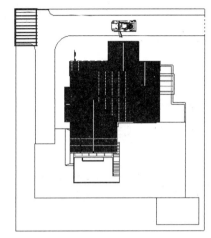

图 12-27　放置【车棚】构件族　　　　图 12-28　提升并移动车棚

⑤ 将儿童滑梯、二位腹肌板、单人坐拉训练器、吊桩等构件族放置在沙地上，如图 12-29 所示。

⑥ 从【鸿业云族 360 客户端】对话框中，载入【喷泉水池】构件族放置到地坪一侧，如图 12-30 所示。

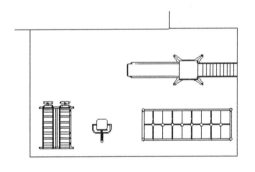 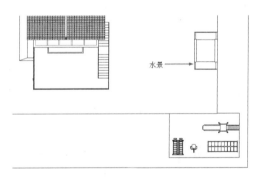

图 12-29　放置健身器材构件族到沙地上　　图 12-30　放置【喷泉水池】构件族

⑦ 将【云族 360】库的【植物】节点下的植物族一一添加到场地周边，如乔木、白杨、热带树、花钵、RPC 树、灌木、草等，如图 12-31 所示。

图 12-31　依次添加植物族到场地周边

第 13 章
钢筋混凝土结构设计

本章内容

本章将利用 Revit Structure（结构设计）模块进行钢筋混凝土结构设计。建筑结构设计包括钢筋混凝土结构设计、钢结构设计和木结构设计。

知识要点

- ☑ 建筑结构设计概述
- ☑ Revit 结构基础设计
- ☑ Revit 结构楼板、结构柱与结构梁设计
- ☑ Revit 结构楼梯设计
- ☑ Revit 结构屋顶设计
- ☑ Revit 钢筋布置

13.1 建筑结构设计概述

建筑结构是房屋建筑的骨架,该骨架由若干个基本构件通过一定的连接方式构成整体,能安全、可靠地承受并传递各种荷载和间接作用。

> **知识点拨:**
> 作用是能使结构或构件产生效应(内力、变形、裂缝等)的各种原因的总称。作用可分为直接作用和间接作用。

13.1.1 建筑结构类型

在房屋建筑中,组成结构的构件有板、梁、屋架、柱、墙、基础等。

1. 按体型划分

建筑结构按体型划分,包括单层结构、多层结构(一般为2~7层)、高层结构(一般为8层及8层以上)和大跨度结构(跨度为40~50m)类型,如图13-1所示。

单层结构

多层结构

高层结构

大跨度结构

图13-1 按体型划分的建筑结构类型

2. 按建筑材料划分

建筑结构按建筑材料划分,包括钢筋混凝土结构、钢结构、砌体结构、木结构和塑料结构类型,如图13-2所示。

钢筋混凝土结构

钢结构

砌体结构

木结构

塑料结构

图13-2 按建筑材料划分的建筑结构类型

3. 按结构形式划分

建筑结构按结构形式划分，包括墙体结构、框架结构、深梁结构、筒体结构、拱结构、网架结构、空间薄壁结构（包括折板）和钢索结构类型，如图 13-3 所示。

图 13-3　按结构形式划分的建筑结构类型

13.1.2　结构柱、结构梁及现浇楼板的构造要求

结构柱、结构梁及现浇楼板的构造要求如下。

（1）异型柱框架的构造按 06SG331-1 系列图集施工，梁钢筋锚入柱内的构造按《混凝土结构施工图平面整体表示方法制图规则和构造详图》（16G101 系列图集）施工。

（2）悬挑梁的配筋构造按《混凝土结构施工图平面整体表示方法制图规则和构造详图》（16G101 系列图集）施工，凡未注明的构造要求均按 16G101-1 系列图集施工。

（3）现浇楼板内未注明的分布筋均为 6@200。

（4）结构平面图中板负筋长度是指梁、柱边至钢筋端部的长度，下料时应加上梁宽度。

（5）双向板中的短向筋放在外层，长向筋放在内层。

（6）楼板开孔：300mm≤洞口边长＜1000mm 时，应设钢筋加固，如图 13-4 所示；当边长小于 300mm 时可不加固，板筋应绕孔边通过。

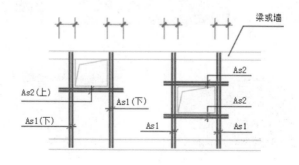

图 13-4　板上方洞口加筋

（7）屋面检修孔在孔壁图中未单独画出时，按如图 13-5 所示的检修孔剖面图进行施工。

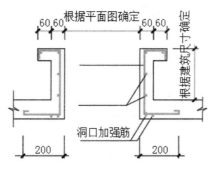

图 13-5　检修孔剖面图

（8）现浇楼板内埋设机电暗管时，管外径不得大于板厚的 1/3，暗管应位于楼板的中部。交叉管线应妥善处理，并使管壁至楼板上下边缘净距离不小于 25mm。

（9）现浇楼板施工时应采取措施确保负筋的有效高度，严禁踩压负筋；砼应振捣密实并加强养护，覆盖保湿养护时间不少于 14 天；浇筑楼板时如需留缝应按施工缝的要求设置，防止楼板开裂。楼板和墙体上的预留孔、预埋件应按照图纸要求预留、预埋；安装完毕后孔洞应封堵密实，防止渗漏。

（10）钢筋砼构造柱按 12G614—1 图集进行施工，构造柱纵筋应预埋在梁内并外伸 500mm，如图 13-6 所示。

（11）现浇楼板的底筋和支座负筋伸入支座的锚固长度按如图 13-7 所示的结构进行施工。

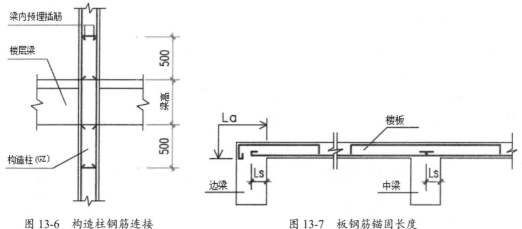

图 13-6　构造柱钢筋连接　　　　图 13-7　板钢筋锚固长度

（12）构造柱的砼浇筑，柱顶与梁底交界处预留空隙 30mm，空隙用 M5 水泥砂浆填充密实。

13.1.3　Revit 2020 结构设计工具

Revit 2020 结构设计工具在【结构】选项卡中，如图 13-8 所示。结构设计工具主要用于钢筋混凝土结构设计和钢结构设计。本章着重讲解钢筋混凝土结构设计。

图 13-8 Revit 2020 结构设计工具

Revit 2020 结构设计工具中的梁、墙、柱及楼板的创建方法与前面章节中介绍的建筑梁、墙、柱及楼板的创建方法是完全相同的，建筑与结构的区别是建筑中不含钢筋，而结构中的每一个构件都含钢筋。

13.2 Revit 结构基础设计

结构基础设计也称为地下层结构设计，包含独立基础、条形基础及结构基础板。从本节开始，以结构设计实战案例为导线，详细讲解钢筋混凝土结构设计的每一个流程。

13.2.1 地下层桩基（柱部分）设计

由桩和连接桩顶的桩承台（简称承台）组成的深基础或由柱与基础连接的单桩基础，称为桩基。若桩身全部埋于土中，承台底面与土体接触，则称为低承台桩基；若桩身上部露出地面而承台底面位于地面以上，则称为高承台桩基。建筑桩基通常为低承台桩基。在高层建筑中，桩基应用广泛。

上机操作——创建基础柱

① 启动 Revit 2020，在主页界面的【项目】选项组中选择【结构样板】选项，新建一个结构样板文件，然后进入 Revit 中。

② 创建整个建筑的结构标高。在【项目浏览器】选项板的【立面】视图节点下选择一个建筑立面，进入立面图中。然后创建本例别墅的建筑结构标高，如图 13-9 所示。

> **知识点拨：**
> 结构标高中除没有【场地标高】外，其余标高与建筑标高是相同的，也是共用的。

③ 在【项目浏览器】选项板的【结构平面】视图节点中选择【地下层结构标高】视图作为当前轴网的绘制平面。所绘制的轴网用于确定地下层基础顶部的结构柱、结构梁的放置位置。

④ 在【结构】选项卡的【基准】面板中单击【轴网】按钮，然后在【标高1】中绘制如图 13-10 所示的轴网。

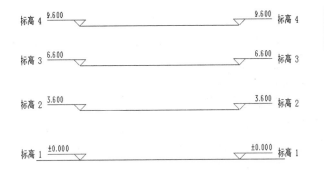

图 13-9 创建建筑结构标高

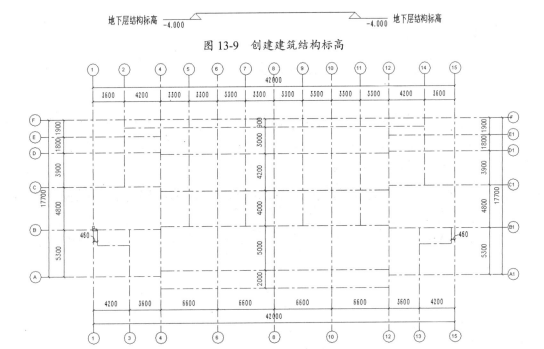

图 13-10 在【标高 1】中绘制轴网

> **知识点拨：**
> 左右水平轴号本应是相同的，只不过在绘制轴线时是分开创建的，由于轴号不能重复，所以暂时用A1、B1等轴号替代右侧的A、B等轴号。

⑤ 地下层的框架结构柱类型共有 10 种，其截面编号分别为 KZa、KZ1a、KZ1～KZ8，截面形状包括 L 形、T 形、十字形和矩形。首先插入 L 形的 KZ1a 框架柱族。

⑥ 切换到【标高 1】结构平面视图。在【结构】选项卡的【结构】面板中单击【柱】按钮，然后在打开的【修改|放置结构柱】上下文选项卡中单击【载入族】按钮，从 Revit 的族库中找到【混凝土柱-L 形】族文件，单击【打开】按钮，打开族文件，如图 13-11 所示①。

---

① 图 13-11 中"工字型"的正确写法应为"工字形"。

图 13-11 打开【混凝土柱-L形】族文件

⑦ 依次插入 L 形的 KZ1 结构柱族到轴网中，插入时在选项栏中选择【深度】和【地下层结构标高】选项。插入后单击【属性】选项板中的【编辑类型】按钮，在打开的【类型属性】对话框中修改结构柱尺寸，如图 13-12 所示。

> **知识点拨：**
> 在放置不同角度的相同结构柱时，需要按 Enter 键来调整族的方向。

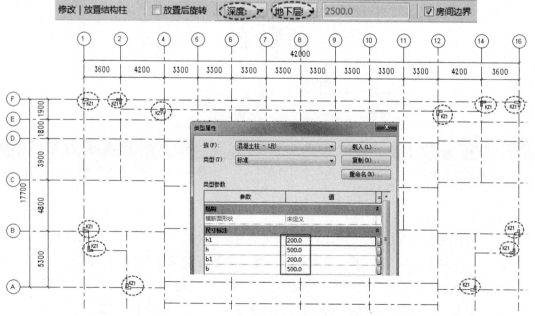

图 13-12 插入 L 形的 KZ1 结构柱族并修改结构柱尺寸

⑧ 插入 KZ2 结构柱族并修改结构柱尺寸，KZ2 与 KZ1 都是 L 形的，但尺寸不同，如图 13-13 所示。

第 13 章 钢筋混凝土结构设计

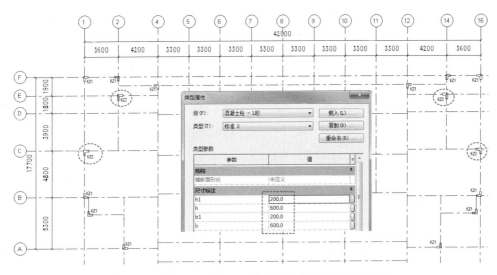

图 13-13 插入 L 形的 KZ2 结构柱族并修改结构柱尺寸

⑨ 本例是联排别墅，以 8 轴线为中心线，呈左右对称，所以后面结构柱的插入可以先插入一半，另一半利用【镜像】工具获得。同理，插入 KZ3 结构柱族，KZ3 的形状是 T 形的，尺寸与 Revit 族库中的 T 形结构柱族是相同的，如图 13-14 所示。

⑩ KZ4 结构柱族的形状是十字形的，其尺寸与 Revit 族库中的十字形结构柱族是相同的，如图 13-15 所示。

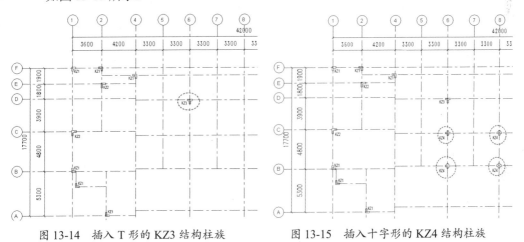

图 13-14 插入 T 形的 KZ3 结构柱族　　图 13-15 插入十字形的 KZ4 结构柱族

⑪ KZ5～KZ8，以及 KZa 结构柱族均为矩形结构柱。由于插入的结构柱数量较多，而且还要移动位置，所以此处不再一一演示，读者可以参考本例操作视频（上机操作——创建基础柱）或者结构施工图来操作。布置完成的基础结构柱如图 13-16 所示。

> 提示：
> KZ5 尺寸为 300mm×400mm；KZ6 尺寸为 300mm×500mm；KZ7 尺寸为 300mm×700mm；KZ8 尺寸为 400mm×800mm；KZa 尺寸为 400mm×600mm。

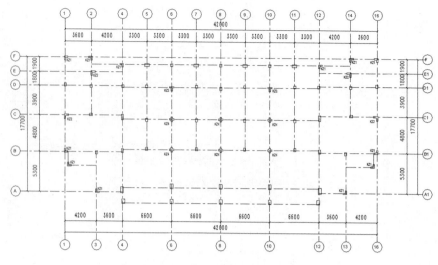

图 13-16 布置完成的基础结构柱

13.2.2 地下层柱基(基础部分)、梁和板设计

本例别墅项目的基础分为独立基础和条形基础,独立基础主要承重建筑框架部分,条形基础则分为承重基础和挡土墙基础。

独立基础分为阶梯形、坡形和杯形 3 种,本例的独立基础为坡形。由于结构柱较多,且尺寸不一致,为了节约时间,总体上放置两种规格的基础:一种是坡形独立基础,另一种是条形基础。

上机操作——地下层柱基(基础部分)、梁和板设计

① 在【结构】选项卡的【基础】面板中单击【独立】按钮,然后从 Revit 族库中载入【结构】|【基础】路径下的【独立基础-坡形截面】族文件,如图 13-17 所示。

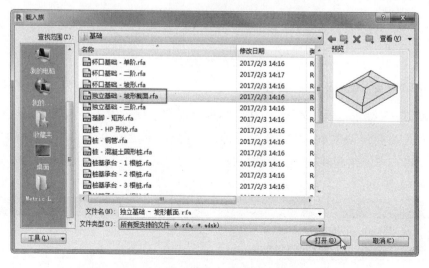

图 13-17 载入【独立基础-坡形截面.rfa】族文件

② 编辑独立基础的类型参数，并将其布置在如图 13-18 所示的结构柱位置上，其中的点与结构柱中点重合。

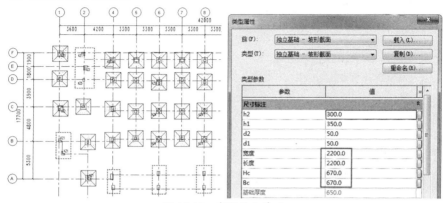

图 13-18 布置独立基础

③ 没有放置独立基础的结构柱（图 13-18 中虚线矩形框内的），是因为距离太近，避免相互干扰，所以不能放置。而改为放置条形基础。Revit 族库中没有合适的条形基础族，而鸿业云族 360 的族库中提供了相应的条形基础族，读者可以通过【鸿业云族 360 客户端】对话框进行下载，如图 13-19 所示。

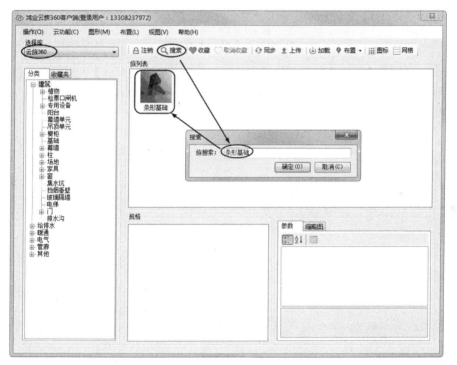

图 13-19 下载合适的条形基础族

④ 编辑条形基础的类型参数，并将其放置在距离较近的结构柱位置上，如图 13-20 所示。加载的条形基础会自动保存在【项目浏览器】选项板的【族】|【结构基础】视图节点下。按 Enter 键调整放置方向。

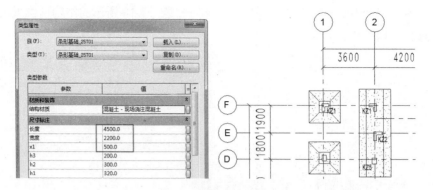

图 13-20 放置条形基础

> **知识点拨：**
> 放置条形基础后可能会打开【警告】对话框，如图 13-21 所示。表示当前视图平面不可见，所创建的图元有可能在其他结构平面上，我们可以显示不同结构平面，找到放置的条形基础，然后更改其标高为【地下层结构标高】即可。

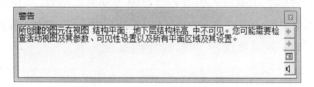

图 13-21 【警告】对话框

⑤ 同理，从【项目浏览器】选项板中直接将【条形基础_25701】族拖曳到视图中，完成其余相邻且距离较近的结构柱上的条形基础的放置，最终结果如图 13-22 所示。

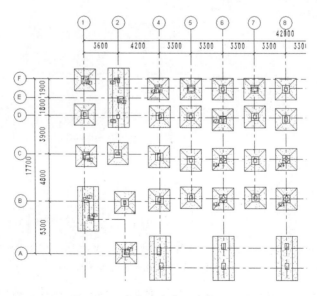

图 13-22 完成其余条形基础的放置

⑥ 选择所有的基础，然后进行镜像，得到另一半基础，如图 13-23 所示。

第 13 章 钢筋混凝土结构设计

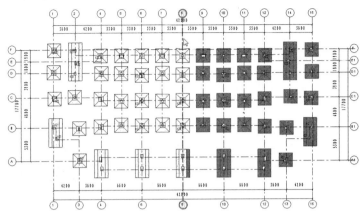

图 13-23 镜像基础

⑦ 基础创建完成后,还要创建结构梁将基础连接在一起,结构梁的参数为【200×600mm】。在【结构】选项卡中单击【梁】按钮,先选择系统中的【300×600mm】的【混凝土-矩形梁】,在【地下层结构标高】平面中创建结构梁,创建后修改参数,如图 13-24 所示。

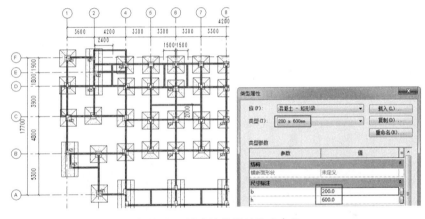

图 13-24 创建结构梁并修改参数

> **知识点拨:**
> 最好是在柱与柱之间创建一条梁,不要从左到右贯穿所有结构柱,那样会影响后期结构分析时的结果。

⑧ 选择创建的结构梁,然后修改【起点标高偏移】和【终点标高偏移】为【600.0】,如图 13-25 所示。

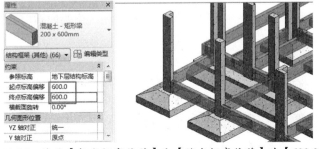

图 13-25 修改【起点标高偏移】和【终点标高偏移】为【600.0】

⑨ 地下层部分区域用作车库、储物间及其他辅助房间，所以需要创建结构基础楼板。在【结构】选项卡的【基础】面板中选择【板】下拉列表中的【结构基础：楼板】选项，然后创建结构基础楼板，如图13-26所示。

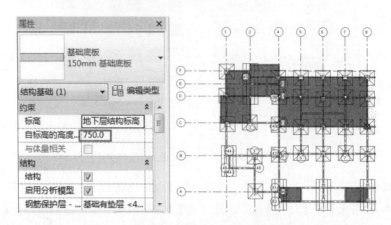

图13-26 创建结构基础楼板

> **知识点拨：**
> 创建了结构基础楼板的房间承重较大，比如，地下停车库。没有创建结构基础楼板的房间均为填土、杂物间、储物间等，承重不是很大，所以无须全部创建结构基础楼板，这是从成本控制角度出发而考量的。

⑩ 将结构梁和结构基础楼板进行镜像，完成地下层的结构梁、结构基础设计，效果如图13-27所示。

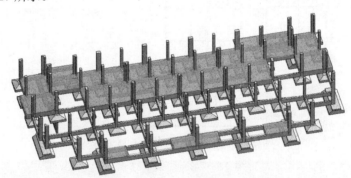

图13-27 地下层的结构设计完成效果

13.2.3 结构墙设计

地下层创建了结构基础楼板并用作房间的部分区域，还要创建剪力墙，也就是结构墙。结构墙的厚度与结构梁保持一致，为200mm。

上机操作——创建结构墙

① 单击【墙：结构】按钮，创建如图13-28所示的结构墙。

> **提示：**
> 墙体不要穿过结构柱，需要一段一段地进行创建。

第13章 钢筋混凝土结构设计

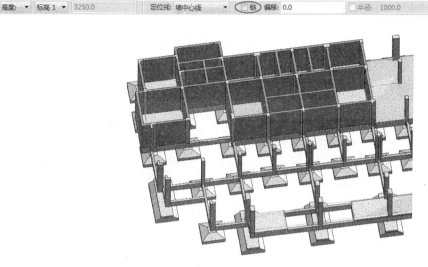

图 13-28 创建结构墙

② 将创建的结构墙进行镜像,完成地下层结构墙的设计,如图 13-29 所示。

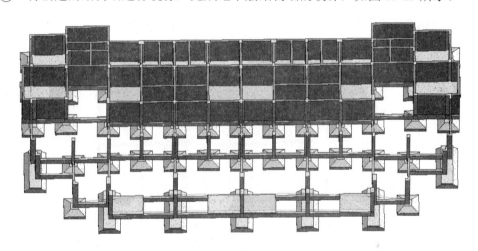

图 13-29 完成地下层结构墙的设计

13.3 Revit 结构楼板、结构柱与结构梁设计

第一层的结构设计为标高 1(±0.000mm)的结构设计。第一层的结构中有 2 层,有剪力墙的区域的标高要高于没有剪力墙的区域,高度相差 300mm。

第二层和第三层中的结构主体比较简单,只是在阳台处需要设计建筑反口。

第一层至第二层之间的结构柱已经浇筑完成,下面在柱顶放置第二层的结构梁。同样地,先创建一半的结构,另一半利用【镜像】工具获得。第二层的结构梁比第一层的结构梁仅仅多了地基以外的阳台结构梁。

上机操作——创建第一层的结构楼板、结构柱与结构梁

① 创建整体的结构梁,在地下层结构中已经完成了部分剪力墙的创建,有剪力墙的结构梁尺寸为 200mm×450mm,且在标高 1 之上,没有剪力墙的结构梁尺寸统一为 200mm×450mm,且在标高 1 之下。

② 创建标高 1 之上的结构梁(仅创建 8 轴线一侧的),如图 13-30 所示。

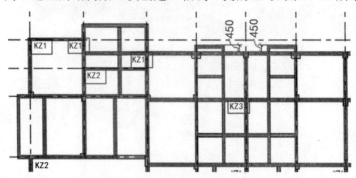

图 13-30 创建标高 1 之上的结构梁

③ 创建标高 1 之下的结构梁,如图 13-31 所示。最后将标高 1 上、下所有的结构梁镜像至 8 轴线的另一侧。

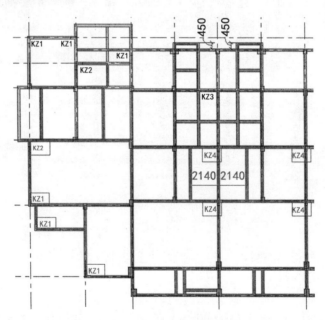

图 13-31 创建标高 1 之下的结构梁

④ 创建标高较低的区域结构楼板(楼板顶部标高为±0.000mm,无梁楼板厚度一般为 150mm)。

⑤ 切换到【标高 1】结构平面视图,在【结构】选项卡的【结构】面板中单击【楼板:结构】按钮,然后选择【现场浇注混凝土 225mm】类型并创建标高为±0.000mm 的现浇楼板,如图 13-32 所示。

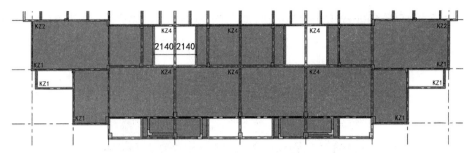

图 13-32 创建标高为±0.000mm 的现浇楼板

⑥ 在【属性】选项板中单击【编辑类型】按钮，然后在打开的【类型属性】对话框中修改其结构参数，如图 13-33 所示。最后设置标高为【标高 1】。

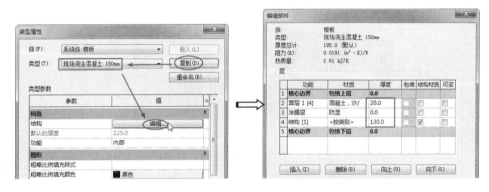

图 13-33 修改结构楼板的结构参数

⑦ 同理，再创建两处结构楼板。比上面创建的楼板标高低 50mm，如图 13-34 所示。这两处为阳台位置，所以要比室内至少低 50mm，否则会翻水到室内。

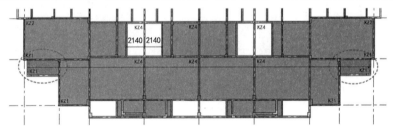

图 13-34 创建低于【标高 1】50mm 的结构楼板

⑧ 创建顶部标高为 450mm 的结构楼板，如图 13-35 所示。

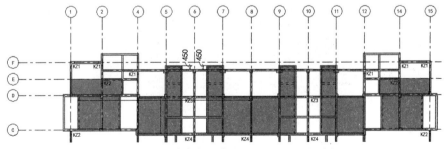

图 13-35 创建顶部标高为 450mm 的结构楼板

⑨ 创建标高为 400mm 的结构楼板，如图 13-36 所示。这些楼板的房间要么是阳台，要么是卫生间或厨房。创建完成的第一层结构楼板如图 13-37 所示。

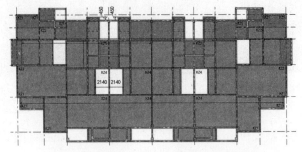

图 13-36　创建标高为 400mm 的结构楼板

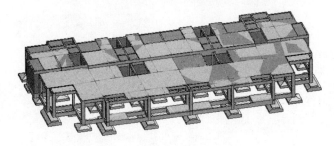

图 13-37　创建完成的第一层结构楼板

⑩ 第一层的结构柱主体上与地下层的相同，我们直接修改所有结构柱的顶部标高为【标高 2】即可，如图 13-38 所示。

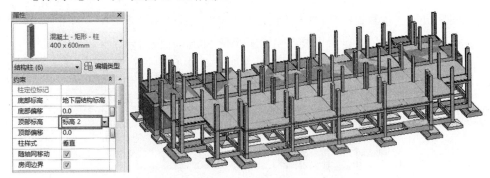

图 13-38　修改结构柱的顶部标高

⑪ 将第一层中没有的结构柱或规格不同的结构柱全部选中，重新修改其顶部标高为【标高 1】，如图 13-39 所示。

图 13-39　修改不同结构柱的顶部标高

⑫ 依次插入 KZ3（T 形）、KZ5、LZ1（L 形：500mm×500mm）3 种结构柱，底部标高为【标高 1】、顶部标高为【标高 2】，如图 13-40 所示。

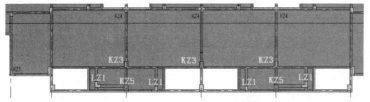

图 13-40 插入新的结构柱

⑬ 至此，完成第一层的结构设计。

上机操作——创建第二层的结构楼板、结构柱与结构梁

① 切换到【标高 2】结构平面视图，利用【结构】选项卡的【结构】面板中的【梁】工具，创建与第一层主体结构梁相同的部分，如图 13-41 所示。

② 创建与第一层结构梁不同的部分，如图 13-42 所示。

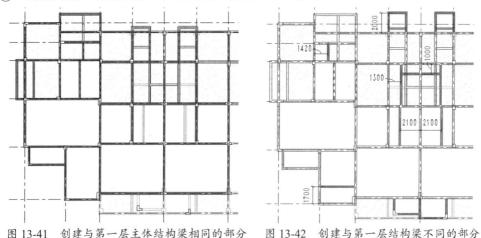

图 13-41 创建与第一层主体结构梁相同的部分　　图 13-42 创建与第一层结构梁不同的部分

③ 由于第二层与第一层的结构不完全相同，有一根结构柱并没有放置结构梁，所以要把这根结构柱的顶部标高重新设置为【标高 1】，如图 13-43 所示。

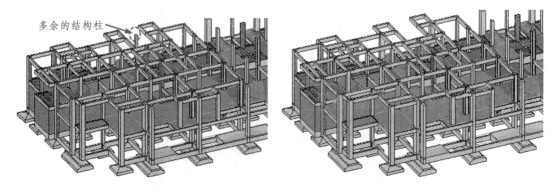

图 13-43 处理多余的结构柱

④ 铺设结构楼板。先创建顶部标高为【标高2】的结构楼板（将现浇楼板厚度修改为100mm），如图13-44所示。再创建低于【标高2】50mm的结构楼板，如图13-45所示。

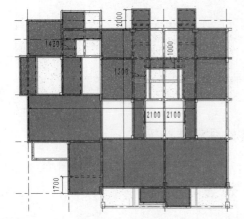
图 13-44 创建顶部标高为【标高2】的结构楼板

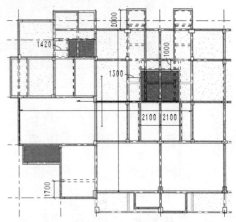
图 13-45 创建低于【标高2】50mm 的结构楼板

⑤ 创建各大门上方的反口（或雨棚）底板，同样是结构楼板构造，创建的反口底板如图13-46所示。

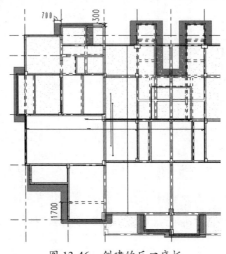
图 13-46 创建的反口底板

⑥ 将创建完成的结构楼板、结构梁进行镜像，完成第二层的结构设计，效果如图13-47所示。

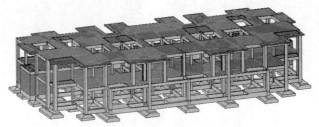
图 13-47 第二层的结构设计效果

上机操作——创建第三层的结构楼板、结构柱与结构梁

① 设计第三层的结构柱、结构梁与结构楼板。先将第二层的部分结构柱的顶部标高修改为【标高3】，如图13-48所示。

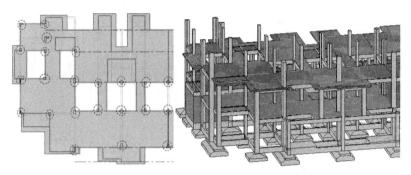

图13-48 修改第二层的部分结构柱的顶部标高

② 添加新的结构柱 LZ1 和 KZ3，如图13-49所示。

③ 在【标高3】结构平面上创建与第一层、第二层相同的结构梁，如图13-50所示。

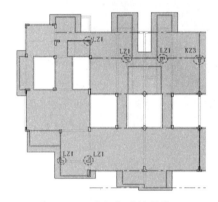
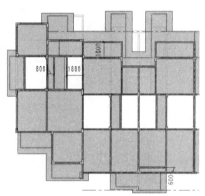

图13-49 添加新的结构柱　　　　图13-50 创建第三层的结构梁

④ 创建顶部标高为【标高3】的结构楼板，如图13-51所示。

⑤ 创建低于【标高3】50mm 的卫生间的结构楼板，如图13-52所示。

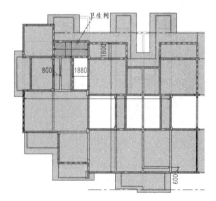

图13-51 创建顶部标高为【标高3】的结构楼板　　　　图13-52 创建低于【标高3】50mm 的卫生间的结构楼板

⑥ 创建第三层的反口底板,尺寸与第二层的相同,如图13-53所示。

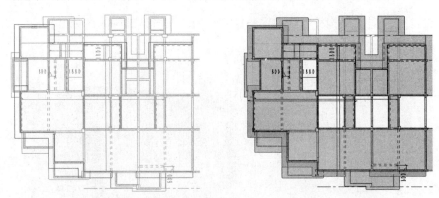

图13-53 创建反口底板

⑦ 将结构梁、结构柱和结构楼板进行镜像,完成第三层的结构设计,效果如图13-54所示。

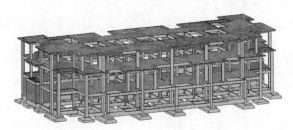

图13-54 第三层的结构设计效果

13.4 Revit 结构楼梯设计

第一、二、三层的结构整体设计基本已完成,而连接每层之间的楼梯也是需要现浇混凝土浇筑的,每层的楼梯形状和参数都是相同的。每栋别墅每一层都有两段楼梯:1#楼梯和2#楼梯。

上机操作——楼梯设计

① 创建地下层到第一层的1#楼梯。切换到【东】立面图,通过测量得到地下层结构楼板的顶部标高到【标高1】的距离为3250mm,这是楼梯的总标高,如图13-55所示。

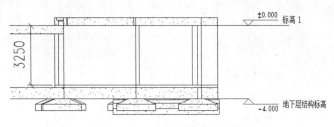

图13-55 测量楼梯的总标高

② 切换到【标高1】结构平面视图,从平面图中可以看出,1#楼梯间的地下层位置是没有楼板的,这是因为待楼梯设计完成后,需要根据实际的剩余面积来创建地下层楼梯间的部分结构楼板,如图13-56所示。

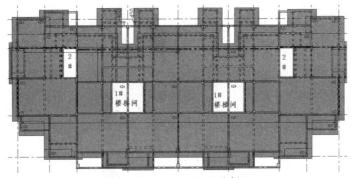

图13-56 地下层的1#楼梯间

③ 1#楼梯总共设计为3跑,为直楼梯。地下层1#楼梯设计图如图13-57所示。根据实际情况,楼梯的步数会发生细微变化。

④ 根据设计图中的参数,在【建筑】选项卡的【楼梯坡道】面板中单击【楼梯】按钮,在【属性】选项板中选择【整体浇筑楼梯】类型,然后绘制楼梯,如图13-58所示。三维楼梯效果如图13-59所示。

图13-57 地下层1#楼梯设计图

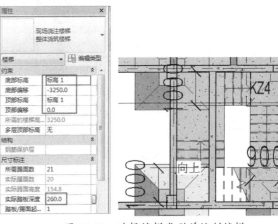

图13-58 选择楼梯类型并绘制楼梯

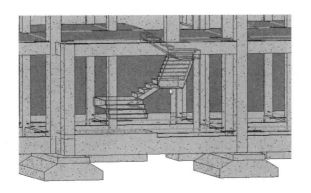

图13-59 三维楼梯效果

> **知识点拨：**
> 在绘制时，第一跑楼梯与第二跑楼梯不要相交，否则会绘制失败。

⑤ 创建第一层到第二层之间的1#楼梯，楼梯标高是3600mm，如图13-60所示。

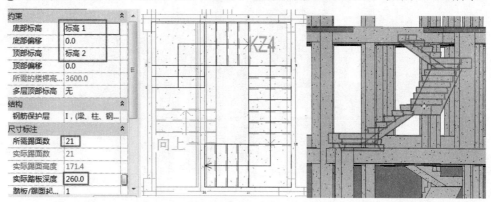

图13-60 创建第一层到第二层之间的1#楼梯

⑥ 创建第二层到第三层之间的1#楼梯，楼梯标高为3000mm，在【标高2】结构平面视图中创建，如图13-61所示。

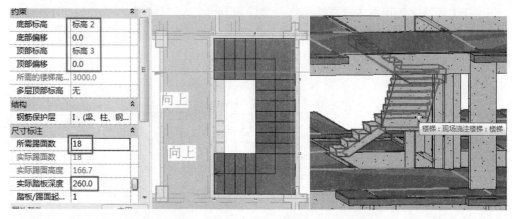

图13-61 创建第二层到第三层之间的1#楼梯

⑦ 2#楼梯与1#楼梯形状相似，只是尺寸有些不同，取决于留出的洞口，创建方法是完全相同的。楼层标高和2#楼梯设计图如图13-62所示。

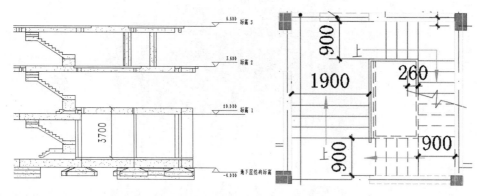

图13-62 楼梯标高和2#楼梯设计图

⑧ 在地下层创建的 2#楼梯如图 13-63 所示。

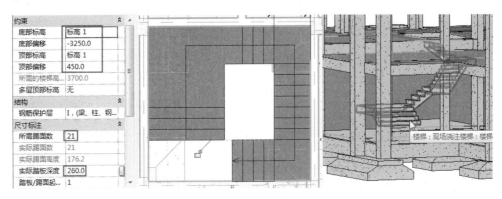

图 13-63　创建地下层的 2#楼梯

⑨ 下面创建第一层到第二层之间的 2#楼梯，楼梯标高为 3150mm，如图 13-64 所示。

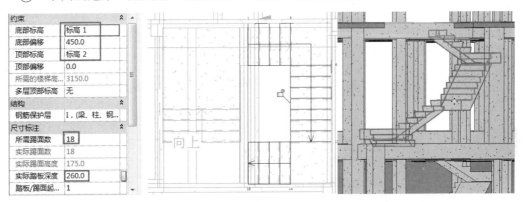

图 13-64　创建第一层到第二层之间的 2#楼梯

⑩ 创建第二层到第三层之间的 2#楼梯，楼梯标高为 3000mm，在【标高 2】结构平面视图中创建，如图 13-65 所示。

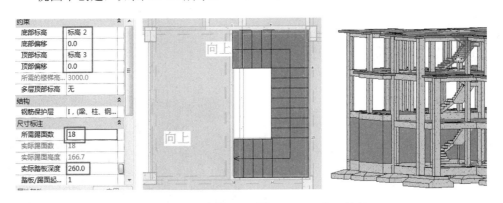

图 13-65　创建第二层到第三层之间的 2#楼梯

⑪ 将 3 段 1#楼梯镜像到相邻的楼梯间。

⑫ 将创建的 9 段楼梯镜像到另一栋别墅中，完成楼梯的创建，如图 13-66 所示。

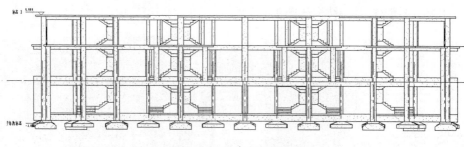

图 13-66　创建完成的楼梯

13.5　Revit 结构屋顶设计

本节以顶层的结构屋顶设计为例讲解结构屋顶的设计过程。顶层的结构设计稍微复杂一些，多了人字形屋顶和迹线屋顶的设计，同时顶层的标高也会不一致。

💻 上机操作——顶层结构设计

① 将第三层的部分结构柱的顶部标高修改为【标高 4】，如图 13-67 所示。

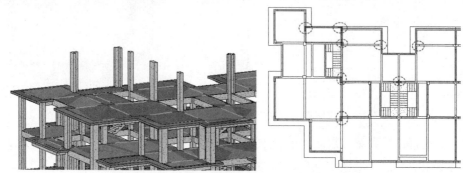

图 13-67　修改第三层的部分结构柱的顶部标高

② 按如图 13-68（a）所示的设计图添加 LZ1 和 KZ3 结构柱。

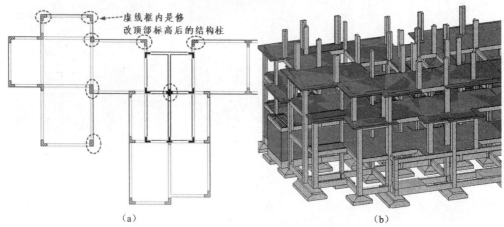

（a）　　　　　　　　　　　　　　　（b）

图 13-68　添加 LZ1 和 KZ3 结构柱

③ 按如图 13-68（a）所示的设计图在【标高 4】上创建结构梁，如图 13-69 所示。

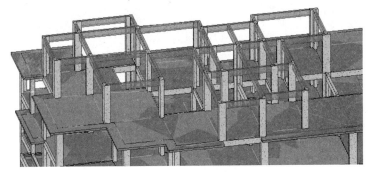

图 13-69 创建【标高 4】的结构梁

④ 创建如图 13-70 所示的结构楼板，然后创建反口底板，如图 13-71 所示。

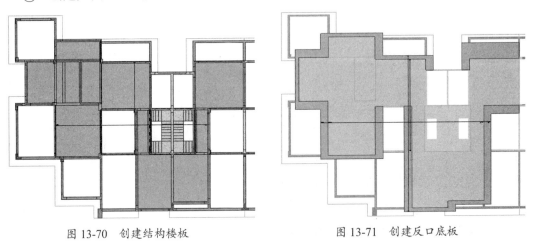

图 13-70 创建结构楼板　　　　　图 13-71 创建反口底板

⑤ 选择部分结构柱，修改其顶部标高，如图 13-72 所示。

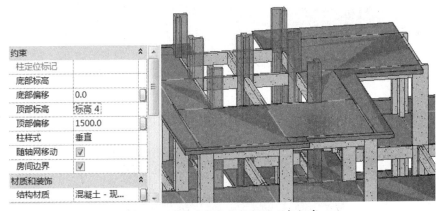

图 13-72 修改部分结构柱的顶部标高

⑥ 在修改标高的结构柱上创建顶层的结构梁，如图 13-73 所示。

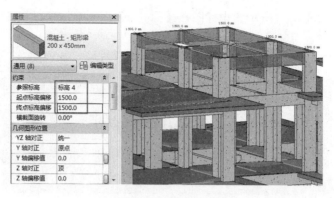

图 13-73 创建顶层的结构梁

⑦ 在【南】立面图的顶层创建人字形拉伸屋顶曲线，屋顶类型及屋顶截面曲线如图 13-74 所示。

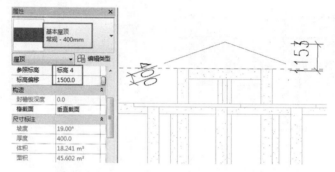

图 13-74 创建人字形拉伸屋顶曲线

⑧ 创建完成的人字形拉伸屋顶如图 13-75 所示。

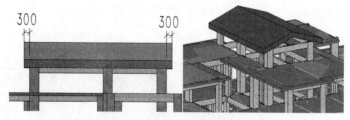

图 13-75 创建完成的人字形拉伸屋顶

⑨ 将标高 4 及以上的结构进行镜像，完成联排别墅的结构屋顶设计，如图 13-76 所示。

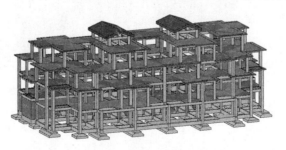

图 13-76 创建完成的联排别墅结构屋顶设计模型

13.6 Revit 钢筋布置

本节主要利用 Revit 的钢筋插件 Naviate Revit Extensions 2020（速博插件）进行快速布筋。

Naviate Revit Extensions 2020 插件要比 Revit 自带的钢筋工具更容易操作。安装 Naviate Revit Extensions 2020 插件并重启 Revit 2020，将在 Revit 2020 的功能区中新增一个【Naviate REX】选项卡，Naviate Revit Extensions 2020 插件设计工具如图 13-77 所示。

图 13-77　Naviate Revit Extensions 2020 插件设计工具

> 提示：
> 本章源文件夹中为读者提供了免费的 Naviate Revit Extensions 2020 插件程序。

本节以一个实战案例来说明 Naviate Revit Extensions 2020 插件的基本用法。本例是一个学校门岗楼的结构设计案例，房屋主体结构已经设计完成，如图 13-78 所示。

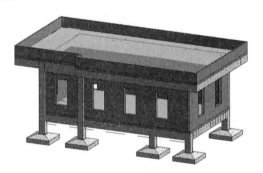

图 13-78　学校门岗楼建筑结构

13.6.1 利用 Naviate Revit Extensions 2020 插件添加基础钢筋

门岗楼的独立基础结构图与钢筋布置示意图如图 13-79 所示。

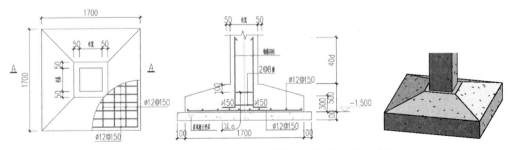

图 13-79　门岗楼的独立基础结构图与钢筋布置示意图

上机操作——添加基础钢筋

① 打开本例源文件【门卫岗亭.rvt】。

> **提示：**
> Naviate Revit Extensions 2020 插件仅对 Revit 自带的族库中的结构构件产生钢筋布置效果。如果读者是通过网络下载或通过一些国内开发的族库插件导入的结构构件，是不能使用此插件的。

② 选中项目中的一个独立基础，然后在【Naviate REX】选项卡中单击【Spread Footings】（扩展基础）按钮，打开【Reinforcement of spread footings】（基础配筋）对话框。

③ 在左侧列表框中选择【Geometry】（几何）选项，进入几何设置页面，此页面显示了由 Revit 自动识别独立基础的形状与参数，根据这些参数配置钢筋，如图 13-80 所示。

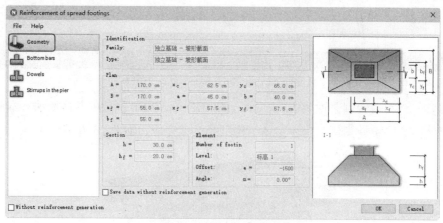

图 13-80　几何设置页面

④ 在左侧列表框中选择【Bottom bars】（底筋）选项，进入底筋设置页面。设置如图 13-81 所示的底筋参数（也可保留系统自动计算的参数）。

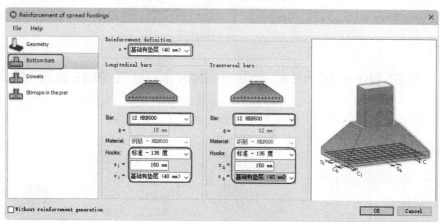

图 13-81　设置底筋参数

⑤ 在左侧列表框中选择【Dowels】（插筋）选项，进入插筋设置页面。设置如图 13-82 所示的插筋参数。

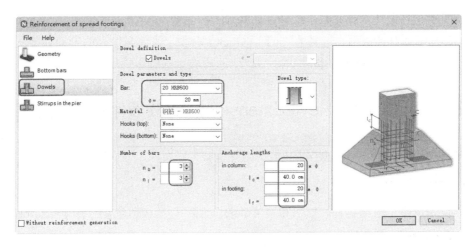

图 13-82　设置插筋参数

⑥ 在左侧列表框中选择【Stirrups in the pier】(柱箍筋) 选项，进入柱箍筋设置页面。设置如图 13-83 所示的柱箍筋参数。

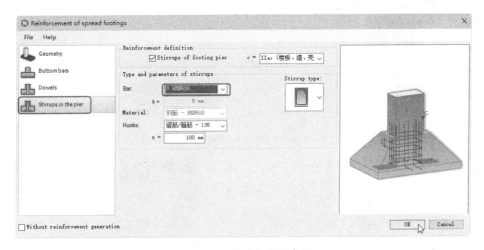

图 13-83　设置柱箍筋参数

⑦ 钢筋参数设置完毕后，在【Reinforcement of spread footings】(基础配筋) 对话框中选择【File】|【Save】命令，将所设置的独立基础钢筋参数保存，以便用于其他相同的独立基础中。

⑧ 单击【OK】按钮，自动加载钢筋到独立基础中，如图 13-84 所示。

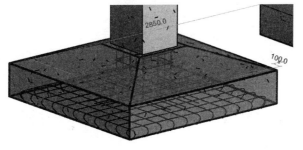

图 13-84　加载钢筋到独立基础中

⑨ 同理，对于其余独立基础的钢筋配置，打开【Reinforcement of spread footings】（基础配筋）对话框后，选择【File】|【Open】命令，将前面保存的钢筋参数文件打开，然后直接单击【OK】按钮自动配置钢筋到独立基础中。

13.6.2 利用 Naviate Revit Extensions 2020 插件添加柱筋

利用 Naviate Revit Extensions 2020 插件添加柱筋十分便捷，仅需设置几个基本参数即可。

上机操作——添加柱筋

① 首先选中一根结构柱，然后单击【Columns】（柱）按钮，打开【Reinforcement of columns】（柱配筋）对话框，如图 13-85 所示。

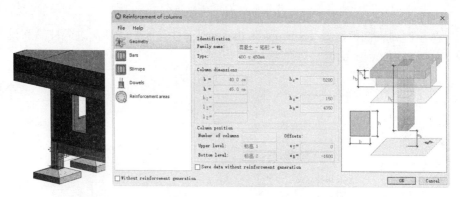

图 13-85 【Reinforcement of columns】（柱配筋）对话框

② 在左侧列表框中选择【Bars】（钢筋）选项，进入钢筋设置页面，设置如图 13-86 所示的柱筋参数。

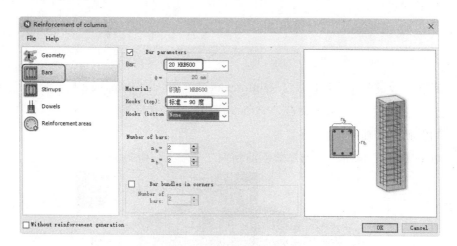

图 13-86 设置柱筋参数

③ 在左侧列表框中选择【Stirrups】（箍筋）选项，进入箍筋设置页面，设置如图 13-87 所示的箍筋参数。

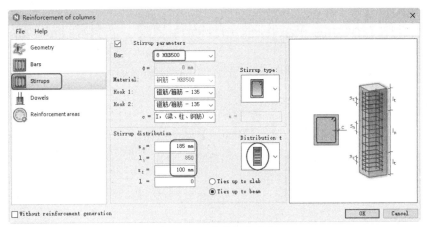

图 13-87 设置箍筋参数

④ 在左侧列表框中选择【Dowels】(插筋)选项,进入插筋设置页面,取消勾选【Dowels】复选框,即不设置插筋,如图 13-88 所示。

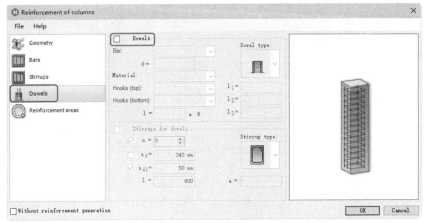

图 13-88 取消插筋设置

⑤ 将所设置的柱筋参数保存。单击【OK】按钮,自动添加柱筋到所选的结构柱上,如图 13-89 所示。

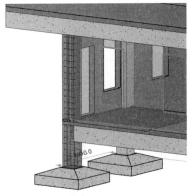

图 13-89 添加柱筋

⑥ 同理,添加其余结构柱的柱筋。

13.6.3　利用 Naviate Revit Extensions 2020 插件添加梁筋

具有相同截面参数的结构梁，可以一次性完成梁筋的添加。

💻 上机操作——添加梁筋

① 首先选中一条结构梁，再单击【Beams】（梁）按钮，打开【Reinforcement of beams】（梁配筋）对话框，如图 13-90 所示。

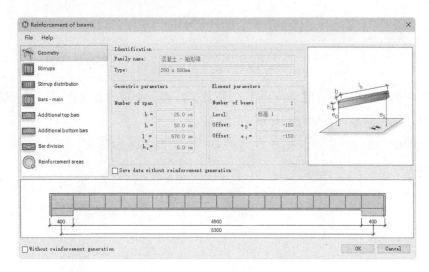

图 13-90　【Reinforcement of beams】（梁配筋）对话框

② 默认显示的是几何设置页面，该页面显示的是 Revit 自动识别所选的梁构件后得到的几何参数，用户可根据几何参数进行钢筋配置。

③ 在左侧列表框中选择【Stirrups】（箍筋）选项，进入箍筋设置页面，设置如图 13-91 所示的箍筋参数。

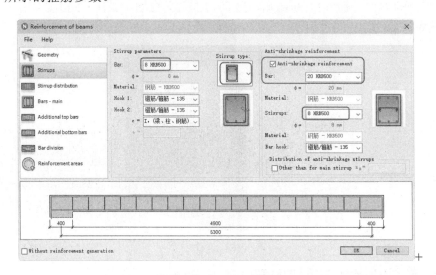

图 13-91　设置箍筋参数

④ 在左侧列表框中选择【Stirrup distribution】(箍筋分布)选项,进入箍筋分布设置页面,设置如图 13-92 所示的箍筋分布参数。

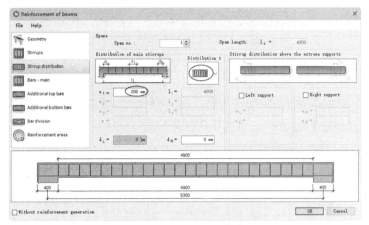

图 13-92 设置箍筋分布参数

⑤ 在左侧列表框中选择【Bars-main】(主筋)选项,进入主筋设置页面,设置如图 13-93 所示的主筋参数。

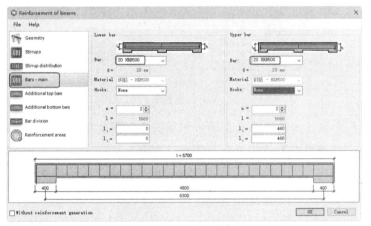

图 13-93 设置主筋参数

⑥ 其他页面设置保持不变,直接单击【OK】按钮,或者按 Enter 键,系统自动添加梁筋,如图 13-94 所示。

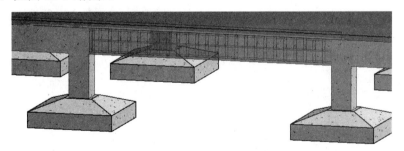

图 13-94 自动添加梁筋

⑦ 同理,选择其他相同尺寸的结构梁来添加同样的梁筋。

13.6.4 利用 Revit 钢筋工具添加板筋

结构楼板的板筋（受力筋和分布筋）的参数为 8@200，受力筋和分布筋的间距均为200mm。

上机操作——添加板筋

① 为第一层的结构楼板添加保护层。切换到【标高1】结构平面视图，选中结构楼板，单击【保护层】按钮，设置保护层，如图13-95所示。

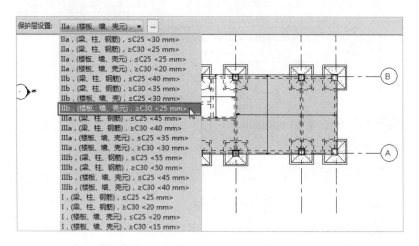

图 13-95 设置保护层

② 在【结构】选项卡的【钢筋】面板中单击【面积】按钮，然后选择第一层的结构楼板，在【属性】选项板中设置板筋参数，本例只设置第一层的板筋参数，如图13-96所示。

③ 绘制楼板边界线作为板筋的填充区域，如图13-97所示。

图 13-96 设置板筋参数

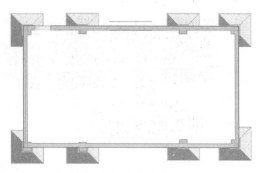

图 13-97 绘制填充区域

④ 单击【完成编辑模式】按钮，完成板筋的添加，如图13-98所示。

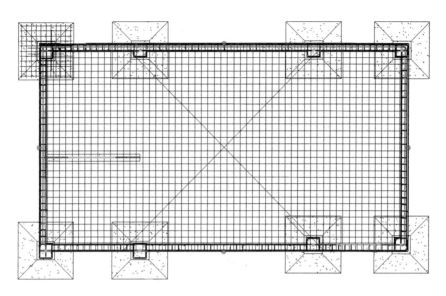

图 13-98 添加板筋

上机操作——添加负筋

当板筋添加完成后，还要添加支座负筋（常说的"扣筋"）。负筋是利用【路径】钢筋工具来创建的。下面仅添加一排的负筋，负筋的参数为 10@200。

① 仍然切换到【标高 1】结构平面视图。在【钢筋】面板中单击【路径】按钮，然后选中第一层的结构楼板作为参照。

② 在【属性】选项板中设置负筋参数，如图 13-99 所示。

③ 在【修改|创建钢筋路径】上下文选项卡中单击【直线】按钮，绘制路径曲线，如图 13-100 所示。

图 13-99 设置负筋参数

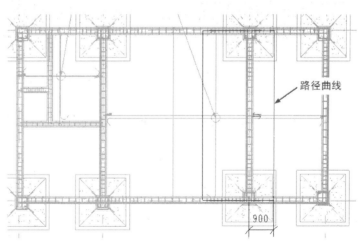

图 13-100 绘制路径直线

④ 关闭【修改|创建钢筋路径】上下文选项卡，完成负筋的添加，如图 13-101 所示。

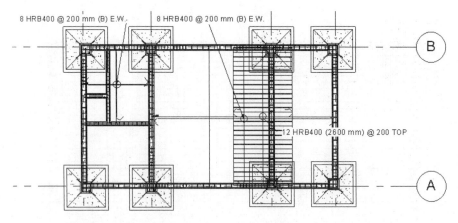

图 13-101 添加负筋

⑤ 同理,添加其余梁跨之间的支座负筋(其余负筋参数与第一次设置的基本一致,只是长度不同),完成结果如图 13-102 所示。

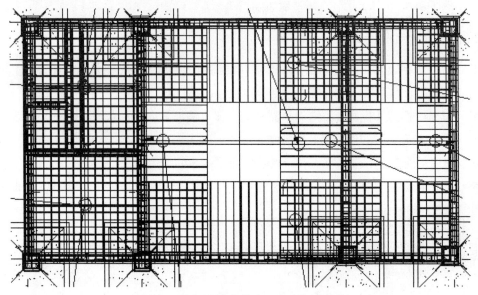

图 13-102 添加其余梁跨之间的支座负筋

13.6.5 利用 Naviate Revit Extensions 2020 插件添加墙筋

墙筋分为剪力墙墙筋和女儿墙墙筋。

上机操作——添加剪力墙墙筋

剪力墙墙筋的参数为 10@200,间距为 200mm。

① 首先选中一面结构墙,然后单击【Walls】(墙筋)按钮,打开【Reinforcement of walls】(墙配筋)对话框,如图 13-103 所示。

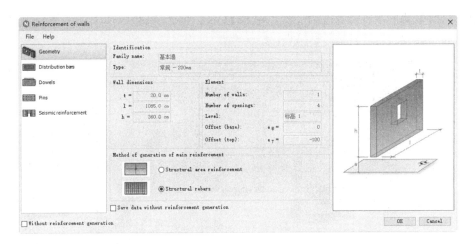

图 13-103 【Reinforcement of walls】（墙配筋）对话框

② 在左侧列表框中选择【Distribution bars】（墙身配筋）选项，进入墙身配筋设置页面，设置如图 13-104 所示的墙身配筋参数。

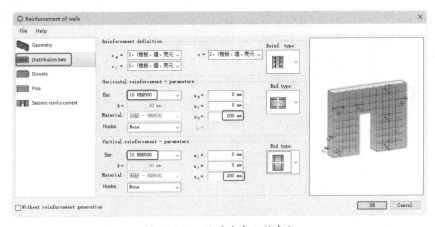

图 13-104 设置墙身配筋参数

③ 在左侧列表框中选择【Pins】（拉结筋）选项，进入拉结筋设置页面，设置如图 13-105 所示的拉结筋参数。

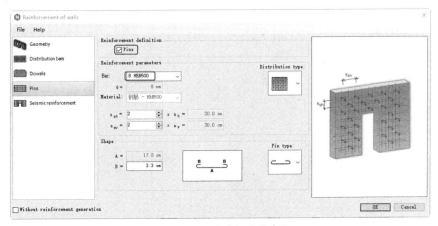

图 13-105 设置拉结筋参数

④ 将所设置的墙筋参数保存。最后单击【OK】按钮,系统自动添加墙筋到用户所选的剪力墙墙身上,如图 13-106 所示。

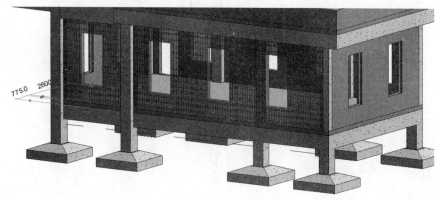

图 13-106 添加墙筋

⑤ 同理,添加其余墙筋。

第 14 章
钢结构设计

本章内容

本章将利用 Revit 2020 的钢结构设计模块进行钢结构设计。钢结构设计属于建筑结构设计的一部分,本章将重点介绍门式钢结构厂房在 Revit 中的设计方法。

知识要点

- ☑ 钢结构设计基础
- ☑ Revit 钢结构设计案例——门式钢结构厂房设计

14.1 钢结构设计基础

钢结构是现代建筑中非常重要的一种建筑结构类型，具有强度大、自重轻、刚性好、韧性强等优点，目前在我国的建筑领域应用非常广泛，主要应用于厂房、体育场馆、展览馆、电视塔及别墅的建设，如图14-1所示。

图14-1 钢结构的应用

14.1.1 钢结构中的术语

下面列举一些钢结构在建造过程中的常见术语。
- 零件：组成部件或构件的最小单元，如节点板、翼缘板等。
- 部件：由若干个零件组成的单元，如焊接H型钢、牛腿等。
- 构件：由零件或由零件和部件组成的钢结构基本单元，如梁、柱、支撑等。
- 小拼单元：在钢网架结构安装工程中，除散件外的最小安装单元，一般分为平面桁架和锥体两种类型。
- 中拼单元：在钢网架结构安装工程中，由除散件外的最小安装单元组成的安装单元，一般分为条状和块状两种类型。
- 高强度螺栓连接副：高强度螺栓和与之配套的螺母、垫圈的总称。
- 抗滑移系数：高强度螺栓连接中，连接件摩擦面产生滑动时的外力与垂直于摩擦面的高强度螺栓预拉力之和的比值。
- 预拼装：为检验构件是否满足安装质量要求而进行的拼装。
- 空间刚度单元：由构件构成的基本的稳定空间的体系。
- 焊钉（栓钉）焊接：将焊钉（栓钉）一端与板件（或管件）表面接触通电引弧，待接触面熔化后，给焊钉（栓钉）一定压力完成焊接的方法。
- 环境温度：制作或安装时现场的温度。

14.1.2 钢结构厂房框架类型

钢结构厂房的框架是由柱、横梁、支撑等构件连接而成的稳定结构，承受并向基础传递所有荷载和外部作用。在工业建筑中，钢结构厂房框架有下列六种常见的结构类型。

（1）门式钢结构厂房：一种传统的结构体系，该类结构的上部主构架包括钢架梁、钢架柱、支撑、檩条、系杆、山墙骨架等。门式钢架轻型房屋钢结构具有受力简单、传力路径明确、构件制作快捷、便于工厂化加工、施工周期短等特点，因此广泛应用于工业、商业、文化娱乐公共设施等工业与民用建筑中。如图14-2所示为门式钢结构厂房的结构示意。

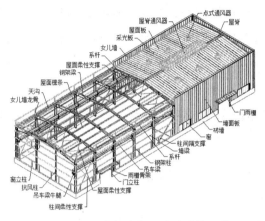

图14-2　门式钢结构厂房的结构示意

（2）单跨钢结构厂房：钢结构厂房正常都配置了各种形式的单跨架，如四工位卧动转位刀架或者多工位转塔式主动转位梁架。

（3）双跨（或多跨）钢结构厂房：双跨（或多跨）钢结构厂房的双刀架配置平行散布，也可以配置垂直散布。

（4）卧式钢结构厂房：卧式钢结构厂房又分为钢结构程度路轨卧式厂房和钢结构歪斜路轨卧式厂房。歪斜路轨结构能够使厂房拥有更大的刚性，并易于扫除切屑。

（5）顶尖式钢结构厂房：顶尖式钢结构厂房配有一般尾座或者钢结构尾座，适宜车削较长的整机及直径不是太大的盘类整机。

（6）卡盘式钢结构厂房：卡盘式钢结构厂房没有尾座，适宜车削盘类（含短轴类）整机。夹紧形式多为自动或者液动掌握，卡盘结构多拥有可调卡爪或者没有淬火卡爪。

14.1.3　Revit 2020钢结构设计工具

在Revit 2020中，钢结构设计工具在【结构】选项卡和【钢】选项卡中，如图14-3所示。

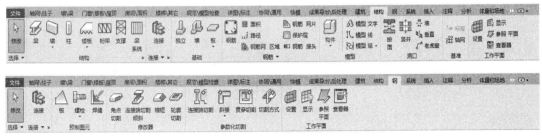

图14-3　钢结构设计工具

利用【结构】选项卡中的钢结构设计工具可以创建结构基础、结构柱、桁架系统、结构梁系统、钢结构支撑、钢梁等构件。钢结构设计方法与混凝土结构设计方法是相似的,不同之处主要体现在钢结构的连接与切割上。

【钢】选项卡中的钢结构设计工具是用于创建钢结构的连接与切割的辅助工具。钢结构的连接包括钢梁的连接、钢板与钢梁的连接、钢柱与基础的连接、结构支撑的连接和檩条的连接。切割主要是指切割钢板、钢梁及钢柱,使其能够在连接板和连接螺栓的作用下紧密连接。

14.2 Revit 钢结构设计案例——门式钢结构厂房设计

在本节中,将以一个门式钢结构厂房的结构设计为例,全面介绍 Revit 2020 钢结构设计的所有技术细节与流程。

本例的门式钢结构厂房的中间榀钢架剖面图和边榀钢架剖面图如图 14-4 所示。本例将使用 Revit 工具和鸿业乐建 BIMSpace 快模工具完成门式钢结构厂房的设计。

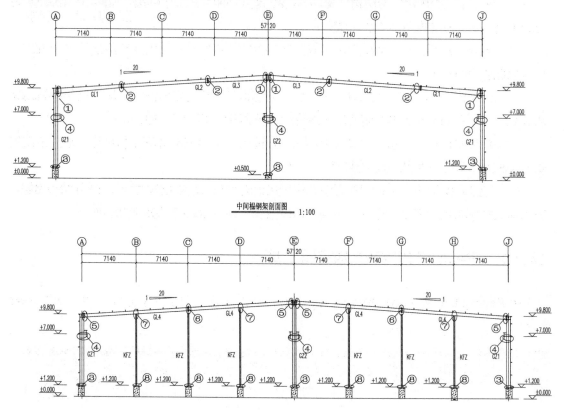

图 14-4 门式钢结构厂房的钢架剖面图

第 14 章 钢结构设计

门式钢结构厂房的三维效果如图 14-5 所示。

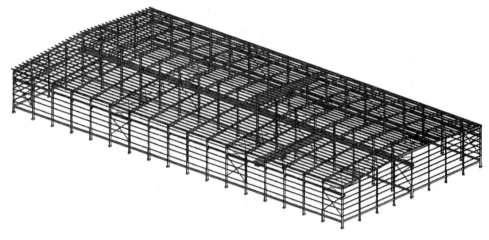

图 14-5 门式钢结构厂房的三维效果

14.2.1 创建标高与轴网

标高与轴网的设计将参考本例源文件夹中的【厂房门式钢结构施工总图.dwg】和【钢柱平面布置图.dwg】图纸文件来完成。下面介绍操作步骤。

① 启动 Revit 2020，在主页界面中选择【模型】选项组中的【新建】选项，打开【新建项目】对话框。选择【Revit 2020 中国样板】样板文件后单击【确定】按钮，进入建筑项目设计环境，如图 14-6 所示。

② 在【快模】选项卡中单击【链接 CAD】按钮，从打开的【链接 CAD 格式】对话框中选择本例源文件夹中的【钢柱平面布置图.dwg】图纸文件，如图 14-7 所示。

图 14-6 新建项目文件　　　　图 14-7 选择【钢柱平面布置图.dwg】图纸文件

③ 切换到【标高 1】楼层平面视图。将 4 个立面图标记移动到图纸中的合适位置，如图 14-8 所示。

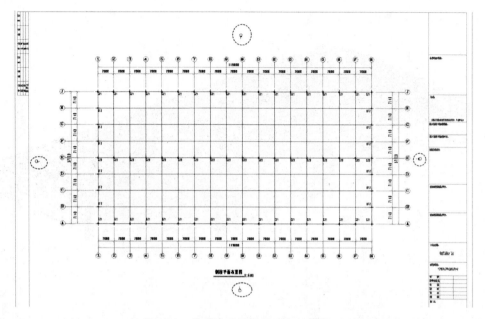

图 14-8 平移立面图标记到合适位置

④ 在【快模】选项卡中单击【轴网快模】按钮,打开【轴网快模】对话框。单击【请选择轴线】按钮,然后到图纸中拾取一条轴线,按 Esc 键后返回【轴网快模】对话框,接着单击【请选择轴号和轴号圈】按钮,到图纸中拾取轴号和轴号圈,如图 14-9 所示。

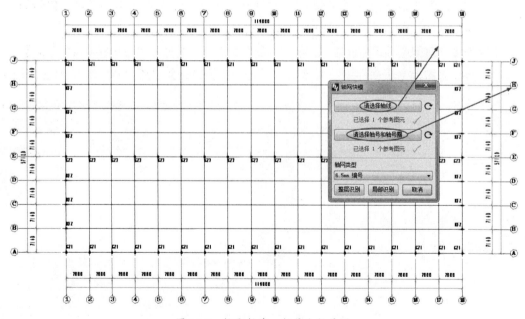

图 14-9 拾取轴线、轴号和轴号圈

⑤ 单击【整层识别】按钮,识别拾取的轴线、轴号和轴号圈,系统自动创建轴网(隐藏图纸可见),如图 14-10 所示。

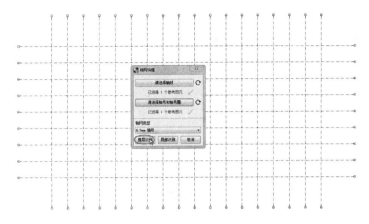

图 14-10　自动创建轴网

> 提示：
> 在 Revit 2020 中建模时，建议开启 AutoCAD 并打开【厂房门式钢结构施工总图.dwg】图纸文件，以便于查看总图中的各建筑与结构施工图。

⑥ 厂房的标高创建可参考【厂房门式钢结构施工总图.dwg】图纸文件中的【轴墙面彩板布置图】。切换到【东】立面图，然后选中【标高 2】并按住 Ctrl 键进行复制，修改复制出来的标高值，完成标高的创建，结果如图 14-11 所示。

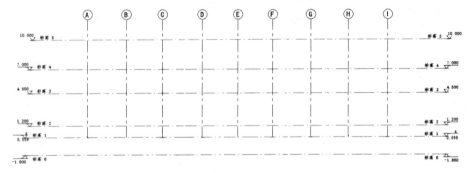

图 14-11　创建标高

⑦ 为了方便钢结构的设计，将标高重新命名，结果如图 14-12 所示。

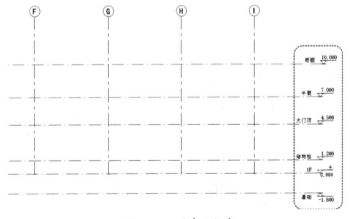

图 14-12　重命名标高

⑧ 创建标高后，部分楼层平面视图并没有立即显示出来，用户需要在【视图】选项卡的【创建】面板中，选择【平面视图】下拉列表中的【结构平面】选项，打开【新建结构平面】对话框。在列表框中选择所有标高，并单击【确定】按钮，完成新结构平面视图的创建，如图 14-13 所示。

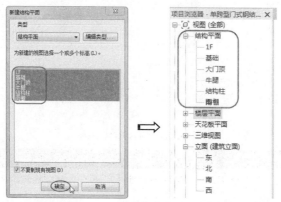

图 14-13　创建新结构平面视图

14.2.2　结构基础设计

本例厂房的结构基础部分包括独立基础、结构柱和结构地梁，在部分地梁上还要砌上建筑砖体，用来防水和防撞。

1. 独立基础设计

独立基础的设计需要参考【厂房门式钢结构施工总图.dwg】图纸文件中的【基础锚栓布置图】来完成。由于【厂房门式钢结构施工总图.dwg】图纸文件中缺少独立基础的标高标注，所以这里按照常规做法指定独立基础的标高为-1.8m。本例中的独立基础有两种规格，如图 14-14 所示。

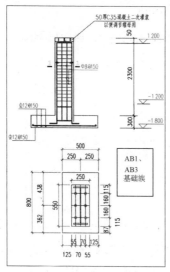
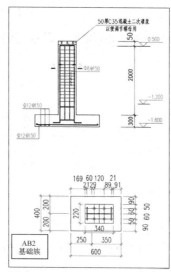

图 14-14　两种规格的独立基础

第 14 章 钢结构设计

独立基础的平面布置示意图如图 14-15 所示。

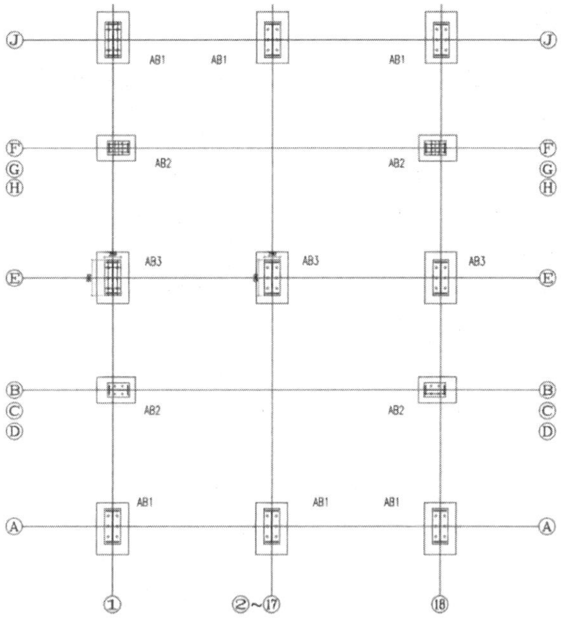

图 14-15 独立基础的平面布置示意图

📘 上机操作——独立基础设计

① 切换到【1F】结构平面视图。在【结构】选项卡的【基础】面板中单击【独立基础】按钮，打开【Revit】对话框。该对话框给出了【项目中未载入结构基础族。是否要现在载入？】的信息提示，单击【是】按钮，然后从 Revit 族库（C:\ProgramData\Autodesk\RVT 2020\Libraries\China\结构\基础）中载入【基脚-矩形.rfa】族文件，如图 14-16 所示。

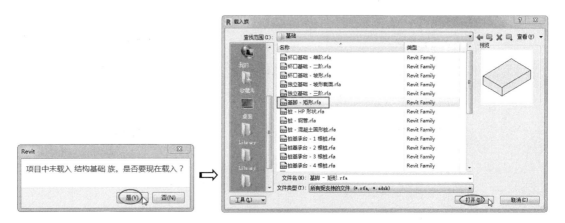

图 14-16 载入【基脚-矩形.rfa】族文件

② 此时默认载入的基础族只有一种规格，而我们需要创建符合图 14-15 中的 AB1、AB3 和 AB2 的基础族。在【属性】选项板中单击【编辑类型】按钮，打开【类型属性】对话框。单击【复制】按钮，复制命名为【AB1、AB3】的新族，并设置

其属性参数，如图 14-17 所示。同理，再复制命名为【AB2】的新族，并设置其属性参数，如图 14-18 所示。

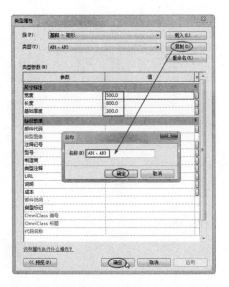

图 14-17　复制命名为【AB1、AB3】的新族并设置其属性参数

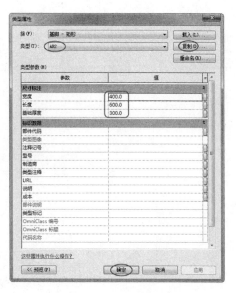

图 14-18　复制命名为【AB2】的新族并设置其属性参数

③ 依次将【AB1、AB3】和【AB2】基础族放置在相应的位置上，结果如图 14-19 所示。放置【AB2】基础族时需要按 Enter 键来调整族的方向，另外可参考【基础锚栓布置图】中的独立基础放置尺寸进行平移操作。

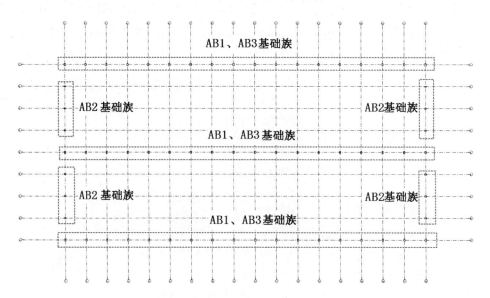

图 14-19　放置基础族

④ 框选所有基础族，然后在【属性】选项板中修改标高为【基础】，如图 14-20 所示。使所有基础族放置在【基础】结构平面视图中。

第 14 章 钢结构设计

> **知识点拨：**
> 如果在【1F】结构平面视图中无法看见【基础】结构平面视图中的独立基础，则可以在【属性】选项板中单击【范围】选项组的【视图范围】选项后的【编辑】按钮，在打开的【视图范围】对话框中设置【顶部】、【底部】和【标高】的选项均为【无限制】，即可显示独立基础，如图 14-21 所示。

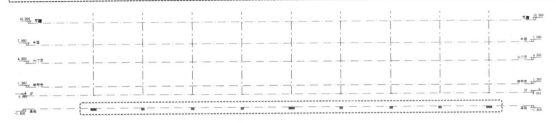

图 14-20 修改基础族的标高

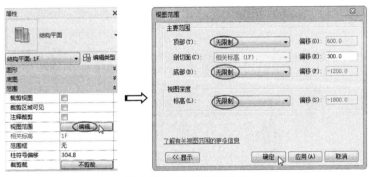

图 14-21 设置视图范围

2. 结构柱设计

上机操作——结构柱设计

① 在【结构】选项卡的【结构】面板中单击【柱】按钮，然后在打开的【修改|放置结构柱】上下文选项卡中单击【载入族】按钮，从 Revit 族库（C:\ProgramData\Autodesk\RVT 2020\Libraries\China\结构\柱\混凝土）中载入【混凝土-正方形-柱.rfa】族文件，如图 14-22 所示。

图 14-22 载入【混凝土-正方形-柱.rfa】族文件

② 参照前面复制独立基础族的做法，复制出两个新结构柱族，尺寸分别为 550mm×250mm 和 340mm×220mm，如图 14-23 所示。

图 14-23 复制出两个新结构柱族

③ 将 550mm×250mm 的结构柱族插入【AB1】和【AB3】独立基础位置上，然后将 340mm×220mm 的结构柱族插入【AB2】独立基础位置上。其中，340mm×220mm 结构柱族的放置尺寸参考【基础锚栓布置图】。

④ 选中结构平面中所有 550mm×250mm 的结构柱族，然后在【属性】选项板中设置【顶部标高】为【结构柱】，如图 14-24 所示。同理，选中所有 340mm×220mm 的结构柱族，设置其【顶部标高】为【1F】，【顶部偏移】值为【500】。

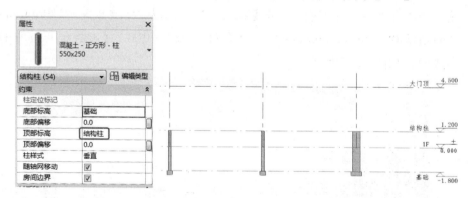

图 14-24 修改所有 550mm×250mm 的结构柱族的顶部标高

⑤ 此外，重新将⑥轴线两端的两个【AB2】结构柱族的【顶部标高】设置为【结构柱】。

3. 结构地梁设计

💻 上机操作——结构地梁设计

独立基础之间需要设计结构梁，以起到承重和连接稳固的作用。结构梁的尺寸为

200mm×450mm。

① 在【结构】选项卡的【结构】面板中单击【梁】按钮，然后在打开的【修改|放置梁】上下文选项卡中单击【载入族】按钮，从 Revit 族库（C:\ProgramData\Autodesk\RVT 2020\Libraries\China\结构\框架\混凝土）中载入【混凝土-矩形梁.rfa】族文件。

② 载入的【混凝土-矩形梁.rfa】族文件中没有 200mm×450mm 的矩形梁，所以需要复制新族，如图 14-25 所示。

③ 在【1F】结构平面视图中绘制结构梁，如图 14-26 所示。

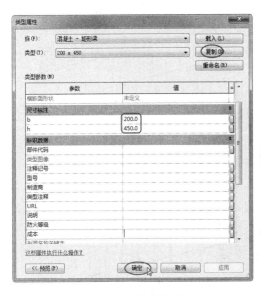

图 14-25　复制新族

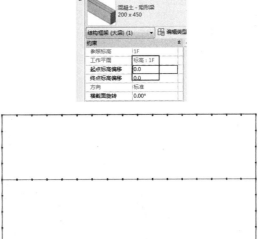

图 14-26　绘制结构梁

14.2.3　钢架结构设计

结构基础部分设计完成后，就可以进行【1F】以上的钢架结构设计了。钢架结构设计部分包括安装钢架柱、安装牛腿与吊车梁、安装屋面钢架梁、安装支撑与系杆（连系梁）、安装墙面与屋面檩条。

1. 安装钢架柱

上机操作——安装钢架柱

① 切换到【结构柱】结构平面视图。在【结构】选项卡的【结构】面板中单击【柱】按钮，然后在【属性】选项板中单击【编辑类型】按钮，在原来的【UC305×305×97】普通钢柱的基础上，复制出命名为【RH496×199×9×14】的新钢柱族，并修改其属性参数，如图 14-27 所示。

② 将复制出来的新钢柱族放置在【AB1】和【AB3】独立基础位置上，并在【属性】选项板中设置【AB1】位置上的新钢柱族标高和【AB3】位置上的新钢柱族标高，如图 14-28 所示。

③ 同理,复制出命名为【RH300×160×6×6】的新钢柱族,将其放置在【AB2】独立基础位置(结构柱)上。安装完成的钢架柱如图 14-29 所示。

图 14-27 复制新钢柱族并修改其参数　　图 14-28 放置新钢柱族到相应位置并设置标高

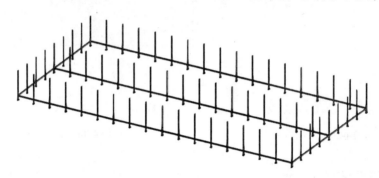

图 14-29 安装完成的钢架柱

2. 安装牛腿与吊车梁

钢结构牛腿的安装方法可以参考如图 14-30 所示的示意图。吊车梁包括吊车边跨梁和吊车桥架,如图 14-31 所示。牛腿、吊车桥架和吊车边跨梁可设计成族的形式,以减少建模时间。

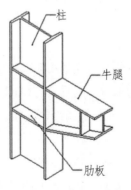 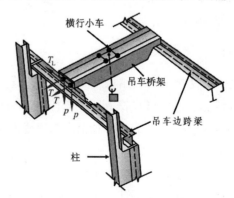

图 14-30 钢结构牛腿安装示意图　　　　图 14-31 吊车梁

上机操作——安装牛腿与吊车梁

① 切换到【牛腿】结构平面视图。在【结构】选项卡的【模型】面板中单击【构件】按钮，然后在打开的【修改|放置构件】上下文选项卡中单击【载入族】按钮，从本例源文件夹中载入【牛腿.rfa】族文件到当前项目中。

② 依次将牛腿放置到钢架柱上，如图 14-32 所示。

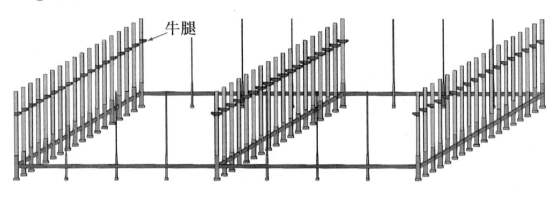

图 14-32　放置牛腿

③ 切换到【西】立面图，确保牛腿的顶部标高在 7.000m 处，如图 14-33 所示。如果没有在 7.000m 处，则可以利用【修改】选项卡中的【移动】工具移动牛腿。

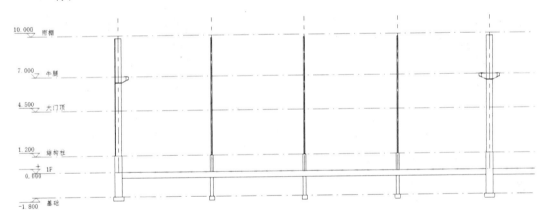

图 14-33　确保牛腿的顶部标高在 7.000m 处

④ 在【结构】选项卡的【结构】面板中单击【梁】按钮，然后在打开的【修改|放置梁】上下文选项卡中单击【载入族】按钮，从本例源文件夹中载入【热轧超厚超重 H 型钢.rfa】族文件到当前项目中，接着在牛腿上绘制超厚超重 H 型钢梁，即吊车梁，最后编辑超厚超重 H 型钢梁的类型参数，如图 14-34 所示。

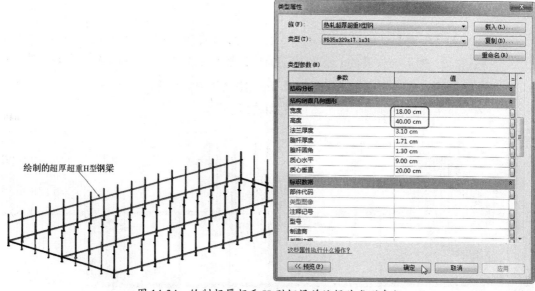

图 14-34 绘制超厚超重 H 型钢梁并编辑其类型参数

⑤ 调整吊车梁的标高，使其底部在牛腿的垫板上，如图 14-35 所示。

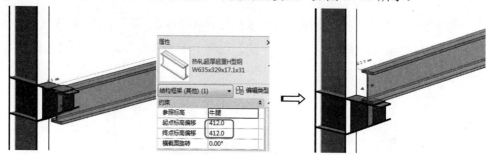

图 14-35 调整吊车梁的标高

⑥ 将吊车梁复制到其他牛腿上，完成整个厂房的吊车梁的安装。

⑦ 同理，载入本例源文件夹中的【吊车.rfa】族文件并将其放置在吊车梁之间，需要放置两个吊车族，如图 14-36 所示。

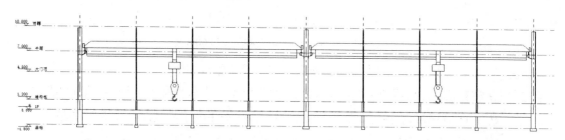

图 14-36 放置吊车族

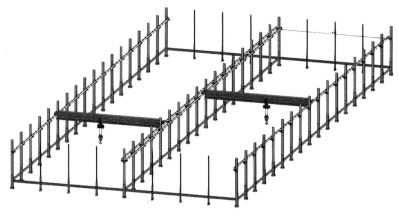

图 14-36 放置吊车族（续）

3. 安装屋面钢架梁

本例厂房的屋面钢架梁采用的是【单坡单跨】钢架桁生形式，Revit 中没有类似的族，用户需要自定义。

上机操作——安装屋面钢架梁

① 切换到【雨棚】结构平面视图。首先在【插入】选项卡的【从库中载入】面板中单击【载入族】按钮，从本例源文件夹中载入【门式钢架梁-变截面梁.rfa】族文件到当前项目中。

② 在【结构】选项卡的【结构】面板中单击【梁系统】按钮，然后在【属性】选项板中设置结构梁的【固定间距】、【对正】和【梁类型】参数，如图 14-37 所示。

③ 在【修改|创建梁系统边界】上下文选项卡的【绘制】面板中单击【矩形】按钮，然后在结构平面视图中绘制一个包含所有钢结构柱的梁系统边界，如图 14-38 所示。

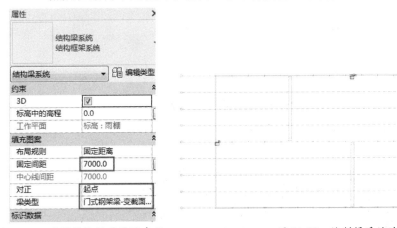

图 14-37 设置结构梁的属性参数　　　图 14-38 绘制梁系统边界

④ 利用【修改】面板中的【偏移】工具，将梁系统边界中左右两侧的边界线分别向外偏移 7000mm，如图 14-39 所示。

⑤ 单击【梁方向】按钮 梁方向，选取梁方向的参考线（选取一条边界线即可），如图 14-40 所示。

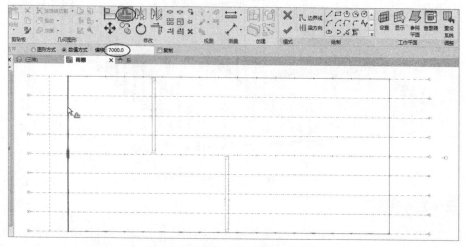

图 14-39 偏移左右两侧的边界线

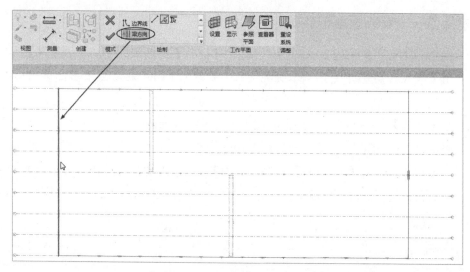

图 14-40 选取梁方向的参考线

⑥ 在【修改|创建梁系统边界】上下文选项卡的【模式】面板中单击【完成编辑模式】按钮 ✓，完成梁系统的创建，如图 14-41 所示。

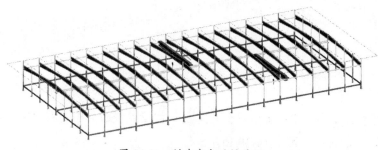

图 14-41 创建完成的梁系统

第 14 章 钢结构设计

> 提示：
> 上面所创建的钢架梁标高的最高点的顶部与【雨棚】标高对齐。但根据图纸来看，应该是最低点（梁两端）的顶部与【雨棚】标高对齐。

⑦ 切换到三维视图，选中梁系统中的一条钢架梁，在【属性】选项板中单击【编辑类型】按钮，打开【类型属性】对话框。修改钢架梁的类型参数，单击【确定】按钮，完成钢架梁的编辑，如图 14-42 所示。

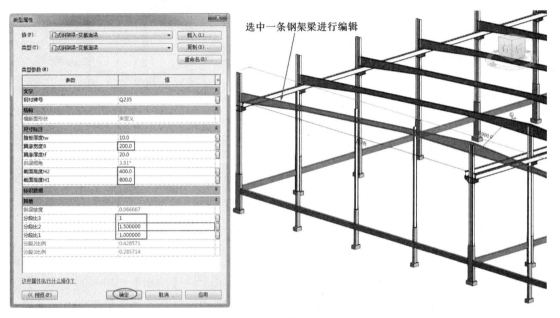

图 14-42 编辑钢架梁

⑧ 在三维视图中选中整个梁系统，然后在【属性】选项板中设置【标高中的高程】值为【1650.0】，如图 14-43 所示。

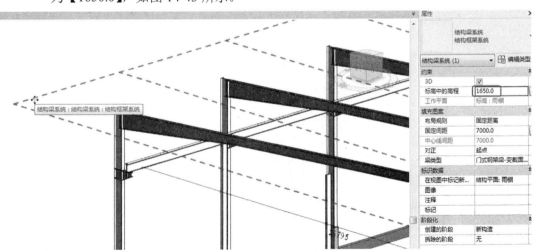

图 14-43 设置整个梁系统的【标高中的高程】值

⑨ 在厂房的两端，钢结构柱的顶端没有与钢架梁连接，需要进行修改。选中一根没有连接到钢架梁的钢结构柱，在打开的【修改|结构柱】上下文选项卡的【修改柱】面

459

板中单击【附着顶部/底部】按钮，然后选取与钢结构柱对应的钢架梁进行附着连接，如图14-44所示。同理，将其余没有附着到钢架梁上的钢结构柱进行附着连接（可以一次性选取多根钢结构柱进行操作）。

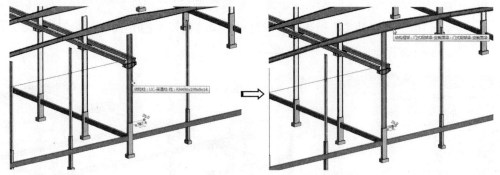

图14-44 创建钢结构柱与钢架梁的附着连接

4. 安装支撑与系杆（连系梁）

本例厂房的支撑主要使用的材料为圆钢，有一部分为圆管，系杆使用的材料为圆管。支撑及系杆的安装可参照【厂房门式钢结构施工总图.dwg】图纸文件中的【屋面结构布置图】和【轴柱间支撑布置图】。

上机操作——安装支撑与系杆

① 首先安装轴柱间的支撑与系杆。切换到三维视图，在【结构】选项卡的【模型】面板中单击【构件】按钮，然后在【修改|放置构件】上下文选项卡中单击【载入族】按钮，从本例源文件夹中载入【系杆.rfa】族文件。

② 在【修改|放置构件】上下文选项卡中单击【放置在面上】按钮，在视图中①～②轴号之间选取牛腿上的一个面来放置系杆族，如图14-45所示。

③ 在【属性】选项板中设置系杆族的【标高中的高程】和【长度】参数，如图14-46所示。

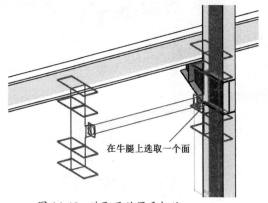

图14-45 选取面放置系杆族

图14-46 设置系杆族的【标高中的高程】和【长度】参数

④ 在【属性】选项板中单击【编辑类型】按钮,在打开的【类型属性】对话框中设置系杆族的类型参数,如图 14-47 所示。

⑤ 单击【确定】按钮,完成系杆族的修改,结果如图 14-48 所示。

图 14-47 设置系杆族的类型参数

图 14-48 修改完成的系杆族

⑥ 切换到【牛腿】结构平面视图。将系杆族复制到⑥～⑦轴号之间、⑫～⑬轴号之间和⑰～⑱轴号之间的钢结构柱上。

⑦ 切换到【北】立面图。在【结构】选项卡的【结构】面板中单击【支撑】按钮,在打开的【工作平面】对话框中设置工作平面,如图 14-49 所示。

⑧ 设置工作平面后,在打开的【修改|放置支撑】上下文选项卡中单击【载入族】按钮,从 Revit 族库(C:\ProgramData\Autodesk\RVT 2020\Libraries\China\结构\框架\钢)中载入【圆形冷弯空心型钢.rfa】族文件,如图 14-50 所示。

图 14-49 设置工作平面

图 14-50 载入【圆形冷弯空心型钢.rfa】族文件

⑨ 在【北】立面图的牛腿到柱脚之间绘制圆管支撑的轨迹线,如图 14-51 所示。完成绘制后按 Esc 键退出。

图 14-51 绘制圆管支撑的轨迹线

⑩ 选取一根圆管支撑,在【属性】选项板中单击【编辑类型】按钮,在打开的【类型属性】对话框中设置圆管支撑的类型参数,如图 14-52 所示。

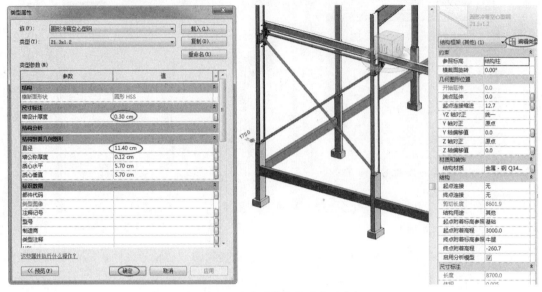

图 14-52 设置圆管支撑的类型参数

⑪ 执行同样的操作,从 Revit 族库中载入【热轧圆钢.rfa】族文件,然后绘制圆钢支撑的轨迹线,完成【北】立面图中牛腿之上的支撑的创建,如图 14-53 所示,接着将圆钢的直径修改为 2cm。

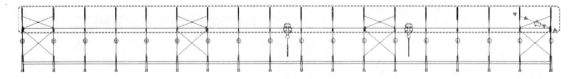

图 14-53 创建牛腿之上的支撑

⑫ 选取前面创建的圆管和圆钢支撑,将其复制到中间钢柱和①轴号钢柱的位置上,最终完成轴柱间支撑的安装,如图 14-54 所示。

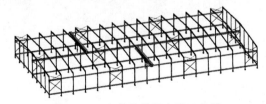

图 14-54 完成轴柱间支撑的安装

⑬ 轴柱间的支撑安装完成后，安装屋面的支撑。屋面的支撑系统也是由 20mm 的圆钢和 114mm 的系杆构成的。在【北】立面图中，将系杆向上复制，然后在【属性】选项板中设置其属性参数，如图 14-55 所示。

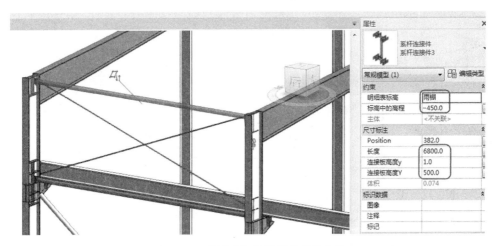

图 14-55 复制系杆并设置其属性参数

⑭ 将【北】立面图中牛腿之上的系杆按照⑧～①轴号的顺序进行复制。并依次调整系杆的标高高程。

⑮ 手动修改Ⓐ轴号和①轴号上的圆钢支撑的端点位置，如图 14-56 所示。

图 14-56 手动修改圆钢支撑的端点位置

⑯ 创建完成的系杆如图 14-57 所示。

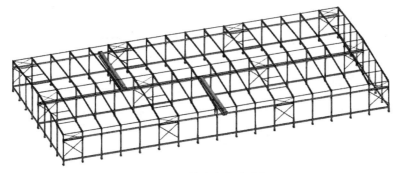

图 14-57 创建完成的系杆

⑰ 在创建屋面的圆钢支撑时，由于 Revit 不支持在创建过程中自由绘制轨迹线，只能在平面中绘制，因此需要创建一个临时工作平面。在【结构】选项卡的【工作平面】面板中单击【设置】按钮，打开【工作平面】对话框。选择【拾取一个平面】选项，单击【确定】按钮后在三维视图中指定钢架梁的顶面作为工作平面，如图 14-58 所示。

图 14-58 指定工作平面

⑱ 切换到三维视图，利用【梁】工具来创建屋面支撑。单击【梁】按钮，选择【热轧圆钢】族作为梁族，在选项栏中勾选【三维捕捉】复选框和【链】复选框，然后创建梁，如图 14-59 所示。

⑲ 利用【修改】选项卡中的【复制】工具和【镜像-拾取轴】工具，将创建的梁（屋面支撑）复制并镜像到屋面的其他系杆位置上，结果如图 14-60 所示。

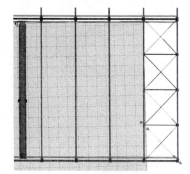

图 14-59 创建梁（屋面支撑）

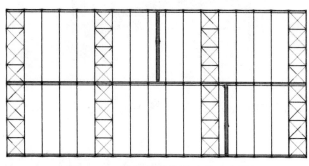

图 14-60 复制并镜像梁（屋面支撑）

5. 安装墙面与屋面檩条

在 Revit 中只能采用结构梁的形式来安装檩条。檩条族为【轻型-C 檩条-扶栏】，属于轻型钢材质。

上机操作——安装墙面与屋面檩条

① 切换到【雨棚】结构平面视图。在【结构】选项卡中单击【梁】按钮，从 Revit 族库（C:\ProgramData\Autodesk\RVT 2020\Libraries\China\结构\框架\轻型钢）中载入【轻型-C 檩条-扶栏.rfa】族文件，然后绘制第一条梁（屋面檩条），如图 14-61 所示。

② 绘制完成后，在【属性】选项板中设置【横截面旋转】的值为【90.00°】，使梁（屋面檩条）翻转，结果如图 14-62 所示。

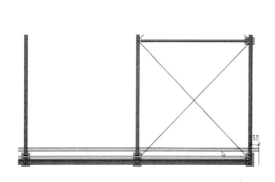
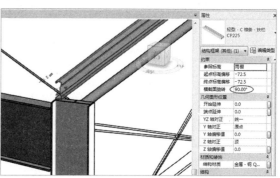

图 14-61 绘制第一条梁（屋面檩条）　　图 14-62 翻转梁（屋面檩条）

③ 切换到【西】立面图。选中梁（屋面檩条），在【修改|结构梁】上下文选项卡中单击【阵列】按钮，在选项栏中设置相应选项，如图 14-63 所示。

④ 在【西】立面图中选取阵列起点，如图 14-64 所示。

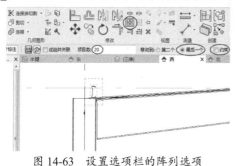
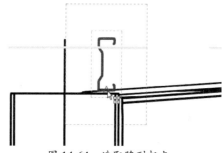

图 14-63 设置选项栏的阵列选项　　图 14-64 选取阵列起点

⑤ 选取如图 14-65 所示的阵列终点，随后系统自动创建阵列。阵列的结果如图 14-66 所示。

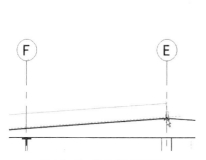
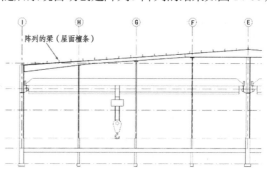

图 14-65 选取阵列终点　　图 14-66 阵列的结果

⑥ 切换到【雨棚】结构平面视图。利用【镜像-拾取轴】工具将阵列的梁（屋面檩条）镜像至Ⓕ轴号的另一侧，安装完成的屋面檩条如图 14-67 所示。

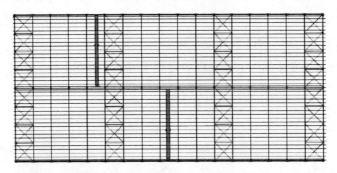

图 14-67　安装完成的屋面檩条

⑦ 安装厂房四周的檩条。切换到【北】立面图。单击【梁】按钮，绘制第一条梁（墙面檩条），如图 14-68 所示。

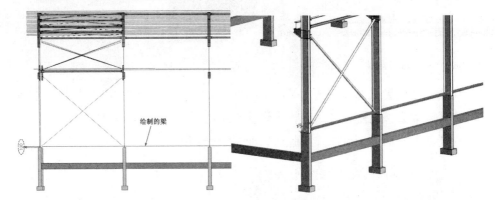

图 14-68　绘制第一条梁（墙面檩条）

⑧ 切换到三维视图，选中梁（墙面檩条），然后利用【对齐】工具，使梁的侧面对齐钢结构柱的侧面，如图 14-69 所示。

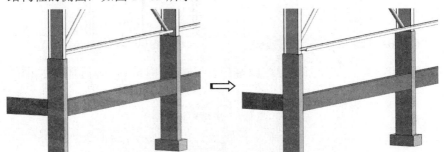

图 14-69　对齐梁的侧面与钢结构柱的侧面

⑨ 切换到【北】立面图。以第一条梁（墙面檩条）为基础，向上复制多条，且距离不等，如图 14-70 所示。

⑩ 将【北】立面图中的梁（墙面檩条）镜像到Ⓕ轴号的另一侧。

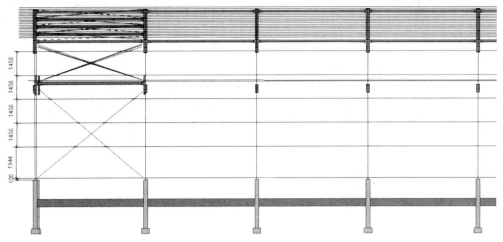

图 14-70 复制梁（墙面檩条）

⑪ 同理，在【东】立面图中绘制梁（墙面檩条），如图 14-71 所示。

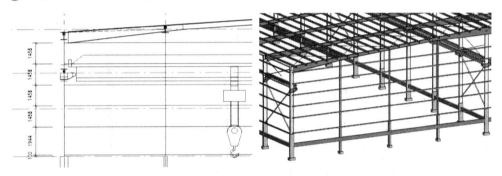

图 14-71 在【东】立面图中绘制梁（墙面檩条）

⑫ 将【东】立面图中的梁（墙面檩条）镜像到对称的【西】立面图中。最后只剩檩条与檩条之间的拉条没有创建，拉条的创建和安装与檩条相同，但是过程会更加烦琐，鉴于时间和篇幅的限制，这里不再赘述。设计完成的门式钢结构厂房如图 14-72 所示。

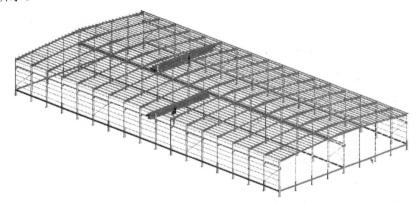

图 14-72 设计完成的门式钢结构厂房

第 15 章
建筑与结构施工图设计

本章内容

Revit 中的设计施工图包括建筑施工图和结构施工图。结构施工图的设计过程与建筑施工图是完全相同的。本章主要介绍利用 Revit 和鸿业乐建 BIMSpace 2020 设计建筑施工图的过程。建筑施工图包括建筑总平面图、建筑平面图、建筑剖面图、建筑立面图、建筑详图/大样图等。

知识要点

- ☑ 建筑制图基础
- ☑ 鸿业乐建 BIMSpace 2020 图纸辅助设计工具
- ☑ Revit 建筑施工图设计
- ☑ Revit 结构施工图设计
- ☑ 出图与打印

15.1 建筑制图基础

建筑施工图是帮助建筑设计师交流设计思想、传达设计意图的技术文件，是方案投标、技术交流和建筑施工的要件。用户需要正确操作才能实现其绘图功能，同时用户需要遵循统一制图规范，在正确的制图理论及方法的指导下操作，才能生成合格的图纸。

15.1.1 建筑制图概念

建筑制图是指建筑设计师根据正确的制图理论及方法，按照国家统一的建筑制图规范将设计思想和技术特征清晰、准确地表现出来。建筑工程施工图通常由建筑施工图、结构施工图和设备施工图组成。本章重点介绍建筑施工图和结构施工图的设计。

1. 建筑制图的方式

建筑制图有手工制图和计算机制图两种方式。手工制图又分为徒手绘制和工具绘制两种。手工制图是建筑设计师必须掌握的技能，也是学习各种绘图软件的基础。计算机制图是指建筑设计师操作计算机绘图软件画出所需图形，并形成相应的图形电子文件，可以进一步通过绘图仪或打印机将图形文件输出，形成具体的图纸。计算机制图快速、便捷，且便于文档存储和图纸的重复利用，可以大大提高设计效率。因此，目前手工制图主要用在方案设计的前期，而后期成品方案图、初设图及施工图都采用计算机制图的方式完成。

2. 建筑制图程序

建筑制图的程序是与建筑设计的程序相对应的。从整个设计过程来看，遵循方案图、初设图、施工图的设计顺序。后一阶段的图纸在前一阶段的基础上进行深化、修改和完善。

建筑图纸的编排顺序一般应为图纸目录、总图、建筑图、结构图、给水排水图、暖通空调图、电气图等。对于建筑专业而言，编排顺序一般为目录、施工图设计说明、附表（装修做法表、门窗表等）、平面图、立面图、剖面图、详图等。

15.1.2 建筑施工图

一套工业与民用建筑的建筑施工图，通常包括建筑总平面图、建筑平面图、建筑立面图、建筑剖面图、建筑详图和建筑透视图。

1. 建筑总平面图

建筑总平面图反映了建筑物的平面形状、位置及周围的环境，是施工定位的重要依据。建筑总平面图的特点如下。

- 由于建筑总平面图包括的范围较大，因此绘制时用较小比例，一般为1：2000、1：1000、1：500等。

- 建筑总平面图上的尺寸标注以米（m）为单位。
- 标高标注以米（m）为单位，一般标注至小数点后两位，采用绝对标高（注意室内外标高符号的区别）。

建筑总平面图的内容包括新建筑物的名称、层数、标高、定位坐标或尺寸、相邻有关的建筑物（已建、拟建、拆除），以及附近的地形地貌、道路、绿化、管线、指北针、风玫瑰图、补充图例等，如图 15-1 所示。

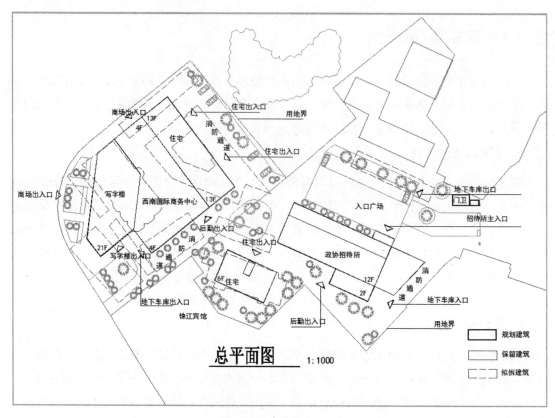

图 15-1　建筑总平面图

2. 建筑平面图

建筑平面图是按照一定比例绘制的建筑的水平剖切图。

可以这样理解，建筑平面图就是将建筑房屋窗台以上的部分进行剖切，将剖切面以下的部分投影到一个平面上，然后用直线和各种图例、符号等直观地表示建筑在设计和使用上的基本要求和特点。

建筑平面图一般比较详细，通常采用较大的比例，如 1∶200、1∶100 和 1∶50，并标出实际的详细尺寸。某建筑的二层平面图如图 15-2 所示。

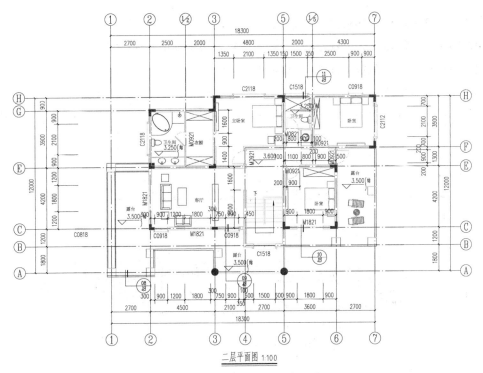

图 15-2 某建筑的二层平面图

3. 建筑立面图

建筑立面图主要用来表达建筑物各个立面的形状、尺寸、装饰等。它表示的是建筑物的外部形式，说明建筑物的长、宽和高，表现楼地面标高、屋顶的形式、阳台的位置和形式、门窗洞口的位置和形式、外墙装饰的设计形式、材料、施工方法等。如图 15-3 所示为某图书馆的建筑立面图。

图 15-3 某图书馆的建筑立面图

4. 建筑剖面图

建筑剖面图是将某个建筑立面进行剖切，而得到的一个视图。建筑剖面图表达了建筑内部的空间高度、室内立面布置、结构和构造情况。

在绘制建筑剖面图时，剖切位置应选择在能反映建筑全貌、构造特征及有代表性的位置，如楼梯间、门窗洞口及构造较复杂的位置。

建筑剖面图可以绘制一个或多个,这要根据建筑房屋的复杂程度。

如图15-4所示为某楼房的建筑剖面图。

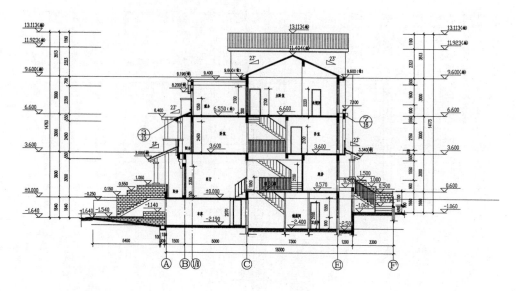

图15-4　某楼房的建筑剖面图

5. 建筑详图

由于建筑总剖面图、建筑平面图及建筑剖面图所反映的建筑范围较大,难以表达建筑细部构造,因此需要绘制建筑详图。

建筑详图主要用来表达建筑物的细部构造、节点连接形式,以及构件、配件的形状大小、材料与做法,如楼梯详图、墙身详图、构件详图、门窗详图等。

建筑详图要采用较大比例绘制(如1∶20、1∶5等),尺寸标注要全面,文字说明要详细。如图15-5所示为墙身(局部)详图。

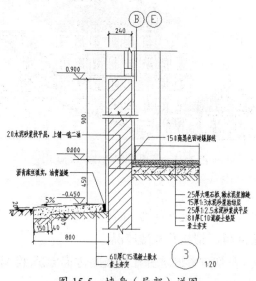

图15-5　墙身(局部)详图

6. 建筑透视图

除了上述图纸,在实际建筑工程设计中还经常要绘制建筑透视图。建筑透视图表示的建筑物内部空间或外部形体与实际所能看到的建筑物本身相类似,它具有强烈的三度空间透视感,非常直观地表现了建筑物的造型、空间布置、色彩、外部环境等多方面内容。因此,常在建筑设计和销售时作为辅助使用。

建筑透视图一般要严格地按照比例绘制,并进行艺术加工,这种图通常被称为建筑表现图或建筑效果图。一幅精美的建筑表现图就是一件艺术作品,具有很强的艺术感染力。如图15-6所示为某楼盘的建筑透视图。

图 15-6 某楼盘的建筑透视图

15.1.3 结构施工图

结构施工图是关于承重构件的布置、使用的材料、形状、大小及内部构造的工程图样,是承重构件及其他受力构件施工的依据。

在建筑设计过程中,为了保障房屋建筑安全和满足经济施工要求,建筑设计师对房屋的承重构件(基础、梁、柱、板等)依据力学原理和有关设计规范进行计算,从而确定它们的形状、尺寸、内部构造等。将确定的形状、尺寸、内部构造等内容绘制成图样,就形成了建筑施工所需的结构施工图,如图15-7所示。

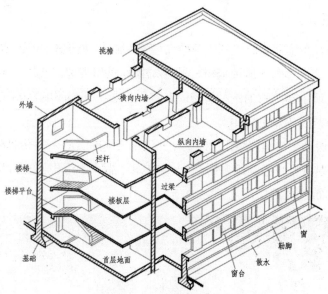

图 15-7 房屋结构施工图

1. 结构施工图的内容

结构施工图的内容包括结构设计与施工总说明、结构平面布置图、构件详图等。

1）结构设计与施工总说明

结构设计与施工总说明包括抗震设计、场地土质、基础与地基的连接、承重构件的选择、施工注意事项。

2）结构平面布置图

结构平面布置图是房屋中各承重构件总体平面布置的图样。它包括如下内容。

- 基础平面布置图及基础详图。
- 楼层结构布置平面图及节点详图。
- 屋顶结构平面图。
- 结构构件详图。

3）构件详图

构件详图包括如下内容。

- 梁、柱、板等构件详图。
- 楼梯构件详图。
- 屋架构件详图。
- 其他构件详图。

2. 结构施工图中的有关规定

房屋建筑是由多种材料组成的结合体，目前国内房屋建筑的结构采用较为普遍的砖混结构和钢筋混凝土结构。

《建筑结构制图标准》（GB/T 50105—2010）对结构施工图的绘制有明确规定，现将有关规定进行介绍。

第15章 建筑与结构施工图设计

1）常用构件代号

常用构件代号一般用各构件名称的汉语拼音的第一个字母表示，如表15-1所示。

表15-1 常用构件代号

序号	名称	代号	序号	名称	代号	序号	名称	代号
1	板	B	19	圈梁	QL	37	承台	CT
2	屋面板	WB	20	过梁	GL	38	设备基础	SJ
3	空心板	KB	21	连系梁	LL	39	桩	ZH
4	槽行板	CB	22	基础梁	JL	40	挡土墙	DQ
5	折板	ZB	23	楼梯梁	TL	41	地沟	DG
6	密肋板	MB	24	框架梁	KL	42	柱间支撑	DC
7	楼梯板	TB	25	框支梁	KZL	43	垂直支撑	ZC
8	盖板或沟盖板	GB	26	屋面框架梁	WKL	44	水平支撑	SC
9	挡雨板、檐口板	YB	27	檩条	LT	45	梯	T
10	吊车安全走道板	DB	28	屋架	WJ	46	雨棚	YP
11	墙板	QB	29	托架	TJ	47	阳台	YT
12	天沟板	TGB	30	天窗架	CJ	48	梁垫	LD
13	梁	L	31	框架	KJ	49	预埋件	M
14	屋面梁	WL	32	钢架	GJ	50	天窗端壁	TD
15	吊车梁	DL	33	支架	ZJ	51	钢筋网	W
16	单轨吊	DDL	34	柱	Z	52	钢筋骨架	G
17	轨道连接	DGL	35	框架柱	KZ	53	基础	J
18	车挡	CD	36	构造柱	GZ	54	暗柱	AZ

2）常用钢筋符号

钢筋按其强度和品种分成不同的等级，并用不同的符号表示。常用钢筋图例如表15-2所示。

表15-2 常用钢筋图例

序号	名称	图例	说明
1	钢筋横断面	●	
2	无弯钩的钢筋端部		下面的图例表示长、短钢筋投影重叠时，短钢筋的端部用45°斜画线表示
3	带半圆形弯钩的钢筋端部		
4	带直钩的钢筋端部		
5	带丝扣的钢筋端部		
6	无弯钩的钢筋搭接		
7	带半圆弯钩的钢筋搭接		
8	带直钩的钢筋搭接		
9	花篮螺丝钢筋接头		
10	机械连接的钢筋接头		用文字说明机械连接的方式

3）钢筋分类

配置在混凝土中的钢筋，按其作用和位置可分为受力筋、箍筋、架立筋、分布筋和构造筋，如图15-8所示。

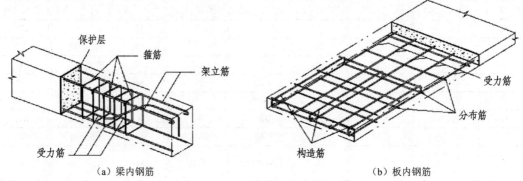

图15-8　配置在混凝土中的钢筋

说明如下。

- 受力筋：承受拉、压应力的钢筋。
- 箍筋（钢箍）：承受一部分斜拉应力，并固定受力筋的位置，多用于梁和柱内。
- 架立筋：用于固定梁内钢箍的位置，构成梁内的钢筋骨架。
- 分布筋：用于屋面板、楼板内，与板的受力筋垂直布置，将承受的重量均匀地传给受力筋，并固定受力筋的位置，以及抵抗热胀冷缩所引起的温度变形。
- 构造筋：因构件构造要求或施工安装需要而配置的构造筋，如腰筋、预埋锚固筋、环等。

4）保护层

钢筋外缘到构件表面的距离称为钢筋的保护层。其作用是保护钢筋免受锈蚀，提高钢筋与混凝土的黏结力。

5）钢筋的标注

钢筋的直径、根数及相邻钢筋中心距，在图样上一般采用引出线方式标注，其标注形式有如下两种。

- 标注钢筋的根数和直径，如图15-9所示。
- 标注钢筋的直径和相邻钢筋中心距，如图15-10所示。

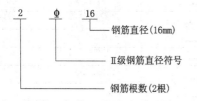
图15-9　标注钢筋的根数和直径

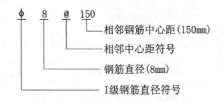
图15-10　标注钢筋的直径和相邻钢筋中心距

6）钢筋混凝土构件图示方法

为了清楚地标明构件内部的钢筋，可假设混凝土为透明体，这样构件中的钢筋在施工图中便可看见。在结构图中钢筋的长度方向用单条粗实线绘制，断面钢筋用黑圆点表示，构件的外形轮廓用中实线绘制。

15.2 鸿业乐建 BIMSpace 2020 图纸辅助设计工具

鸿业乐建 BIMSpace 2020 的图纸辅助设计工具在【详图\标注】选项卡中，如图 15-11 所示。这些工具可帮助建筑设计师高效、精准地完成建筑项目设计工作。

图 15-11 图纸辅助设计工具

15.2.1 剖面图/详图辅助设计工具

利用【剖面图\详图】面板中的辅助设计工具可以创建剖面图及详图的图案填充样式、楼梯详图的标注等。

下面以欧式别墅项目模型为例对详图和标注的用法进行讲解。欧式别墅模型如图 15-12 所示。

1. 【填充设置】

【填充设置】工具用来修改剖面图及详图中的填充图案。操作步骤如下。

① 单击【填充设置】按钮，打开【填充设置】对话框，如图 15-13 所示。

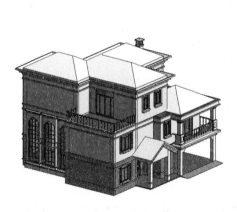

图 15-12 欧式别墅模型

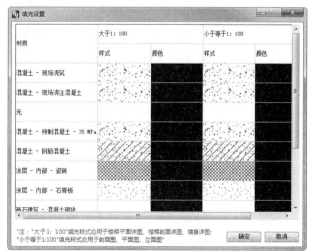

图 15-13 【填充设置】对话框

② 【填充设置】对话框中【大于 1∶100】列的样式与颜色仅应用于楼梯剖面详图、楼梯平面详图及墙身详图中,而【小于等于 1∶100】列中的样式与颜色则应用于建筑剖面图、平面图及立面图中。

③ 要修改某一种图案样式,可双击样式图块,在打开的【填充图案选择】对话框中设置新图案,如图 15-14 所示。

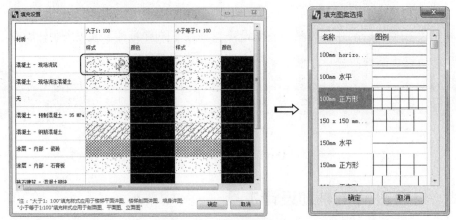

图 15-14　样式的修改设置

④ 若要修改颜色,则双击颜色图块,在打开的【颜色】对话框中设置新颜色,如图 15-15 所示。

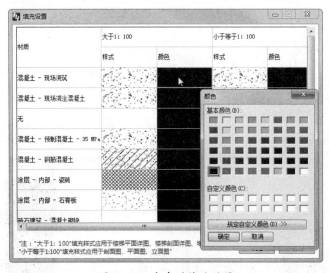

图 15-15　颜色的修改设置

2. 【楼梯平面详图】

当创建了详图后,用户可利用【楼梯平面详图】工具快速地标注详图。操作步骤如下。

① 打开本例源文件【欧式别墅.rvt】。

② 切换到有楼梯的【一层平面图】楼层平面视图,利用 Revit【视图】选项卡的【创建】面板中的【详图索引】工具,在楼梯间绘制矩形详图索引,如图 15-16 所示。

③ 在【详图\标注】选项卡中单击【楼梯平面详图】按钮，选择绘制的详图索引，如图 15-17 所示。

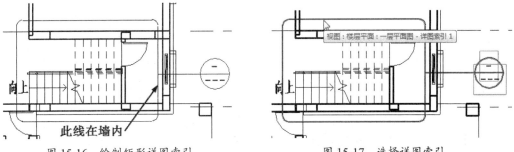

图 15-16　绘制矩形详图索引　　　　　图 15-17　选择详图索引

④ 系统自动创建【一层平面图-详图索引 1】楼层平面视图，并完成详图的尺寸标注，如图 15-18 所示。

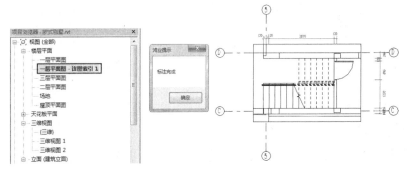

图 15-18　自动创建楼层平面视图并完成详图的尺寸标注

3. 【楼梯剖面详图】

【楼梯剖面详图】工具可以用来设置剖面详图中的填充样式并完成楼梯尺寸的标注。接上一个案例继续操作。

① 切换到【一层平面图-详图索引 1】楼层平面视图，单击【视图】选项卡中的【剖面】按钮，将剖面图标记放置在楼梯位置，随后系统自动创建名称为【剖面 1】的剖面图，如图 15-19 所示。创建的剖面图中没有标注尺寸，如图 15-20 所示。

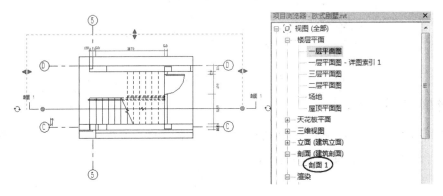

图 15-19　放置剖面图标记并创建剖面图

② 在【详图\标注】选项卡中单击【楼梯剖面详图】按钮，再选择放置的剖面图标记，系统自动完成剖面图的尺寸标注，如图 15-21 所示。

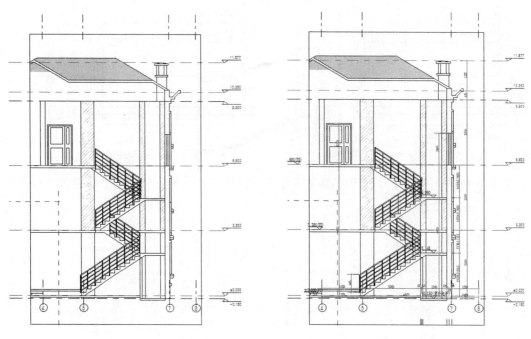

图 15-20　没有标注尺寸的剖面图　　　　图 15-21　自动完成剖面图的尺寸标注

③ 如果仅仅想要表达楼梯的剖面，则可以调整剖面图中的裁剪区域，并在【属性】选项板中设置【裁剪区域可见】选项，不显示裁剪框，如图 15-22 所示。

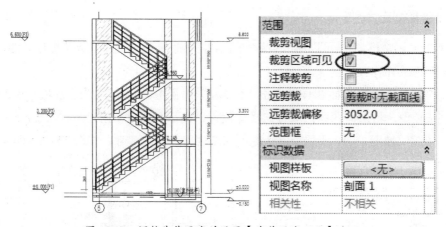

图 15-22　调整裁剪区域并设置【裁剪区域可见】选项

4. 【楼梯净高标注】

【楼梯净高标注】工具用于在楼梯剖面图中自动标注楼梯净高，暂不支持以草图方式绘制的楼梯，仅针对构件楼梯。构件楼梯净高标注示意图如图 15-23 所示。

第 15 章 建筑与结构施工图设计

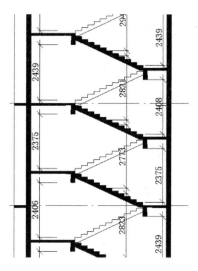

图 15-23 构件楼梯净高标注示意图

单击【楼梯净高标注删除】按钮，可将净高标注完全删除。

5. 【剖面图】

利用【剖面图】工具可以清晰地表达出墙体、梁、柱等构件剖面的填充信息。操作步骤如下。

① 切换到【一层平面图】楼层平面视图。在【视图】选项卡中单击【剖面】按钮，然后在楼层平面视图中放置剖面图标记，如图 15-24 所示。

② 在【详图\标注】选项卡中单击【剖面图】按钮，再选择放置的剖面图标记，系统将按照用户设置的填充图案自动完成剖面图的墙体填充，如图 15-25 所示。

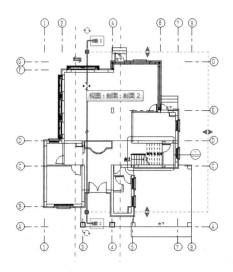

图 15-24 放置剖面图标记

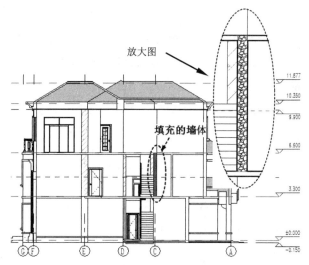

图 15-25 自动完成剖面图的墙体填充

15.2.2 立面图辅助设计工具

立面图辅助设计工具包括【立面轮廓创建】、【编辑立面轮廓】和【删除立面轮廓】工具。

利用鸿业乐建 2020 的【立面轮廓创建】工具可以快速地创建出立面图中所要表达的粗实线外形轮廓，用户可利用【编辑立面轮廓】工具手动绘制系统识别不了的某些轮廓。操作步骤如下。

① 切换到【北】立面图。

② 单击【立面轮廓创建】按钮 ，系统自动搜索立面图中建筑的外形轮廓，并进行创建，如图 15-26 所示。

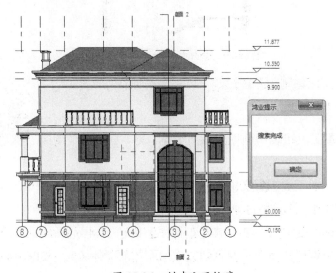

图 15-26　创建立面轮廓

③ 要想清晰地看到轮廓，需要更改线宽及颜色。单击【管理】选项卡的【其他设置】面板中的【线样式】按钮，在打开的【线样式】对话框中选择【HYProfileLine3】线型，并改变其线宽（由 3 变为 6），如图 15-27 所示。

④ 设置线宽及颜色后，就可以看清立面图中的轮廓了，如图 15-28 所示。

图 15-27　设置立面轮廓的线宽及颜色

图 15-28　改变线宽及颜色后的立面轮廓

⑤ 可以看出，系统自动识别的立面轮廓不是很准确，需要重新编辑。首先删除建筑轮廓内部产生的轮廓（选中并按 Delete 键删除）。

⑥ 单击【编辑立面轮廓】按钮，在打开的【编辑建筑立面轮廓线】对话框中设置【线宽】为【6】，以直线绘制轮廓线的方式绘制立面轮廓，如图 15-29 所示。

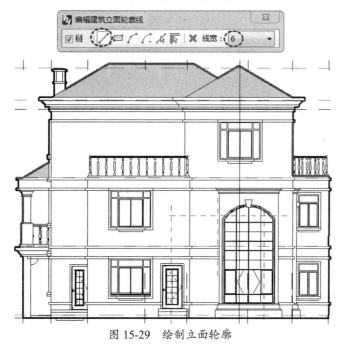

图 15-29　绘制立面轮廓

⑦ 如果不再需要立面轮廓，或者系统识别的立面轮廓效果比较差，则可以单击【删除立面轮廓】按钮，删除所有的立面轮廓，然后利用【编辑立面轮廓】工具手动绘制立面轮廓。

15.2.3　尺寸标注、符号标注与编辑尺寸工具

在【尺寸标注】面板中，除了包括 5 个标准的尺寸标注工具（轴网标注、角度标注、对齐标注、径向标注和线性标注），还包括专注于平面图、立面图或剖面图的门窗标注、墙厚标注、两点标注、内门标注、快速标注、层间标注及立面门窗标注快速标注工具。

这些尺寸标注工具我们将在后面的建筑施工图案例中一一使用并进行简要介绍。接触过 AutoCAD 的读者，对尺寸标注并不陌生。鉴于此，详细的标注含义这里就不再赘述了。

15.3　Revit 建筑施工图设计

建筑施工图用于详细描述建筑总平面图、建筑平面图、建筑立面图、建筑剖面图、建筑详图/大样图的设计全过程。在图纸设计过程中，鉴于时间和篇幅的限制，不会完整地呈现出

图纸中要表达的所有信息,将优先介绍图纸设计过程。

本例是一个阳光海岸别墅建筑项目,已经完成建筑设计和结构设计,Revit 三维模型如图 15-30 所示。

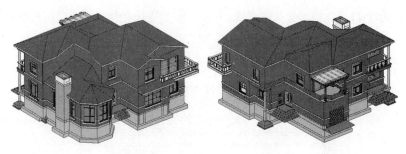

图 15-30　阳光海岸别墅三维模型

在本章中,我们将利用鸿业乐建 2020 和 Revit 的相关图纸设计功能,联合设计出建筑施工图。

15.3.1　建筑平面图设计

建筑平面图是整个建筑平面的真实写照,用于表现建筑物的平面形状、布局、墙体、柱子、楼梯及门窗的位置。

在进行施工图阶段的图纸绘制时,建议在含有三维模型的平面图中进行复制,将二维图元(房间标注、尺寸标注、文字标注、注释等)绘制在新的【施工图标注】平面图中,便于进行统一的管理。

上机操作——创建建筑一层平面图

① 启动鸿业乐建 2020,然后打开本例源文件【阳光海岸别墅.rvt】。

② 切换到【楼层平面】视图节点下的【一层】楼层平面视图,如图 15-31 所示。

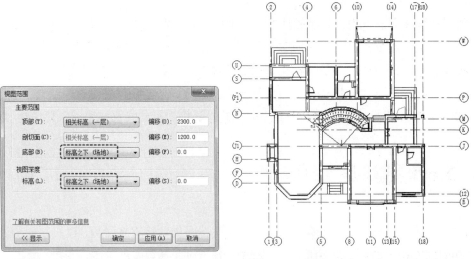

图 15-31　【一层】楼层平面视图

第 15 章　建筑与结构施工图设计

> **知识点拨：**
> 为了在【一层】楼层平面视图中表达出在【场地】楼层平面视图中设计的坡道与台阶，将【视图范围】对话框中的【底部】和【标高】都设置为【标高之下（场地）】。

③ 从图 15-31 中可以看出，轴号、尺寸等是比较凌乱的，需要逐一地添加及修改。有些尺寸标注、文字标注等信息不需要在平面图中表达，所以需要另外创建视图。在【项目浏览器】选项板中选中要复制的【一层】视图，单击鼠标右键并在弹出的快捷菜单中选择【复制视图】|【复制】命令，复制一个新的视图出来，然后将新视图重命名为【一层平面图】，如图 15-32 所示。

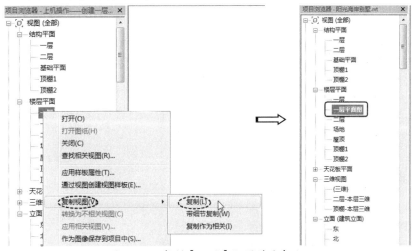

图 15-32　复制【一层】视图并重命名

④ 此时，新建的【一层平面图】视图处于激活状态。接下来将平面图中的轴号全部进行排序，分别利用鸿业乐建 2020 的【轴网\柱子】选项卡的【轴线编辑】面板和【轴号编辑】面板中的编辑工具进行操作（一些细节不便于截图，读者可参考本例演示视频），如图 15-33 所示。

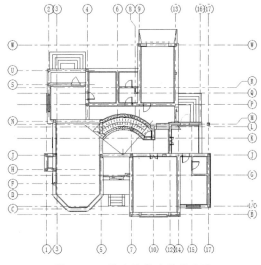

图 15-33　修改轴号后的平面图

⑤ 利用鸿业乐建 2020 的【轴网\柱子】选项卡或者【详图\标注】选项卡中的【轴网标注】工具标注轴线，如图 15-34 所示。

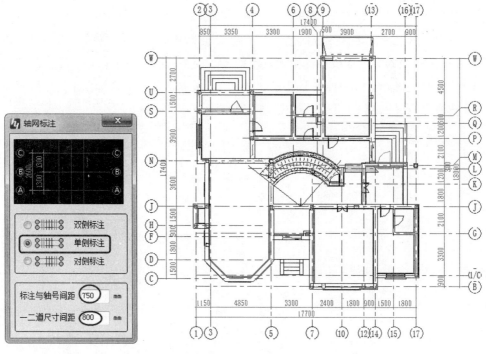

图 15-34　标注轴线

知识点拨：
设置轴网标注参数后，仅选择轴网两端的轴线进行标注即可，中间的轴线标注是自动生成的。

⑥ 利用鸿业乐建 2020 的【详图\标注】选项卡中的【对齐尺寸标注】工具，依次标注出内部构件的尺寸，如坡道构件尺寸、楼梯尺寸等，如图 15-35 所示。

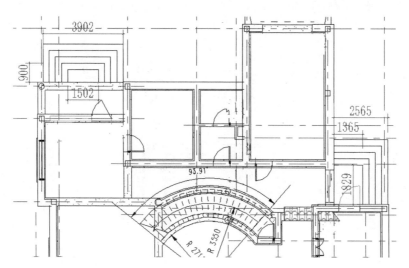

图 15-35　标注内部构件的尺寸

⑦ 利用鸿业乐建2020的【符号标注】面板中的【标高标注】工具，在平面图中添加标高标注，如图15-36所示。

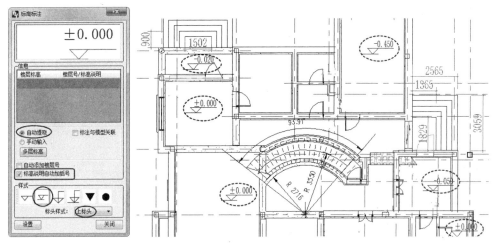

图15-36 添加标高标注

⑧ 将【项目浏览器】选项板的【族】视图节点下的【注释符号】|【标记_门】标记拖曳到视图中的门位置来标记门，如图15-37所示。

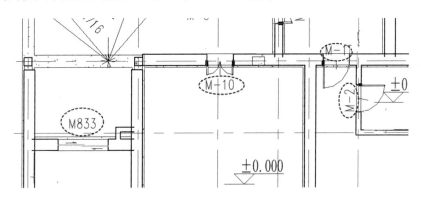

图15-37 标记门

⑨ 同理，将【项目浏览器】选项板的【族】视图节点下的【注释符号】|【标记_窗】标记拖曳到视图中的窗位置来标记窗，如图15-38所示。

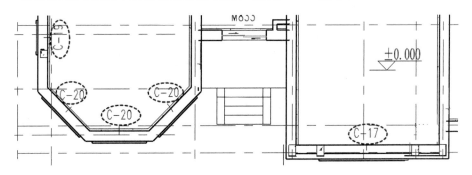

图15-38 标记窗

⑩ 在鸿业乐建 2020 的【详图\标注】选项卡的【尺寸标注】面板中单击【门窗标注】按钮 ，打开【门窗标注】对话框。选择【轴线上的墙体】墙体定位方式，然后在有门窗的墙体轴线两侧单击，系统会自动标注该轴线墙体中所有的门窗，如图 15-39 所示。

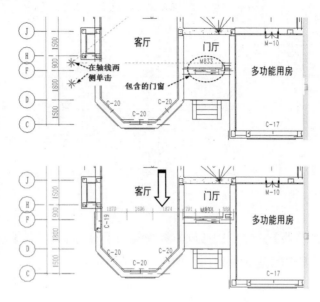

图 15-39　自动标注门窗

⑪ 同理，在其余包含门窗的墙体轴线两侧进行相同的操作，完成门窗标注。没有轴线的，可以在【门窗标注】对话框中切换墙体定位方式为【连接的墙体】，同样在包含门窗墙体的两侧单击即可。

⑫ 单击【详图\标注】选项卡的【符号标注】面板中的【标高标注】按钮 ，在平面图中添加房间标高标注，如图 15-40 所示。

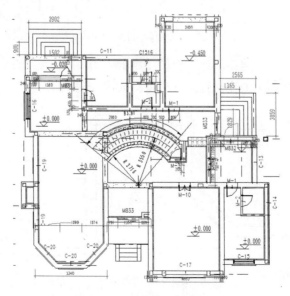

图 15-40　添加房间标高标注

⑬ 创建房间并放置房间标记。在【房间\面积】选项卡的【房间】面板中单击【生成房间】按钮⊠，并在【属性】选项板中修改房间名称，然后在平面图中依次创建房间并放置房间标记，如图 15-41 所示。

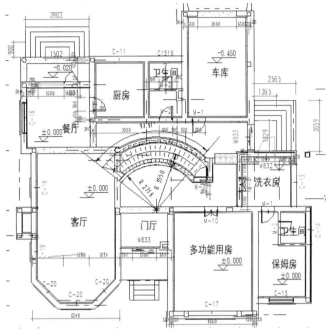

图 15-41 创建房间并放置房间标记

⑭ 选中所有的轴线，在【属性】选项板中编辑其类型参数，设置其【轴线中段】为【无】，如图 15-42 所示。

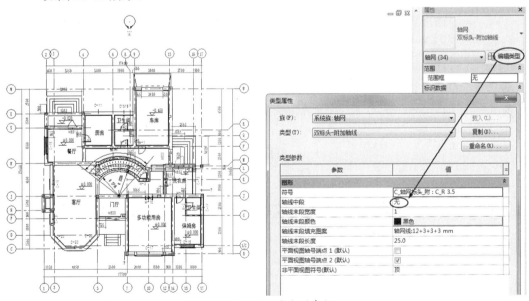

图 15-42 设置轴线类型参数

⑮ 单击鸿业乐建 2020 的【详图\标注】选项卡的【符号标注】面板中的【图名标注】按钮，在打开的【图名标注】对话框中设置图名标注选项，单击【确定】按钮，在视图中放置图名标注，如图 15-43 所示。

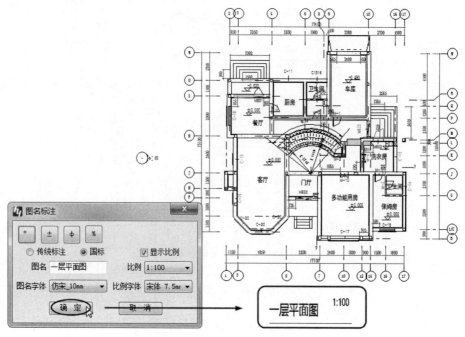

图 15-43　放置图名标注

⑯ 利用鸿业乐建 2020 的【多行文字】工具，在图名下面标注一段文字说明【未注明墙体均为 240mm 厚】，如图 15-44 所示。

图 15-44　标注文字说明

⑰ 将【项目浏览器】选项板的【注释符号】视图节点下的【符号_指北针】族拖曳到图名标注右侧，如图 15-45 所示。

图 15-45　添加【符号_指北针】族

⑱ 在鸿业乐建 2020 的【门窗\楼板\屋顶】选项卡中单击【门窗表】按钮，在打开的

【统计表】对话框中单击【设置】按钮，打开【表列设置】对话框。设置表列参数后，单击【确定】按钮，如图 15-46 所示。

图 15-46　表列设置

⑲ 其他选项保留默认设置，单击【生成表格】按钮，系统自动计算整个项目中的门窗尺寸，然后将生成的门窗表放置在视图右侧，如图 15-47 所示。在当前平面图中将立面图标记全部隐藏。

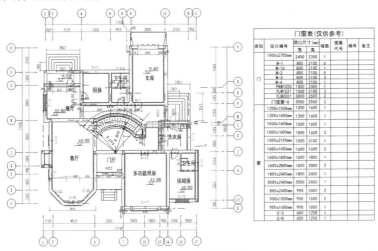

图 15-47　放置门窗表

⑳ 在【出图\打印】选项卡中单击【布图】按钮，打开【布图】对话框。单击【新建】按钮，新建【一层平面图】的图纸，如图 15-48 所示。

图 15-48　新建图纸

㉑ 在【布图】对话框左侧的【视图】列表框中选择【一层平面图】视图节点,然后单击中间的【添加】按钮 ，将该视图添加到右侧的【图纸】列表框中,如图15-49所示。

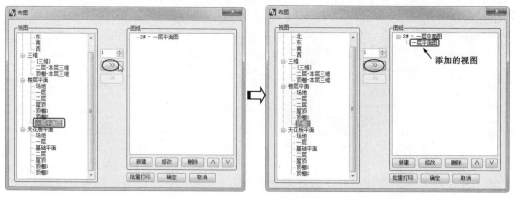

图15-49 为图纸添加视图

㉒ 单击【布图】对话框中的【确定】按钮,完成建筑平面图的创建。从【项目浏览器】选项板的【图纸(全部)】视图节点下可以找到创建的建筑平面图,双击名称即可打开,如图15-50所示。

 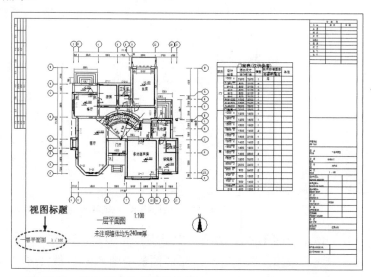

图15-50 显示创建的建筑平面图

知识点拨:
如果视图不在图纸框内,则用户可以手动移动视图到合适位置。另外,需要隐藏视图标题。

㉓ 【一层平面图】中的视图标题需要隐藏,在【视图】选项卡中单击【可见性/图形】按钮 ,在打开的【图纸:未命名-一层平面图的可见性/图形替换】对话框中,取消勾选【注释类别】选项卡中的【视图标题】复选框,单击【确定】按钮,即可隐藏视图标题,如图15-51所示。

第 15 章　建筑与结构施工图设计

图 15-51　隐藏视图标题

㉔ 最终创建完成的建筑一层平面图如图 15-52 所示。

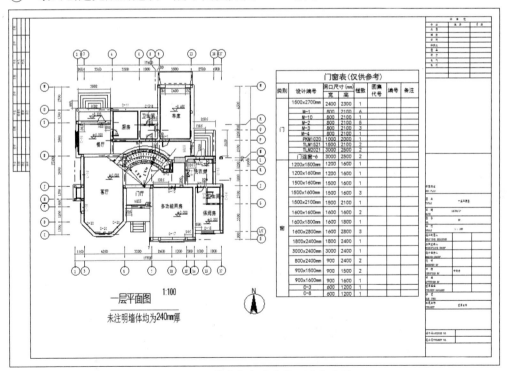

图 15-52　创建完成的建筑一层平面图

㉕ 保存项目文件。按照此方法，还可以创建建筑二层平面图和建筑顶层平面图。

15.3.2 建筑立面图设计

建筑立面图是指用正投影法对建筑各个外墙面进行投影所得到的正投影图。与建筑平面图一样，建筑立面图也是表达建筑物的基本图样之一，它主要反映建筑物的立面形式和外观情况。

与平面图一样，立面图也是 Revit 自动创建的，用户在此基础上创建尺寸标注、文字注释并编辑外立面轮廓后创建图纸，即可完成立面出图。

上机操作——创建建筑立面图

① 切换到【南】立面图。

② 在【项目浏览器】选项板中复制【南立面图】视图，并重命名为【南立面-建筑立面图】，如图 15-53 所示。

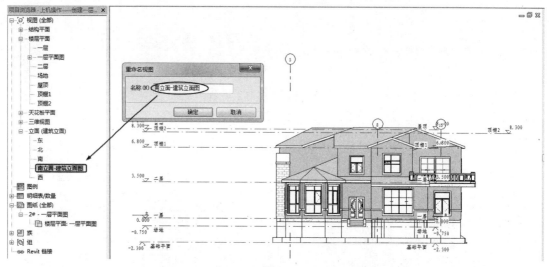

图 15-53 复制【南立面图】视图并重命名

③ 切换到【北立面-建筑立面图】视图。首先将标高符号进行移动，并设置为单边显示轴号，如图 15-54 所示。

图 15-54 移动标高符号并设置为单边显示轴号

④ 在 Revit 窗口底部的状态栏中单击【显示隐藏的图元】按钮，选中隐藏的所有轴线及轴号后，执行右键快捷菜单中的【取消在视图中隐藏】|【图元】命令，显示视图中所有的轴线及轴号，如图 15-55 所示。完成操作后再单击【关闭"显示隐藏的图元"】按钮返回到【南】立面图中。

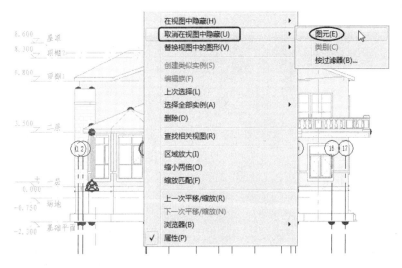

图 15-55 显示所有轴线及轴号

⑤ 显示轴号为①、③、⑤、⑧、⑮、⑰的轴线及轴号，其余轴线及轴号再次进行隐藏，效果如图 15-56 所示。

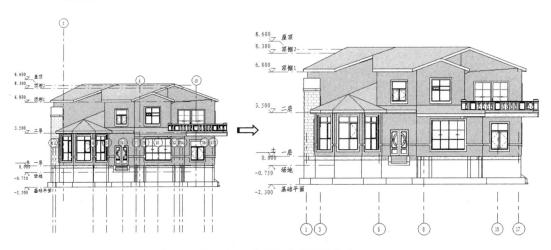

图 15-56 隐藏部分轴线及轴号

⑥ 在状态栏中单击【显示裁剪区域】按钮，显示立面图中的裁剪边界。
⑦ 选中裁剪边界，拖曳下方裁剪边界到【场地】标高，如图 15-57 所示。完成操作后单击【隐藏裁剪区域】按钮。

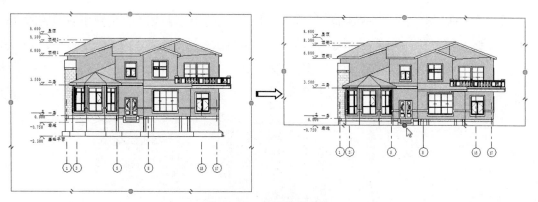

图 15-57 移动裁剪边界

⑧ 利用鸿业乐建 2020 的【详图\标注】选项卡中的【对齐尺寸标注】工具，标注轴线和建筑内部的部分门窗、烟囱等的尺寸，如图 15-58 所示。

图 15-58 标注尺寸

⑨ 添加标高标注，如图 15-59 所示。

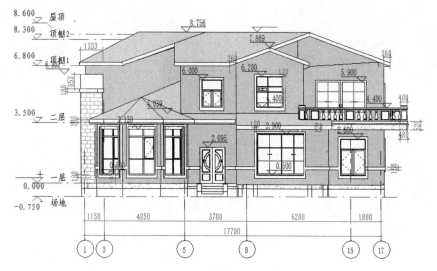

图 15-59 添加标高标注

⑩ 利用【出图\打印】选项卡中的【图名标注】工具,注写建筑立面图名称与比例,如图 15-60 所示。

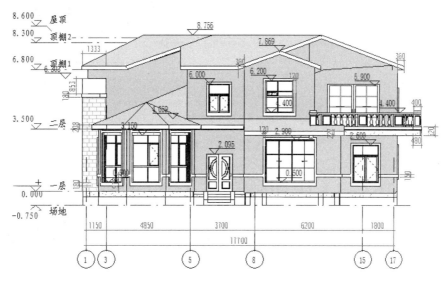

图 15-60 注写建筑立面图名称与比例

⑪ 按照创建一层平面图的方法,创建南立面图(使用 A3 标题栏),如图 15-61 所示。

知识点拨:
用户也可以完整地创建【东】、【北】和【西】立面图,然后将其导入一张图纸中进行布局。

图 15-61 创建完成的南立面图

15.3.3 建筑剖面图设计

建筑剖面图是指用一个假想的剖切面将房屋垂直剖开所得到的投影图。建筑剖面图是与平面图和立面图相互配合表达建筑物的重要图样。它主要反映建筑物的结构形式、垂直空间利用、各层构造做法、门窗洞口高度等情况。

Revit 中的剖面图不需要用户一一绘制，只需要绘制剖面线系统就可以自动生成，用户还可以根据需要进行任意剖切。

上机操作——创建建筑剖面图

① 切换到【一层平面图】楼层平面视图。
② 在【视图】选项卡的【创建】面板中单击【剖面】按钮，然后在【一层平面图】中以直线的方式来放置剖面符号，如图 15-62 所示。

> **知识点拨：**
> 一般剖面图需要表达建筑中的楼梯间、电梯间、消防通道、门窗洞剖面等情况。

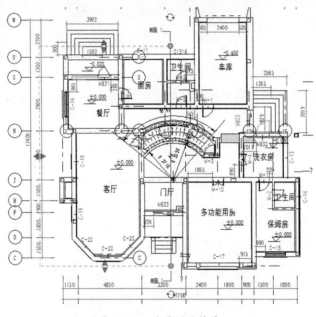

图 15-62　放置剖面符号

③ 在【项目浏览器】选项板中系统自动创建【剖面（建筑剖面）】视图，其视图节点下生成【剖面 1】建筑剖面图，如图 15-63 所示。

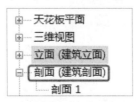

图 15-63　自动创建【剖面（建筑剖面）】视图

④ 双击【剖面1】建筑剖面图,激活该视图。如图15-64所示为创建的剖面图。

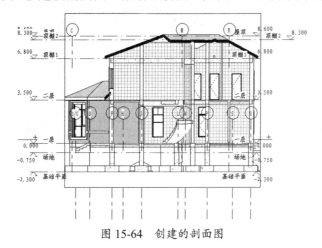

图15-64 创建的剖面图

⑤ 双击裁剪框,将裁剪框移动到【场地】标高上,如图15-65所示。然后单击【隐藏裁剪区域】按钮,将裁剪框隐藏。

图15-65 移动裁剪框

⑥ 整理标高和轴线,如图15-66所示。

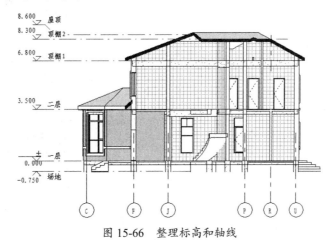

图15-66 整理标高和轴线

⑦ 利用【对齐尺寸标注】工具,标注轴线和建筑内部的尺寸,如图15-67所示。

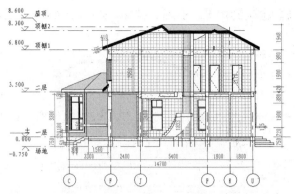

图 15-67　标注轴线和建筑内部的尺寸

⑧　利用【注释】选项卡中的【高程点】工具，在各层平台上标注高程点，如图 15-68 所示。

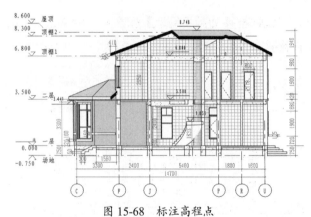

图 15-68　标注高程点

⑨　利用【图名标注】工具注写建筑剖面图名称与比例。最后利用【布图】工具创建剖面图（使用 A3 公制标题栏），如图 15-69 所示。

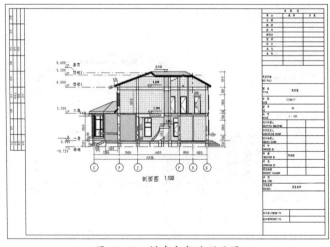

图 15-69　创建完成的剖面图

⑩　用户还可以继续创建该建筑中其余构造的剖面图。创建完成后保存项目文件。

15.3.4 建筑详图设计

建筑详图作为建筑施工图中不可或缺的一部分，属于建筑构造的设计范畴。其不仅可以帮助建筑设计师表达设计内容，体现设计深度，还可以对在建筑平面图、立面图、剖面图中，因图幅关系未能完全表达出来的建筑局部构造、建筑细部的处理手法进行补充和说明。

常见的建筑详图包括门窗详图、墙身节点详图、楼梯详图（或楼梯大样图）、卫生间详图及其他详图。

Revit 中有两种建筑详图设计工具：详图索引和绘图视图。

- 详图索引：通过截取平面图、立面图或者剖面图中的部分区域，进行更精细的绘制，提供更多的细节。在【视图】选项卡的【创建】面板中，选择【详图索引】下拉列表中的【矩形】或者【草图】选项，如图 15-70 所示。例如，截取大样图的部分区域，从而创建新的大样图视图，进行进一步的细化。

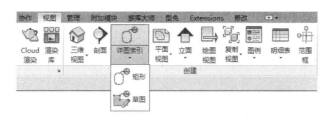

图 15-70 【详图索引】下拉列表

- 绘图视图：与已经绘制的模型无关，在空白的详图视图中运用详图绘制工具进行操作。单击【视图】选项卡的【创建】面板中的【绘图视图】按钮，可以创建节点详图。

上机操作——创建楼梯大样图

① 切换到【一层平面图】楼层平面视图。

② 在【视图】选项卡的【创建】面板中，选择【详图索引】下拉列表中的【矩形】选项，在视图的最右侧的楼梯间位置绘制矩形，如图 15-71 所示。

③ 在【项目浏览器】选项板的【楼层平面】视图节点下，系统自动创建命名为【一层平面图-详图索引 1】的新平面图，如图 15-72 所示。

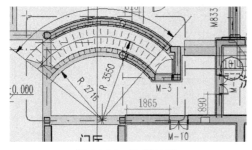

图 15-71 绘制矩形

图 15-72 自动创建命名为【一层平面图-详细索引 1】的新平面图

④ 双击打开【一层平面图-详图索引1】新平面图，如图15-73所示。
⑤ 在【属性】选项板的【标识数据】选项组中选择【视图样板】为【楼梯_平面大样】，使用视图样板后的详图如图15-74所示。

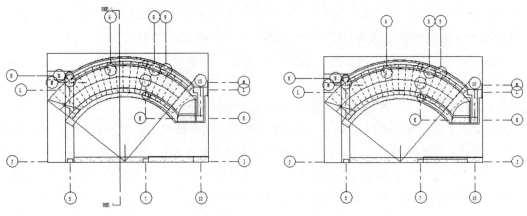

图15-73　【一层平面图-详图索引1】新平面图　　　图15-74　使用视图样板后的详图

⑥ 清理轴线及轴号，再利用【对齐尺寸标注】工具标注视图尺寸，并添加门标记，如图15-75所示。

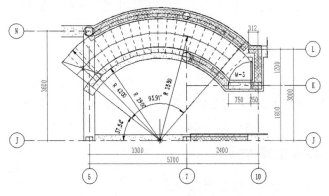

图15-75　标注详图

⑦ 利用【图名标注】工具注写楼梯大样图的名称与比例，如图15-76所示。

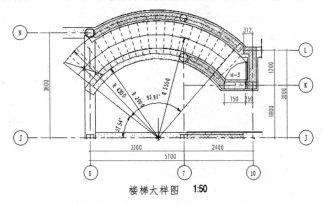

图15-76　注写楼梯大样图的名称与比例

第 15 章 建筑与结构施工图设计

> **知识点拨：**
> 如果注写的文字看不见，则在【属性】选项板中取消勾选【注释裁剪】复选框。

⑧ 单击【视图】选项卡的【图纸组合】面板中的【图纸】按钮，从 Revit 系统族库中载入【修改通知单】标题栏族，单击【确定】按钮创建新图纸，如图 15-77 所示。

图 15-77 创建新图纸

⑨ 将图纸旋转 90 度，便于放置楼梯大样图。然后在【项目浏览器】选项板的【图纸】视图节点下重命名该新图纸，如图 15-78 所示。

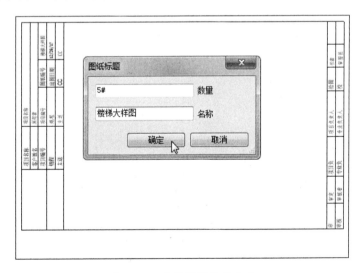

图 15-78 旋转图纸并重命名

⑩ 添加【楼梯大样图】视图到图纸中，创建完成的楼梯大样图如图 15-79 所示。

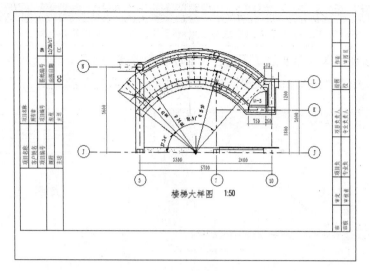

图 15-79 创建完成的楼梯大样图

⑪ 保存项目文件。

15.4 Revit 结构施工图设计

结构施工图的创建过程与建筑施工图是完全相同的,阳光海岸别墅建筑项目的结构施工图包括基础平面布置图(见图 15-80)、一层结构平面图(见图 15-81)和二层及屋面结构平面图(见图 15-82)。鉴于篇幅限制,本章源文件夹中保存了阳光海岸别墅建筑项目的所有建筑施工图和结构施工图,读者可以参考这些施工图自行完成施工图设计。

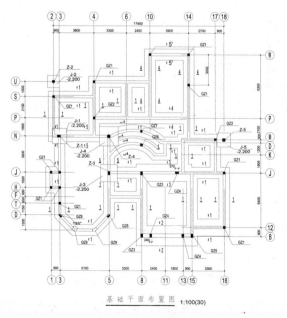

图 15-80 基础平面布置图

第 15 章 建筑与结构施工图设计

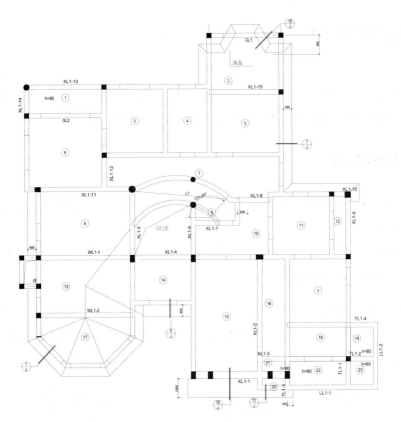

图 15-81 一层结构平面图

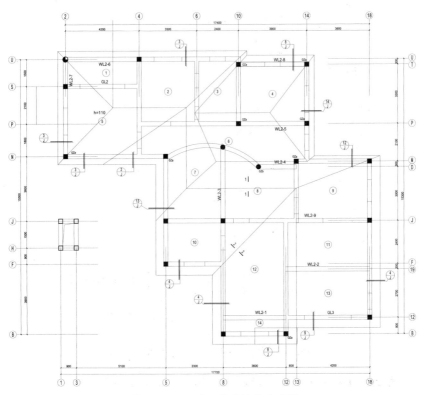

图 15-82 二层及屋面结构平面图

15.5 出图与打印

图纸布置完成后,用户可以通过打印机将已布置完成的图纸视图打印为图档或指定的视图,还可以将图纸视图导出为 CAD 文件,以便与其他人交换设计成果。

15.5.1 导出文件

在 Revit 中完成所有图纸的布置之后,用户可以将生成的文件导出为 DWG 格式的 CAD 文件,供其他人使用。

要导出 DWG 格式的文件,首先要对 Revit 及 DWG 之间的映射格式进行设置。

💻 上机操作——导出图纸文件

① 继续使用阳光海岸别墅建筑项目的图纸设计案例。打开【2#-一层平面图】图纸,在菜单浏览器中选择【导出】|【选项】|【导出设置 DWG/DXF】命令,如图 15-83 所示。

图 15-83 选择【导出设置 DWG/DXF】命令

② 打开【修改 DWG/DXF 导出设置】对话框,如图 15-84 所示。

第 15 章 建筑与结构施工图设计

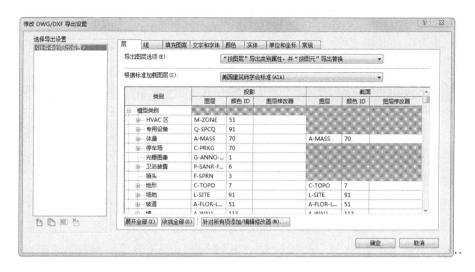

图 15-84 【修改 DWG/DXF 导出设置】对话框

知识点拨：
由于在 Revit 中使用构件类别的方式管理对象，而在 DWG 格式的图纸中使用图层的方式管理对象。因此必须在【修改 DWG/DXF 导出设置】对话框中对构件类别及 DWG 中的图层进行映射设置。

③ 单击【修改 DWG/DXF 导出设置】对话框底部的【新建导出设置】按钮，打开【新的导出设置】对话框，新建导出设置，如图 15-85 所示。

图 15-85 新建导出设置

④ 在【层】选项卡中选择【根据标准加载图层】下拉列表中的【从以下文件加载设置】选项，在打开的【导出设置-从标准载入图层】对话框中单击【是】按钮，如图 15-86 所示，打开【载入导出图层文件】对话框。

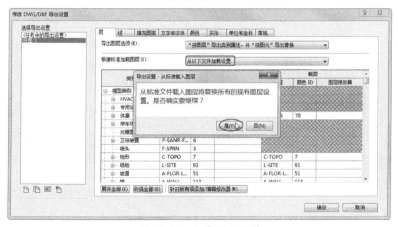

图 15-86 加载图层操作

507

⑤ 选择本例源文件夹中的【exportlayers-dwg-layer.txt】文件，单击【打开】按钮，打开此输出图层配置文件。【exportlayers-dwg-layer.txt】文件中记录了从 Revit 类型转出为 DWG（CAD 文件）格式的图层设置信息。

> **知识点拨：**
> 在【修改 DWG/DXF 导出设置】对话框中，还可以对【线】、【填充图案】、【文字和字体】、【颜色】、【实体】、【单位和坐标】及【常规】选项卡中的选项进行设置，这里不再一一介绍。

⑥ 单击【确定】按钮，完成 DWG/DXF 的映射选项设置后，即可将图纸导出为 DWG 格式的文件。

⑦ 在菜单浏览器中选择【导出】|【CAD 格式】|【DWG】命令，打开【DWG 导出】对话框。在【选择导出设置】下拉列表中选择【设置 1】选项，然后在【导出】下拉列表中选择【<任务中的视图/图纸集>】选项，接着在【按列表显示】下拉列表中选择【模型中的图纸】选项，如图 15-87 所示。

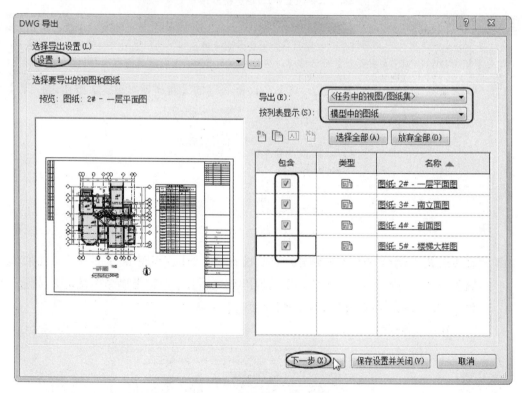

图 15-87 设置 DWG 导出选项

⑧ 先单击 选择全部(A) 按钮再单击 下一步(X)... 按钮，打开【导出 CAD 格式-保存到目标文件夹】对话框。选择保存 DWG 格式的版本，然后勾选【将图纸上的视图和链接作为外部参照导出】复选框，单击【确定】按钮，导出 DWG 格式的文件，如图 15-88 所示。

第 15 章　建筑与结构施工图设计

图 15-88　导出 DWG 格式的文件

⑨　此时，打开 DWG 格式文件所在的文件夹，双击其中一个 DWG 格式的文件即可在 AutoCAD 中将其打开，并可进行查看与编辑，如图 15-89 所示。

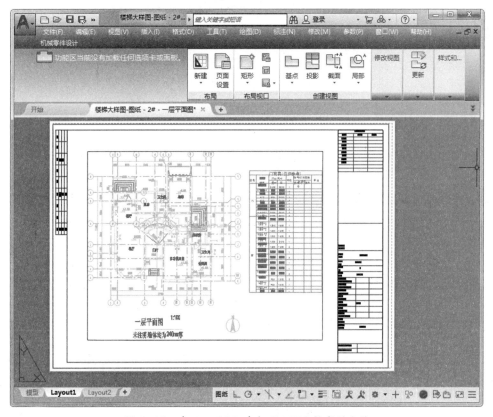

图 15-89　在 AutoCAD 中打开 DWG 格式的文件

15.5.2 图纸打印

当施工图布置完成后，除了能将其导出为 DWG 格式的文件，还能将其打印成图纸，或者通过打印工具将施工图打印成 PDF 格式的文件，以供用户查看。

上机操作——BIMSpace 图纸打印

① 在【成果导出\后处理】选项卡的【布图打印】面板中单击【批量打印】按钮，打开【批量打印 PDF/PLT】对话框。

② 选择【名称】下拉列表中的【Adobe PDF】选项，设置打印机为 PDF 虚拟打印机，并选择【将多个所选视图/图纸合并到一个文件】和【所选视图/图纸】选项，如图 15-90 所示。

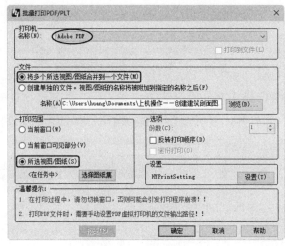

图 15-90　设置打印选项

③ 单击【批量打印 PDF/PLT】对话框的【打印范围】选项组中的【选择图纸集】按钮，打开【图纸集】对话框。单击【新建】按钮，新建图纸集，如图 15-91 所示。

④ 将【图纸】列表框中要打印的图纸添加到右侧【图纸集】下方的列表框中，如图 15-92 所示。完成后单击【确定】按钮。

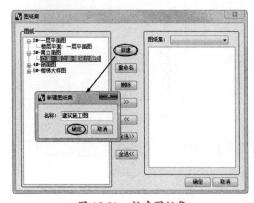

图 15-91　新建图纸集

图 15-92　添加图纸集

第 15 章 建筑与结构施工图设计

⑤ 单击【批量打印 PDF/PLT】对话框的【设置】选项组中的【设置】按钮,打开【打印设置】对话框。选择纸张【尺寸】为【Oversize A0】,其余选项保存默认,单击【确定】按钮,返回【批量打印 PDF/PLT】对话框,如图 15-93 所示。

⑥ 单击【批量打印 PDF/PLT】对话框中的【确定】按钮,在打开的【另存 PDF 文件为】对话框中设置【文件名】选项后,单击【保存】按钮,创建 PDF 文件,如图 15-94 所示。

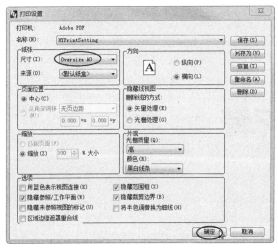

图 15-93 打印设置

图 15-94 创建 PDF 文件

⑦ 完成 PDF 文件的创建后,在保存的文件夹中打开 PDF 文件,即可查看施工图在 PDF 文件中的效果。

> **知识点拨:**
> 使用 Revit 中的【打印】命令生成 PDF 文件的过程与使用鸿业乐建 BIMSpace 批量打印 PDF 文件的过程是相同的,这里不再赘述。

第 16 章
MEP 机电设计与安装

本章内容

在 BIM 中，MEP 设计是建筑项目设计中重要的环节，通常由给排水设计专业、暖通设计专业和电气设计专业的人员按照建筑平面图进行专业管线布置，也称为建筑机电设计。MEP 为 Mechanical（暖通）、Electrical（电气）和 Plumbing（给排水）的统称。本章将使用鸿业科技的鸿业蜘蛛侠机电安装 BIM 软件 2019 进行建筑给排水系统、暖通系统和电气系统的快速深化设计。

知识要点

- ☑ 鸿业蜘蛛侠机电安装 BIM 软件 2019 简介
- ☑ 建筑给排水设计
- ☑ 建筑暖通设计
- ☑ 建筑电气设计
- ☑ 快速翻模设计案例——消防喷淋系统设计

16.1 鸿业蜘蛛侠机电安装 BIM 软件 2019 简介

鸿业科技推出智能高效的 MEP 软件——鸿业蜘蛛侠机电安装 BIM 软件 2019，专为机电安装行业提供 BIM 应用解决方案。它也是目前国内强大的机电设计软件。

鸿业蜘蛛侠机电安装 BIM 软件 2019 是一款针对机电深化设计的产品，基于 Revit 平台进行二次开发，包含建模和管综调整、校核计算、标注出图、安装算量等部分。它旨在帮助用户快速、准确地完成机电安装深化工作，切实保证施工企业少返工、省材料、节工期、增效益。

鸿业蜘蛛侠机电安装 BIM 软件 2019 目前免费试用，读者可进入 http://www.zzxbim.com.cn/官方网站进行下载，适合的 Revit 版本为 Autodesk Revit 2016～2019 的中英文版（64位）。如图 16-1 所示为鸿业蜘蛛侠机电安装 BIM 软件 2019 启动界面。

图 16-1　鸿业蜘蛛侠机电安装 BIM 软件 2019 启动界面

> 提示：
> 至今，鸿业蜘蛛侠机电安装 BIM 软件的最高版本为 2019。

接下来重点介绍鸿业蜘蛛侠机电安装 BIM 软件 2019 包含的几大部分。

16.1.1 建模和管综调整

用户使用鸿业蜘蛛侠机电安装 BIM 软件 2019 可以高效、快速建模，且针对庞大的喷淋系统可以准确地快速翻模。该软件具有管线连接、对齐、排列、升降等功能，提高了管综调整效率。同时它还提供了承重、抗震支吊架的布置、验算功能。

鸿业蜘蛛侠机电安装 BIM 软件 2019 在建模之前对 CAD 图纸进行的预处理操作，可实现多张图纸的自动拆分与保存，并可指定对应楼层进行图纸的批量连接，如图 16-2 所示。考虑到各专业管段的不同加工要求，鸿业蜘蛛侠机电安装 BIM 软件 2019 可以快速地按管段模数进行批量拆分，同时可以对每个管段进行标注，如图 16-3 所示。

鸿业蜘蛛侠机电安装 BIM 软件 2019 具有喷淋翻模功能，它会自动提取 CAD 图纸中的图层信息，并在 Revit 中自动生成管道、喷头，将整个系统连接。它还能直接提取 CAD 中的管径数据，将其应用在 Revit 模型中。

鸿业蜘蛛侠机电安装 BIM 软件 2019 提供了承重支吊架的一系列应用，如设计绘制、批量复制、支吊架编号、支吊架统计等，如图 16-4 所示。

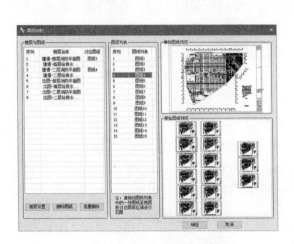

图 16-2　图纸预处理

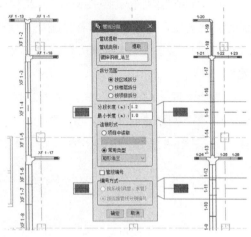

图 16-3　管段拆分与标注

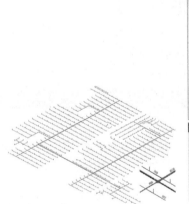

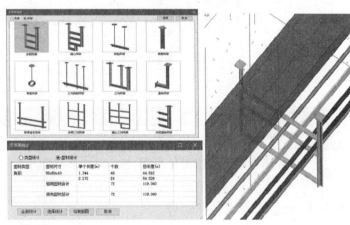

图 16-4　承重支吊架的应用

风管、管道、桥架的对齐与连接既保证了深化设计成果的美观性，又满足了现场施工对支吊架安装的要求。风管的连接如图 16-5 所示。管道之间的升降，可采用手动、自动等多种操作方式，如图 16-6 所示。

自重计算可以将管道自身重量与流体自重一起计算，为支吊架型材的选取提供了可靠的依据，如图 16-7 所示。

第16章 MEP机电设计与安装

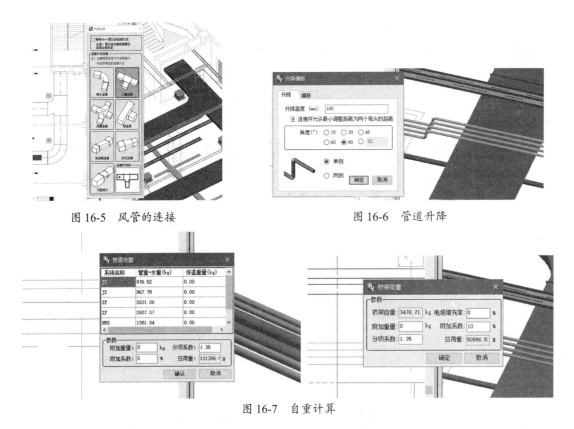

图 16-5 风管的连接　　　　　　　　图 16-6 管道升降

图 16-7 自重计算

抗震支吊架作为规范强条必须安装，鸿业蜘蛛侠机电安装 BIM 软件 2019 具备抗震组件的自动添加、换向和删除功能，如图 16-8 所示。

抗震支吊架的水平地震作用验算，用于验证支吊架是否满足抗震要求，并可以导出计算书，如图 16-9 所示。

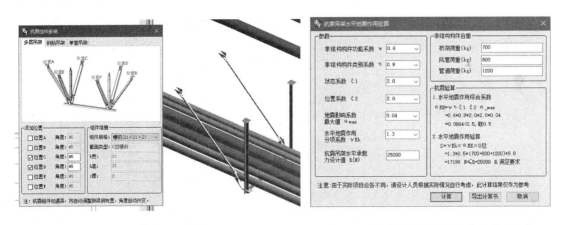

图 16-8 抗震组件的安装　　　　　　图 16-9 抗震支吊架的水平地震作用验算

16.1.2 校核计算

鸿业蜘蛛侠机电安装 BIM 软件 2019 具备的水力校核计算功能，用来验证深化成果的可行性。同时，用户使用该软件的净高检测、重合管检查、配电检测、提资对比等功能还可以检测出模型调整是否合理。鸿业蜘蛛侠机电安装 BIM 软件 2019 还具备绝热层计算及预留洞功能。

管线改动后，系统中的局部阻力和沿程阻力将增加，进行水力校核计算可以验证深化设计成果能否满足预期的实现效果，如图 16-10 所示。

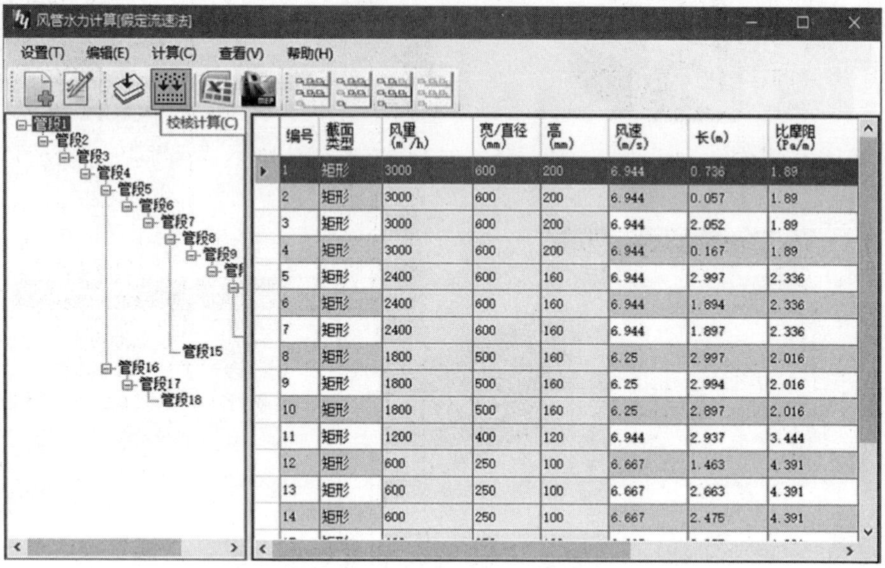

图 16-10 风管水力校核计算

鸿业蜘蛛侠机电安装 BIM 软件 2019 可进行风管、水管的保温、防结露计算，其内置了常用的保温材料和全国各大城市的计算参数，可实现在不同应用场景下的自动计算，并可将计算好的保温批量添加到相应系统中，如图 16-11 所示。

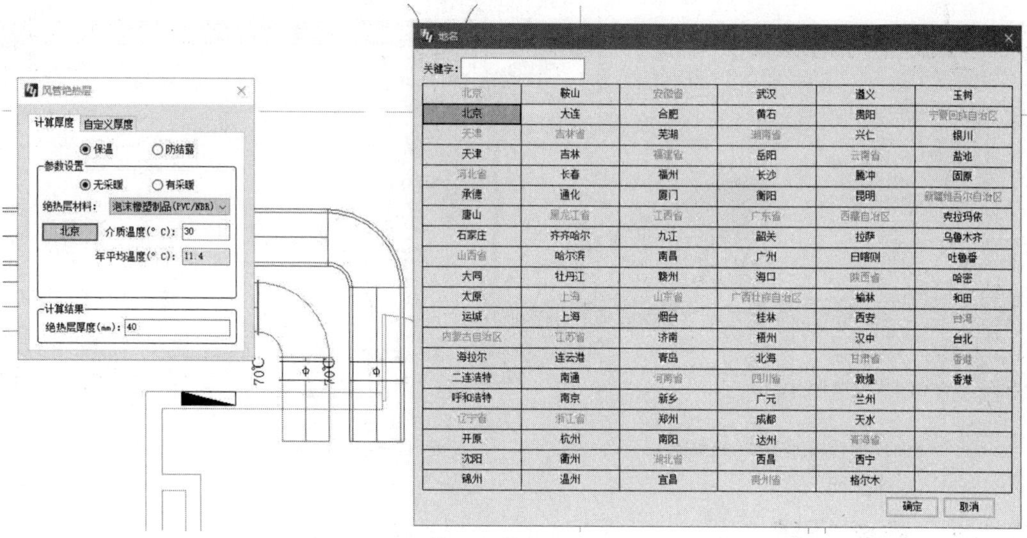

图 16-11 风管、水管的保温、防结露计算

提资对比实现了不同版本提资模型中的差异比对，通过【提资对比结果列表】对话框，用户能清楚地了解到模型中哪些部位发生了改变，如图 16-12 所示。

预留洞功能自动设定穿墙、梁、楼板所涉及洞口扩充的尺寸，在机电综合管廊设计完成之后，用户可在软件中进行自动检测及开洞，鸿业蜘蛛侠机电安装 BIM 软件 2019 可对多个洞口完成自动合并工作，如图 16-13 所示。

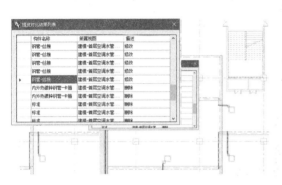

图 16-12　提资对比

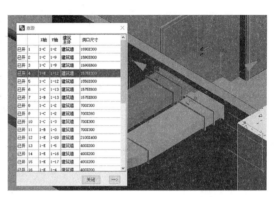

图 16-13　预留洞功能

16.1.3　标注出图

机电安装深化成果可体现在图纸上，鸿业蜘蛛侠机电安装 BIM 软件 2019 提供了一系列针对出图的专业标注功能，使用户绘制完成的图纸能够满足现行出图规范的要求。管综剖面标注可以实现剖面图中的一键快速标注。

标注类功能包含立管标注、管径标注、风管标注等，如图 16-14 所示。

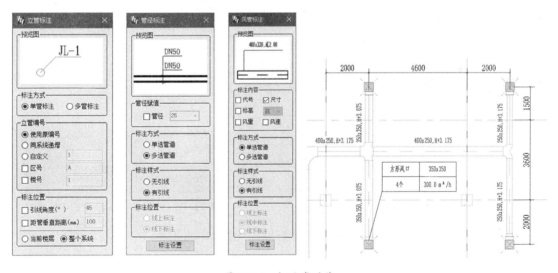

图 16-14　标注类功能

管综剖面标注按照美观的排列方式标注了管道的类型和尺寸，同时标注了管道之间的定位尺寸和纵向的定位尺寸，如图 16-15 所示。

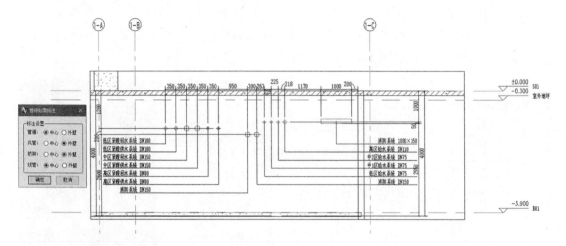

图 16-15　管综剖面标注

16.1.4　安装算量

鸿业蜘蛛侠机电安装 BIM 软件 2019 可自动统计工程量，依据精细的机电深化模型，一键挂接、汇总，即可输出工程量报表，实现从精细 BIM 模型到 BIM 算量的过程，为成本管控保驾护航，如图 16-16 所示。

鸿业蜘蛛侠机电安装 BIM 软件 2019 内置了国标清单计算规则，可以将模型中的构件与算量项目进行映射，同时完成自动套用清单的操作，如图 16-17 所示。

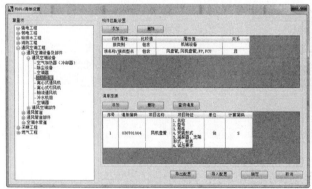 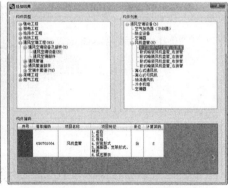

图 16-16　自动统计工程量　　　　　　图 16-17　模型构件与算量项目的映射

用户可将挂接结果形成报表进行导出或打印，如图 16-18 所示。

第 16 章 MEP 机电设计与安装

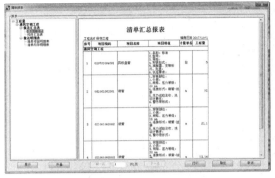

图 16-18 导出或打印挂接结果

16.1.5 MEP 三大系统和创建方式

鸿业蜘蛛侠机电安装 BIM 软件 2019 可以进行所有 MEP 专业模型的创建，包括如下几个。

- 暖通：风管、管件和暖通设备。
- 电气：桥架、线管、灯具和电气设备。
- 给排水：管道/管件、管道附件、装置、给排水设备等。

在 Revit 中，MEP 三大系统（均属于系统组）包括管道系统、风管系统和电气系统。

- 管道系统：管道系统分为 9 类，包括循环供水、卫生设备（排水）、通气管、家用热水、家用冷水、湿式消防系统、干式消防系统、预作用消防系统和其他消防系统。
- 风管系统：包括送风、回风、排风、其他通风（全局、管件）等。
- 电力系统：包括数据、电力-平衡、电力-不平衡、电话、安全、火警、护理呼叫、控制、通信等。

在 Revit 中，创建 MEP 系统的方式有如下两种。

- 创建主动逻辑系统：首先创建逻辑系统，然后通过添加设备将更多设备添加到逻辑系统中，最后进行管路的连接（如手动连接或生成全局）。
- 创建被动逻辑系统：通过创建物理系统手动或自动根据设备预设生成的逻辑系统，通常自动生成的逻辑系统需要进行编辑和调整。

16.1.6 鸿业蜘蛛侠机电安装 BIM 软件 2019 设计工具介绍

鸿业蜘蛛侠机电安装 BIM 软件 2019 安装成功后，在桌面上双击软件图标即可启动，随后打开 Revit 2019 主页界面。在此界面中选择【HYBIMSpace 电气样板】项目样板文件，如图 16-19 所示。

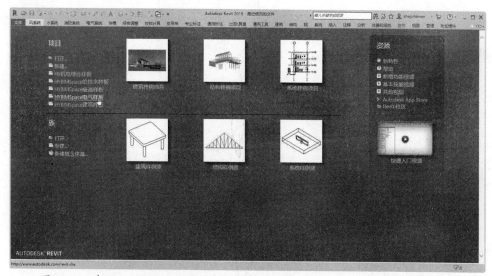

图 16-19　在 Revit 2019 主页界面中选择【HYBIMSpace 电气样板】项目样板文件

不同的专业应选择相对应的项目样板文件，否则创建的图元在视图中不可见。

- HYBIMSpace 电气样板：用于机电电气设计的项目样板。
- HYBIMSpace 给排水样板：用于机电给排水设计的项目样板。
- HYBIMSpace 暖通样板：用于机电暖通设计的项目样板。

选择项目样板文件后系统自动创建机电设计项目并进入项目设计环境。【风系统】选项卡、【水系统】选项卡、【消防系统】选项卡、【电气系统】选项卡、【快模】选项卡、【综合调整】选项卡、【校核计算】选项卡、【支吊架】选项卡及【专业标注】选项卡中的工具，就是鸿业蜘蛛侠机电安装 BIM 软件 2019 的全部设计工具，如图 16-20 所示。

图 16-20　机电设计所使用的选项卡

16.2　建筑给排水设计

一般建筑给排水系统包括给水系统、排水系统和中水系统。

- 给水系统：通过管道及辅助设备，根据建筑物和用户的生产、生活、消防需要，有组织地输送到用水点的网络称为给水系统，包括生活给水系统、生产给水系统和消防给水系统。
- 排水系统：通过管道及辅助设备，把屋面雨、雪水，以及生活和生产产生的污水、废水及时排放出去的网络称为排水系统。

● 中水系统：将建筑内的冷却水、沐浴排水、盥洗排水、洗衣排水经过物理、化学处理，用于冲洗厕所便器、绿化、洗车、道路浇洒、空调冷却等的供水系统称为中水系统。

从本节开始，将介绍某大学的食堂大楼给排水设计和暖通设计全流程。鸿业蜘蛛侠机电安装BIM软件2019目前仅能对消防喷淋部分进行快速翻模，其他系统设计还要借助于蜘蛛侠的管道、风管、设备等设计工具，以及Revit的部分机电设计功能。

本例中某大学的食堂大楼模型已经创建完成，包括建筑设计和结构设计两部分，如图16-21所示。

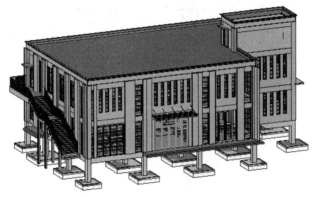

图16-21 某大学的食堂大楼模型

16.2.1 消防卷盘系统设计

食堂大楼的消防系统采用的是消防软管卷盘式灭火。消防卷盘系统是由阀门、输入管路、轮辐、支承架、摇臂、软管、喷枪等部件组成，以水作为灭火剂，能在迅速展开软管的过程中喷射灭火剂的灭火器具。消防卷盘系统一般安装在室内消火栓箱内，是新型的室内固定消防装置。如图16-22所示为食堂大楼的消防卷盘系统原理图。

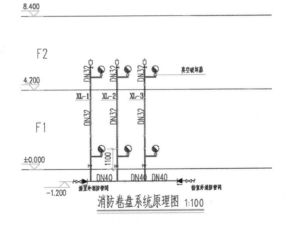

图16-22 食堂大楼的消防卷盘系统原理图

从图 16-22 中可以看出，食堂一楼与二楼各有 3 个卷盘，整个消防灭火用水是从楼外的管道接入的。消防管道线路中安装了截止阀、闸阀、倒流防止器、消防卷盘等管道附件。

上机操作——图纸整理与项目准备

在通常情况下，用户可以参考已有图纸进行建模，同时通过 AutoCAD 打开一层给排水平面图（见图 16-23）进行参照，以保证设计的合理性。在建模时用户还要阅读给排水设计说明（本例源文件夹中附【模型-给排水】图纸）。

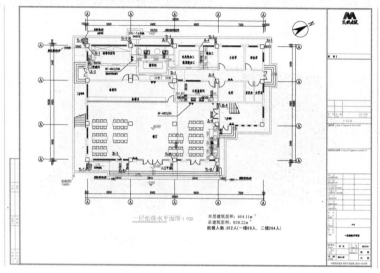

图 16-23　一层给排水平面图

① 启动鸿业蜘蛛侠机电安装 BIM 软件 2019，在主页界面中选择【HYBIMSpace 给排水样板】项目样板文件后，系统自动创建给排水设计项目。

② 在【插入】选项卡中单击【链接 Revit】按钮，从本例源文件夹中打开【食堂大楼.rvt】项目文件，如图 16-24 所示。

图 16-24　链接 Revit 模型

③ 链接 Revit 模型后的视图如图 16-25 所示。

第16章 MEP 机电设计与安装

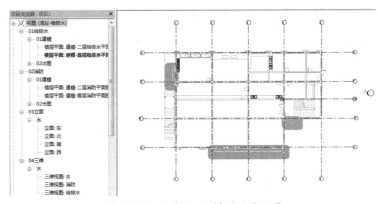

图 16-25 链接 Revit 模型后的视图

④ 切换到【03 立面】视图节点下的【立面：南】视图，从图 16-26 中可以看出，链接模型的标高与项目的标高对不上，需要重新创建消防给排水系统来设计标高。可以参照链接模型的标高来创建项目的新标高。

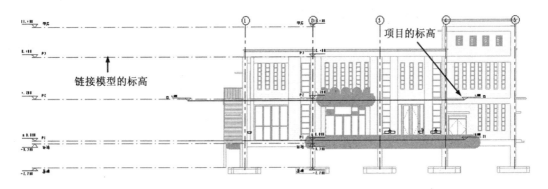

图 16-26 查看链接模型的标高

⑤ 在【协作】选项卡的【坐标】面板中，选择【复制/监视】下拉列表中的【选择链接】选项，然后选择【南】立面图中的链接模型，随后切换到【复制|监视】上下文选项卡。

⑥ 单击【复制】按钮，在选项栏中勾选【多个】复选框，然后框选视图中所有链接模型的标高作为参考，如图 16-27 所示。框选后先单击选项栏中的【完成】按钮，再单击【复制|监视】上下文选项卡中的【完成】按钮，完成标高的复制。

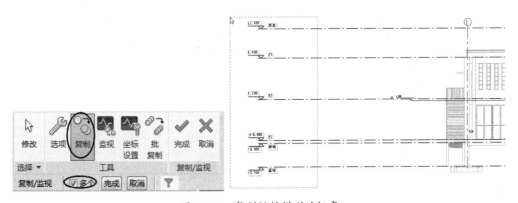

图 16-27 复制链接模型的标高

⑦ 如果需要隐藏链接模型的标高，则可以利用【视图】选项卡中的【可见性/图形】工具，将链接模型的标高隐藏，如图16-28所示。

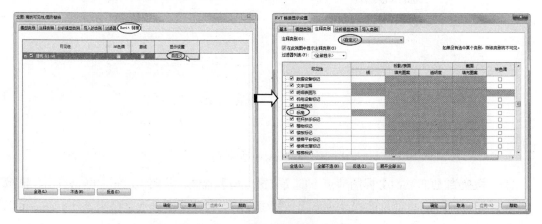

图16-28 隐藏链接模型的标高

⑧ 创建完成的给排水设计标高如图16-29所示。

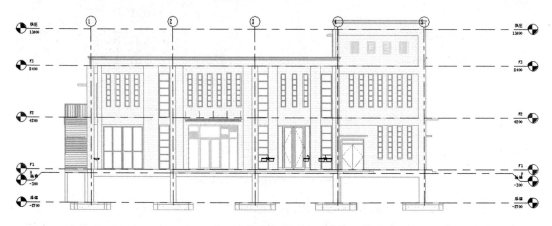

图16-29 创建完成的给排水设计标高

⑨ 由于默认只有首层和二层的楼层平面视图，所以需要创建其余标高（F3和顶层）的楼层平面视图。在【视图】选项卡的【创建】面板中，选择【平面视图】下拉列表中的【楼层平面】选项，打开【新建楼层平面】对话框，在列表框中选择【F3】楼层，单击【编辑类型】按钮，在打开的【类型属性】对话框中为新平面选择视图样板为【HY-给排水平面建模】，最后单击【确定】按钮，完成新楼层平面视图的创建，如图16-30所示。

第16章　MEP 机电设计与安装

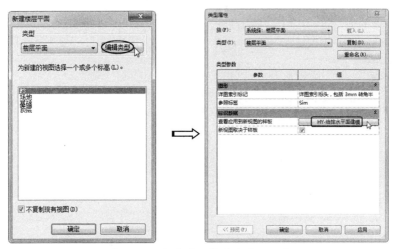

图 16-30　新建【F3】楼层平面视图

⑩ 在【项目浏览器】选项板中将新建的楼层平面视图重新命名，如图 16-31 所示。

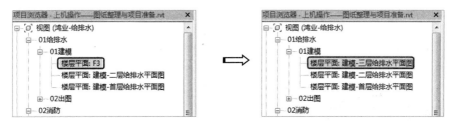

图 16-31　重命名新楼层平面视图

⑪ 同理，创建顶层的给排水平面视图。

上机操作——食堂大楼消防卷盘系统设计

① 切换到【建模-首层给排水平面图】视图。

② 通过 AutoCAD 2019 打开【一层给排水平面布置图.dwg】图纸文件，将图框中的图纸名称改为【图名】，使鸿业蜘蛛侠机电安装 BIM 软件 2019 能够识别图纸，如图 16-32 所示。

图 16-32　修改图框中的图纸名称

> **提示：**
> 不同的图纸模板，其图框内的图纸名称会有所不同。目前鸿业蜘蛛侠机电安装 BIM 软件 2019 仅能识别出命名为【图名】的图纸图框。如果是其他名称，则使用者需要提前修改图框中的图纸名称。

③ 在【通用】面板中单击【图纸预处理】按钮，从本例源文件夹中打开【一层给排水平面布置图.dwg】图纸文件，如图 16-33 所示。

图 16-33 打开【一层给排水平面布置图.dwg】图纸文件

④ 打开【图纸拆分】对话框。在【图纸列表】列表框中将【一层给排水平面图】拖曳到右侧【楼层与图纸】列表框的对应楼层中,如图 16-34 所示。

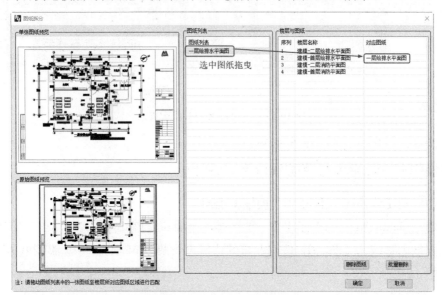

图 16-34 图纸拆分操作

⑤ 单击【确定】按钮,完成图纸的导入。再利用【修改】选项卡中的【对齐】工具,对齐图纸中的轴线与链接模型楼层平面图中的轴线。

⑥ 单击【通用】面板中的【喷淋快模】按钮,从源文件夹中打开【一层给排水平面布置图.dwg】图纸文件。

⑦ 打开【读取 DWG 数据】对话框,首先取消勾选【链接 DWG 到 Revit 模型中作为底图】复选框。然后在【选取基点】选项组中单击【点选两条直线】按钮,并在左侧的【图纸预览】框中单击鼠标左键,滚动鼠标滚轮可以将图纸进行缩放,此时选取两条相互交叉的喷淋直线,系统会自动生成一个交点,此交点坐标被自动搜集到右侧的【交点坐标】文本框中,这个交点是管道生成的参考起点,如图 16-35 所示。

第 16 章 MEP 机电设计与安装

图 16-35 设置相应选项并选择两条相互交叉的喷淋直线来生成交点

⑧ 在【选取管道】选项组中单击【点选管道】按钮，然后在左侧【图纸预览】框中选取喷淋直线，系统会收集图纸中所有同类型的喷淋直线，并将参数（管道图层、颜色和线型）显示在【选取管道】选项组的相应文本框中，如图 16-36 所示。

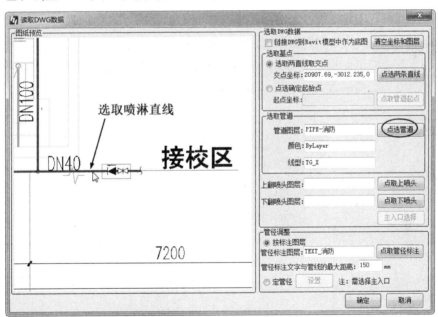

图 16-36 选取喷淋直线

知识点拨：
如果喷淋直线选取不便，则可以将预览视图放大，直至能够选取为止。

⑨ 在【管径调整】选项组中单击【点取管径标注】按钮，在【图纸预览】框中选取管径标注，如 DN40，系统会自动收集所有标注信息，并将其显示在【管径标注图层】文本框中，如图 16-37 所示。

527

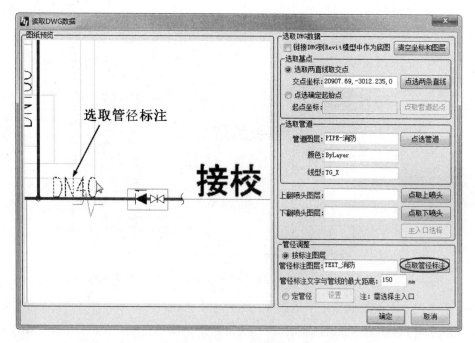

图16-37 选取管径标注

⑩ 单击【读取DWG数据】对话框中的【确定】按钮,打开【喷头及管道设置】对话框。选择【系统类型】为【其他消防系统】,其余选项保持默认,单击【确定】按钮后,到楼层平面视图中选取放置点(此点与之前在【读取DWG数据】对话框中设置的交点为同一点),如图16-38所示。

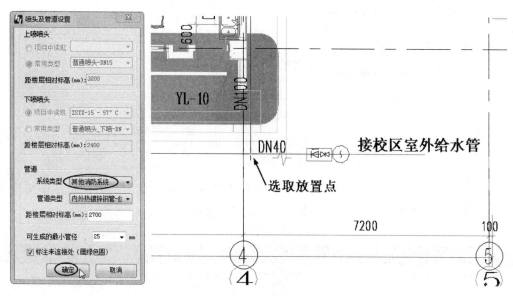

图16-38 选择系统类型并选取放置点

⑪ 系统自动创建消防管道。切换到【三维视图:给排水】视图,即可查看效果,如图16-39所示。

⑫ 消防管道默认创建在【F1】楼层上，用户需要在【属性】选项板中将自动创建的消防管道的【参照标高】调整为【场地】，如图 16-40 所示。

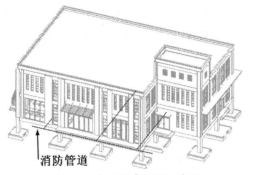

图 16-39 自动创建的消防管道　　　　图 16-40 调整消防管道的【参照标高】

⑬ 创建立管。立管是连接到二层食堂餐厅的消防管道。单击【创建立管】按钮，在打开的【绘制水管立管】对话框中设置立管选项及参数，然后在【首层消防平面图】楼层平面视图中放置立管，如图 16-41 所示。

⑭ 在其余消防卷盘位置放置立管，不再放置立管时按 Esc 键结束操作。创建完成的立管如图 16-42 所示。

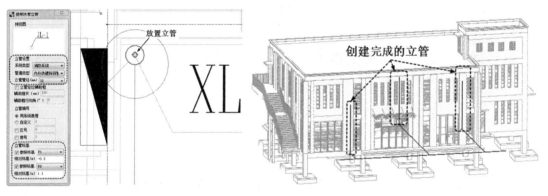

图 16-41 设置立管选项及参数并放置立管　　　　图 16-42 创建完成的立管

⑮ 在【建模】选项卡的【管道】面板中单击【创建横管】按钮，打开【绘制横管】对话框，设置横管的选项及参数，如图 16-43 所示。

⑯ 在楼梯间拾取卷盘连接管道的起点与终点，按 Esc 键结束绘制，系统自动创建横管，如图 16-44 所示。同理，创建另外两处的消防横管。

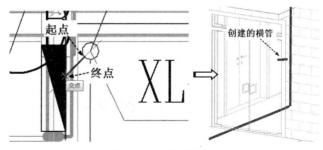

图 16-43 设置横管的选项及参数　　　　图 16-44 创建横管

⑰ 通过查看【一层给排水平面布置图.dwg】图纸文件，可知横管与立管交汇处需要安装管件接头，一接进水、二接楼上消防管道、三接消防卷盘。在【管线调整】选项卡的【管道】面板中单击【横立连接】按钮，在打开的【横立连接】对话框中选择【立管为基准管对齐连接】连接方式，并选择【通用三通】选项，然后选取横管与立管进行连接，如图16-45所示。

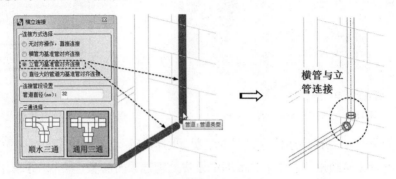

图16-45 创建横立连接（1）

⑱ 继续进行上述操作，选择横管与立管进行连接，如图16-46所示。

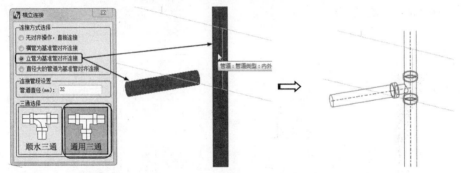

图16-46 创建横立连接（2）

⑲ 安装截止阀。在【建模】选项卡的【阀件】面板中单击【水管阀件】按钮，打开【水阀布置】对话框。在该对话框中选择【截止阀】阀件类型，再单击【布置】按钮，在首层的立管上放置截止阀，如图16-47所示。

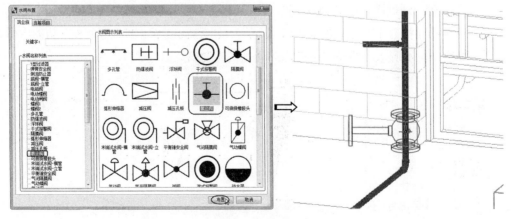

图16-47 放置截止阀

㉑ 执行同样的操作,在接校区室外给水管处安装倒流防止阀和闸阀,如图 16-48 所示。

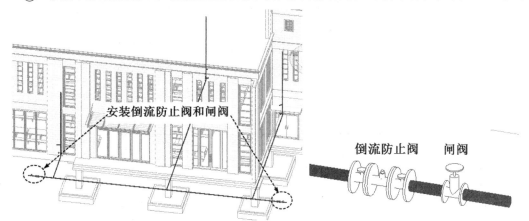

图 16-48 安装倒流防止阀和闸阀

㉑ 在【插入】选项卡中单击【载入族】按钮,从本例源文件夹中载入【消防卷盘箱-明装.rfa】族文件。

㉒ 在【建筑】选项卡的【构建】面板中单击【构件】按钮,然后将载入的消防卷盘族放置在【首层给排水平面图】楼层平面视图中(消防卷盘标记位置),卷盘的标高默认为 700mm,可以适当调整标高。

㉓ 关于横管与卷盘之间的真空破坏器,读者可以自行安装。至此,完成首层的消防卷盘系统设计,如图 16-49 所示。二层的消防卷盘系统设计方法与首层完全相同。

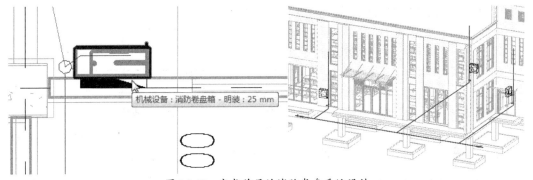

图 16-49 完成首层的消防卷盘系统设计

16.2.2 室内外给排水系统设计

食堂大楼的给排水系统由供水和排水构成。如图 16-50 所示为食堂大楼给排水系统原理图。从图 16-50(a)中可以看出,给水是从底层的室外接入的,通过闸阀、减压阀和倒流防止阀直接输送到【F3】楼层上的屋顶水箱,然后从水箱接出多根水管,直通【F1】楼层的食堂厨房区域。排水是通过厨房地漏排出的。

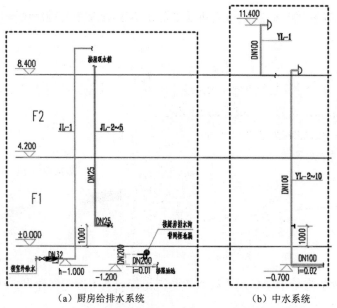

图 16-50 食堂大楼给排水系统原理图

💻 上机操作——食堂大楼给水系统设计

① 切换到【首层给排水平面图】楼层平面视图。

② 在【建模】选项卡的【管道】面板中单击【创建横管】按钮 ✐，打开【绘制横管】对话框，首先设置横管的选项及参数，然后绘制横管的起点与终点，按 Esc 键结束绘制，系统自动创建横管，如图 16-51 所示。

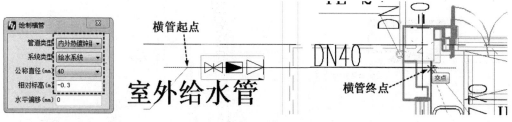

图 16-51 绘制横管（1）

③ 切换到【三维视图：消防】或者【三维视图：水】视图，查看横管创建效果，如图 16-52 所示。

图 16-52 横管的三维效果

④ 由于【F3】楼层上还没有安装水箱，不清楚给水立管的标高，所有要先安装水箱。切换到【三层给排水平面图】楼层平面视图。然后链接本例源文件夹中的【屋顶给

排水平面布置图.dwg】图纸文件，并利用【对齐】工具将图纸的轴网与项目的轴网对齐。

⑤ 在【建筑】选项卡的【构建】面板中单击【构件】按钮，然后将【属性】选项板中的【膨胀水箱-方形 5.0 立方米】构件放置在【屋顶给排水平面图】楼层平面视图中（水箱标记位置），如图 16-53 所示。

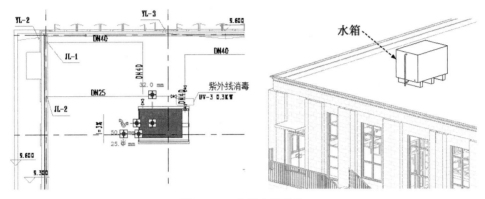

图 16-53 放置水箱构件

⑥ 重命名水箱的类型，并设置新水箱的长度和宽度，以及溢水管半径和溢流管直径等类型参数，如图 16-54 所示。

⑦ 在【三层给排水平面图】楼层平面视图中，利用【绘制横管】工具，绘制【F3】楼层上的水管横管，如图 16-55 所示。

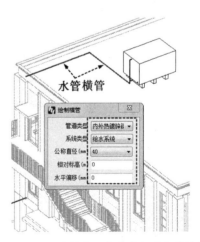

图 16-54 重命名水箱类型并设置新水箱的类型参数　　图 16-55 绘制【F3】楼层上的水管横管

⑧ 利用【绘制立管】工具，在【三层给排水平面图】楼层平面视图中绘制水管立管，如图 16-56 所示。

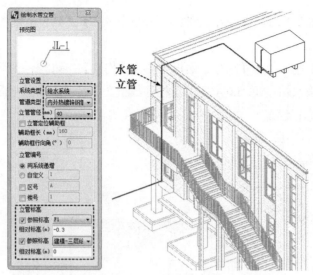

图 16-56 绘制水管立管

⑨ 利用【绘制横管】工具,在【三层给排水平面图】楼层平面视图中绘制流向【F1】楼层厨房的出水横管,载入的水箱构件族与设计图的水箱不一致,用户可以根据水箱族的出水口位置调整水管线路,绘制完成的结果如图16-57所示。

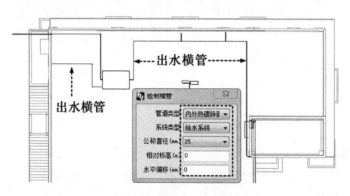

图 16-57 绘制出水横管

⑩ 利用【绘制立管】工具,绘制【F3】楼层到【F1】楼层的出水立管,直径为25mm,如图16-58所示。

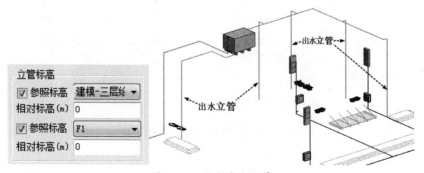

图 16-58 绘制出水立管

⑪ 继续绘制水管立管,在【F3】楼层绘制水箱出水口位置的水管立管,如图 16-59 所示。

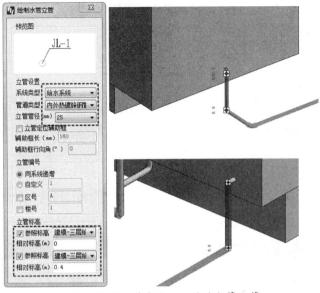

图 16-59 绘制水箱出水口位置的水管立管

⑫ 水管绘制完成后,需要利用【管线调整】选项卡的【管道】面板中的【水管自动连接】工具,对同一平面上的水管进行连接,如图 16-60 所示。

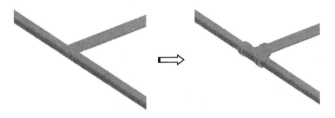

图 16-60 连接同一平面上的水管

⑬ 利用【横立连接】工具,对所有的横管与立管进行连接,连接时需要注意横管与立管的直径,入水管道的直径是 40mm,而出水管道的直径是 25mm,如图 16-61 所示。

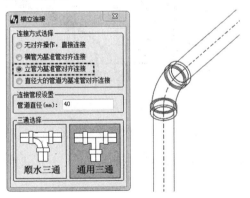

图 16-61 横管与立管的连接

⑭ 切换到【首层给排水平面图】楼层平面视图。由于厨房中的用水设施比较多，所以下面以某一处的设施为例（"白案蒸煮间"的厨房水槽），介绍厨房水槽进水与出水的管道及管件的安装过程。利用【绘制横管】工具，从立管位置开始绘制横管，如图16-62所示。

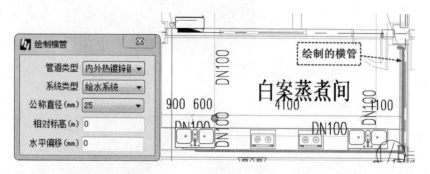

图16-62 绘制横管（2）

知识点拨：
绘制总管与水槽连接部分的分水管时，要对准水槽的水龙头的起始端，如图16-63所示。

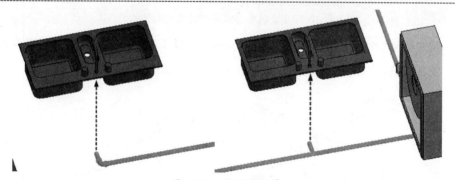

图16-63 绘制分水管

⑮ 利用【绘制立管】工具，绘制分水管与水龙头连接部分的管道，如图16-64所示。

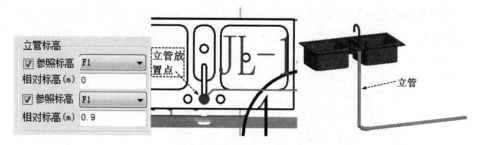

图16-64 绘制立管

⑯ 切换到三维视图，利用【横立连接】工具，创建横管与立管的连接。再利用【水管自动连接】工具创建总管与分管的连接，如图16-65所示。

第 16 章 MEP 机电设计与安装

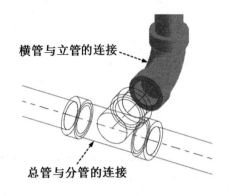

图 16-65 管的连接

上机操作——食堂大楼排水系统设计

厨房排水系统是由排水槽（方形水槽）和排水管组成的。如图 16-66 所示为厨房排水系统示意图。排水槽是用砖砌成的，此处暂时用较大直径的钢管来替代。

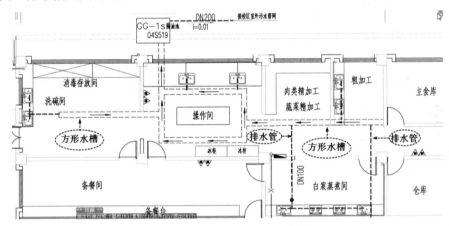

图 16-66 厨房排水系统示意图

① 切换到【首层给排水平面图】楼层平面视图。单击【绘制横管】按钮，在打开的【绘制横管】对话框中设置横管选项及参数，然后绘制排水槽，如图 16-67 所示。

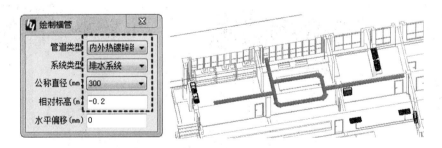

图 16-67 绘制排水槽（由横管代替）

② 利用【水管自动连接】工具，连接排水槽管道，如图 16-68 所示。

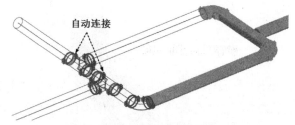

图 16-68　连接排水槽管道

③ 绘制白案蒸煮间洗手水槽到排水槽之间的排水管，如图 16-69 所示。

④ 利用【水管自动连接】工具，连接排水管，如图 16-70 所示。

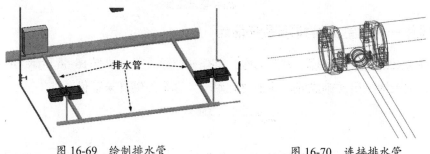

图 16-69　绘制排水管　　　　　图 16-70　连接排水管

⑤ 利用【绘制立管】工具，在两个洗手水槽内的排水孔位置绘制 4 根水管立管，如图 16-71 所示。

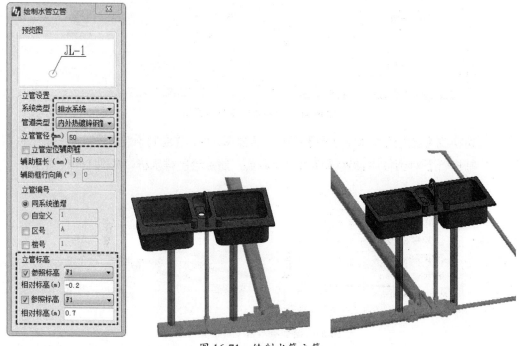

图 16-71　绘制水管立管

⑥ 厨房中的其余排水系统也按上述操作步骤进行创建即可。

16.3 建筑暖通设计

暖通设计专业细分为几个方向：采暖、供热、通风、空调、除尘和锅炉。由于国内地区温差大，所以南方和北方的暖通设计有所不同：南方地区主要是通风和空调；北方地区除了有通风、空调，还有采暖和供热。

对于南方地区来说，常见的就是通风系统和中央空调系统，如图 16-72 和图 16-73 所示。

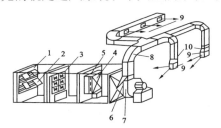

图 16-72　通风系统

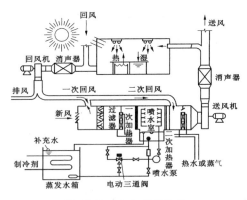

图 16-73　中央空调系统

在本例食堂大楼项目中，暖通设计包括冷热源设计、中央空调系统设计、采暖系统设计、通风系统设计等，鉴于篇幅有限，仅介绍建筑一层的通风系统和中央空调系统的设计。通风系统分为送风和排风。

16.3.1　通风系统设计

【F1】楼层中的通风系统包括"白案蒸煮间"区域通风（送风）和厨房其他区域（消毒存放间、操作间、肉类精加工、主食库、仓库、洗碗间等）通风（排风）。

上机操作——食堂大楼通风系统设计

① 启动鸿业蜘蛛侠机电安装 BIM 软件 2019，在主页界面中选择【HYBIMSpace 暖通样板】项目样板文件后，系统自动创建暖通设计项目。

② 在【插入】选项卡中单击【链接 Revit】按钮，从本例源文件夹中打开【食堂大楼.rvt】项目文件，如图 16-74 所示。

图 16-74 链接 Revit 模型

③ 链接 Revit 模型后的视图如图 16-75 所示。

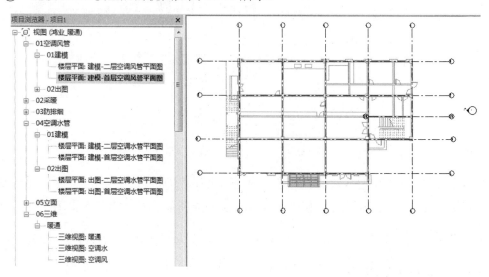

图 16-75 链接 Revit 模型后的视图

④ 切换到【05 立面】视图节点下的【立面：南】视图，由于我们仅创建【F1】楼层的暖通系统，所以不需要复制新标高，将默认的【标高 2】的标高改为 4.2m 即可，且将【标高 1】和【标高 2】重命名为【F1】和【F2】，如图 16-76 所示。

⑤ 切换到【01 空调风管】|【01 建模】视图节点下的【楼层平面：建模-首层空调风管平面图】视图。

⑥ 在【插入】选项卡中单击【链接 CAD】按钮，打开【链接 CAD 格式】对话框，将本例源文件夹中的【一层暖通平面布置图.dwg】图纸文件导入项目中，如图 16-77 所示。

第16章 MEP 机电设计与安装

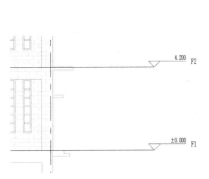

图 16-76 编辑标高

图 16-77 链接 CAD 图纸文件

⑦ 利用【修改】选项卡中的【对齐】工具，对齐图纸中的轴线与链接模型楼层平面图中的轴线。

⑧ 在【建模】选项卡的【风管】面板中单击【绘制风管】按钮，切换到【修改|放置风管】上下文选项卡及选项栏。在选项栏中输入风管【宽度】为【630】、【高度】为【400】、【偏移量】为【3250.0mm】（风管基准线标高），单击【应用】按钮，然后在标注【新风井】的风井处绘制风管，如图 16-78 所示。

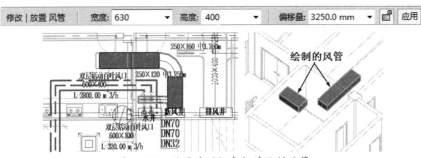

图 16-78 设置选项栏参数并绘制风管

⑨ 绘制宽度为 250mm、高度为 120mm、偏移量为 3250.0mm 的风管，如图 16-79 所示。绘制时在【放置工具】面板中单击【自动连接】按钮，取消自动连接。

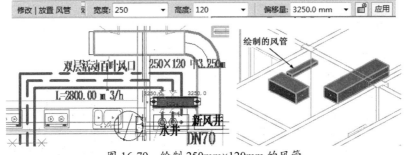

图 16-79 绘制 250mm×120mm 的风管

541

⑩ 切换到【三维视图：暖通】或者【三维视图：空调风】视图。在【管线调整】选项卡的【风管】面板中单击【风管自动连接】按钮，从右向左框选要连接的两根风管，随后系统自动创建连接，如图 16-80 所示。按 Esc 键结束连接。

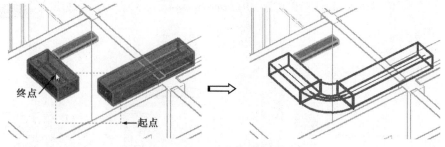

图 16-80 创建风管的连接

⑪ 单击【风管连接】按钮，打开【风管连接】对话框。选择操作方式为【点选】，选择连接方式为【侧连接】，然后依次选择主风管（大）和侧风管（小）进行连接，如图 16-81 所示。

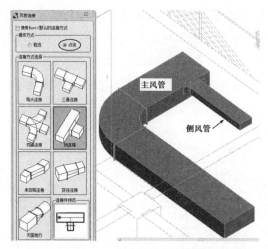

图 16-81 创建风管的侧连接

知识点拨：
第⑩步的【自动连接】连接方式也可以改为【风管连接】对话框中的【弯头连接】连接方式，双击【弯头连接】图标，在打开的【弯头连接】对话框中选择【弧形弯头连接】连接方式即可，如图 16-82 所示。

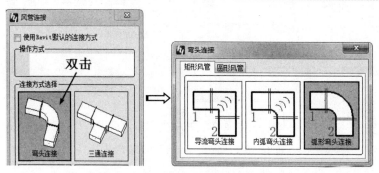

图 16-82 【弧形弯头连接】连接方式的选取

⑫ 切换到【首层空调风管平面图】楼层平面视图。利用【绘制风管】工具,在【排风井】位置绘制宽度为 1000mm、高度为 400mm、偏移量为 3250.0mm 的风管,如图 16-83 所示。

⑬ 绘制宽度为 800mm、高度为 400mm、偏移量为 3250.0mm 的风管,如图 16-84 所示。

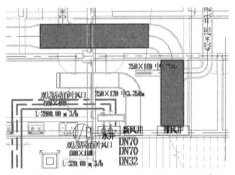
图 16-83 绘制 1000mm×400mm 的风管

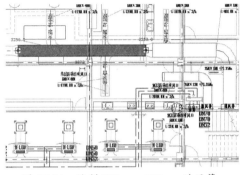
图 16-84 绘制 800mm×400mm 的风管

⑭ 绘制宽度为 630mm、高度为 400mm、偏移量为 3250.0mm 的风管,如图 16-85 所示。

⑮ 绘制宽度为 630mm、高度为 250mm、偏移量为 3250.0mm 的风管,如图 16-86 所示。

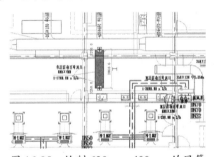
图 16-85 绘制 630mm×400mm 的风管

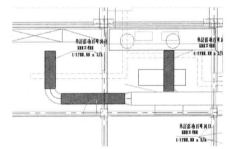
图 16-86 绘制 630mm×250mm 的风管

⑯ 绘制宽度为 400mm、高度为 250mm、偏移量为 3250.0mm 的风管,如图 16-87 所示。

⑰ 绘制宽度为 250mm、高度为 160mm、偏移量为 3250.0mm 的风管,如图 16-88 所示。

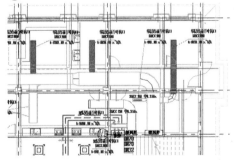
图 16-87 绘制 400mm×250mm 的风管

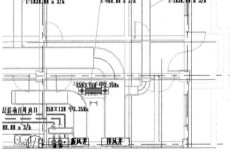
图 16-88 绘制 250mm×160mm 的风管

⑱ 切换到【三维视图:空调风】视图,利用【风管连接】工具,连接 1000mm×400mm 的风管,如图 16-89 所示。

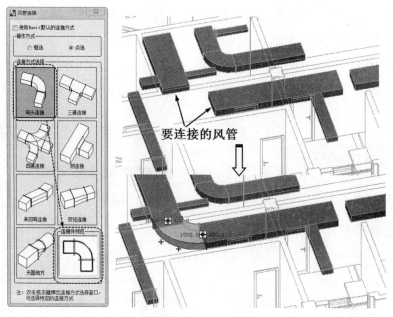

图 16-89　连接 1000mm×400mm 的风管

⑲ 同理，从大到小依次连接其余风管。在同一直线上且大小不一致的风管使用【变径连接】连接方式；形成垂直相交且大小不一致的风管使用【侧连接】连接方式；形成垂直相交且大小相同的风管使用【弯头连接】连接方式。最终效果如图 16-90 所示。

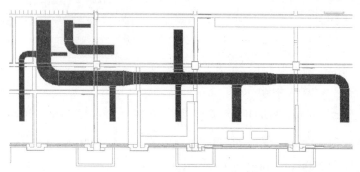

图 16-90　风管连接完成的效果

⑳ 安装通风设备。排风井和新风井属于建筑中的砖墙设计，此处不进行介绍。【F1】楼层通风系统中有如下 5 种规格的通风口。

- 单层活动百叶风口（600×300）。
- 单层活动百叶风口（600×100）。
- 单层活动百叶风口（600×400）。
- 双层活动百叶风口（600×400）。
- 双层活动百叶风口（600×100）。

㉑ 切换到【首层空调风管平面图】楼层平面视图，打开【鸿业云族 360 客户端】对话框，在对话框左侧的【选择库】下拉列表中选择【云族 360】选项，在右侧区域单

击【搜索】按钮，搜索【百叶风口】，单击【确定】按钮后，将【风口-单层百叶风口】族和【风口-双层百叶风口】族载入项目中，如图 16-91 所示。

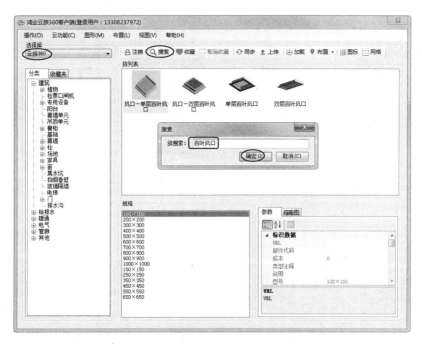

图 16-91　载入风口族

㉒ 首先选择【400×400】规格的【风口-单层百叶风口】族，再单击【布置】按钮 布置，将其依次放置在图纸标注为【单层活动百叶风口（600×400）】位置上，如图 16-92 所示。

㉓ 同理，继续选择【300×300】规格的【风口-单层百叶风口】族，将其放置在图纸标注为【单层活动百叶风口（600×300）】位置上。将【100×100】规格的【风口-单层百叶风口】族，放置在图纸标注为【单层活动百叶风口（600×100）】位置上，如图 16-93 所示。

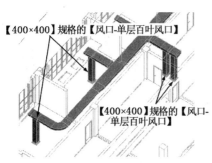

图 16-92　放置【400×400】规格的
　　　　　【风口-单层百叶风口】族

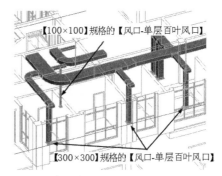

图 16-93　放置【300×300】和【100×100】
　　　　　规格的【风口-单层百叶风口】族

㉔ 将【风口-双层百叶风口】族放置在图纸标注为【双层活动百叶风口（600×400）】和【双层活动百叶风口（600×100）】位置上，如图 16-94 所示。

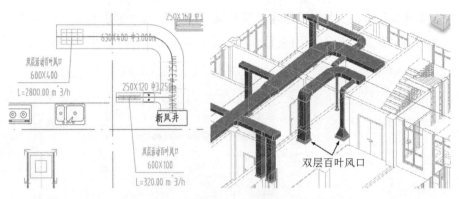

图 16-94 放置【风口-双层百叶风口】族

㉕ 切换到【三维视图：空调风】视图，可以看到所有风口通向了【F1】标高，这是放置风口时的默认标高，选中全部风口族，然后在【属性】选项板中修改【偏移量】为【2400】，表示在标高为 2.6m 的位置设置排风口，如图 16-95 所示。

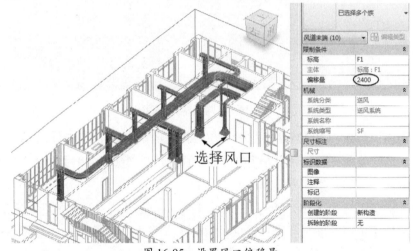

图 16-95 设置风口偏移量

㉖ 至此，完成【F1】楼层厨房区域的通风系统设计，效果如图 16-96 所示。

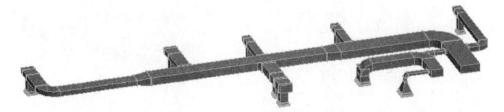

图 16-96 设计完成的通风系统

16.3.2 中央空调系统设计

食堂大楼【F1】楼层的中央空调系统包括通往地下的水井、冷凝水管道、冷水回水管道、冷水供水管道、风机盘管等，其中，风机盘管系统又由风机盘管、风管、送风口组成。

上机操作——食堂大楼中央空调系统设计

1) 创建风管

① 切换到【04 空调水管】|【01 建模】视图节点下的【楼层平面：建模-首层空调水管平面图】视图。

② 单击【插入】选项卡中的【载入族】按钮，将本例源文件夹中的【风机盘管-卧式暗装-双管式-背部回风-右接.rfa】族文件载入项目中。在【建筑】选项卡中单击【构件】按钮，在【属性】选项板中选择构件类型为【风机盘管-卧式暗装-双管式-背部回风 8000W】，并设置【偏移量】为【3000.0】，再将构件放置在平面图的下方，一共放置 3 台，如图 16-97 所示。

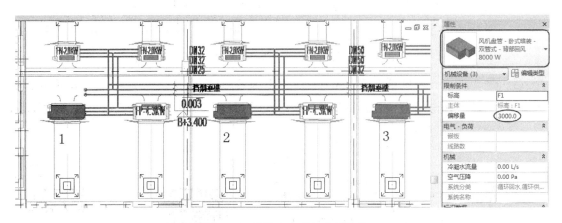

图 16-97 放置 3 台风机盘管构件

③ 选中其中一台风机盘管，然后单击【修改|机械设备】上下文选项卡中的【镜像-拾取轴】按钮，选取风机盘管右侧的边线作为临时轴，镜像风机盘管，如图 16-98 所示。

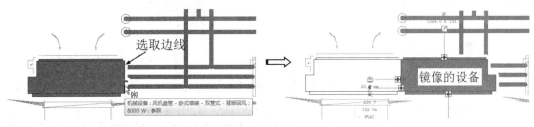

图 16-98 镜像风机盘管

④ 将镜像的风机盘管复制出 2 台，再将镜像的、复制的风机盘管移动到对应的位置，如图 16-99 所示。

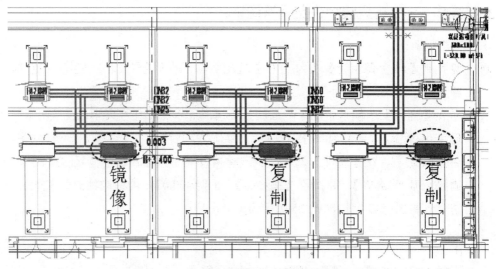

图 16-99 复制并移动风机盘管到对应的位置

⑤ 选中其中一台风机盘管,此时构件族会显示可编辑的符号,如图 16-100 所示。单击【创建出风口风管】符号并向下拖曳,创建出风口(也称为送风口)风管,如图 16-101 所示。

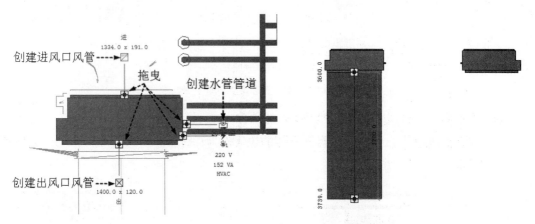

图 16-100 风机盘管族的符号示意图　　　　图 16-101 创建出风口风管

⑥ 单击【创建进风口风管】符号并向上拖曳,创建进风口风管,如图 16-102 所示。
⑦ 同理,在其余 5 台风机盘管中创建进风口风管和出风口风管。

> **知识点拨:**
> 创建的出风口风管和进风口风管在当前【04 空调水管】|【01 建模】视图节点下的【楼层平面:建模-首层空调水管平面图】视图中是看不到的,仅在【01 空调风管】|【01 建模】视图节点下的【楼层平面:建模-首层空调风管平面图】视图中可见。读者可在【三维视图:暖通】中查看空调风管和空调水管。

⑧ 创建对称侧且功率稍小的风机盘管系统。选中 6 台风机盘管,再利用【镜像-拾取轴】工具,选择一台风机盘管的一条边线作为镜像轴,如图 16-103 所示。

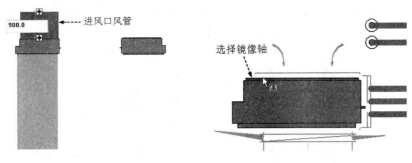

图 16-102　创建进风口风管　　　　图 16-103　选择镜像轴

⑨ 镜像 6 台风机盘管，效果如图 16-104 所示。

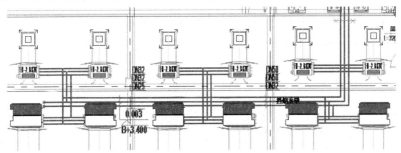

图 16-104　镜像完成的风机盘管

⑩ 将镜像的 6 台风机盘管平移到对称侧的相应位置，如图 16-105 所示。

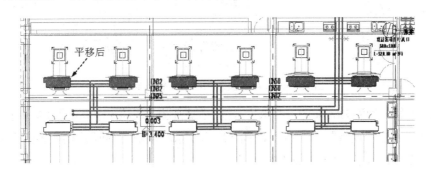

图 16-105　平移镜像的风机盘管

⑪ 将平移后的 6 台风机盘管设置为【风机盘管-卧式暗装-双管式-背部回风 5000W】类型，如图 16-106 所示。

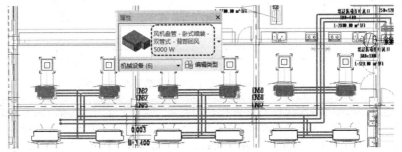

图 16-106　设置风机盘管的类型

⑫ 同理,依次在 6 台【风机盘管-卧式暗装-双管式-背部回风 5000W】类型的风机盘管中创建进风口和出风口风管,如图 16-107 所示。

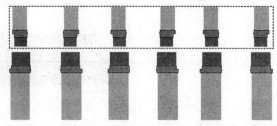

图 16-107　创建进风口和出风口风管

2)创建水管

① 按照【一层暖通平面布置图.dwg】图纸文件,创建冷凝水管道(直径 32mm)、冷水回水管道和冷水供水管道,每一段管道的管径是不相同的,尺寸示意图如图 16-108 所示。

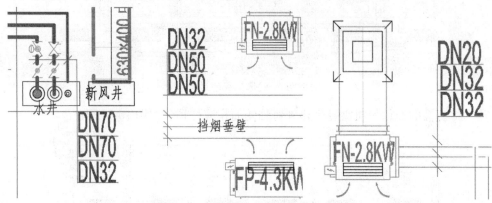

图 16-108　风机盘管系统水管管径示意图

② 绘制管径为【DN32】的冷凝水主水管。在【建模】选项卡中单击【绘制横管】按钮,打开【绘制横管】对话框。设置冷凝水主水管参数,然后从链接图纸中的【水井】位置开始绘制,如图 16-109 所示。

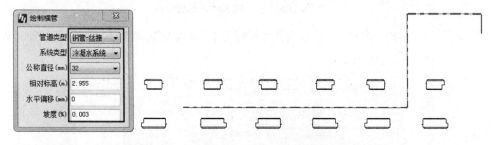

图 16-109　绘制管径为【DN32】的冷凝水主水管

知识点拨:

风机盘管冷凝水出水口的标高高度可以在【南】立面图中进行测量(3055mm)。一般来说,安装时风机盘管的冷凝水出水口的高度要比供水管低 80~100mm,便于冷凝水的排出,不会造成堵塞。风机盘管的 3 个供水口从下往上分别是冷凝水口、冷水供水口和冷水回水口。

③ 同理,绘制管径为【DN32】的冷凝水分水管,如图16-110所示。

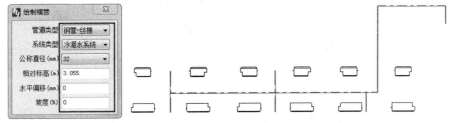

图16-110　绘制管径为【DN32】的冷凝水分水管

④ 绘制管径为【DN70】的冷水回水主水管,如图16-111所示。

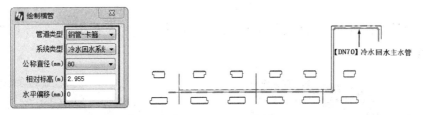

图16-111　绘制管径为【DN70】(实际是【DN80】)的冷水回水主水管

提示:
由于鸿业标准中没有管径为70mm的管道,所以只能用65mm或者80mm的来代替。

⑤ 同理,绘制管径为【DN50】的冷水回水分水管,如图16-112所示。

图16-112　绘制管径为【DN50】的冷水回水分水管

⑥ 同理,绘制冷水供水水管,参数与冷水回水水管相同,如图16-113所示。

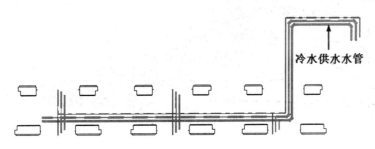

图16-113　绘制冷水供水水管

⑦ 安装送风口。切换到【楼层平面:建模-首层空调风管平面图】视图,在【建筑】选项卡的【构建】面板中单击【构件】按钮,将之前在通风系统中使用过的【风口-单层百叶风口 1000×1000】族放置在风机盘管的送风分管上,如图16-114所示。

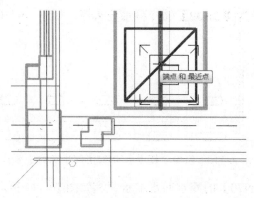

图 16-114 放置风口族

⑧ 切换到【三维视图：暖通】视图，选中风口末端，设置【偏移量】为【2700.0】，如图 16-115 所示。

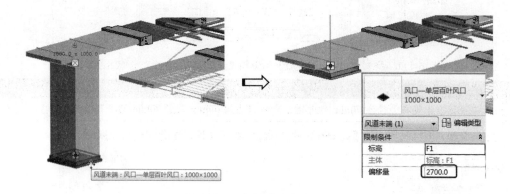

图 16-115 修改风口末端偏移量

⑨ 继续完成其余送风口的安装。在对称侧风机盘管的送风风管上，安装送风口，族类型为【风口-单层百叶风口 650×650】，如图 16-116 所示。

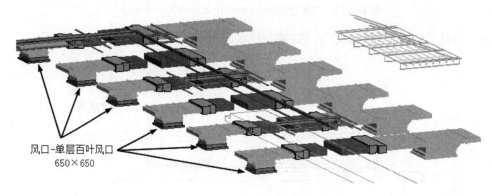

图 16-116 安装送风口

⑩ 打开【鸿业云族360客户端】对话框。在【云族360】库的【暖通】|【设备】|【风口】|【回风口】|【方形风口】节点下找到【回风栅格-矩形单层固定-侧装】族，将其载入当前项目中，如图 16-117 所示。

第 16 章　MEP 机电设计与安装

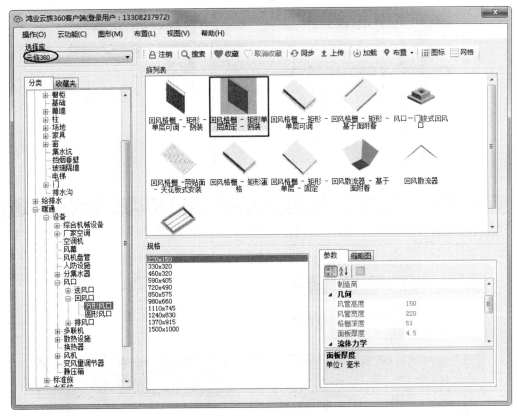

图 16-117　载入回风口族

⑪ 选择【布置】下拉列表中的【单点布置】选项，将回风口族放置在所有风机盘管的回风（或称为进风）风管中，如图 16-118 所示。安装的回风口的默认尺寸为【220×150】。

⑫ 在【属性】选项板中，将较大尺寸的风机盘管一侧的回风口重新设置为【回风栅格-矩形单层固定-侧装 850×575】类型，如图 16-119 所示。

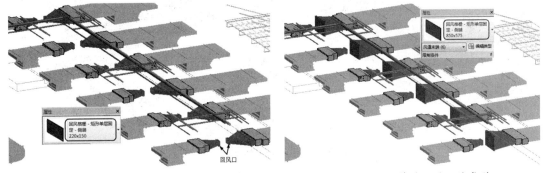

图 16-118　放置回风口族　　　　　　图 16-119　修改回风口族类型

3）创建管道连接

① 创建管道连接。利用【水管自动连接】工具将主水管（DN80 或 DN32）与分水管（DN50 或 DN32）进行连接，如图 16-120 所示。同理，完成其余主水管与分水管的连接。

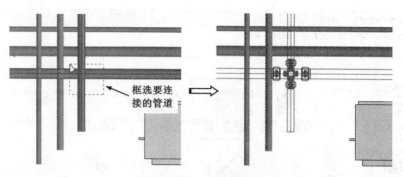

图 16-120 连接主水管与分水管

> **知识点拨：**
> 如果主水管与分水管不能创建连接，则可先将分水管缩回，与要连接的主水管保持一段距离，即可创建连接，如图 16-121 所示。

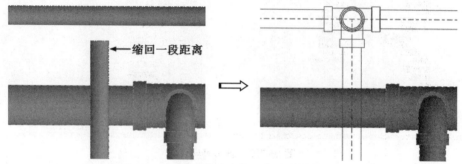

图 16-121 关于管道连接不成功的解决方法

② 拖曳风机盘管中的【创建水管管道】符号来创建出水管与进水管。切换到三维视图，以创建冷凝水水管为例，选中风机盘管，向前拖曳到冷凝水分水管旁边（暂不相交），如图 16-122 所示。

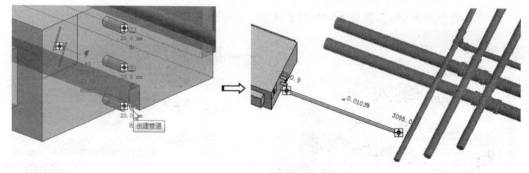

图 16-122 拖曳风机盘管到冷凝水分水管旁边

③ 将对称侧的风机盘管冷凝水出水口管道拖曳到如图 16-123 所示的位置。然后将分水管选中并拖曳，使其缩回一定距离，如图 16-124 所示。

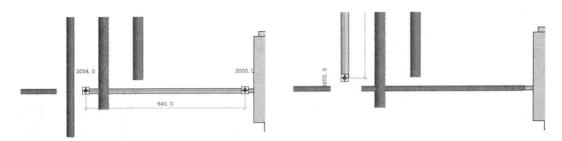

图 16-123　拖曳对称侧风机盘管冷凝水出水口管道　　　　图 16-124　缩回分水管

④ 将冷凝水出水口管道与同一直线上的冷凝水出水口管道合并，形成完整管道，便于和另一根垂直相交的冷凝水出水口管道进行三通管形式的连接，如图 16-125 所示。

⑤ 利用【水管自动连接】工具，创建三通连接，如图 16-126 所示。如果不使用此工具创建连接，则可以拖曳分水管到冷凝水出水口管道上形成相交，系统会自动创建连接。

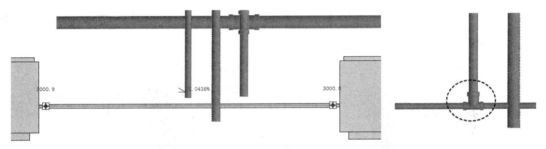

图 16-125　合并冷凝水出水口管道　　　　图 16-126　创建三通连接

⑥ 同理，创建冷水供水口管道与供水分水管的连接。首先拖曳冷水供水分水管和回水分水管，修改其端口位置，如图 16-127 所示。

⑦ 拖曳对称侧的风机盘管供水口管道，使其中一根管道的端口与分水管中心线对齐，如图 16-128 所示。

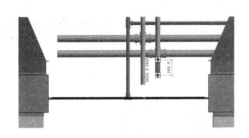
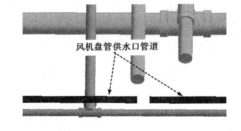

图 16-127　修改分水管的端口位置　　　　图 16-128　对齐风机盘管供水口管道与分水管中心线

⑧ 选中端口与分水管中心线对齐的供水口管道，然后在打开的【修改|管道】上下文选项卡中单击【更改坡度】按钮，在供水口管道端点位置单击鼠标右键，在弹出的快捷菜单中选择【绘制管道】命令，最后拖曳管道与分水管相接，如图 16-129 所示。

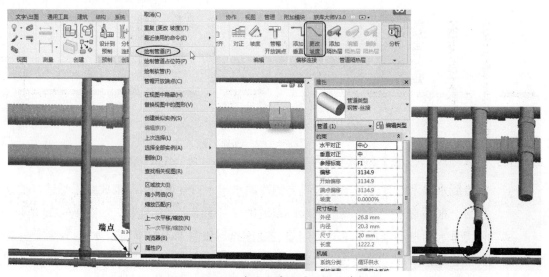

图 16-129 创建坡度管道并与分水管相接

⑨ 删除弯管接头,然后利用【水管自动连接】工具,创建三通管接头,如图 16-130 所示。

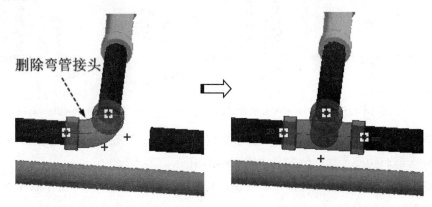

图 16-130 删除弯管接头并创建三通管接头

知识点拨:
如果因管道距离远连接不上,则可以手动拖曳管道进行相交连接。

⑩ 冷水回水管道连接完成的效果如图 16-131 所示。

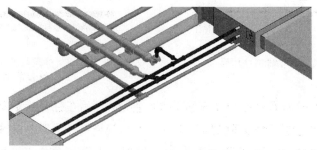

图 16-131 冷水回水管道连接完成的效果

⑪ 要进行三维连接的管道较多,所以这里不再一一介绍。

16.3.3 管道支吊架设计

管道支吊架（Pipe Supports and Hanger）包括用以承受管道荷载、限制管道位移、控制管道振动，并将荷载传递至承载结构上的各类组件或装置，以下简称支吊架。支吊架包括从下方支撑管道的支架（其作用主要是承压）和从上方悬吊管道的吊架（其作用主要是受拉）。在多数情况下，支架或吊架的构件同时受拉伸和压缩荷载。

1. 支吊架类型

鸿业蜘蛛侠机电安装BIM软件2019提供了丰富的吊架和支架类型，如图16-132和图16-133所示。

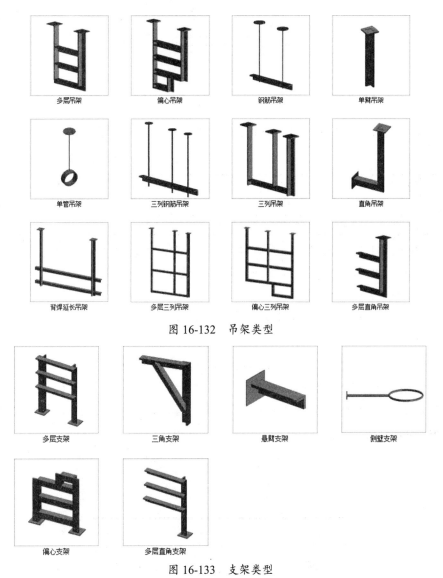

图 16-132 吊架类型

图 16-133 支架类型

2. 支吊架选型

管道系统复杂，支吊架形式多样，选型难以把握，支吊架易变形产生隐患。通常的做法是采用优质钢材制作，进行满载荷计算，对支吊架进行受力分析，选取经济可靠的支吊架。

现以两根 DN400 的无缝钢管作为吊架进行说明。

（1）吊架具体数据如图 16-134 所示，吊架间距设置为 4.8m。

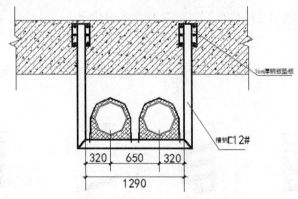

图 16-134 吊架具体数据

（2）计算管道重量。查阅五金手册并进行计算，可得管道重量，如表 16-1 所示。

表 16-1 管道重量

管径 (mm)	壁厚 (m)	外径 (m)	内径 (m)	每米管重 (kg)	每米水重 (kg)	每米保温重量 (kg)	每米满水重 (kg)
400	0.009	0.426	0.408	92.554	130.740	3.741	227.035

（3）计算时，以 10kg 为基数，即不满 10kg 的按照 10kg 计算。

- 吊架间距为 4.8m，即每个吊架相当于要承受 4.8m 管道的重量。
- 4.8m DN400 无缝钢管重量：

$$m=4.8×每米满水重=4.8×230=1104kg$$

- 故受力：

$$F=m×g=11\,040N$$

（4）载荷计算。根据吊架方案创建模型，并分析受力情况，找出最不利点。此处，先假设采用 12.6#槽钢，查阅五金手册，得知其单位重量为 12.4kg/m，故其均布荷载为 0.124N/mm，如图 16-135 所示。

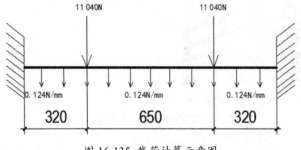

图 16-135 载荷计算示意图

(5) 常见的支吊架成品图如图 16-136 所示。

图 16-136 常见的支吊架成品图

3. 抗震支吊架

抗震支吊架是根据《建筑抗震设计规范（附条文说明）（2016 年版）》（GB 50011－2010）中第 3.7.1 强制性条文："非结构构件，包括建筑非结构构件和建筑附属机电设备，自身及其与结构主体的连接，应进行抗震设计"的规定而产生的设施。抗震支吊架在国内还未广泛使用，但在国外尤其是地震多发的发达国家已有多年历史。

机电抗震支吊架系统是牢固连接于已进行抗震设计的建筑结构体的管路、槽系统及设备，以地震力为主要荷载的支撑系统。原有一般意义的支吊架系统是以重力为主要荷载的支撑系统。这两种支撑系统的设置并不重复，而是相辅相成的。

抗震支吊架的应用范围如下。

- 大于 DN65 的所有管道。
- 所有防排烟系统管道。
- 所有直径大于 0.70m 的圆形风管。
- 所有截面积大于 $0.38m^2$ 的矩形风管。
- 单位重量在 15kg/m 及以上的电线桥架。
- 所有门形吊架。

水管抗震系统的布置原则如下。

- 管道抗震加固侧向间距要求为：沟槽连接管道、焊接钢管、钎焊铜管等刚性材质的管线，横向吊架间距最大不得超过 12m；HDPE 等非刚性材质的管线，横向吊架间距最大不得超过 6m。

- 管道抗震加固纵向间距要求为：沟槽连接管道、焊接钢管、钎焊铜管等刚性材质的管线，纵向吊架间距最大不得超过24m；HDPE等非刚性材质的管线，横向吊架间距最大不得超过12m。

风管抗震系统的布置原则如下。

- 刚性材质电气线管、线槽及桥架的侧向抗震最大间距不得超过12m，纵向抗震最大间距不得超过24m。
- 非刚性材质电气线管、线槽及桥架的横向抗震最大间距不得超过6m，纵向抗震最大间距不得超过12m。

抗震支吊架系统的安装形式及布置原则都是依据严格的力学计算结果确定的，地震力的计算必须满足规范要求。

4. 支吊架间距

管道支吊架的允许跨距取决于管材的强度、管的截面积、外载荷大小、管道敷设的坡度及管道允许的最大挠度。水平管道支吊架最大间距应同时满足管道强度和刚度两个条件，以保证管道不产生过大的挠度、弯曲应力和剪切应力，特别要考虑管道上法兰、阀门等部件集中荷载的作用。垂直管道支吊架也应控制间距，以防止管道由于各种载荷组合作用而产生过应力。

风管支吊架的安装应符合下列规定。

- 风管水平安装，长边尺寸 $b \leq 400$mm，间距不应大于4m；$b > 400$mm，间距不应大于3m。
- 螺旋风管的支吊架间距可分别延长至5m和3.75m。
- 薄钢板法兰风管的支吊架间距不应大于3m。
- 风管垂直安装，间距不应大于4m，单根直管至少应有2个固定点。

管道支吊架的安装可参考表16-2中的管道支吊架间距。

表16-2 管道支吊架间距

介质	压力（MPa）	通径（mm）	管道支吊架间距（m）
油、水、压缩空气	1.0	≤25	2~2.5
		32~50	4~5
		≥65	4~6
水、空气	高压	≤150	2~3
		≥200	2~2.5
干油	21.0	≤25	2~2.5
		≥32	4~6
蒸汽管		≤25	2~2.5
		32~80	4~5
		≥100	4~6
高压水除磷	低压	≤25	2~2.5
		≥32	4~6
	高压	所有尺寸	2~3

续表

介质	压力（MPa）	通径（mm）	管道支架间距（m）
液压	低压	≤25	2~2.5
		32A~80	4~5
		≥100	4~6
	高压	所有尺寸	2~3
伺服液压		所有尺寸	1.5~2

鸿业蜘蛛侠机电安装 BIM 软件 2019 的支吊架设计工具在【支吊架】选项卡中，如图 16-137 所示。

图 16-137 支吊架设计工具

上机操作——食堂大楼支吊架设计

食堂大楼的通风系统和中央空调系统的管道创建完成后，还要创建支吊架，将管道固定在顶部楼板或者梁上。在本例中，我们将为通风系统的风管选择【多层吊架】类型，为中央空调系统中的水管选择【钢筋吊架】类型，如图 16-138 所示。

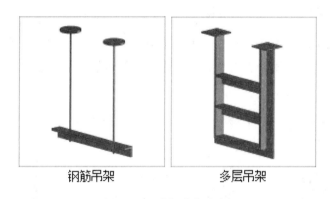

图 16-138 吊架的类型选择

另外，根据抗震支吊架的应用范围和布置原则，确定以下尺寸的风管与水管是否采用抗震支吊架设计。

- 1000mm×400mm 风管（截面积>0.38m^2）采用抗震支吊架设计。
- 630mm×400mm 风管（截面积<0.38m^2）采用普通支吊架设计。
- 630mm×250mm 风管（截面积<0.38m^2）采用普通支吊架设计。
- 400mm×250mm 风管（截面积<0.38m^2）采用普通支吊架设计。
- 250mm×160mm 风管（截面积<0.38m^2）采用普通支吊架设计。
- 风机盘管截面积均<0.38m^2 采用普通支吊架；
- 大于 DN65 的所有管道采用抗震支吊架设计。
- DN50、DN32 与 DN20 水管均采用普通支吊架设计。

关于管道支吊架的间距，读者可从表16-2中查询，DN20水管支吊架间距取2m，DN32与DN50水管支吊架间距取4m，DN70水管支吊架间距取5m。

① 切换到【三维视图：暖通】视图。在【支吊架】选项卡的【支吊架绘制】面板中单击【设计绘制】按钮，打开【支吊架设计】对话框，如图16-139所示。

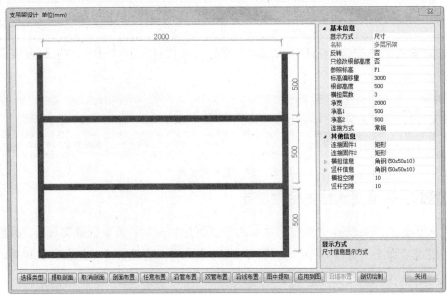

图16-139 【支吊架设计】对话框

② 在【支吊架设计】对话框底部单击【选择类型】按钮，打开【支吊架选择】对话框。选择【多层吊架】类型并单击【选择】按钮，返回【支吊架设计】对话框，如图16-140所示。

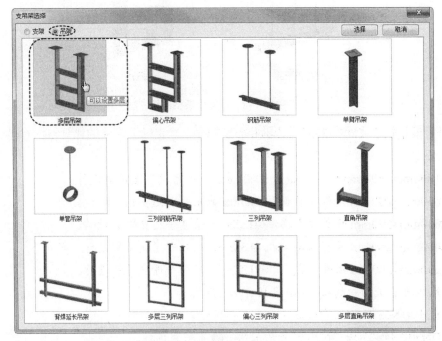

图16-140 选择支吊架类型（1）

③ 单击【支吊架设计】对话框底部的【提取剖面】按钮,在视图中选取横截面最大的风管,单击选项栏中的【完成】按钮,返回【支吊架设计】对话框,如图 16-141 所示。

④ 单击【支吊架设计】对话框底部的【沿管布置】按钮,打开【设置布置间距】对话框,设置【间距】参数,然后在三维视图中选取横截面最大的风管来布置支吊架,如图 16-142 所示。

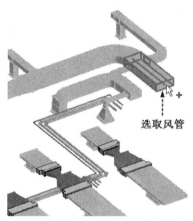
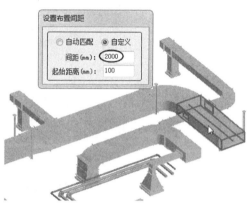

图 16-141 选取横截面最大的风管　　图 16-142 选取横截面最大的风管布置支吊架

⑤ 同理,按 Esc 键返回【支吊架设计】对话框并选取新的风管横截面后,在【设置布置间距】对话框中设置新的支吊架间距(3000mm),布置其他风管上的支吊架,布置完成的支吊架如图 16-143 所示。

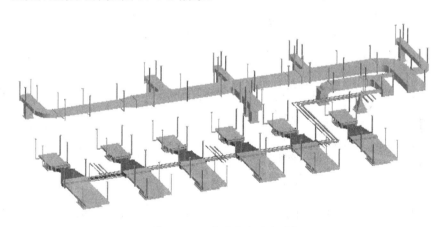

图 16-143 布置完成的支吊架

知识点拨:
选取风管后,有些风管长度较短,第一次选取仅能放置一个支吊架,显然放置一个支吊架是不合理的,这时需要再次选取风管在另一端也放置支吊架。

⑥ 布置完成后按 Esc 键返回【支吊架设计】对话框,单击【选择类型】按钮,在打开的【支吊架选择】对话框中选择【钢筋吊架】类型,然后单击【选择】按钮,如图 16-144 所示。

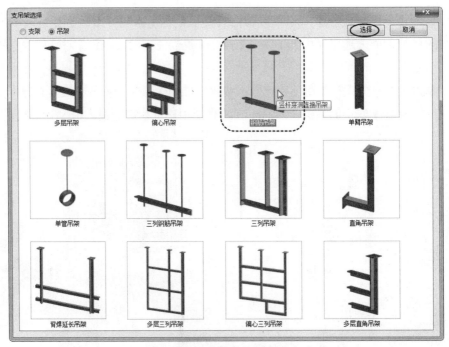

图 16-144 选择支吊架类型（2）

⑦ 在【支吊架设计】对话框底部单击【提取剖面】按钮，选择冷凝水管道、冷水供水管道和冷水回水管道，提取其横截面尺寸。然后单击选项栏中的【完成】按钮，返回【支吊架设计】对话框，单击【沿管布置】按钮，设置【间距】参数。最后选择冷凝水管道，自动布置单管支吊架，如图 16-145 所示。

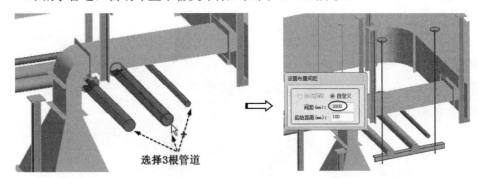

图 16-145 自动布置单管支吊架

⑧ 继续选取冷凝水管道，布置单管支吊架。同理，完成冷水回水管道和冷水供水管道的支吊架设计。支吊架设计完成的效果如图 16-146 所示。

图 16-146 支吊架设计完成的效果

⑨ 根据前面列出的抗震支吊架的应用范围，得知本例的最大横截面 1000mm×400mm 风管和 DN70 水管均符合抗震支吊架设计要求。单击【添加抗震组件】按钮 ，在打开的【抗震组件安装】对话框的【多层吊架】选项卡中，设置【添加位置】选项组和【组件信息】选项组中的参数，也可保留默认设置，然后在三维视图中框选（不能通过单击选取）最大横截面风管的支吊架来安装抗震组件，如图 16-147 所示。

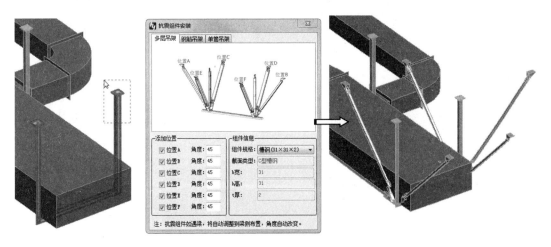

图 16-147 框选要添加抗震组件的支吊架

⑩ 同理，完成其余多层吊架的抗震组件的添加，以及钢筋吊架的抗震组件的添加。

16.4 建筑电气设计

对于高层民用建筑来说，建筑电气设计的内容包括强电系统设计和弱电系统设计。
强电系统设计包括如下内容。
- 供电系统。
- 照明系统。
- 电气系统（动力系统）。
- 低压配电线路。
- 建筑物防雷、接地系统。

弱电系统设计包括如下内容。
- 火灾报警系统。
- 电话系统。
- 广播音响系统。
- 有线电视系统。
- 安全防范系统。
- 智能建筑自动化系统。

鸿业蜘蛛侠机电安装 BIM 软件 2019 提供了专业的建筑电气设计工具，如图 16-148 所示。鉴于时间及篇幅有限，本节仅仅介绍食堂大楼一层的照明系统设计。

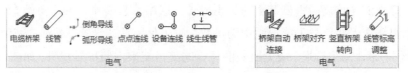

图 16-148　建筑电气设计工具

食堂大楼的照明系统线路立面示意图如图 16-149 所示。

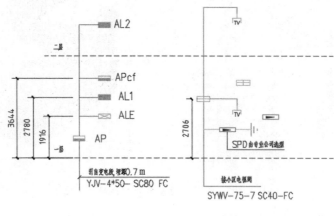

图 16-149　食堂大楼的照明系统线路立面示意图

一层照明系统线路及设备布置图如图 16-150 所示。

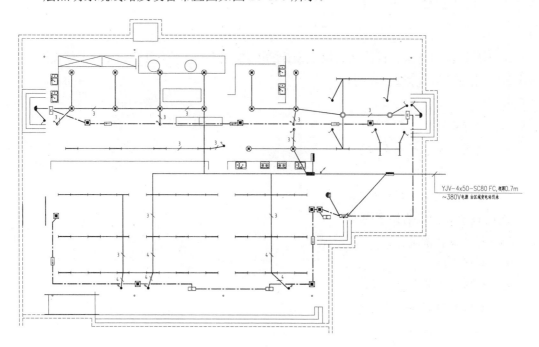

图 16-150　一层照明系统线路及设备布置图

第 16 章 MEP 机电设计与安装

图 16-149 和图 16-150 中的电气符号图例表示如下。

- ▬AL2、AL1：照明配电箱（盘）。
- ▬AP：电力配电箱（盘）。
- ⊠ALE：事故照明配电箱（盘）。
- ▶：避雷器。
- TV：电视机。
- ▭：组合开关箱。
- ⊙：防水防尘灯。
- ■：应急照明灯。
- ○：防爆灯。
- ：暗装双极开关。
- ：防爆双极开关。
- ：暗装三极开关。
- ：吸顶灯。
- ：吸顶灯+声光延时开关。
- E：出口指示灯。
- ：接线端子。
- ⇐：双向疏散指示灯。
- →：单向疏散指示灯。
- ▬：单管日光灯。

本例食堂大楼的照明系统设计流程是先按照照明系统线路立面示意图中的线路标高载入相应的照明设备元件，然后绘制线路、线管、电缆桥架等。

值得注意的是，在实际照明系统安装过程中，线路基本上走暗线，也就是暗装。在 Revit 中暗装设备时需要选择墙体，而在本例建筑电气设计项目中并没有建筑模型供使用，仅仅靠链接外部的模型作为参考（不能使用），因此，为了能够表达出清晰的电路，本例不采用暗装形式，将采用明装的形式。

上机操作——食堂大楼照明系统设计

1）链接模型和链接 CAD 图纸

① 启动鸿业蜘蛛侠机电安装 BIM 软件 2019，在主页界面中选择【HYBIMSpace 电气样板】项目样板文件后，系统自动创建建筑电气设计项目。

② 在【插入】选项卡中单击【链接 Revit】按钮，从本例源文件夹中打开【食堂大楼.rvt】项目文件，如图 16-151 所示。

③ 链接 Revit 模型后的视图如图 16-152 所示。

  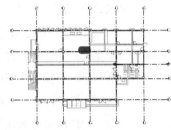

图 16-151 链接 Revit 模型　　　　图 16-152 链接 Revit 模型后的视图

④ 切换到【02 照明平面】|【01 建模】视图节点下的【楼层平面：建模-首层照明平面图】视图。

⑤ 在【插入】选项卡中单击【链接 CAD】按钮，将本例源文件夹中的【建筑电气.dwg】图纸文件导入项目中。再利用【修改】选项卡中的【对齐】工具，对齐图纸中的轴线与链接模型楼层平面图中的轴线。

2）载入照明设备族

① 通过【云族 360】库，依次载入如下电气族。

- AL1：【云族 360】|【电气】|【箱柜】|【照明配电箱】|【家用配电箱 BP2-20】。
- AP：【云族 360】|【电气】|【箱柜】|【照明配电箱】|【箱柜-动力配电箱-PB10 动力配电箱明装】。
- ALE：【云族 360】|【电气】|【箱柜】|【应急照明箱】|【应急照明箱】。
- 防水防尘灯：【云族 360】|【电气】|【灯具】|【防尘防水荧光灯】|【防水防尘灯】。
- 应急照明灯：【云族 360】|【电气】|【灯具】|【备用照明灯】|【应急灯-备用照明灯】。
- 防爆灯：【云族 360】|【电气】|【灯具】|【防爆灯】|【防爆灯-整体式隔爆型】。
- 吸顶灯：【云族 360】|【电气】|【灯具】|【吸顶灯】|【吸顶灯（卫生间用）】。
- 吸顶灯+声光延时开关：【吸顶灯（卫生间用）】+【云族 360】|【电气】|【开关】|【声光延时开关】|【声光延时开关-明装】。
- 出口指示灯：【云族 360】|【电气】|【灯具】|【安全出口指示灯】|【指示灯-安全出口指示灯】。
- 单向疏散指示灯：【云族 360】|【电气】|【灯具】|【右向疏散指示灯】|【单向疏散指示灯（右）】。
- 双向疏散指示灯：目前没有此族，暂时用【单向疏散指示灯】族代替。
- 单管日光灯：【云族 360】|【电气】|【灯具】|【单管荧光灯】|【嵌入式单管荧光灯】。
- 暗装双极开关：【云族 360】|【电气】|【开关】|【密闭开关】|【普通开关-密闭开关-基于面】。

- 防爆双极开关:【云族360】|【电气】|【开关】|【防爆开关】|【普通开关-防爆开关-基于面】。
- 暗装三极开关:【云族360】|【电气】|【开关】|【三级开关】|【三级翘板开关明装】。
- 接线端子:【云族360】|【电气】|【通信】|【接线盒】|【线管接线盒-三通】。

② 切换到【三维视图:电气三维】视图。然后调节剖面框到二层标高的底部,能完全显示一层的室内情况即可,如图16-153所示。

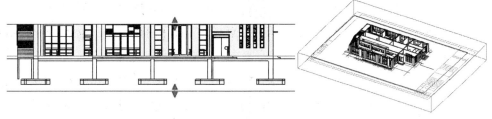

图16-153 调节剖面框

3)放置配电箱族

① 放置AP电力配电箱。此类型配电箱在"食堂大楼的照明系统线路立面示意图"中有2个,且标高不一致。一个是楼梯间接室外变电所线路,标高大致在800mm位置;另一个是厨房洗手池上方的3200mm标高位置。

② 在【建筑】选项卡中单击【构件】按钮,然后在【属性】选项板中找到载入的【箱柜-动力配电箱-PB10动力配电箱明装】族,型号为PB11,标高暂定为3200mm(稍后等线路安装后再调试标高即可),将此配电箱放置到楼梯间相邻的房间墙壁上,如图16-154所示。

③ 同理,再放置一个动力配电箱(型号为16),暂时放置在楼梯间楼梯平台且标高为800mm的位置,如图16-155所示。

图16-154 放置室内的AP电力配电箱

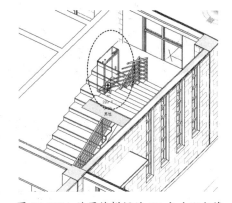

图16-155 放置楼梯间的AP电力配电箱

④ 放置AL配电箱和ALE配电箱。AL配电箱(【家用配电箱BP2-20】族)放置在标高为2700mm的位置,ALE配电箱(【应急照明箱】族)放置在标高为1900mm的位置,操作方法同上。放置效果如图16-156所示。

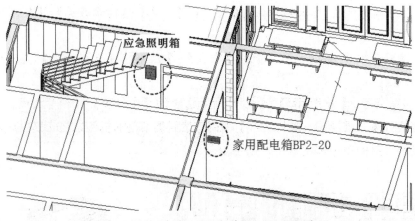

图 16-156 放置 AL 配电箱和 ALE 配电箱

> **知识点拨：**
> 在安装应急照明箱时，系统提示需要选择墙体才能安装，此时利用【建筑】选项卡中的【墙】工具，在应急照明箱的位置绘制一段墙体即可。

4）放置疏散指示灯

① 疏散指示灯包括出口指示灯、单向疏散指示灯和双向疏散指示灯。单击【构件】按钮，从【属性】选项板中找到【指示灯-安全出口指示灯】族，将其放置在三维视图中门的上方，并自定义标高，如图 16-157 所示。

图 16-157 放置【指示灯-安全出口指示灯】族

> **知识点拨：**
> 将基于面的族放置到墙面时，需要在【属性】选项板中设置标高【偏移量】后，再选择该墙面的墙底边线进行放置，否则不会放置在该墙面上。

② 将【单向疏散指示灯】族放置到厨房墙壁上（放置 4 个），标高为 2800mm，如图 16-158 所示。

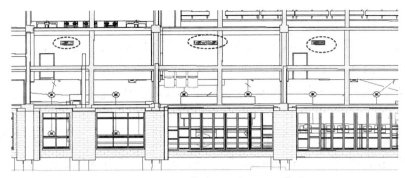

图 16-158 放置【单向疏散指示灯】族

5) 放置天花板上的灯

① 放置防水防尘灯。切换到【三维视图：电力、照明】视图。然后依次将【防水防尘灯-标准】族放置在图纸中的⊙标记上，且将标高【偏移量】设置为【3600】，如图 16-159 所示。

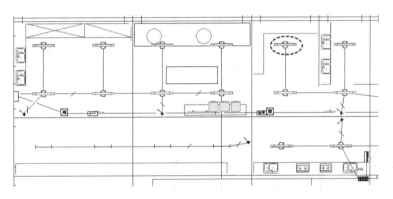

图 16-159 放置【防水防尘灯-标准】族并设置标高【偏移量】

② 同理，将其余的灯（除应急照明灯外）按照族类型逐一放置到视图中。

知识点拨：

在放置单管日光灯、吸顶灯时，需要切换到【三维视图：电气三维】视图。手动绘制天花板轮廓来创建天花板时，仅在有单管日光灯的房间绘制，如图 16-160 所示。

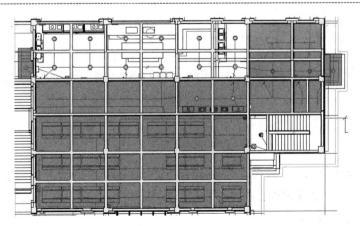

图 16-160 手动绘制天花板轮廓创建天花板

③ 切换到【三维视图：电气三维】视图。放置应急照明灯，标高高度与疏散指示灯的标高高度相同（2800mm）。同理，将开关放置到相应的位置，标高统一为1200mm。

6）创建天花板上灯与灯之间的线路

① 在【建模】选项卡的【电气】面板中单击【设备连线】按钮，打开【设备连线】对话框。

② 设置【导线】和【保护管】选项组中的参数及选项，然后框选局部范围相同的灯具进行线路的创建，如图16-161所示。不要框选图纸中没有线路的设备。

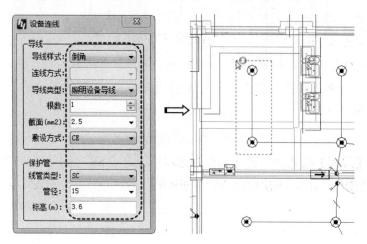

图16-161 设置【导线】和【保护管】选项组中的参数及选项并框选灯具创建线路

③ 对于设备之间无法框选的线路，可利用【点点连线】工具来创建。单击【点点连线】按钮，打开【点点连线】对话框。在该对话框中设置如图16-162所示的参数及选项后，在视图中手动选择两个灯具来创建连线。

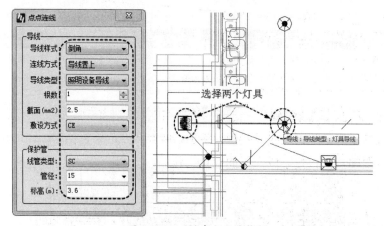

图16-162 创建点点连线

④ 对于不在设备上的主线路，可以利用【倒角导线】工具来创建。单击【倒角导线】按钮，在【属性】选项板中选择导线类型为【灯具导线】，然后手动绘制线路，如图16-163所示。

第 16 章 MEP 机电设计与安装

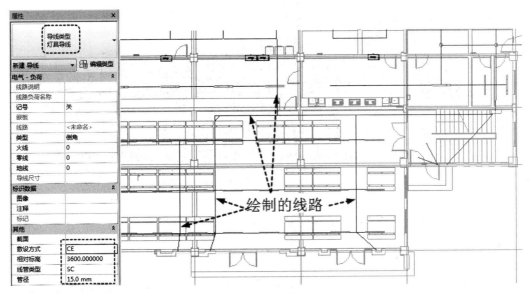

图 16-163 手动绘制线路

⑤ 单击【线管】按钮，在【属性】选项板中选择 SC 材料带配件的线管，然后按照前面绘制的线路，依次创建线管。创建的线管在电气三维视图中可见，如图 16-164 所示。

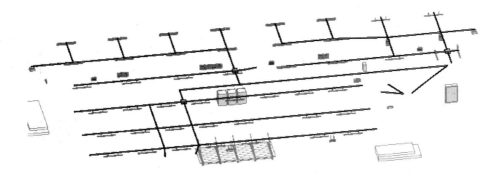

图 16-164 在电气三维视图中查看创建的线管

⑥ 同理，创建灯具线路到开关之间的连线及线管，以及创建应急配电箱、应急照明灯、疏散指示灯之间的连线及线管。鉴于篇幅有限，此处不再进行详细介绍，读者可按照前面的步骤自行完成余下的设计工作。

16.5 快速翻模设计案例——消防喷淋系统设计

本节以某办公大楼的【F1】楼层消防喷淋系统设计为例，详解鸿业蜘蛛侠机电安装 BIM 软件 2019 的快速翻模设计过程。办公大楼的【F1】楼层建筑模型如图 16-165 所示。

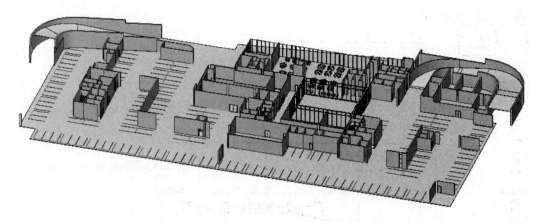

图 16-165　办公大楼的【F1】楼层建筑模型

上机操作——前期项目准备

建筑模型一般是在建筑样板或者结构样板中创建的，在进行 MEP 设计时需要先创建基于给排水设计的样板文件项目，然后链接 Revit 模型。

① 启动鸿业蜘蛛侠机电安装 BIM 软件 2019，在主页界面中选择【HYBIMSpace 给排水样板】项目样板文件后，系统自动创建给排水设计项目。

② 在【插入】选项卡中单击【链接 Revit】按钮，从本例源文件夹中打开【建筑-B1.rvt】项目文件，如图 16-166 所示。

图 16-166　链接 Revit 模型

③ 链接 Revit 模型后的视图如图 16-167 所示。

第 16 章　MEP 机电设计与安装

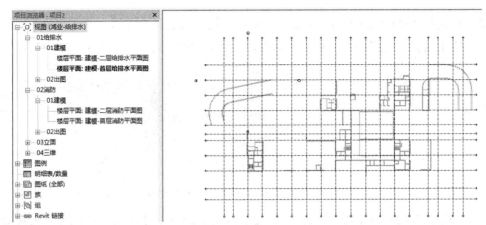

图 16-167　链接 Revit 模型后的视图

④ 切换到【03 立面】视图节点下的【立面：南】视图，现在所看到的标高是链接 Revit 模型的标高，并非给排水系统设计的标高，如图 16-168 所示。用户可以借助建筑标高来创建新标高。

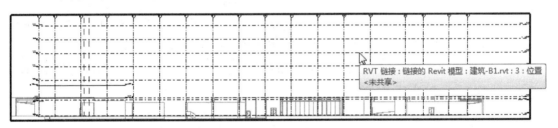

图 16-168　链接 Revit 模型的标高

⑤ 在【协作】选项卡的【坐标】面板中，选择【复制/监视】下拉列表中的【选择链接】选项，然后选择【南】立面图中的链接模型，切换到【复制\监视】上下文选项卡。

⑥ 单击【复制】按钮，在选项栏中勾选【多个】复选框，然后框选视图中所有链接模型的标高作为参考，如图 16-169 所示。

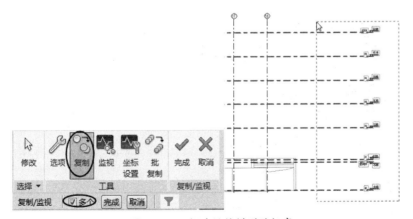

图 16-169　框选链接模型的标高

575

⑦ 框选后先单击选项栏中的【完成】按钮,再单击【复制\监视】上下文选项卡中的【完成】按钮,完成标高的复制。创建完成的给排水设计标高如图16-170所示。

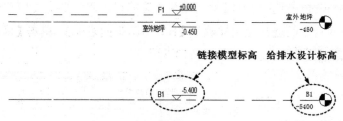

图 16-170　创建完成的给排水设计标高

⑧ 如果需要隐藏链接模型中的标高,则可以利用【视图】选项卡中的【可见性/图形】工具,将链接模型的标高隐藏,如图16-171所示。

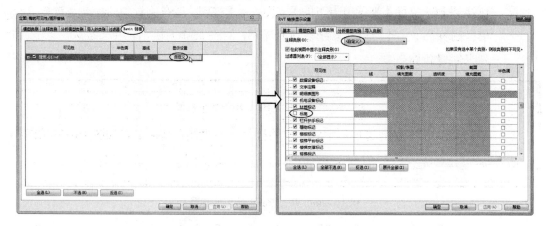

图 16-171　隐藏链接模型的标高

⑨ 从【南】立面图中可以看出,初始的给排水样板中有两个默认标高,其是给排水的两个默认视图平面(【F1】楼层和【F2】楼层),需要将其拖曳至与其他标高对齐,如图16-172所示。

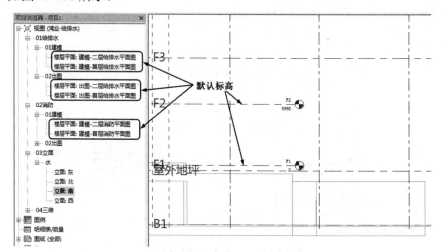

图 16-172　给排水样板中的两个默认标高

第 16 章　MEP 机电设计与安装

⑩　现在还缺少一个【B1】楼层的底层平面视图。在【视图】选项卡的【创建】面板中，选择【平面视图】下拉列表中的【楼层平面】选项，打开【新建楼层平面】对话框。在下面的列表框中选择【B1】楼层，单击【编辑类型】按钮，在打开的【类型属性】对话框中为新平面选择视图样板为【HY-消防平面建模】，单击【确定】按钮，完成新楼层平面视图的创建，如图 16-173 所示。

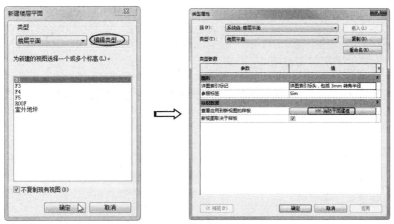

图 16-173　新建【B1】楼层平面视图

⑪　在【项目浏览器】选项板中将新建的楼层平面视图重新命名，如图 16-174 所示。

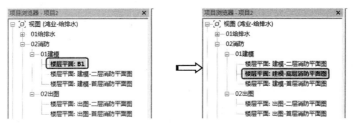

图 16-174　重命名新楼层平面视图

上机操作——喷淋快速建模

①　在【通用】面板中单击【图纸预处理】按钮，从本例源文件夹中打开【-1F.dwg】图纸文件，如图 16-175 所示。

图 16-175　打开【-1F.dwg】图纸文件

577

② 打开【图纸拆分】对话框。在【图纸列表】列表框中将【图纸】拖曳到右侧【楼层与图纸】列表框的对应楼层中，如图 16-176 所示。

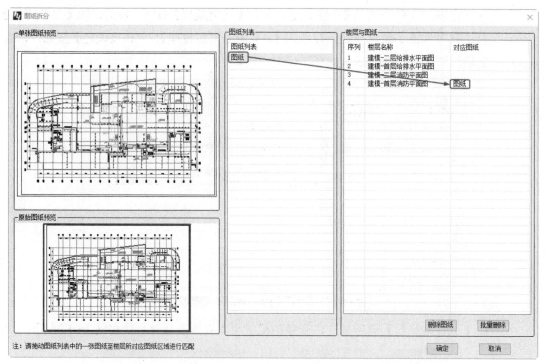

图 16-176　图纸拆分操作

③ 单击【确定】按钮，完成图纸的导入。再利用【修改】选项卡中的【对齐】工具，对齐图纸中的轴线与链接模型楼层平面图中的轴线。

④ 单击【通用】面板中的【喷淋快模】按钮，从本例源文件夹中打开【-1F.dwg】图纸文件。

⑤ 打开【读取 DWG 数据】对话框，取消勾选【链接 DWG 到 Revit 模型中作为底图】复选框。然后在【选取基点】选项组中单击【点选两条直线】按钮，并在左侧的【图纸预览】框中单击鼠标左键，滚动鼠标滚轮可以将图纸进行缩放，此时选取两条相互交叉的喷淋直线，会自动生成一个交点，此交点是喷淋管道生成的参考起点，如图 16-177 所示。

⑥ 在【选取管道】选项组中单击【点选管道】按钮，然后在左侧【图纸预览】框中选取一条喷淋直线，系统会收集图纸中所有同类型的喷淋直线，并将参数（管道图层、颜色和线型）显示在【选取管道】选项组的相应文本框中，如图 16-178 所示。

知识点拨：
如果喷淋直线选取不便，则可以将预览视图放大，直至能够选取为止。

第 16 章　MEP 机电设计与安装

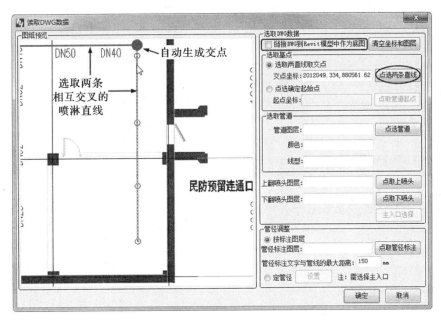

图 16-177　设置相应选项并选取两条相互交叉的喷淋直线来生成交点

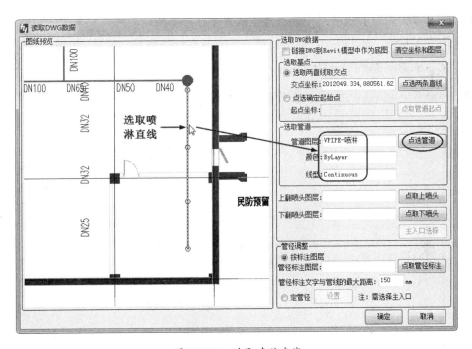

图 16-178　选取喷淋直线

⑦ 在【读取 DWG 数据】对话框中单击【点取下喷头】按钮，然后选取一个喷淋直线所经过的圆（喷淋头），系统会自动收集图纸中所有同类型的喷淋头，并将信息显示在【下翻喷头图层】文本框中，如图 16-179 所示。

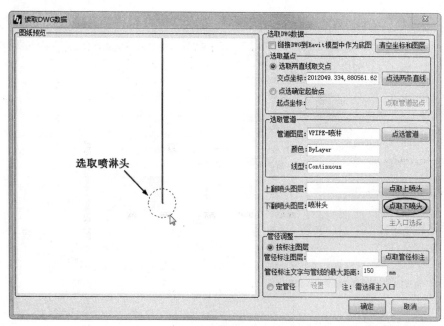

图 16-179 选取喷淋头

⑧ 在【管径调整】选项组中单击【点取管径标注】按钮,然后在【图纸预览】框中选取管径标注,如 DN40,系统会自动收集所有标注信息,并显示在【管径标注图层】文本框中,如图 16-180 所示。

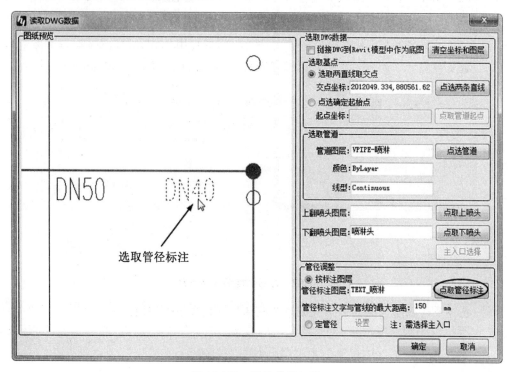

图 16-180 选取管径标注

⑨ 单击【读取 DWG 数据】对话框中的【确定】按钮,打开【喷头及管道设置】对话框。保留默认设置,单击【确定】按钮后,到楼层平面视图中选取放置点,如图 16-181 所示。

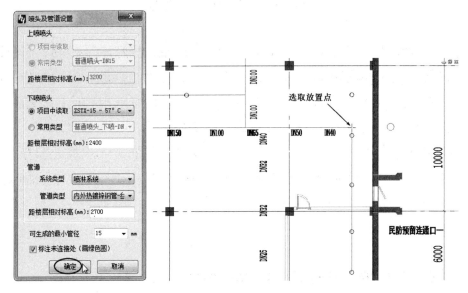

图 16-181 选取放置点

⑩ 系统自动创建喷淋系统。切换到【三维视图:消防】视图,即可查看效果,如图 16-182 所示。CAD 图纸中喷淋直线的线型选择不正确、图层命名有误等问题会导致鸿业蜘蛛侠机电安装 BIM 软件 2019 识别喷淋直线时出现一定的误差,所以部分喷淋管道及喷头无法创建。在创建喷淋系统前,用户有必要整理 CAD 图纸。

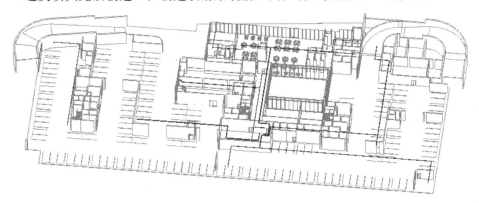

图 16-182 自动创建的喷淋系统

⑪ 通过手动创建管道的方式完成缺失的部分管线及附件的设计。

反侵权盗版声明

电子工业出版社依法对本作品享有专有出版权。任何未经权利人书面许可，复制、销售或通过信息网络传播本作品的行为；歪曲、篡改、剽窃本作品的行为，均违反《中华人民共和国著作权法》，其行为人应承担相应的民事责任和行政责任，构成犯罪的，将被依法追究刑事责任。

为了维护市场秩序，保护权利人的合法权益，我社将依法查处和打击侵权盗版的单位和个人。欢迎社会各界人士积极举报侵权盗版行为，本社将奖励举报有功人员，并保证举报人的信息不被泄露。

举报电话：（010）88254396；（010）88258888
传　　真：（010）88254397
E-mail：　dbqq@phei.com.cn
通信地址：北京市海淀区万寿路 173 信箱
　　　　　电子工业出版社总编办公室
邮　　编：100036